新文科建设教材
经济学系列

CONCISE TUTORIAL FOR
GAME THEORY

博弈论简明教程

葛泽慧　闫相斌◎主　编
于艾琳　张运环◎副主编

清华大学出版社
北京

内 容 简 介

　　无论你是否具备数学与经济学专业知识，只要你对博弈论感兴趣，都可以翻翻这本书。在书中，我们结合案例、实验和故事，深入浅出地介绍博弈论基础知识，通过司空见惯的现象详细探讨什么是策略思维、为何要换位思考、如何处理竞争与合作等诸多互动行为规则。相信你在读完本书之后，对于经典的商业案例、尘封的历史故事，甚或身边的人情世故，会有更加深刻的理解、更加独特的感悟。

　　本书可作为高等院校博弈论课程教材，也可以供对博弈论感兴趣的读者阅读参考。

图书在版编目（CIP）数据

博弈论简明教程/葛泽慧，闫相斌主编.—北京：清华大学出版社，2024.5
新文科建设教材.经济学系列
ISBN 978-7-302-66201-3

Ⅰ.①博…　Ⅱ.①葛…　②闫…　Ⅲ.①博弈论－高等学校－教材　Ⅳ.①O225

中国国家版本馆 CIP 数据核字(2024)第 084909 号

责任编辑：张　伟
封面设计：李召霞
责任校对：王荣静
责任印制：刘海龙

出版发行：清华大学出版社
　　网　　　址：https://www.tup.com.cn，https://www.wqxuetang.com
　　地　　　址：北京清华大学学研大厦 A 座　　　邮　编：100084
　　社 总 机：010-83470000　　　　　　　　　　邮　购：010-62786544
　　投稿与读者服务：010-62776969，c-service@tup.tsinghua.edu.cn
　　质量反馈：010-62772015，zhiliang@tup.tsinghua.edu.cn
　　课件下载：https://www.tup.com.cn，010-83470332
印 装 者：北京同文印刷有限责任公司
经　　销：全国新华书店
开　　本：185mm×260mm　　　印　张：21.5　　　字　数：497 千字
版　　次：2024 年 6 月第 1 版　　　　　　　　　印　次：2024 年 6 月第 1 次印刷
定　　价：69.00 元

产品编号：099016-01

前言

本书介绍了博弈论的基础知识，它分为多个层次，既可作为教材，也可供社会大众浅读。

所谓博弈论，是研究多个主体之间如何根据对手(们)的行动作出策略反应的理论，意即研究多个主体之间策略互动的理论。它是讨论行为与动机、竞争与合作以及机制设计的理论基础。

20世纪中叶，博弈论已发展成为一个体系完善、细节丰富、学科交叉的分析工具，对政治军事、经济管理、工作生活乃至生物进化等诸多现象都具有普遍适用性。随之，对博弈论知识的渴求已不再局限于经济管理专业的学生，理、工、文、法等专业的学生和社会读者也都期望学习一二。然而，面向素质教育或通识教育而设立的相关课程在国内尚属少数，有针对性的教材也比较少见。二十大报告提出，要发展素质教育，加强基础学科、新兴学科、交叉学科建设，加强教材建设和管理。因此，具体到博弈论这一经济分支，面向素质教育与交叉知识，编写一部国内大学生适用的入门教材实属必要。

编者从多年的教学经历中发现，尽管来自不同专业的众多学生对博弈论饱含好奇和热情，但是在初学或咨询之后，热情却骤然下降。究其原因，多数人认为博弈理论深奥难学，因此望而却步。一般来说，熟练掌握博弈论需要具备高等数学基础和抽象分析能力。因此，目前的教授对象主要集中在数学、经济、管理等专业的高年级本科生和研究生，很少扩展到大中专院校的普通学生和社会大众。那么，如何将丰富多彩的博弈知识和简单实用的博弈要义传授给毫无专业基础的初学者？这是编者近些年探索与持续努力的方向。毕竟课堂传授的受众有限，而编写一部由浅入深、情节丰富的入门教材或读物，则既能吸引读者阅读，又能启发读者思考、温故知新。

就非专业学习而言，高校学生和同等学力的读者在学习博弈论时所表现出的特征是：富有热情、长于思辨，但怕抽象、难持久。因此，本书针对上述特点，紧密结合现实场景，由浅入深地介绍博弈论知识。编者还创新写作风格，避免枯燥晦涩的同时又不失严肃。

具体而言，本书的创新有三：第一，调整知识侧重点，在内容上适当弱化理论推导和符号演绎，提升知识的应用性和通识性。即便不可避免地涉及理论分析和抽象概念，也是先由故事或案例开始，再引入简单模型和通俗定义，然后才是抽象概念和符号演绎。第二，创新写作风格，本书将艰涩理论生动化、形象化，使理论与现实紧密结合、相互渗透，而不仅仅缝以读者"夹心面包"。除了系统的知识体系外，本书还有导出模型的引语故事、源出现实的案例分析、辅助理解的扩展阅读、深入学习的进阶阅读等。第三，书中的许多案例都是全新的，都经过编写组的精心编排和努力耕耘，涉及领域宽泛，更适合读者的数智化、多元化和兴趣导向型知识结构。

　　本书的主编为葛泽慧和闫相斌，副主编为于艾琳、张运环，编写人员还有魏启涵、黄晋婷、雷思淇、吴桐、冯曙光等。同时，本书得到北京科技大学教材建设经费资助，得到了北京科技大学教务处的全程支持。

　　书中标注＊的章节为高阶内容，供有基础的本科生或研究生选读，在入门级讲授或阅读中可以略过。由于编者水平有限，不足在所难免，还请读者不吝赐教。

　　现在，请你进入精彩的博弈世界！

葛泽慧　闫相斌

2023 年 8 月 6 日

目 录

第 1 章

导　论

　　为自己获得最大限度的幸福,是任何合乎理性的行动之目的。

——杰里米·边沁(Jeremy Bentham)

　　于你而言,博弈也许既熟悉又陌生,既亲近又遥远。无论是古时征战沙场的运筹帷幄,还是现代日进斗金的股票交易,它们都只是浩瀚博弈宇宙中渺小的星辰。

　　博弈论,简言之就是有关博弈的理论,实际是研究行为互动的理论。它起源于游戏赌胜,深化于政治军事,发展于经济生活。从两党制衡的政治格局,到趋同定价的商业现象,再到是否"私奔"的婚姻抉择,甚至"见死不救"的心理演化,都有博弈的存在。

　　那么,应当如何从具体场景开始建立博弈的基本概念?又该如何从纷繁复杂的现象中确立一般性的分析方法?你知道博弈的分类和历史吗?让我们走进本章,初见博弈论的光彩。

　　相信你已经翻阅了本书的内容简介和前言,对本书所要阐述的内容已有所了解。在即将开始一个生动有趣、细节丰富的话题之前,请看如下两个故事。

　　第一个故事来自张小娴的爱情散文《谢谢你离开我》,讲述了主人公的恋爱表白过程。

　　一天晚上,他又"准时报到",在电话里跟你天南地北。你们说着说着,到了夜阑人静的时候,话题绕到了爱情。在你"诱导"下,他有意无意地掉进了你设下的"陷阱",终于,他羞涩地向你坦诚,他喜欢上了一个女孩子。

　　"是谁呀?"

　　他结结巴巴地说:"你是知道的。"

　　你笑了笑,说:"你不说,我怎么知道?"

　　他腼腆地重复一遍:"你这么聪明,一定能猜到我说的是谁。"

　　但你就是不肯猜,非要他亲口说出来不可。要是他连表白的勇气都没有,就不配爱你。

　　终于,他深情款款地说:"我喜欢你。"

　　就在他表白的那一刻,你对着电话筒甜甜地笑了。

　　第二个故事出自《三国演义》,说的是诸葛亮打破司马懿的固守战略,诱敌出战并将他围困于上方谷中。

　　……司马懿详细问明蜀营的活动后,吩咐诸将于次日齐力攻取祁山大寨。

　　司马师问:"父亲为何不直取上方谷,反攻其后?"

答曰:"祁山乃蜀军根本,若见我军来攻,必会尽力来救;而我却去上方谷烧粮,使他们首尾不能相顾,一定大败!"

且说孔明正在山上,望见魏兵队伍三三两两,前后顾盼,料定是来取祁山的,于是密传众将,众将各自听令而去。

不多时,只见蜀军奔走呐喊,奋力营救(假意)。司马懿见蜀兵都去营救,便领着两个儿子和中军杀奔上方谷。早有魏延在谷口等候,只盼司马懿到来。二军相见,只有三个回合,魏延便诈败而逃。

司马懿见只有魏延一人,军马又少,于是放心追去。追到谷口,先令人到谷中哨探。回报并无伏兵,山上都是草房。司马懿断定必是屯粮之所,于是倾兵而入。追着追着,司马懿忽然发现草房上全是干柴,而魏延早已不见,心中狐疑,于是问两个儿子:"若有兵截断谷口,该怎么办?"

言未毕,忽听喊声大震,火把齐飞,烧断了谷口。一时间,干柴尽燃,火势冲天。魏军顿时乱作一团,夺路逃窜。惊得司马懿手足无措,下马抱着两个儿子大哭:"我父子三人皆死于此处矣!"……

这两个故事带给读者的感觉截然不同。前者温情脉脉,是每个人都渴望遇到的美好爱情;后者谋事论道,是政治军事家们所追求的斗争智慧。虽是文学艺术创作中展现的人物和他们的故事,但这些情节都或多或少地映射着你的生活情景和行为方式。

诸如此类的事情,生活中还会遇到很多:如何应对舍友的不良习惯?如何确定男(女)友是否真心爱自己?怎样才能在一次项目申请答辩中战胜对手?怎样才能管理好团队中的"懒汉"和"刺儿头"?为什么公共厕所的厕纸会消耗得特别快,而开源软件并没有像一些人预测的那样迅速消失?等等。这些生活情节看似毫不相关,却有一个共同特征:一个人不是面对"静止的、枯燥的"数学或物理问题在做决策,而是处于一群和自己一样主动、智能的决策者之中,人们的行为将相互依赖、相互作用。本书将这种决策主体间具有直接相互作用的行为称作互动行为。这种互动行为将对人们的思维和行动产生重要影响。

互动行为的思维方式与我们曾经学习的数学、物理或其他专业技能存在明显不同。举例来说,某人将要参加某个电视台的记歌词娱乐节目。如果节目组采取个体选拔机制,那么只要他足够努力,经历足够时长的训练,就能记住足够多的歌词,顺利实现他的目标。但是,如果电视台要求五人组团参加,情况就会变得复杂:遇到一个不努力的队友该怎么办?队友的步调与自己不一致怎么办?此时已不单纯是个人努力和科学决策的问题了,还将受到人际互动的影响。

又如在篮球比赛中,并不是付出越多,收获就越多,甚至会出现南辕北辙。假如某人使用"三步上篮"得分率较高。当他的团队得分较低时,他可能有些急切,频繁地使用"三步上篮"。但是很快他将发现,使用"三步上篮"的频率越高,对方对他的防守也越严,得分反而更低。还有更糟糕的,越是急切,队友越拒绝给他传球!

类似的例子在生活中比比皆是。那是因为人的行为特别是互动行为,使一个人的决策变得复杂。目前,有多个学科都在研究人的行为,各有特色、互有联系。在这些学科中,经济学、社会学、心理学是三个相对典型的学科。经济学一般从个人动机出发解释人类行为所带来的社会现象,是从微观到宏观;社会学大多从规范演进的角度解释个人的行为,是从宏观到微观;而心理学则是研究人类和动物的心理现象、意识和行为的科学。前两者的研究方法是逻辑演绎式的,而后者则是实验归纳式的。此外,新近发展起来的行为科学也颇受关注。它是一个边缘学科,涉及心理学、社会学、人类学、政治学和管理学等多个学科,主要采用实验、观察、访谈等方法来研究社会组织内部成员的决策过程和交流策略。

本书将要介绍的博弈论,同样也是研究人的行为。但是,与社会学和心理学等学科不同,博弈论主要研究具有相互作用的决策主体之间的互动行为,其中决策主体具有理性思考的能力。正如前文所说,当理性的决策者彼此相互作用时,即当某个人的行动依赖于他人如何行动的时候,关于"如何行动、有何结果以及如何互动"的讨论就会变得非常有意思。虽然博弈论是一种非常年轻的理论,在起源上属于经济学范畴,但是其应用却十分广泛,跨越多个学科。博弈论是科学与艺术的完美结合;而博弈论的力量也恰恰在于它的数理精确性与应用灵活性。随着对博弈知识的深入介绍,这一点将慢慢浮出、逐渐明晰。

本章将先通过浅显的例子使读者建立起对博弈论的初步印象,然后引入基本概念,再通过经典案例来进一步加深理解。紧接着,介绍博弈的分类。最后,本章梳理了博弈论的发展历史,帮助读者熟悉重要术语,厘清事件脉络。

自此,你将正式踏上博弈论的学习之旅。

1.1 博弈初印象

1.1.1 博弈是一种游戏

"博弈"中的"博"有多种含义,如"大""广""通"等。但在古文中"博"又指一种"局戏",即"六箸十二棋",而"弈"的本意即指"围棋"。所以,仅从字面理解,"博弈"是一种游戏。实际上,"博弈论"一词是从英文"game theory"翻译而来的,本意就是"关于游戏的理论"。"game"一词非常直观地概括了博弈论所关注的内容,如游戏场景中常见的策略、相互作用、对抗与合作等。

关于游戏,相信你并不陌生。"猜硬币""剪刀石头布""围棋"以及各类纸牌游戏等,都是大家从小就接触的游戏。到了青少年时期,各种电子游戏更是令人沉迷。常见的《王者荣耀》就是其中之一。

在《王者荣耀》中,召唤师峡谷是最受欢迎的地图。游戏有甲、乙双方各5个玩家。甲、乙双方都选择英雄进行对抗,并以杀死对方的英雄、中立的野怪和推翻防御塔等方式来获得经验或金币。所以,双方都要先使自己的英雄变强大,才能实现最终的目标:摧毁对方队伍的主要基地"水晶枢纽"。

游戏进行到20分钟之后,会出现峡谷中最强的中立生物:风暴龙王,如图1-1所示。双方都想杀掉龙王,因为这么做可以为整个团队获得额外奖励,甚至会让逆风方翻盘。所以,在龙王附近常有冲突——游戏双方往往为了争夺龙王而展开团战。当然,攻击龙王也会遭到反击,从而损耗英雄的生命值。在历经多次较量后,双方进入这样一个局面:红色方的经济高于蓝色方的经济,意即红色方的战斗力略胜一筹。目前,双方都在龙王附近徘徊,团战一触即发。关于是否进攻龙王,双方都有两种可能的选择:立即进攻,等待对方先行以便坐收渔利。各方应该如何行动呢?让我们分四种情况来讨论。

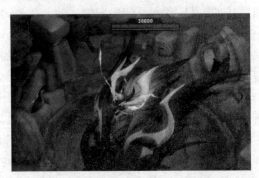

图 1-1　游戏《王者荣耀》中风暴龙王

(1)双方都等待。此时红、蓝双方都不进攻龙王,亦无法通过杀掉龙王得到奖励。显然,双方无得无失,不妨视作得益[①]均为 0。

(2)双方同时进攻龙王。此时红、蓝双方可能发生对战,同时龙王也会还击。鉴于红方略胜一筹,所以红方更容易在对抗中取得胜利。尽管如此,蓝方仍有机会获胜。假设红、蓝双方获胜的可能性分别为 70% 和 30%,各自得益不妨记作 70 和 30。

(3)红方选择等待,蓝方选择进攻。考虑到蓝方战斗力略逊于红方,红方又以逸待劳,因此蓝方获胜的可能性很小。同样,利用获胜可能性来表示双方得益,红、蓝分别对应为 90 和 10。

(4)蓝方选择等待,红方选择攻击。虽说蓝方战斗力不如红方,但是能够伺机而动,待到红方虚弱时出战。这样双方势均力敌,成功的概率不相上下,不妨将得益表示为 50 和 50。

也许你对双方如何行动仍然没有清晰的思路。就游戏的任一方而言,自己的行动,连同对方的行动一起,将使双方陷入四种不同的境地。为便于比较,可将四种境地以及双方的行动对应,组成矩阵的形式,如图 1-2 所示。矩阵中的得益组合分别对应于红方和蓝方的得益。

		蓝　方	
		进攻	等待
红　　进攻		(70，30)	(50，50)
方　　等待		(90，10)	(0，0)

图 1-2　《王者荣耀》——攻击风暴龙王双方的得益矩阵

如何选择才能使自己处于最佳状况呢?意即对于双方而言,如何行动才能使各自的得益最大化?

既然是互动行为,红方需要考虑蓝方的行动。那么红方在作出行动之前必须思考:

---

① 尽管也有书籍称之为"支付"或"收益",但是本书采用了更具一般性的说法,统称为"得益"。实际上,三者都是由 payoff 翻译而来的。

如果蓝方进攻,我该怎么做才是最好的? 所谓最好,也就是得益最优。从图 1-2 中可以看出,若蓝方进攻,红方在进攻和等待之间抉择。如果进攻,则得益为 70;如果等待,则为 90。显然,"如果蓝方进攻,则等待"是红方的理性选择。同理,如果蓝方等待,则红方选择进攻和等待的得益分别为 50 和 0。因此,"如果蓝方等待,则进攻"是红方的理性选择。

进一步,"如果蓝方进攻,则等待;反之则进攻"是红方针对蓝方而作出的一个行动计划,称之为"策略"。对于每个参与者(player)而言,策略常常不止一个。例如,"如果蓝方进攻,则进攻;反之则等待"也是红方的一个策略。而红方要作出的决策就是通过比较不同策略得益的大小选择"最优策略"。当然,蓝方也能推知红方的选择;红方也知道蓝方知道红方的选择;依次递进,蓝方也知道红方知道蓝方知道红方的选择……

那么,蓝方又应该如何行动呢? 首先,蓝方可以根据红方的推理进行选择,即"红方知道蓝方,蓝方知道红方知道蓝方"。显然,这样很容易使双方陷入一种无限循环。其次,与其一环套一环地思考,不如像红方一样直接应对。如果红方进攻,蓝方选择进攻和等待时的得益分别为 30 和 50。因此,"如果红方进攻,则等待"是蓝方的理性选择。同理,"如果红方等待,则进攻"也是蓝方的理性选择。与红方类同,"如果红方进攻,则等待;反之则进攻"是蓝方的一个策略。当然,蓝方的策略也有多个。

只要红、蓝双方是足够理性的,就能够明确自己的选择,同时也知道对方的选择。那么,(红方进攻,蓝方等待)和(红方等待,蓝方进攻)是双方的共识。假定游戏可重复,双方团队处于(红方进攻,蓝方等待)的境地。那么,红方有动机单方面偏离吗? 亦即在给定对方行动(即等待)的条件下红方转而"等待"? 显然没有,因为那样将会使自己的得益从 50 降到 0。同样地,假定红方不改变行动,蓝方也没有动机单方面偏离。双方将在此处达到相对稳定的状态,谁都没有动机偏离——这就是均衡! 同理,(红方等待,蓝方进攻)也是一个均衡。

✍ 扩展阅读：经济均衡

平衡现象、概念和分析方法,常见于自然科学,尤其是传统的力学领域。而经济学在研究人们的经济行为和结果时借鉴与引入平衡分析法。

在弗朗斯瓦·魁奈(Francois Quesnay,1694—1774)的时代,有的经济学家已经觉察到经济现象之间的相互依存关系,这些复杂的相互关系时常处于一种相对稳定的状态。但是他们谁也没有达到足够的水平,对这种相互依存的关系清楚明白地进行理论阐述,更没有能力认识和解释这种稳定状况的存在条件,以及打破这种稳定之后如何恢复。直至魁奈提出了他的经济表。西方著名经济学家约瑟夫·熊彼特(Joseph Schumpeter)曾说:魁奈的经济表"是最先设计出来,用以表达明确的经济均衡概念的一种方法"。及至近代,英国经济学家阿尔弗雷德·马歇尔(Alfred Marshall)把均衡概念引入经济学的理论框架,创立了局部均衡分析方法。法国经济学家里昂·瓦尔拉斯(Léon Walras)把均衡分析应用到更广泛的分析领域,创立了一般均衡分析方法。

在不同的市场类型中,各经济主体经济行为的均衡状态、均衡条件以及由此推导出的理论和原则,构成了现代微观经济学的重要组成部分。由此所形成的均衡分析方法不仅发展成为经济分析的基本方法,也为分析非平衡问题提供了一个基准点和参照系。至今,均衡理念和均衡分析几乎已渗入经济学说的每一个部分,成为不可或缺的经济分析方法和经济理论内容。

至此,也许你已经对博弈有了简单的了解。所谓博弈,就是一些个人或组织在一定的环境和规则下,同时或先后,一次或多次,从各自允许选择的行动或策略中进行选择并加以实施,各自取得相应结果的过程。而博弈论则是研究博弈中决策主体之间相互作用的理论。

那么,对于大量的博弈场景,应该如何定义均衡才具有普适性?有多个均衡时又该如何行动?双方对均衡的理解和预测不一致时该怎么办?如果有一方的信息是隐蔽的,此时又该如何推断双方的行动?凡此种种,还有许多问题有待进一步分析。本书将在第2~6章逐步地展开讨论。

实际上,博弈论不仅包含丰富多彩的应用场景,还包含严谨深奥的逻辑推理,许多重要论述不得不借助专业术语和数学演绎才能完成。鉴于此,本书尝试将深奥的理论浅易化,并辅以生动的案例进行讲解。希望读者也能够将日常观察与本书知识结合,加深理解,因为——博弈就在你身边。

1.1.2 博弈就在你身边

🛰 引语故事:酒吧问题

在美国西部新墨西哥州的一个小镇上共住着100人。镇上有个爱法罗酒吧。每个周四晚上,人们要么去该酒吧,要么待在家里。但是,酒吧只能容纳60人——超过60人就会显得拥挤,服务质量也随之下降。大家普遍认为酒吧顾客越少越安静,服务质量也越高。

第一周,这100人中的大多数去了酒吧,导致酒吧人满为患。他们没有享受到应有的乐趣,抱怨还不如待在家里。那些选择在家的人反而暗自庆幸。

第二周,人们根据经验判断顾客将会非常多,所以决定待在家里。结果呢?因为多数人决定待在家里,所以只有少数人到酒吧,享受了一次高质量的服务。

第三周,有了上次的教训,大家都认为这周应该去,可转念一想又觉得应该待在家里。结果呢,大多数人都认为酒吧人多而选择待在家里——又是只有少数人享受到了高质量的服务。

自此以后,这些居民每周都要面临一个问题:去酒吧,还是在家里?

这个故事被称作酒吧问题,是一个典型的少数者博弈(minority game)。少数者博弈由瑞士弗里堡大学的张翼成教授和他的学生提出,描述了一个群体动态竞争有限资源的过程。在少数者博弈中,策略没有对与错,只有少数与多数。换言之,只有行为区别于大多数人的这部分少数者才能获得更多的利益。

回到酒吧问题。显然,小镇居民是否去酒吧的动机来源既非获胜的成就感,也不是直接的金钱收入,而是去酒吧给自己带来的幸福感。无论是金钱收入,还是成就感和幸福感,都可统称为效用(utility)。对于去酒吧的人而言,同时去酒吧的人数越少,这个人的效用就越高;反之越低。如果超过60人,还不如待在家里。无论如何,人们选择的基本原则是一致的,即若预测人数少于 60 就去酒吧,否则就不去。然而,他们却使用不同的策略来指导各自的行动。例如,有些人利用前一周的酒吧人数做推断,而有些人则利用前两周的。从整体来看,人们的选择是随机无序的。但是随着时间的推移,去酒吧的人数会逐渐演化到一个稳定状态,即在酒吧容量 60 人左右波动。

上述结论已经被计算机实验所证实。开始,不同的行动者确实根据自己的归纳来行动,并且去酒吧的人数没有一个固定的规律。然而,经过一段时间以后,去酒吧的平均人数很快达到 60,即去与不去的人数之比是 60:40。尽管每个人不会固定地属于去酒吧或不去酒吧的人群,但这个系统的比例是基本不变的。这是理论预测的均衡。也就是说,他们会自组织地形成一个生态稳定系统。

但是,真实人群却不是这样的。布瑞恩·阿瑟(Brian Arthur)教授通过对真实人群的观察研究,发现人们的预测呈有规律的波浪形态。实验中去酒吧的人数如表 1-1 所示。

表 1-1 酒吧问题对真实人群的实验数据

周次	1	2	3	4	5	6	7	8	···
人数	44	76	23	77	45	66	78	22	···

虽然不同的参与者采取了不同的策略,但却有一个共同点:这些预测都是用归纳法进行的,亦即根据历史观察来行动。正如我们即将看到的那样,传统经济学认为经济主体的行动是建立在演绎推理之上的,但阿瑟教授却给出反证,指出多数人的行动是基于归纳的!

也许有些读者会认为这只是经济学家们的纸上游戏。实际上并非如此,它已经深入人们的生活。仔细观察,你就会在身边发现诸多类似场景。"股票交易""交通拥挤"等问题都是这个博弈的延伸。例如在股票市场上,如果多数股民做空(卖出)一只股票,那么股价就会走低。但是你若反其道而行,则更有可能获得丰厚利润。少数者博弈还可以在择校择业中找到印证。在高考填报志愿时,每个人都会根据往年的录取分数线进行判断,来选择报考院校。然而,总会出现有些学校"热门专业分数不高,冷门专业分数不低"的现象。这并不难理解,往年的热门学校和热门专业必然是当年很多人的首选,这样一来,很多人为了避免激烈的竞争而选择报考相对冷门的专业和学校,怀有这种想法的人多了,原来冷门的院校也就变成热门的了。相反,有些大胆填报往年的热门院校或热门专业的人却可能因此而如愿以偿。

如何理解现实生活中这些令人疑惑的现象?为什么理论与实际会有如此大的差异?这些行为的互动机制是怎样形成的?诸如这类问题,你将在本书第 8 章、第 9 章的重复博弈和演化博弈中找到答案。

在第 8 章之前(含),我们主要讨论参与者如何"向前展望,倒后推理"。无论是将要学习的完全信息静态博弈(static games)和动态博弈(dynamic games),还是不完全信息博弈,都要求参与主体是完全理性(complete rationality)的,即在向前展望和倒后推理中对均衡的预测足够准确、足够一致。这部分内容的突出特征是从普遍的和基本的假设出发,抓住主体间的利益冲突和行为互动这一关键,提出了由参与者、策略集(strategy set)、信息集及得益函数等要素构成的统一研究范式。这种研究方法适用于一切涉及竞争和选择的互动行为。然而,社会实际更多的是偏离均衡的和时间动态的,而且行为主体的完全理性假设只是一种理想状态。因此,博弈论的发展也并非一帆风顺,始终伴随着质疑和挑战。

正当关于均衡的深入研究前途迷茫并且进展缓慢的时候,一部分研究转向了参与者如何进行博弈、他们如何从历史中不断学习,以及如何通向更高层次的合作行为等。从生物学中借鉴来的进化的思维方式也显示了非凡的意义,这对于研究个人或组织的行为演变大有裨益。而且,随着博弈论基础建构的完成,学者们的研究内容也由竞争性互动逐步向更广的社会信念拓展,诸如合作、公平、利他等。一般来讲,合作就是个人与个人、群体与群体之间为达到共同目的而彼此相互配合的一种联合行动。而竞争则是个体或群体间力图胜过或压倒对方的行动或心理需要。竞争的产生可从人的自私性来理解,而合作是如何产生的? 这正是第 9 章开始关注的内容。可见,除了竞争,博弈还有更丰富的内容。

1.1.3　博弈不只有竞争

📡 引语故事:《金球》节目中的奖金分配

BBC(英国广播公司)电视制作中心曾于 2007 年 6 月至 2009 年 12 月制作过 280 多集娱乐节目,名叫《金球》(Golden Balls)。在每集节目中都有多名选手进行角逐,到最后只剩下 2 名选手和一大笔奖金。奖金从一点点到 17.5 万英镑不等,视前几轮的角逐情况而定。这时,主持人会给每人 2 个球,其中一个写着"平分"(split),另一个写着"偷走"(steal)。两个参赛者需要从中选择 1 个球。现假设奖金为 10 万英镑,两人的行动会呈现如下三种局面。

(1) 如果两个人都选择"平分",那么皆大欢喜,两个人可以平分之前累积的奖金。这是最理想的情况。在这种情况下两人可各自得到 5 万英镑。

(2) 如果其中一人选择"平分",而另一人选择"偷走",那么选"平分"的人不但一分未得,还会产生"被偷"的负面情绪。不妨假设他的得益为 −1。同时,选择"偷走"的人可以拿到 10 万英镑的奖金。

(3) 如果两个人都选择了"偷走",那么两人一分钱也得不到。

想象一下,如果你作为参赛选手进行到最后一轮,此时将做何选择?

视频1:《金球》节目现场

与游戏《王者荣耀》中的做法类似,我们将上述三种情况下的得益写成矩阵的形式,如图 1-3 所示,其中得益组合中逗号前对应于选手 1 的得益。

当选手 1 进行选择时,需要考虑选手 2 的选择。假定选手 2 选择"平分",那么选手 1 在"平分得 5"和"偷走得 10"之间比较,显然选择"偷走"是最佳的。假定选手 2 选择"偷走",则选手 1 需要在"平分得 −1"和"偷走得 0"之间比较,仍然是选择"偷走"为最佳。可见,无论对手如何选择,选手 1 选择"偷走"都是上策(dominant strategy)。同理,选手 2 不仅认识到选手 1 的选择,而且认识到他自己的上策同样是"偷走"。

那么,选手 1 和选手 2 都将选择"偷走"。即便有人出错,在"吃一堑,长一智"之后仍将"幡然悔悟"。因此"1 选择偷走,2 选择偷走"是双方都愿意接受的局面,是该博弈的一个均衡。在此情境下,没有任何一方有动机单方面偏离,意即对方的行动不变,自己从"偷走"改成"平分"。换言之,尽管二者都知道选择"平分"是最理想的局面,但是为了追求自身利益最优双双陷入"偷走"的困境。这就是囚徒困境(prisoner's dilemma),博弈论中的经典场景之一。

一般来讲,囚徒困境这一博弈是不容许"囚徒"也就是参与者进行信息沟通的,需要他们独立作出各自的选择。即便在一定程度下放松这种要求,仍然没有显著改善。例如,在作出选择之前两人可以互相商量。于是在这个节目里经常出现如下两种情况。

(1) 一个人极力保证自己一定会选择"平分",让对方也选择"平分",这样两个人可以平分奖金——但最后这人却改成了"偷走"。

(2) 两个人都说好了选"平分"——最后都暗自换成了"偷走"。

注意,上文使用了"经常"一词。这会不会仅仅意味着一种主观感知?为了给出相对客观的结论,范·德·阿西姆(Van den Assem)等(2012)曾对 287 集中的 574 名选手样本进行了统计,发现两者平分奖金的人数占比 31%,1 人平分 1 人偷走的比例是 44%,而两人都偷走的比例是 25%,如图 1-4 所示。同时,还有一个有意思的现象:奖金数额小时合作概率较高,奖金数额越大,合作的倾向越低。

		选手 2	
		平分	偷走
选手 1	平分	(5, 5)	(−1, 10)
	偷走	(10, −1)	(0, 0)

图 1-3　《金球》节目中选手的行动及相应得益

		选手 2	
		平分	偷走
选手 1	平分	31%	22%
	偷走	22%	25%

图 1-4　《金球》节目中选手的选择分布

在整个人群中,选择合作的人数只占了不到 1/3,更多的人在利益冲突时选择了非合作的行动。也许这正是你所理解的博弈论,它是关于对抗或竞争性策略的理论。实际上,不仅仅是博弈论,包括经济学乃至心理学等都在一定程度上承认人是自私的,到处可见"自私的基因"。

《自私的基因》一书的作者理查德·道金斯(Richard Dawkins)曾被一家世界上最大的计算机公司邀请,组织他们的高管进行一个为期一整天的策略游戏,目的是让他们一起友善地合作。高管们被分成红、蓝、绿三组,游戏和上述的囚徒困境差不多。不幸的是,这个公司想达到的合作目标并没有实现。就像上述结果一样,虽然宣布游戏在下午 4 点结束,但红方和绿方在游戏开始后很快就陷入一连串的背叛之中。在事后的讨论会上,大家都对合作愿景的破灭感到十分懊恼。

可见,并非只有少数人才具有合作意愿,但是合作行为并不那么普遍。怎样才能在没有强力约束的条件下自愿达成合作呢?这一问题一直悬而未决,世人苦其久矣。

在第一次世界大战期间,西部前线展现了一幅为几尺(1 尺约等于 0.333 米)领土而浴血战斗的残酷画面。但是在这些战斗的空隙中,敌对的士兵却经常表现出很大的克制。

一位巡视前方战壕的英军参谋官员写道：

[我]惊奇地发现对方德军士兵在来复枪射程以内走动着。我们的人却不予理睬，我暗自下决心，当我们接管这里时一定要杜绝这类事情。这种事情是绝对不允许的，这些人明显不懂这是战争。双方显然相信"自己活也让别人活"的策略。

这不是一个孤立的例子，"自己活也让别人活"的模式是堑壕战的特性。尽管高级军官想尽力阻止它，尽管有战斗激起的义愤和你死我活的生存逻辑，尽管军事命令能够轻易摧毁任何士兵试图直接停战的努力，但是这种模式仍然在相当长的历史时期内存在着。

继续深入探究，在每个人都有竞争动机的情况下怎样才能产生合作呢？合作是怎样维持下去的？为什么在合作中又会不断地出现背叛行为？对这些问题的回答，不仅涉及无限重复博弈的概念，还关系到决策主体偏好的演化，以及合作博弈的知识。这些内容将在第10章进行讨论，同时第8章、第9章也会有所涉及。

总之，我们希望通过对博弈论知识的介绍，让你掌握一些人际互动中的思维方式。虽然人际互动中并非处处是理性的，但是了解和掌握这些思维方式将比单纯的知识学习更重要。

（1）策略思维。策略思维要求你尽可能周全地列出未来可能发生的状况。然后根据这些状况制订相应的行动计划，以及如果出现某种状况，你将如何应对。当然，现实中常见的是多步行动，因此你要看得尽量远，对可能出现的状况考虑得足够完备。一般而言，行动越靠后，预测越困难。因此，策略思维的训练将真正考验你的"远见"。同时，你还要形成非常清晰的动机（抑或利益关切）。只有如此，才能找到最佳的策略，非常明确地稳步向前，而不至于因小失大，更不至于漫无目的。

（2）换位思考。由于是互动行为，所以你需要从对方的角度思考问题，才能预先判断对方的可能行动。而这一点也是策略思维所必需的。不过，从别人的角度思考问题说来容易，能够真正做到却并非易事。人们总喜欢把别人看作另一个自己，而不是完全不同的行为个体。因此，"设身处地"要求人们从"己所不欲，勿施于人"逐渐转变为"人所不欲，勿施于人"。博弈论能够提供一些概念和工具，让你尝试分析自己若处于对方的境地，思路会有什么变化——哪怕你完全不能同意他们的见解。

（3）逆向归纳（backward induction）。逆向归纳要求人们"着眼于未来，立足当下"。当你建立策略思维的时候，也许更加看重整体的、长远的目标，反而忽视了当下的行动。逆向归纳却告诉人们，当你对眼前的一团乱局无所适从时，不妨从你的长远目标或期望结局出发，逐步向前分析，倒推至当下，找出现在应该走哪条路、从哪里着手。然后步步为营，逐渐接近期望目标。只有这样，才能避免成为别人眼中的"志大才疏"之人。后文一再提及的"向前展望，倒后推理"，即逆向归纳的形象化表述。

本书收集梳理了丰富而精彩的案例与博弈情景，力求通过通俗易懂的阐释为你呈现博弈的方法论，但本书不会提供一份菜单式答案。也就是说，当面对一个特殊的博弈情景时，为了获取正确的答案，你需要对它的（信息和其他）特征进行梳理、综合，进而寻求合适的博弈知识来展开分析。你从本书学到的将是综合这些特征的系统方法，而非攻略或答案；此外，本书还将介绍一些展开分析的基本理论和实用工具。

思考与练习

在田忌赛马的故事中,假设田忌和齐王都足够聪明、足够理性。双方都尽力组合马的出场顺序,那么,各有六种方案。此时应当如何将该博弈表示成类似"剪刀、石头、布"的矩阵结构? 你能分析这个博弈的均衡是什么吗?

扩展阅读:非合作竞争

人在一个非合作性的比赛或竞争中,会做怎样的决定,一直是个重要的疑问,吸引了很多人进行研究。而像"剪刀、石头、布"这种简单的博弈游戏,就可以作为一种基本模型来讨论。对于一个人而言,并不是足够聪明、足够理性就能使得自己的行为符合最优策略,其间还有个人的偏好在起作用。

伦敦大学学院的理查德·库克(Richard Cooker)曾进行过一项实验。他让 45 个人两两对决(注意不是两两一组,而是两两轮流对决),并以现金为奖品。每一局都需要蒙上一方或双方的眼睛。库克发现,有一方蒙住眼睛时平局出现的概率为 36.3%,而双方都蒙上眼睛时平局出现的概率降到 33.3%。后者才是随机出拳时平局该有的概率,二者的显著差距说明前者并非绝对随机。

这是一个有趣的现象:在一方睁眼、一方蒙眼的比赛中,平局的概率大大上升。睁眼的选手,"出招"的时间要比蒙眼者慢上 200 毫秒左右。照理说,晚出招应该是优势,怎么会导致胜率下降、平局增多呢? 事实上,当我们看到对方出拳时,会下意识地、自发地去模仿对方。睁眼的一方,可能受此影响,"乱了心绪",而输掉了机会。这就解释了平局激增的原因。

浙江大学实验社会科学实验室的研究人员曾利用实验研究人们的行为偏好。他们的成果入选了 BBC"2014 年度科技新闻亮点"及《麻省理工科技评论》2014 年度最佳,其主要发现在于个体行为存在一种隐藏的模式:在一定情况下,赢了会更多选择保留刚刚获胜的策略,输了则更多按照"石头、剪刀、布"的名称顺序变动,而平的则按照"石头、布、剪刀"这样的反方向顺序变动。这些发现有什么深远意义呢? 他们指出,在宏观尺度,对于不同激励参数,社会系统普遍存在持续的周期循环现象;而在微观层面,个体行为则存在上述的隐藏模式。并且,对于不同的激励参数,宏观周期现象都可以被微观行为模式很好地解释。若你对此话题感兴趣,可利用网络搜索更多内容。

1.2　博弈的概念

对任何一个博弈或冲突局势的分析都必须从描述该博弈的特征出发。而利用模型对一个博弈的特征进行刻画,能够快速抓住问题的本质。因此,我们需要了解用来描述博弈的一般形式或结构,并将之作为博弈建模的重点。当然,过于简单或复杂都不利于我们对博弈展开分析。而常见的也是重要的两种博弈表示方式为策略式和展开式。前者相对简单和基础,后者可以理解为对前者未尽描述的扩展,主要体现在博弈规则方面的刻画。

1.2.1 博弈的要素

1.1 节介绍了三个博弈,分别是《王者荣耀》中的团战、酒吧问题和《金球》节目中的奖金分配。在这三个博弈中,有些部分是每个博弈都有的,是必不可少的。推而广之,任何一个博弈都需要具备以下三个要素。

(1) 博弈的参与者。

(2) 每一个参与者可供选择的策略。

(3) 每一个可能策略所对应的参与者得益。

具备上述三个要素的博弈称为策略式博弈(strategic game)。策略式博弈是最基础的一类博弈,也是博弈论最早研究的一类,因此又称标准式博弈或标准型博弈。除此之外,还有一类博弈也非常普遍,被称作扩展式博弈(extensive game)或扩展型博弈。一个扩展式博弈包括以下信息。

(1) 博弈的参与者。

(2) 每一个参与者可供选择的策略。

(3) 每一个可能策略所对应的参与者得益。

(4) 行动的次序,即参与者何时行动。

(5) 参与者行动时所知道的信息。

(6) 所有随机事件的概率分布。

实际上,策略式博弈并没有考虑行动的时序、信息结构和参与者对随机事件的外生信念等事项,而这些可被笼统地称为博弈的规则。而扩展式博弈则包含所有行动的序列与信息的全面描述。就这点而言,策略式博弈是没有考虑博弈规则的静态博弈,而扩展式博弈则可视为动态模型。如果时间因素对所考察的问题而言无足轻重,那么可以将时间维度去掉,从而简化成为策略式博弈。从最小覆盖来讲,策略式博弈的要素是构成所有博弈所必备的要件。之所以说它们"必备",是因为约翰·冯·诺依曼(John von Neumann)和奥斯卡·摩根斯坦(Oskar Morgenstern)曾经有过如下论述。

博弈研究者是要尽力预测理性参与者在给定博弈的每一个可能阶段应该做什么。如果知道了博弈的结构(即博弈的要素),我们可以在博弈实际行动开始之前,就做分析和预测。如果参与者是理性的,他们也会做同样的分析和预测,并在博弈开始之前确定其理性的行动计划(即策略)。因而,假定所有参与者在博弈一开始就同时制定了他们的策略,其策略应该是不失一般性的。于是,实际的博弈运转只是实施这些策略并按照博弈规则确定结果的机械过程。换言之,可以假定所有参与者在博弈一开始就同时作出所有的实质性决策,因为每个参与者的实质性决策都被假设为对一个完整策略的选择。而这种策略选择确定了在博弈的任何阶段和任何可能情况下该参与者所要做的行动。参与者同时而又独立地作出各自策略决策的情形,恰好就是博弈的策略式表述。

这段话旨在说明三个要素对于描述任一博弈的必要性。尽管这个论证的必要性已经显出局限,但是它的充分性仍是博弈论最重要的思想之一。现在,让我们详细讲解策略式博弈的三个要素。至于扩展式博弈的要素,后文将逐步介绍。

(1) 博弈的参与者。正如前文所述,博弈论一般都假设参与者是理性的。如果一个决策者在追逐其目标时能够前后一致地做决策,则称他是理性的。更通俗一些讲,每一个理性的决策者所采取的行为都是力图以最小的成本使自己获得最大的收益。假设每个参与者的目标是追求其个人期望利益(效用)最大化。冯·诺依曼和摩根斯坦曾借助非常弱的假设证明了下述结果:对任一理性的决策者,一定存在某种方式对他所关心的各种可能结果赋予效用值,使其总是选择最大化自己的期望效用。进一步,理性可以分为完全理性、有限理性(bounded rationality)和非理性(irrationality)。完全理性的参与者总是会以效用极大化的方式行动,总是能够考虑所有的可能方案,并对任意复杂的过程进行推论。有限理性的参与者所获得的信息和推理能力都是有限的,所考虑的方案也是有限的,未必能作出使得效用最大化的决策。而非理性则是完全理性的对立面,参与者的决策毫无一致性可言。博弈论大多关注完全理性和有限理性的假定,较少涉及非理性。

"所有个体都具有完全理性"是一个非常苛刻的假定,但是在这种假定下所得出的结论却给决策者提供了一个可供参照的理想状态。这种状态也可以用进化学习来解释。当参与者由于缺乏足够理性而错过了最优决策,那么他们会通过不断学习来朝完全理性的结果努力。我们毫无理由相信他们会朝相反的非理性方向努力——尽管非理性的行为并不会从此消失。

此外,还可以根据利益对象将理性分为集体理性(collective rationality)和个体理性(individual rationality)。所谓集体理性,是指参与者的行为动机是追求集体利益最大化,而个体理性则是为了追求个人利益最大化。与个体理性下的独立决策不同,集体理性下的决策往往需要参与者之间形成有约束力的协议(binding agreement),以协调集体利益与个体利益之间的冲突,这一区别与完全理性和有限理性的区别共同作用,影响博弈分析的出发点,形成相对分明的博弈分析方法。在稍后的博弈分类中还将谈及这一点。图 1-5 是博弈论中的理性分类。

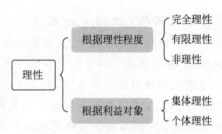

图 1-5　博弈论中的理性分类

(2) 每一个参与者可供选择的策略。策略是指参与者针对他人的可能行动和不同的外在状况而制订的行动计划。它是参与者行动的蓝图,告诉参与者在某种状况下应该如何行动。每一个参与者都需要至少一个策略来做选择。一个参与者所有的可选策略称为这个参与者的策略集。所有参与者都选定自己的一个策略时,这些策略所形成的一个组合称作策略组合(strategy profile)。例如,在《金球》节目的奖金分配博弈中,(平分,偷走)是选手 1 的策略集,而"选手 1 平分,选手 2 平分"则是该博弈的一个策略组合。

在策略式博弈中,行动与策略可视为等同的,而在扩展式博弈中策略将比行动拥有更加丰富的意义。这一点在以后的章节中将有详细介绍。对于某一给定的参与者而言,策略的比较依赖于其他人的策略。例如,在《王者荣耀》游戏中,己方"进攻"和"防守"并没有绝对的优劣,而是取决于对手的行动。但是,在某些情况下策略是可以比较的。也就是说,不管其他人如何选择,某一个参与者的某一策略始终优于另一个策略。例如在《金球》节目中,选择"偷走"对于两个选手而言都是优于"平分"的。此外,可供选择的策略既可以是有限多种,也可以是无限多种,视具体情况而定。

（3）参与者的得益或者支付，意即每个参与者通过参与博弈得到或失去多少。就像前面所提到的，每个参与者的得益可通过他的效用来度量。所谓效用，确定了一个参与者选择一个策略时的对应得益。由于其他参与者的策略也会影响该参与者的得益，因此任一参与者的效用都是自己策略与他人策略所构成组合的函数。

早期经济学家认为效用如同人们的身高和体重一样是可以测量的。例如，在《金球》节目中选手的效用可以用所得奖金来衡量，这是切实的货币度量。这种用绝对数来表示的效用称为基数效用，而现在比较通用的是序数效用。所谓序数效用，是指效用作为一种心理现象无法计量，也不能加总求和，效用之间的比较只能通过顺序或等级来进行。例如，1.1节中小镇居民去酒吧所获得的幸福感是无法具体度量的。但是，酒吧人数为90与为40时的幸福感显然是不同的、可比较的。因此，当酒吧人数为90时，去酒吧的效用到底是哪个具体数值并不重要，重要的是它要比人数为40时的效用小。由此出发，上述的效用函数并非用来指示幸福的具体值，而是比较不同状态之间的大小关系。

上述三个要素是构成一个博弈的基础。除此之外，还有诸如行动次序、信息结构和概率分布等。于读者而言，行动次序也许不难理解，信息结构可能稍显陌生。在接下来的1.2.2节将详细介绍信息结构。

扩展阅读：边沁与效用

根据微观经济学的定义，效用只是偏好的一种表现。也就是说，偏好不具备基数效用的性质，而是表达一种序数效用的关系。这句话的意思是，我们不能定量地衡量每种策略组合带来的效用具体是多少，但是可以在心里给它们排序。而这也逐渐被其他科学理论所证实。美国普林斯顿大学心理学教授丹尼尔·卡尼曼（Daniel Kahneman）经过深入的研究发现：人们在做决策时往往不会严格估计正确的收益，而比较容易快速地评价它们的优劣。

实际上，现代效用理论源于功利主义。功利主义是近两个世纪以来西方理性思潮的一大主流。在1700年，数理概率学的基本理论开始发展后不久，效用这一概念便产生了。例如，1738年瑞士数学家丹尼尔·贝努利（Daniel Bernoull）曾观察到：在一场公平的赌博中，人们认为所赢得的1美元的价值小于他们所输掉的1美元的价值。这就意味着：赢来的美元带给他们的真实效用越来越少。

最早将效用概念引入社会科学的是英国哲学家边沁。他最初研究法律理论，受到亚当·斯密（Adam Smith）学说的影响后，转入研究制定社会法则。他建议社会应该按"效用原则"组织起来，他把效用原则定义为："任何客观物体所具有的，可以使人满足、带来好处或幸福，或者防止痛苦、邪恶和不幸的性质。"根据边沁的理论，所有法律都应该按照功利主义原则来制定，从而促进"最大多数人的最大利益"。关于犯罪和处罚，他建议通过严厉的处罚来加大犯罪者的痛苦，以阻止犯罪活动。

边沁关于效用的观点在今天看来似乎很简单，但在200多年以前，这些观点颇具革命性。在那时，传统、君主的意志或是宗教的教义都可以成为制定政策的正当理由和根据。而边沁的理论开创性地提出社会和经济政策的制定应是为了取得一定的实际效果。

在效用理论发展的下一个阶段,诸多新古典经济学家如威廉姆·杰文斯(William Jevons)进一步推广了边沁的效用概念,用以解释消费者行为。杰文斯认为经济理论是一种"对快乐和痛苦的计算",他认为理性的人在消费时做决定,应该考虑要买的每一件商品给自己带来的效用(或称边际效用)。

边沁,请让我们记住这个名字。虽然在经济学领域,边沁不如亚当·斯密、约翰·凯恩斯(John Keynes)这些名字般如雷贯耳,但他是第一个将苦与乐量化的人。他的功利主义效用度量观点无疑是经济学最重要的思想来源之一。

1.2.2 博弈的信息结构

在 1.1.1 节对《王者荣耀》的分析中,我们使用了"甲知道自己应该如何选择,乙也知道甲的选择,甲知道乙知道甲的选择,乙知道甲知道乙知道甲的选择……"这样的推理方式。一般而言,甲是理性的并不意味着乙知道甲是理性的,更不意味着甲知道乙知道甲是理性的……因此,"乙知道甲是理性的"实际上对乙的理性程度做了比"甲是理性的"和"乙是理性的"更高的要求。反之亦然。更进一步,"甲知道乙知道甲是理性的"则是比前述要求更高的要求。如此递进,无穷尽也。因此,博弈论把这些无限循环的要求抽象为一个概念:共同知识(common knowledge)。所谓共同知识,是指这样一个事实:所有参与者都知道该事实,每个参与者都知道其他参与者知道,每个参与者都知道别人知道自己知道……如此直至无穷。具体来讲,上述要求可归结为一个假设:每个参与者都是理性的,这是一个共同知识。

每个参与者都是理性的,尽管这是一个非常强的条件,但它是共同知识。简言之,理性是共同知识。当然,还有一个广为采纳的共同知识:参与者了解身处其中的博弈。

一般来说,无论什么样的博弈模型,这个博弈(即该博弈所必需的要素组合)都是参与者的共同知识。例如"酒吧问题"中的参与者都有谁,所有参与者的可能行动是什么,每个参与者的效用函数是什么,等等。又如《金球》节目中共有两个参与者,选手们的可能选择是(平分,偷走),以及每个行动所对应的得益函数等,都是作为共同知识出现的。

实际上,共同知识是博弈论中一个非常强的假定。在现实的许多博弈中,即使参与者"共同"享有某种知识,每个参与者也可能并不知道其他参与者知道这些知识,或者并不知道其他参与者知道自己拥有这些知识。就博弈的要素而言,是否假定共同知识将直接影响博弈的信息结构。作为导论,我们主要介绍两类信息是否为参与者所知,这会引向不同的信息结构:一类是关于得益的信息,另一类是关于过程的信息。

(1) 关于得益的信息。它指每个参与者在每一种策略组合下的结果所对应的得益状况。在 1.1 节所遇到的三个博弈中,每个参与者不仅对自己在所有状况下的得益非常清楚,而且对其他人在所有情况下的得益也非常清楚。因此所有参与者才能一致地预测均衡。如果存在某一个或几个参与者的信息不为他人所知,仅是自己的私人信息,则称该博弈是信息不完全的。若参与者的得益是共同知识,则称该博弈是"完全信息博弈"(complete information game)。否则,至少部分参与者不完全了解其他参与者的得益,此时称之为"不完全信息博弈"。关于不完全信息博弈的详细介绍请参见第 5 章、第 6 章。

（2）关于过程的信息。先看一个猜硬币游戏。两人在玩猜硬币游戏，首先是盖硬币方选择1元硬币是正面（有面额的一面）向上还是反面向上，然后将之盖在桌面上。猜硬币方猜是正面向上还是反面向上。如果猜对了，则猜硬币方赢得1元，盖硬币方输1元。否则，猜硬币方输给盖硬币方1元。在这个博弈中，所有参与者、参与者的行动集合以及每个结果所对应的得益都是共同知识。但是，注意到这个博弈是有行动次序的，可依照双方的行动次序画出树状图。首先是盖硬币方的两个选择：正面向上，反面向上。无论盖硬币方如何行动，猜硬币方都面临两个选择：猜正面向上，猜反面向上。因此，共有2×2四种结果，对应得益如图1-6所示。这是一个动态博弈。从博弈的要素来看，它属于扩展式博弈这一类。因此，图1-6被称为该博弈的扩展型表示。假如现在轮到猜硬币方行动，那么，硬币到底是正面向上还是反面向上，他是不知道的。因此，在图1-6中猜硬币方不知道自己处在左侧节点上还是右侧节点上。博弈论认为此时猜硬币方处于多节点信息集。要在多节点信息集作出准确无误的行动将是非常困难的，因为同一个行动在不同节点对应完全相反的结果。我们称猜硬币方的过程信息是不完美的。类似的情境比比皆是。例如，在扑克游戏中若有人忘记了对手是否出过某张牌，此时他无法辨明自己处于"出过"和"没出过"两个节点中的哪一个上。

一般而言，如果所有参与者对博弈过程都完美地了解，意即博弈的后行动者能够观察到（并完美回忆）所有的历史行动，就称该博弈是完美信息博弈。在决策时对博弈的过程完全了解的参与者被称为完美信息参与者。反之，分别对应不完美信息博弈和不完美信息参与者。上述分类可见图1-7。为了便于理解，接下来举例说明。

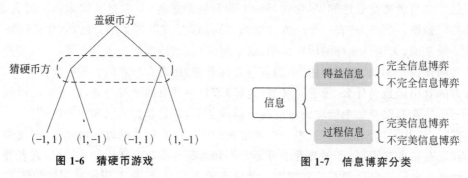

图1-6 猜硬币游戏   图1-7 信息博弈分类

（1）完全信息且完美信息博弈：象棋对弈。对弈双方都知道每局结束所对应的得益，也知道自己处于博弈树状图（即扩展型）的哪一步——即使忘记了历史行动，看看棋盘便知，不会与其他棋局混淆。

（2）完全但不完美信息博弈：常见的麻将游戏。在打麻将过程中，所有玩家都对各种结果（即"和牌"）所对应的输赢数额一清二楚，也知道麻将的规则，此为信息完全。但是，所有玩家都不知道其他玩家手中的牌，这是不完美信息。例如，某一玩家打出"叁萬"，其他玩家不知道该玩家是否还有一个"叁萬"，因此其他玩家无法断定该玩家到底处于"有"和"没有"这两个节点中的哪一个上。

（3）不完全信息博弈：情侣之间的表白。假设一个男生向一个女生表白，男生有（表白，沉默）两种策略（行动），女生有（拒绝，接受）两种策略。虽然男生对四种策略组合给自己所带来的得益能够主观感知,但是他不知道对方的真实感受。女生亦如此。所以,当你尝试用前文的矩阵来表示这个博弈的时候,将会发现这个静态博弈矩阵无法表示出来。

1.3　博弈再举例

在初步了解博弈的基本知识后,本节将介绍一些博弈论中非常经典的案例。这些例子不仅使专业学者着迷,也使普罗大众兴致盎然。博弈论不只是存在于象牙塔中的理论模型,还是脱胎于商业现实的择优策略,更是生发于日常生活中的对策选择。相信读完本节,你会为博弈论的奇妙而惊叹。

1.3.1　价格战

引语故事:疯狂的共享单车

2017 年 1 月 13 日上午 9 点半,北京某处(图 1-8),很多上班族出地铁后,直接骑上一辆共享单车,前往商圈各个写字楼或者大酒店。

图 1-8　数量众多的共享单车

几乎每一个新入场的共享单车品牌,都会选择先把单车投放到 CBD(中央商务区)地区。除了人流量大、潜在用户多的因素,CBD 还是一个没有资金门槛的广告场所。随着共享单车公司竞争加剧,越来越多的共享单车被投放到城市里的人流密集地——地铁口、各大商圈、写字楼、公交站和大型小区附近。

然而,共享单车都面临一个难题——想赚钱很难。共享单车行业最流行的盈亏计算公式是:一辆单车平均每天被使用三次,一年有 300 天可能被使用,年收入就是 900 元。900 元也是行业平均单车成本线,如果再加上 20% 左右的运营成本,肯定没法盈利。

在国外,很多共享单车的收费标准是半小时 5 美元,所以很多国外共享单车公司靠收骑行费就能轻松盈利。但国内共享单车的价格基本是半小时 5 毛或 1 元,这个定价跟公交车差不多。而公交公司主要是靠政府补贴维持生存。所以对于国内的共享单车公司来说,如果不能拿到融资,基本很快就会被市场清洗出局。

某单车品牌创始人认为,目前价格战很惨烈,大家都没法赚钱。所以他的公司目前没有大规模在大街上"扔车"。

资料来源：谢鹏.疯狂的单车[N].南方周末,2017-01-19.

在引语故事的结尾,我们看到某公司的选择是避免大规模投放单车。那么,既然这位创始人认识到了问题的根源,就应该提高价格。他为什么裹足不前？此外,认识到这点的公司应该不止一家,它们为什么不统一提价？

简单起见,我们假设市场上有两家单车品牌公司：清风,致远。两家公司推出类似的单车运营服务,且共同垄断同一市场。为了获得更大的市场份额,两家公司需要各自决定采用高价(例如5元)还是低价(例如1元)的运营策略。

(1) 如果两家公司都选择低价,公司的运营收入就是引语故事中的状况,为900元/辆/年。公司不但没盈利,反而可能亏损。

(2) 如果两家公司都选择高价,公司的运营收入为1200元/辆/年,这样两家公司都稍有盈利。

(3) 如果只有"清风"提高价格,"致远"则能够吸引到更多的客户,这样"清风"将会更惨淡。不妨假设"清风""致远"的收入分别为(600,1500)。

(4) 如果只有"致远"提高价格,情形与(3)类似,二者的收益如图1-9所示。

图 1-9　双寡头的削价竞争

目前,两家公司都在低价状态挣扎。假设"清风"要单方面提价,它需要在"致远"采取低价的状态下比较自己两个行动所对应的得益,亦即比较600和900。显然,900得益更好,因此,"清风"仍然采取低价。对"致远"的分析与此类似。进一步,假设"清风"已经在高价状态,我们来看"致远"的反应。"致远"需要比较在"清风"高价时自己的两个得益。换言之,"致远"比较图1-9矩阵第一行两个组合中的第二个元素,1200和1500。显然,"致远"更愿意选择低价。所以,无论"清风"是否高价,低价始终是"致远"的占优策略(dominant strategy)。"清风"也一样。所以,该博弈的均衡是双方都坚持(低价,低价)。尽管低价将会造成两败俱伤,但是双方仍然坚持低价策略。这就是价格战——囚徒困境的另一种表现。

概念解读：占优策略

占优策略的简单定义是：对于某一参与者的两个策略 S_1 和 S_2,若 S_1 给他带来的得益始终高于另一策略 S_2 的得益——无论其他参与者如何行动都是如此,则称策略 S_1 占优于 S_2；如果策略 S_1 占优于该参与者的所有其他可能策略,则称 S_1 是一个占优策略。

在这个博弈中,存在而且仅存在一个均衡。因此,参与者双方能够一致地预测到均衡并心无旁骛地朝着均衡行动。当然,在均衡状态下,"你愿意而且我愿意",谁都没有动机单方面偏离。但是,并非所有的博弈都这么完美,存在唯一的均衡。实际上,有些博弈可能没有均衡①，而有些博弈又存在多个均衡，甚至无限个均衡。接下来我们将介绍上述的博弈情形。

扩展阅读：价格战与反价格战协定

著名经济学家 N. 格里高利·曼昆（N. Gregory Mankiw）在《经济学原理》一书中从经济学的角度科学地证明了价格战是消费者选择的必然。价格战本身是一种市场竞争手段，具有杀伤力强、短平快等诸多优点，被广大厂商所看好和采用，尤其是在一些特定的行业更为普遍。如今的价格战实际上是指价格竞争，是企业应用价格战略的一个突出表现。价格竞争实际上是市场经济下最基本的竞争形式，也是最容易应用的竞争形式。尽管价格战如此常见，但是很多厂家对它持批判态度，直言它使企业丧失了对产品核心价值和细分市场的关注。当然，为了避免激烈竞争，也有企业采取"竞中有合，合中有竞"（竞合）的策略，或称反价格战协定。

可口可乐与百事可乐之间的激烈竞争已经广为人知。但是另有数据表明，在美国市场上可口可乐和百事可乐通过在折扣券发放上达成合作方案，得到了对双方更好的结果。曾经在一年的时间里，可口可乐和百事可乐分别发放 26 周折扣券，其间没有出现同时发放的现象，如果没经约定，这种事情发生的概率小于 10 的 10 亿次方分之一。而作为彼此在中国的主要竞争对手，麦当劳和肯德基在市场上的竞争就激烈得多，但是在折扣券问题上，它们仍然采用了竞合策略。2010 年 2 月，麦当劳宣布可以使用肯德基的优惠券。

1.3.2　赌胜博弈

2007 年，美国拉斯维加斯，大卫在一项紧张激烈的国家锦标赛中赢得了 5 万美元！而赛事内容却出人意料，是 3 岁儿童都会玩的"剪刀、石头、布"。"剪刀、石头、布"之所以广受欢迎，一是因为规则简单，二是因为能够相对公平地解决分歧。之所以说"公平"，是因为从表面上看，出石头、剪刀和布的概率均为 1/3，每局游戏胜负平的概率分别为 1/3。

假设大卫和好友阿米尔在玩"剪刀、石头、布"游戏。双方都在"剪刀、石头、布"三种手势中任选其一。若二人所选择的手势相同，则为平局；否则，石头胜于剪刀，剪刀胜于布，布胜于石头。对于任一参与者，若平局，得 0 分；若胜一局，得 1 分；若败一局，得 −1 分。二者的得益矩阵如图 1-10 所示。

		大卫		
		石头	剪刀	布
阿米尔	石头	(0, 0)	(1, −1)	(−1, 1)
	剪刀	(−1, 1)	(0, 0)	(1, −1)
	布	(1, −1)	(−1, 1)	(0, 0)

图 1-10　"剪刀、石头、布"游戏

---

① 此论断仅限于当前的经济均衡概念，在第 2 章引入新概念后将有所改变。

阿米尔在作出选择前,需要对大卫的行动作出最佳应对。假设大卫出"石头",则阿米尔的最佳选择是"布"。这个结论相当直观。既可以通过比较自己在三种选择下的得益推得,也可由游戏规则直接得出。你可以对图 1-10 的得益矩阵进行一些简单操作,在最佳得益下面画线。此时,应在矩阵第 1 列第 3 行的第 1 个得益 1 下面画线。同理,当大卫出"剪刀"时,阿米尔的最佳选择是"石头";大卫出"布"时阿米尔的最佳选择是"剪刀"。分别在第 2 列第 1 行和第 3 列第 2 行的第 1 个得益下面画线。

同理,对于大卫的分析与上述情况类似。对应操作为在第 1 行第 3 列、第 2 行第 1 列和第 3 行第 2 列的第 2 个得益下面画线。综合可得画线后的得益如图 1-11 所示。

大卫

		石头	剪刀	布
阿米尔	石头	(0, 0)	($\underline{1}$, −1)	(−1, $\underline{1}$)
	剪刀	(−1, $\underline{1}$)	(0, 0)	($\underline{1}$, −1)
	布	($\underline{1}$, −1)	(−1, $\underline{1}$)	(0, 0)

图 1-11　剪刀、石头、布游戏

从图 1-11 可以看到,并不存在一个策略组合的两个元素同时被画线。这意味着并不存在一个使得双方都愿意采纳的策略组合。因此,该博弈不存在前述几个例子中所谓的"均衡"。不难想象,如果存在多轮游戏,两个参与者的博弈应该是这样的:由于不存在所谓的"均衡",双方达不到一个稳定的状态,亦即都有动机单方面偏离,所以,双方不停地变换行动以使得对方猜不透自己的选择。进而,读者不难推断这样一个事实:由于三个选择是对称的,博弈双方都依照 1/3 的概率选择自己的行动。

诸如"剪刀、石头、布""猜硬币""掷骰子"这类游戏,都属于赌胜博弈。赌胜博弈是博弈论所研究的一类重要问题,对竞争和合作行为也有很大启示。赌胜博弈的一个重要特点是一方的所得等于另一方的失去,不可能出现双赢的情况。进一步,在每一轮博弈中,双方的得益总和都为 0,此即"零和博弈"(zero-sum game)。所以,在这类博弈中,合作的空间非常小。当然,合作现象并不是不存在。例如,多方博弈有可能出现合谋现象。

除了生活中的游戏,读者也可以从历史中寻找诸多此类的实例。例如,"田忌赛马"。孙膑初到齐国,齐国将军田忌非常赏识他,待如上宾。田忌经常与齐国众公子赛马,设重金赌注。孙膑发现他们的马脚力都差不多,而马又可分为上、中、下三等。于是,孙膑对田忌说:"您只管下大赌注,我能让您取胜。"田忌相信并答应了他,与齐王和各位公子用千金来赌注。比赛即将开始,孙膑说:"现在用您的下等马对付他们的上等马,用您的上等马对付他们的中等马,用您的中等马对付他们的下等马。"三场比赛结束,田忌一场败而两场胜,最终赢得齐王的千金赌注。于是田忌把孙膑推荐给齐威王。

田忌赛马的故事讲的是孙膑如何通过运筹来帮助田忌战胜齐王。如果他们的赛马活动定期举行,那么齐王就会从中意识到问题所在,继而采取应对策略。那么这时的"田忌赛马"就从决策问题变成了对策问题,而所属研究领域也从运筹学变成了博弈论。

1.3.3 夫妻之争

在许多电视娱乐节目中,常有考验夫妻默契程度的小游戏。例如,节目中的夫妻二人站在用挡板隔开的背景墙下,面对主持人和观众。然后,主持人提出一个问题,请二人利用肢体语言或白板文字来作答,不允许有任何交流。主持人所提的问题五花八门,不一而足。例如,主持人会问"生活中如何向对方表达'我爱你'"。如果两人说出的答案相同,则各自加 1 分,否则,得分为 0。假如在实际相处中妻子习惯用"亲吻面颊"来表达,而丈夫常常"拥抱"对方。显然二人不会如实回答,而是策略性选择一种,意即他们必须在两个动作之间作出选择。准确来讲,各自都需要揣度对方的选择。假设丈夫认为妻子选择"拥抱",显然,他也选择"拥抱"是最佳的。如果他认为妻子选择"亲吻",则自己也选择"亲吻"为上。仿照前文的画线方法,对二人博弈的矩阵元素进行画线,如图 1-12 所示。

图 1-12 夫妻之争

可见,夫妻二人同时选择"拥抱"或"亲吻"是这个游戏的均衡,双方都愿意。假如有一方有动机偏离,那么紧接着他(她)就会发现如此行为并不能获益。因此,只要有下一次选择的机会,他(她)还会退回二人已经达成的均衡状态。

但是,此处有两个均衡。相比没有找到均衡之前,二人的选择难度并没有降低多少——原因在于夫妻二人很难一致地锁定一个均衡。事实也确实如此:虽然二人都知道,但是行动仍然不一致。如果换作夫妻二人就某些自利的事情做选择,那么二人之间的不一致则更容易导致夫妻冲突。因此,这个博弈也称为"夫妻之争"。例如,在只有一台电视机的情况下,如果丈夫喜欢足球频道而妻子更喜欢娱乐频道,则两者很难达成一致。当然,如果夫妻之间感情深厚,相互为对方着想,可能会少有冲突,但不可完全避免。欧·亨利的小说《麦琪的礼物》中的德拉和吉姆就诠释了深爱之下行动错位的悲剧。德拉对自己的一头秀发珍爱有加、引以为豪,但为了给丈夫买一件"精致、珍奇而且真正有价值"的圣诞礼物,她忍痛割爱,为丈夫买了珍贵的白金表链。吉姆努力工作却薪水菲薄,但他深知爱妻对一家商店橱窗里陈列的发梳渴望已久,于是忍痛卖掉了三代祖传的金表。如此一来,二人的选择就错位了。

这样的实例在生活中屡见不鲜。春游同学们的偏好不同时应该如何确定旅游景点?新婚夫妻该回谁的父母家过年?你与生意伙伴意见相左时应该如何决策?也许你会自然想到采用沟通和协调来解决参与者的选择冲突。但是,并不是所有的场合都能够进行沟通和协调。即便能,所谓的沟通和协调是双方真实意图的传达吗?这真的能够消解冲突吗?

当然,本书给读者介绍的是更具一般性的知识。除了具有唯一均衡的博弈情景,上述两种博弈情景(包括具有两个均衡的博弈和没有均衡的博弈)都会带来相同的问题:这种均衡对参与者是否具有指导意义?能否保证均衡的一致预测性和普遍适用性?沟通和协调能够使得双方的结果更好吗?在稍后章节的具体介绍中,你将会找到答案。

1.3.4 海盗分金

"海盗分金",早年作为一个经典而有趣的智力游戏在民间流传甚广。传说某片海域上有 5 个海盗,偶然间获得了 100 枚金币。5 个海盗都是贪婪嗜杀之徒,但是又足够聪明、足够理性,所以 5 人一直为如何分配金币争执不下。所谓"足够聪明、足够理性",意即海盗们是具有推理能力的、自利的;而自利又意味着每个海盗尽力多得(哪怕一点微利),任何损人利己的事情都可以干。海盗嗜杀成性则意味着,即便无利可图,海盗们也宁愿杀人。然而,如果单打独斗,5 人体力相当,强制分配并不可行,争执不下只得民主表决。

具体表决程序如下。首先,由第 1 个人提出他的分配方案,全体海盗进行实名投票。如果有半数以上(不含半数)的人表示不同意,那么方案不能通过。第 1 个海盗就会被扔进大海,由第 2 个海盗继续提出自己的方案。换言之,只要半数及以上的海盗表示同意,那么方案就获得通过,无须进入下一步。当由第 2 个人提出方案时,与海盗 1 一致,即在所剩海盗中如果有半数以上的人表示反对,则方案不通过,第 2 个人被扔进大海。后续以此类推……

那么,5 个海盗应当如何分配这 100 枚金币呢?按照直观的判断,众口难调之下,无任何参照的海盗 1 是最危险的,稍有不合理之处就可能毙命。而海盗 5 则只需考虑如何得到更多金币。

正面入手来分析可能有些复杂,因为每当有人被推下去,剩下的人都要重新考量如何分配。显然第 5 个海盗不用担心这个问题,因为他是最后一个。实际上轮不到他分配,因为只剩第 4、5 两个海盗时他的反对已经无效了。不妨循此思路,采用逆推法,继续向前分析。由此,海盗 4 只需分给第 5 个海盗 0 枚,自己得 100 枚。当然,海盗 4 和海盗 5 都知道这个事实,而且知道对方也知道……所以,海盗 5 并不会让结局走到这一步。在海盗 3 分配时,海盗 5 就会争取利益。当然,海盗 3 心知肚明,他只需给出 1 枚金币拉拢海盗 5 同意自己的分配方案,而无须理会海盗 4。

以此类推,可以得到所有海盗的分配方案,如表 1-2 所示。

表 1-2　海盗分金方案图示

参与人	海盗 1	海盗 2	海盗 3	海盗 4	海盗 5
海盗 1	97	0	1	0	2
海盗 2		99	0	1	0
海盗 3			99	0	1
海盗 4				100	0
海盗 5					100

结果出乎意料,看似最危险、最应让利的海盗 1 却获得金币最多!这是在 5 个人都理性的前提下所得出的结果,而所使用的方法则是逆向归纳法(backward induction)。这种推理方法基于参与者的理性假设,要求参与者"向前展望,倒后推理"。读者可就此进一步展开想象。这个博弈中的均衡与前几个博弈中的均衡一样吗?该如何表示?如果海盗 2

为了拉拢海盗 5 来反对海盗 1,从而许诺分给他 5 枚金币,那么这种承诺是否可信? 为什么现实中很少发生这种极端的分配? 关于这类问题的细致分析,本书都有涉及,将在后面的章节中逐步介绍。

1.4 博弈的分类

在给出博弈的概念之后,1.3 节简单介绍了一些有趣的、经典的博弈案例。在本节中,我们将进一步介绍博弈的知识,主要是博弈的分类。博弈论在现实中的应用如此广泛,所采用的研究方法又如此复杂多样,为了从整体上把握博弈论的轮廓,系统地分类似乎是必要的。分类的参照既可以是参与者的数量、策略集合的大小,也可以是行动次序,甚至信息结构或得益状况等。一般来讲,博弈的分类不同,所采用的研究方法相应不同,有关互动机理的分析也会不同。

1.4.1 根据参与者数量分类

从参与者数量来看,可将博弈分为"两人博弈"和"多人博弈"。[①] 单人博弈在本质上是人和自然的博弈,实际上也是决策论的研究内容;而两人博弈是两个参与者之间的博弈,在博弈论中最为常见;一般来讲,多人博弈相对复杂,所以对多人博弈的讨论比较少——即使有,也是一些易于分析的特定情景。

1. 两人博弈

显然,两人博弈有两个参与者,他们的策略和得益是相互依存的。前面提到的博弈模型大多是两人博弈,如囚徒困境、价格战、夫妻之争等。在本书中,我们将大范围地讨论两人博弈。准确来讲,本书主要以两人博弈为例介绍博弈的基本理论和方法。实际上,这些理论可能不限于两人博弈,而是多人博弈下的结果。

1944 年,冯·诺依曼和摩根斯坦的经典著作《博弈论与经济行为》将两人博弈推广到 n 人博弈结构并将博弈论系统应用于经济领域,从而奠定了这一学科的基础和理论体系。约翰·纳什(John Nash)的开创性论文《n 人博弈的均衡点》(1950)、《非合作博弈》(1951)等,给出了多人纳什均衡的概念和均衡存在定理。因此,除非特别说明,两人博弈下的一般性结论也适用于多人博弈——当然,并不能简单照搬。

2. 多人博弈

多人博弈是指三个及以上参与者进行的博弈。在分析参与者的策略行为时,不仅要考虑两两之间的相互作用,还要考虑参与者可能会形成联盟。因此,这种情况比仅有两人博弈时更加复杂。此时,决策者在决策时是否面临强力约束将直接引出博弈分析的两种思路:非合作博弈(noncooperative game)与合作博弈(cooperative game)。无论哪种博弈,人们在分析决策者的策略行为时都要考虑可能发生的联盟对均衡策略的影响。让我

---

① 亦有教材分为单人博弈、两人博弈与多人博弈。

们举例来说明这一事实。

某一公司有三个股东 X、Y、Z,分别持有公司 25％、35％、40％的股份。现在公司有四个项目 A、B、C、D 可以投资,但是只能投资一个项目。股东 X 的选择倾向是 A、B、C、D,即首选是项目 A,再选是项目 B,次选是项目 C,末选是项目 D。股东 Y 的选择倾向是 B、C、D、A,股东 Z 的选择倾向是 D、B、A、C。图 1-13 为股东偏好的排序。

		首选	再选	次选	末选
	X	A	B	C	D
股东	Y	B	C	D	A
	Z	D	B	A	C

图 1-13　股东偏好的排序

对于任一股东,自己的首选得到执行时得益为 3,再选得到执行的得益是 2,次选得到执行的得益是 1,末选得到执行的得益是 0。如果 100 张选票按照股东的股份进行分配,那么股东 X、Y、Z 分别得到 25、35、40 张选票。股东投票的要求是必须把自己的选票全部投给某一个项目。最终得票数最多的项目将获得执行。

不难理解,每个股东都想让自己的首选项目得到执行,这样自己的得益才能最大化。如果如此投票,则项目 A 获得 25 张选票,项目 B 获得 35 张选票,项目 D 获得 40 张选票。显然,项目 D 将会得到执行。但它会是一个均衡吗? 事实上并不是,因为必须考虑其他股东联合时的情况。例如,如果股东 X 改将选票投给项目 B,那么项目 B 就会获得执行。这时股东 X 的得益会变成 2,股东 Y 的得益变成 3。显然,它优于上述的诚实投票。

这种内部成员为了谋取更多利益而形成联盟的例子看似虚构,实际上并不少见,例如春秋末期的"晋阳之战"。

在西周和春秋早期,各诸侯国通常都将公室子孙分封为大夫,将血缘关系作为公室的屏卫。及至晋献公,由于其宠爱骊姬而破除了先例,逐杀诸公子,从此晋国的公室贵族逐渐为外姓"权臣"所取代。从晋文公开始,后经历代演变,到春秋末期,晋国只剩下智、赵、韩、魏四家,其中以智氏最强。

智氏之主智伯在朝专权,假借向晋公献地进行"削藩"。韩康子、魏桓子惧其以武力相加,被迫各送一万户之邑。在向赵襄子索地遭拒后,智伯胁迫韩、魏两家出兵攻打赵氏。智伯围困晋阳两年而不能下,引晋水淹灌晋阳城。危急中,赵襄子派谋士张孟谈密会韩康子、魏桓子,晓之以"唇亡齿寒"之理。韩、魏两家倒戈,放水倒灌智伯军营。遂大破智伯军,擒杀智伯。晋阳之战为日后"三家分晋"奠定了基础。

在"晋阳之战"中,韩氏和魏氏由于畏惧智氏的强势而采取委曲求全的策略,使得他们陷入困境。但是,这种策略也并非不可取,毕竟反例为证。赵氏的反抗引发了智氏与韩、魏的联合攻战,水淹晋阳,处境岌岌可危。若不是说服韩、魏倒戈,与赵氏形成三家联盟,则赵氏很难存活。因此,就独自决策而言,"智伯索地,韩、赵、魏献地"看似一个"均衡"。但事实证明它不稳定,被韩、赵、魏三家联盟打破了。

不仅如此,还有更为令人深思的现象。在多人博弈中,看似均衡的背后常有"破坏者"

存在。所谓"破坏者",就是指这样的一类参与者:他的策略选择对自身利益并无太大影响,不过对其他参与者却有着显著作用,甚至是决定性的。通俗来讲,破坏者的行为也许并不能使自己成功,但是却可以阻止别人成功。

扩展阅读:总统竞选中的破坏者

"破坏者"在美国总统竞选中相当常见。例如,在 2000 年的大选中拉尔夫·纳德(Ralph Nader)就是所谓的"破坏者",类似的还有 1992 年大选中的总统候选人罗斯·佩罗(Ross Perot),1980 年大选中的总统候选人约翰·安德森(John Anderson)和 1968 年大选中的总统候选人乔治·华莱士(George Wallace)等。

在 2000 年,乔治·沃克·布什(George Walker Bush)、艾伯特·戈尔(Albert Gore)、拉尔夫·纳德三个候选人参与竞选总统,票数最高者选举为总统。按照当年的情景,布什和戈尔在佛罗里达州之外的选票几乎相等。然而,在佛罗里达州一直呈现胶着状态。经过多次的票数统计(包括人工普查),戈尔最终仅以 537 票的差距输给布什。其间,纳德一直作为两大党之外的绿党参与总统竞选,在佛罗里达州赢得 9.7 万张选票。其竞选纲领与民主党比较接近,因此很多民主党人认为,纳德的参选分走了本应投给戈尔的部分选票。假设纳德退出竞选,那么将有约 5.2 万张选票投给戈尔,戈尔就能成功当选。时至今日,支持戈尔的民主党人依旧认为当初是纳德的"搅局"让戈尔最终以微弱差距败给布什。

1.4.2 根据策略数量分类

如果一个策略式博弈中参与者数量和所有策略集合都是有限的,那么该博弈是有限的;相反,只要参与者数量或某一参与者的策略集合是无限的,那么该博弈就是无限的。在常见的有限博弈中,每个参与者的可能策略总数不过个位数字,如果仅仅学习博弈知识,而并非为了解决某个特定问题,2~5 个策略已经足够说明问题,就像前述的囚徒困境、酒吧博弈一样。在常见的无限博弈中,决策变量则表现为实数或可列的自然数。例如,石油输出国组织(OPEC)的成员国之间就石油输出所进行的博弈,其中各个国家的石油产量可视为某一区间内的实数。又如,某一市场上寡头企业间就生产多少产品所进行的博弈,产品产量可视为可列的自然数或不可列的实数。当然,如果参与者的数量是无限的,一般为无限可列的。例如,考察某一群体雄性体征的演化博弈,可将雄性个体的数量视为无限可列的。

从分析方法上来讲,有限博弈和无限博弈存在较大差别。如果参与者的策略集合是有限的,可以采用穷举比较、归纳迭代等方法。如果参与者的策略集合是无限的,穷举法显然失效,因而常常采用微积分来分析参与者的最优策略。相较有限博弈而言,虽然对无限博弈的建模引入更多的数学符号,分析也更加抽象,但是只要读者掌握了微积分和概率论的基础知识,就会发现难度并没有显著增加。如果参与者的数量是无限的,则更多地使用归纳迭代或微分方程来由特殊推及一般,得出具有普适性的等式关系。

1.4.3 根据得益总和分类

根据得益总和,可将博弈分为零和博弈、常和博弈和变和博弈。所谓零和博弈,是指无论参与者如何行动,所有参与者的得益总和始终为 0 的博弈。与之相似,无论参与者如何行动,所有参与者的得益总和始终为某一常数的博弈称为常和博弈；否则称为变和博弈。

1. 零和博弈

零和博弈是常见的一类博弈,也是研究最多的一类博弈。例如 1.3.2 节所涉及的赌胜博弈,大多是有赢必有输,所有输家的损失就是所有赢家的所得。就经济生产而言,零和博弈并不能给社会带来增益或亏损,只是财富或资源在博弈成员内部的重新分配。此外,竞技类比赛常常都是零和博弈。在这类比赛中,参与者之间的竞争通常都比较激烈,利益是相互对立的。进而,参与者也更关注如何制胜,几乎没有合作的空间——即使有,参与者之间的合作也常常被禁止。

实际上,在常见的"纳什均衡"出现之前,博弈论的研究主要集中在零和博弈上。从博弈论的历史来看,零和博弈是最早研究的一类博弈。零和博弈在均衡解及其存在性条件等方面都有特定的性质,在进行重复博弈时也有一些特性,这在后面的章节中将会做相应阐释。

2. 常和博弈

常和博弈在本质上与零和博弈相同,可以通过将所有的得益都减去某一相同数值而变为零和博弈。当然,零和博弈也可视为常和博弈的一种特例。

在常和博弈中,参与者之间的利益也是相互对立的,更易引发竞争和冲突。实际上,常和博弈常用于分析固定份额财富或资源的分配。例如,大国之间就指定的碳排放额度的分配、子公司之间的红利分配等。在积分制的竞技体育中也常见这种博弈,如排球比赛,获胜的团队获得 1 分,否则得 0 分。

3. 变和博弈

变和博弈中参与者的利益总和会随着策略组合的不同而变化。此时参与者之间的利益既对立又统一,既不能完全避免竞争,又有合作的可能性。在人际互动中常见的"双赢",一般出现在变和博弈中。而本书所要讨论的博弈则大部分属于变和博弈。这类博弈的应用也很广泛,如已经提及的囚徒困境、夫妻之争等博弈。又如,足球联赛中胜方积 3 分,平局各积 1 分；每场比赛的积分之和要么为 3 分,要么为 2 分。

1.4.4　根据行动次序分类

从博弈的要素来讲,接下来我们依照博弈的规则对其进行分类。请注意,规则包含多个方面,首先是行动次序。现有博弈的研究可依照行动次序简单地分为三类:"静态博弈""动态博弈"和"重复博弈"。

1. 静态博弈

静态博弈是指博弈中的参与者同时采取行动,或者行动有先后次序但是参与者无法看到先前别人的行动。需要说明的是后一种情况。在有些博弈中,虽然参与者并不是同时行动的,但是他们在行动之前并不知道别人的历史选择,因此无法针对别人的行动作出反应。即便在行动期间一方知道了另一方的行动,也无法立即变换行动。例如两军对垒,即便一方在作战中获悉了对方的作战计划,可是已然来不及更换自己的计划了。这种情形屡见不鲜,例如赤壁之战中的火烧战船情节,原文如下。

报称:"皆插青龙牙旗。内中有大旗,上书先锋黄盖名字。"操笑曰:"公覆来降,此天助我也!"来船渐近。程昱观望良久,谓操曰:"来船必诈。且休教近寨。"操曰:"何以知之!"程昱曰:"粮在船中,船必稳重;今观来船,轻而且浮。更兼今夜东南风甚紧,倘有诈谋,何以当之?"操省悟,便问:"谁去止之?"文聘曰:"某在水上颇熟,愿请一往。"言毕,跳下小船,用手一指,十数只巡船,随文聘船出。聘立于船头,大叫:"丞相钧旨:南船且休近寨,就江心抛住。"众军齐喝:"快下了篷!"言未绝,弓弦响处,文聘被箭射中左臂,倒在船中。船上大乱,各自奔回。南船距操寨止隔二里水面。黄盖用刀一招,前船一齐发火。火趁风威,风助火势,船如箭发,烟焰涨天。

显然,孙、曹两家制定的战略(策略)不是同步的,也没有任何沟通,反而相互欺瞒。周瑜就计用火攻、曹操拒谏锁战船;阚泽密献诈降书、孔明巧借东南风。这些环环相扣的事件逐步形成了双方的策略:黄公覆乘火船诈降,曹孟德纳降军备战。而且火攻时的行动也有先后次序。例如,黄盖在出发前早已准备火船二十只,船头密布大钉,而曹操在察觉来船有诈时已然来不及变换战略,只能仓促应战。正如前述论断,只要参与者在行动之前看不到别人的行动,而且参与者之间没有沟通,那么这样的博弈都可以忽略行动次序,视为静态博弈。

2. 动态博弈

实际上,并非所有博弈都可视为静态的。相反,存在一大类博弈,其中的行动有先后次序,并且后动者能够观察到先动者的行动并作出反应。这类博弈被称为动态博弈。参与者的每次行动可看作一个阶段,因此动态博弈也称为"多阶段博弈"。常见的动态博弈是弈棋游戏和纸牌游戏。在这类游戏中,规则明确规定每个参与者的行动次序,而且会涉及禁止的出牌(棋)。当然,禁止出什么牌(棋)既有可能是统一而定的,也有可能是根据历史行动而定的。

一般而言,先期行动不仅影响后继行动所对应的策略集合大小,还可能影响未来参与者的数量,自然也会影响某一既定策略是否最优。例如,在战国时期的长平之战中,赵军数战不利,主将廉颇决定依托有利地形,坚守不出。秦国丞相范雎派人携带千金到赵国施行反间计,赵孝成王不顾蔺相如和赵括母亲的谏阻,派赵括去接替廉颇为主将。显然,范雎的反间计不仅改变了廉颇和赵括各自的行动空间(策略集),而且将廉颇从后续博弈中剔除了。

同静态博弈一样,每个参与者为了寻求最佳策略都必须思考这样的问题:如果我如此选择,对方将如何应对?对于我的每一个可能行动,他是否都有应对?如果给定他的应对,什么才是我的最优行动?

2015 年 3 月,珠海格力电器股份有限公司(以下简称"格力")开始涉足手机行业。与此同时,面对行业的激烈竞争,各大手机厂商也都在紧锣密鼓地推出自己的新产品。例如,3 月 31 日三星 S6 正式发布,4 月 8 日 HTC(宏达国际电子股份有限公司)发布 One M9+,等等。

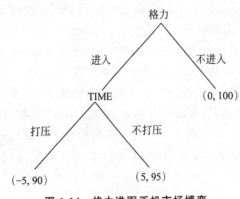

图 1-14　格力进军手机市场博弈

当像格力这样的家电厂商开始进军智能手机行业的时候,既有厂家应该做何反应?假设手机市场已经接近饱和,格力的进入只能是从既有厂家口中分一杯羹,因此可能会遭到既有厂家的抵制。如此一来,格力不但不能盈利,反而会亏损。而其他手机厂商也要因此而付出代价。如果其他手机厂商不进行打压,那么格力就可以在这里分得一部分利润。当然格力也可以选择不进入市场。格力进军手机市场博弈见图 1-14。

简单起见,假设总利润为 100,其他既有的手机厂商就以 TIME 指代。如果格力不进军手机领域,那么格力的得益为零。如果格力进军手机领域,TIME 选择打压,则 TIME 得益就变为 90,而格力的得益变为−5;如果 TIME 选择不打压,则两者和平相处,TIME 的得益为 95,格力的得益为 5。这就是两个参与者的两阶段博弈,是动态博弈的一种简单情景,其中格力的得益在前,其他企业的得益在后。

3. 重复博弈

除了静态博弈和动态博弈之外,还存在一类相对特殊的博弈:重复博弈(repeated games)。所谓重复博弈,是指同一个博弈反复进行所构成的整体博弈过程,而构成重复博弈的一次性博弈叫作"元博弈"或者"阶段博弈"。这种博弈,简单来说就是同一个博弈在相同的环境条件下重复进行。例如,"剪刀、石头、布"游戏,同一个游戏会不停地重复;贸易制裁与反制裁,会在两个国家间不定期上演;等等。

重复博弈又可以分为有限重复博弈(finitely repeated games)和无限重复博弈(infinitely repeated games)。有限重复博弈是指原博弈在重复了有限次后就会结束的博弈。例如在 NBA(美国职业篮球联赛)赛事体系中,每个球员都与老板签订了固定期限合同。在每一年的特定时间,球员和老板将就维持合同和结束合同进行权衡,这就是一个有限重复博弈。而无限重复博弈是指无限次重复的博弈。一般来讲,它只是理论意义上的"无限"。当一个博弈中的参与者无法预知博弈的结束时间或重复次数时,也可视为无限博弈。例如,麦当劳与肯德基、百事可乐与可口可乐等长期竞争对手之间的博弈,都可视为无限博弈。

需要提醒读者注意的是,一次博弈和重复博弈是有显著差别的。在一次博弈中,由于参与者之间的博弈只有一次,参与者只需顾及眼前利益即可。因此,只要有利可图,参与者无须考虑公平与合作问题,任何自私自利的行动都可以采取——甚至可以无情地"伤害"或者"出卖"对方。但是在重复博弈中参与者必须考虑后继博弈的影响。如果参与者因在某一阶段选择了自私行为而伤害了对方,那么他必须顾及在后继阶段对方报复的可能性与后果。

所以,在眼前利益与未来利益的权衡下,参与者有可能采取合作行动。一般来讲,重复的次数越多,合作的可能性就越大;特别是当重复次数趋向于无穷时,博弈的结果还可能发生根本性的变化。

1.4.5　根据参与者理性分类

根据参与者理性,博弈可以分为合作博弈和非合作博弈两大类。概括地讲,合作博弈强调的是集体理性和效率,参与者的决策是以集体目标最大化为驱动的;而非合作博弈则更强调个体理性,即个体利益最大化。

从博弈论的发展历史看,合作博弈与非合作博弈是从两个不同的出发点展开研究的。二者的发端时间几乎相同,及至后来,形成了相互独立的博弈理论和研究方法。非合作博弈强调的重点在个人行为:每个理性的参与者会作出什么样的决策,理性的参与者实际上是怎样选择行动的,博弈最可能出现的结果是什么等。但在合作博弈中,人们更关注参与者之间的联合行为:他们会形成什么样的联盟(甚至包括所有参与者的大联盟),他们之间如何瓜分合作的收益等。如果合作确实带来收益,但是收益的分配不足以使所有参与者最终接受,那么就应假定存在一些能使协议实施的外在机制(如制度、仲裁等)。除此之外,还有两点需进一步说明。

(1) 非合作博弈并非意味着每个参与者总是拒绝合作,而是强调参与者自私的决策动机,即决策时仅考虑自己的利益。读者可回顾前文所出现的博弈案例,管中窥豹,可见一斑。在非合作博弈中,除了那些博弈规则确实允许的协议外,参与者无法达成有约束力的协议,所以诸如协议、威胁、承诺的沟通事项是无法实施的——即便允许这类沟通存在,仍然无法确保它们是可信的。在非合作博弈中,与具体情形有关的方方面面都必须明白无误地模型化在博弈规则中。所以,在非合作博弈中即便有合作出现,它也是以自利为前提的,且在规则中有着明确约定。

当然,不能据此否认在非合作博弈中有合作行为出现。事实上,非合作博弈论中的重要工作之一就是:设计科学合理的激励机制,促使内生的合作在一定条件下实现。

(2) 合作博弈假定参与者之间的协议是有完全约束力并且能够实施的,即合作是外生的。从本质上讲,合作博弈理论研究的是如何在参与者之间达成一种有约束力的协议,以便形成一个无冲突、无背叛的合作联盟(抑或说串谋)。不过,从某种意义上讲,合作博弈可视作非合作博弈的一种特例,即串谋和约束过程可以从外部植入博弈规则(或博弈的要素)中的情况。

1.4.6　根据信息结构分类

1.2.2 节已经对博弈的信息结构做了介绍,顺便提及了依照信息结构所进行的博弈分类。而本书也正是将信息结构与行动次序相结合来组织章节内容的。具体而言,本书将依照完全信息静态博弈、完全信息动态博弈、完全但不完美信息博弈、不完全信息静态博弈和不完全信息动态博弈来讲述非合作博弈知识,并在其后介绍了博弈论中相对独立的四部分内容：机制设计、重复博弈、演化博弈与合作博弈。

博弈论的早期研究主要集中在如何从数学形式上解决诸如均衡解的定义等基础问题上，其应用也大多集中在政治、军事以及博彩等领域。直到 20 世纪 70 年代中期以后研究者才开始转而强调参与者的理性以及与理性相关的知识结构。特别是在讨论了个人的效用函数之后，他们发现信息是一个非常重要的问题。逐步地，信息问题成为研究者关注的焦点。当然，在此之前，一些奠基性成果已经出现，只是还未得到广泛关注。同时，一个参与者是否具有足够的理性及在这种理性下他都知道哪些信息，再到这些信息如何体现在博弈模型中，这些问题都将深刻影响参与者的行为以及对这些行为的分析。例如，在研究个人行为时，个人决策有一个时间顺序，意即当一个人作出某项决策时必须对其之前或之后的决策有所了解（哪怕只是猜想或主观感知）。毕竟，他的决策受之前行动的影响，也将影响后续的行动。因此，时序问题以及何为共同知识就变得非常重要。博弈论发展到这一阶段正好为这两方面的问题（时序和信息）提供了有力的分析工具。

🔍 思考与练习

"三门问题"亦称为"蒙提·霍尔（Monty Hall）问题"，出自美国的电视游戏节目 *Let's Make a Deal*。参赛者会看见三扇关闭了的门，其中一扇的后面有一辆汽车。选中这扇门可赢得一辆汽车，另外两扇门后面则各藏有一只山羊。当参赛者选定一扇门但尚未开启的时候，节目主持人打开剩下两扇门的其中一扇，露出其中一只山羊。注意，主持人清楚地知道哪扇门后是羊。主持人其后会问参赛者要不要改选另一扇仍然关着的门。问题是：换另一扇门能否提高参赛者赢得汽车的概率？答案是会。你能利用单人博弈模型给出简单的分析吗？

1.5　博弈论简史

博弈论是一门非常年轻并且充满活力的学科。纵观博弈论的发展进程及研究对象，由静态博弈到动态博弈，由完全信息博弈到不完全信息博弈，由简单博弈到复杂博弈，正是一个不断开枝散叶、蓬勃发展的过程。

1.5.1　博弈论的早期形成

尽管博弈论的朴素思想可以追溯到人类的古代文明，但是近现代科学意义上的博弈历史却并没有那么远，普遍认为其起源于 19 世纪 40 年代，成立于 20 世纪 40 年代，距今也不过七八十年的历史。

1838 年，安东尼·A. 古诺（Antoine A. Cournot）提出了关于行业寡头之间通过产量决策进行竞争的模型（即耳熟能详的古诺模型），可看作博弈论早期研究的起点。1883 年，约瑟夫·伯川德（Joseph Bertrand）提出了通过价格进行博弈的寡头竞争模型（即伯川德模型），与古诺模型有异曲同工之妙。当然，弗朗西斯·埃奇沃思（Francis Edgeworth）在 1881 年提出的"合同曲线"也是博弈论发展的思想源泉，与合作博弈理论中的"核"这一重要概念相吻合。但是，它们只能算作早期的零星研究，其贡献主要在于发展了经济学,而并非试图创建一个新学科或新理论。

直到 20 世纪初,博弈研究才在理论基础上有了较大进步。厄恩斯特·弗里德里希·F. 策墨罗(Ernst Friedrich F. Zermelo)在 1913 年得出了关于象棋博弈的定理,并提出了"逆向归纳法"——它是对动态博弈进行分析时的一个基本工具。而在 1921 年,埃米尔·波雷尔(Emile Borel)通过研究象棋对混合策略(mixed strategy)作出了现代表述,进而给出了两人有限博弈的极小极大解。紧接着,冯·诺依曼于 1928 年给出了扩展型博弈的定义,并证明了有限策略二人零和博弈具有确定性结果。这在博弈论的发展中意义重大,相当于宣告了这条道路可行。而真正意义上博弈论作为新学科的奠基,始于冯·诺依曼与摩根斯坦在其后出版的专著。

冯·诺依曼和摩根斯坦于 1944 年合著的《博弈论与经济行为》,标志着博弈论作为一门独立学科的诞生。该巨著汇集了当时博弈论的研究成果,将其框架首次完整而清晰地表述出来,使其作为一门学科获得了应有的地位。在书中,作者引入通用博弈理论的思想,提出大部分经济问题都应作为博弈来分析的观点。具体而言,该书介绍了博弈的标准式和扩展式,定义了最小最大解,并证明了这个解在所有二人零和博弈中存在。同时,该书也对合作博弈做了探讨,开辟了一些新的研究领域。在这部著作中,作者使用了包括集合论、线性集合、逻辑学和群论等一些重要概念来阐述博弈的相关概念和结论。严密的数学演绎虽然看似艰涩抽象,却为博弈论的稳健发展提供了坚实柱梁。

接下来博弈论研究有了长足进步,在 20 世纪 50 年代进入成长期,并在 60 年代步入成熟期。合作博弈与非合作博弈几乎同时发展,各有千秋。同时,后来所形成的其他博弈论分支也基本在此时发端。在这一期间,博弈论不但产生了广泛而深远的学理影响,还直接促进了诸多实践议题的突破与解决。

第一条主线是非合作博弈的研究。纳什在 1950 年和 1951 年发表了两篇非合作博弈的重要论文,明确提出了后来在博弈论中最重要的概念——"纳什均衡(Nash equilibrium)"。纳什均衡要求每个参与者的策略是对他所预测的对手策略的最优反应,并且使每个参与者的预测都是正确的。"纳什均衡"这一概念,奠定了非合作博弈蓬勃发展的基础。同时,它也是古诺和伯川德所研究的特定模型均衡的一个自然推广,是大多经济问题分析的起点。1950 年,美国数学家艾伯特·塔克(Albert Tucker)与人合作建立了"囚徒困境"模型,对博弈问题进行了形象化的处理和表述,使其被广为接受。

即便有了现在看来的关键性突破,彼时的博弈论研究依然是少数学者关注的领域。在 1956 年耶路撒冷举行第一届国际博弈论会议时,与会者仍然少得可怜——直到 20 世纪 60 年代一些重大进展出现。

1965 年,莱茵哈德·泽尔腾(Reinhard Selten)引入"子博弈完美纳什均衡"(subgame-perfect Nash equilibrium)的概念。在动态博弈中,局中人可能在博弈过程中相机抉择,改变均衡策略设定,从而使得均衡策略存在可信性问题。泽尔腾最先论证了某些纳什均衡比其他纳什均衡更加合理,这些均衡就是子博弈完美纳什均衡。它要求均衡策略在每个信息集上都是对于对手策略的最佳反应,这样就避免了局中人利用非最优策略来实施"空洞威胁"或"信口承诺"。子博弈完美纳什均衡是纳什均衡在完全信息动态博弈中的精炼与推广。

尽管如此,仍有广袤的空间等待着研究者去探索。例如,决策缺乏足够信息的情况比比皆是。由于缺乏处理不完全信息的一般性手段，博弈论的早期研究相对迟缓，批评声不断。直到 1967 年、1968 年，约翰·海萨尼(John Harsanyi)提出一种转换方法来模型化不完全信息博弈，这种局面才得以改善。这种方法也被称作海萨尼转换(Harsanyi transformation)，它将无从分析的不完全信息转化为可利用贝叶斯方法来分析的完全但不完美信息。这种转换带来了贝叶斯理论的广泛使用，因而也使得贝叶斯纳什均衡(Bayesian Nash equilibrium)具有非常强的解释力。从此，博弈论也成为研究信息问题的重要手段，促进了信息经济学的发展。

　　第二条主线是对博弈中合作行为的研究。1953 年，唐纳德·吉利斯(Donald Gillies)提出了合作博弈中核的概念，后经罗伊德·夏普利(Lloyd Shapley)和马丁·舒贝克(Martin Shubik)发展成为合作博弈解的概念。同样在 1953 年，夏普利运用公理化方法建立了夏普利值(Shapley value)。夏普利值强调所得与贡献对等，是合作博弈中关于利益分配的一个重要概念。此后，罗伯特·奥曼(Robert Aumann)考察了许多具体的合作行为，分析了更特殊的合作行为的解(核)，并于 1959 年定义了"强均衡"的概念，即没有任何行为人群体可以通过单方面改变他们的决策来获益的情形。1964 年奥曼和迈克尔·梅斯勒(Michael Maschler)引入合作博弈的谈判集，1965 年莫顿·戴维斯(Morton Davis)和梅斯勒建立了核，1969 年大卫·施梅德勒(David Schmeidler)建立了核仁。

　　除了常识性的基本概念得到了系统性的阐述，博弈论的应用领域也在拓宽。在 20 世纪 50 年代后期的核武器军备竞赛背景下，托马斯·谢林(Thomas Schelling)在其《冲突的策略》(1960)一书中，提出了将博弈论作为社会科学研究统一框架的观点，并对讨价还价和冲突管理做了详尽分析。他把注意力从零和博弈上转移开来，强调这样一个事实：几乎所有的多人决策问题都是冲突和共同利益的混合体，而两种利害关系之间的相互作用可以通过非合作博弈理论进行分析。他的研究成果是把博弈论带入社会科学的里程碑。

　　此间同时发端的还有博弈论中两个重要的分支：微分博弈和演化博弈。

　　(1) 微分博弈理论是求解协调控制问题的崭新思路，它的提出最初是出于军事需要。20 世纪 50 年代，美国空军开展军事对抗中双方追逃问题的研究，发现采用既有的博弈理论难以奏效。因而从 1951 年开始，以美国数学家鲁弗斯·伊萨克(Rufus Isaacs)为首的研究小组，将现代控制论中的一些模式引入博弈论，终于取得了突破性的进展，并开创了新的对策论研究领域——微分对策。1965 年伊萨克发表的《微分博弈》是一部经典之作，它与理查德·贝尔曼(Richard Bellman)1957 年发表的《动态规划》、列夫·庞德里亚金(Lev Pontryagin)1962 年发表的《最优过程的数学理论》共同奠定了确定性微分博弈的理论基础。1964 年伯克维奇(Berkovitz)将变分法应用于微分博弈，莱特曼(Leitmann)等 1967 年研究了微分博弈的几何问题，1966 年，庞德里亚金提出运用极大值原理解决微分博弈问题。这些进展极大地促进了确定性微分博弈的应用。1969 年，弗莱明(Fleming)求得了随机控制的解法，使得分析随机微分博弈成为可能。

　　(2) 演化博弈理论另辟蹊径，不再将人模型化为超级理性的博弈方，而认为人类通常是通过试错的方法达到博弈均衡的，与生物进化原理具有共性。1950 年，阿曼·阿尔钦(Armen Alchian)建议在经济分析中用"自然选择"的概念代替"利润最大化"，认为适度的竞争可以作为决定各种制度形式存在的动态选择机制。在这种选择机制下,即使不把行为主体看作是理性的,来自社会的演化压力也将促使每个行为主体采取最适合自身生存的行动,从而达到一种均衡。阿尔钦的这种演化观不仅为新制度经济学研究制度的选择提供了一个思路,还为演化博弈论(Evolutionary Game Theory)的发展提供了思路。纳什1950年的"群体行为解释",则被认为是包含较完整的演化博弈思想的最早理论成果。纳什主张不需要假设参加者有关于总体博弈结构的充分知识,也不要求参加者有进行任何复杂推理的愿望和能力,只需假定参加者能够积累关于各种纯策略被采用时的相对优势的实证信息,纳什均衡仍可达到。此后这方面研究几乎沉寂,直至20世纪70年代演化博弈才有重要的进展。

自1944年《博弈论与经济行为》问世,再经过20世纪五六十年代的积累,博弈论作为一门学科已然形成了完整的体系。一系列兼具一致预测性和普遍适用性的基本概念得以系统阐述,而诸如不完全信息与非转移效用联盟博弈这样的扩充使理论变得更具广泛应用性。更重要的是,博弈论与数理经济及经济理论之间建立了扎实的关系。博弈论的快速发展和早期两大主要阵营——兰德公司和普林斯顿大学对人才的积极吸纳分不开。至20世纪70年代,博弈论的研究阵营逐渐壮大,1972年第四届国际博弈论会议的参加者已有近百人之多。

1.5.2　博弈论的成长壮大

20世纪七八十年代是博弈论的成长壮大期。经济研究中的绝大多数应用模型都是在20世纪70年代中期后发展起来的。从20世纪80年代开始,博弈论逐渐成为主流经济学的一部分,甚至可以说成为微观经济学的基础。各种权威经济学期刊均以不断增长的篇幅刊载博弈论的研究论文;重要的博弈论研究中心也开始在美国、德国、法国、荷兰、日本、英国、印度等国家建立起来。这段时期内,博弈论在所有研究领域都取得了重大突破,同时它也开始对其他学科的研究提供思想源泉和分析工具。在理论上,博弈论从基本概念到理论推演均形成了一个完整且内容丰富的体系。在应用上,政治与经济模型有了深入研究,非合作博弈理论应用到大批特殊的经济模型。同时,博弈论也应用到生物学、计算机科学、道德哲学等领域,诸如混合策略这样的概念得到了重新解释。

1972年,*International Journal of Game Theory* 创刊,其他一些博弈理论刊物也相继出现。1973年,海萨尼提出了关于"混合策略"的不完全信息解释,以及"严格纳什均衡"的概念。同年,迈克尔·斯宾塞(Michael Spence)提出了信号博弈,该博弈模型目前已成为信息不对称(information asymmetry)研究的一个重要部分。他在研究中不仅开创了广泛运用扩展式博弈描述经济问题的先河,而且较早地给出了完美贝叶斯均衡(perfect Bayesian equilibrium)等概念。

1975年,泽尔腾借用策略式博弈提出了颤抖手均衡(trembling hand equilibrium)的概念。颤抖手均衡是对纳什均衡的精炼,在均衡精炼中占据重要地位,并开启了一种全新的思路。同时,它也是一种很强的精炼均衡,因此又简称完美均衡。其基本思想是:在任何一个博弈中,每一个局中人均有可能犯错误,但是微小的错误不会改变参与者对某些均衡的预测,这如同双手颤抖的老人与人握手时的情形。如此一来,局中人在选择策略时就要考虑到其他局中人犯错误的可能性,由此定义了更加合理的均衡。

及至 20 世纪 80 年代,用于消除动态不完全信息中"空头威胁"或"信口承诺"的多个精炼均衡概念已经相继建立。除了上述的颤抖手均衡,序贯均衡(sequential equilibrium)也于 1982 年提出并发展成为博弈中基本的均衡概念。序贯均衡是非完全信息动态博弈中的核心概念,是对完美贝叶斯均衡的再精炼,也是信息经济学的分析基础;而完美贝叶斯均衡则可理解为贝叶斯纳什均衡和子博弈完美纳什均衡的综合。

这一时期博弈论领域涌现了一批有重要影响的研究者,例如戴维·克雷普斯(David Kreps)、保罗·米尔格罗姆(Paul Milgrom)、罗伯特·威尔逊(Robert Wilson)、乔治·阿克洛夫(George Akerlof)、斯宾塞和约瑟夫·斯蒂格利茨(Joseph Stiglitz)等。这些人对于不完全信息博弈中的机制设计(mechanism designing)和信息不对称的研究,奠定了相当长时期内博弈论研究和应用的格局。

此外,1976 年奥曼对"共同知识"的讨论也引发了关注。奥曼通过研究建立了交互认识论,从而形成了现有对模型设置的共同知识(如收益、行动顺序等)和对理性的共同知识。同时,交互认识论也在经济模型和计算科学等许多领域得到了广泛应用,比如用于分析多重处理器网络的分布环境等。

在合作博弈方面,1974 年吉尔莫·欧文(Guillermo Owen)提出欧文值,基于具有联盟结构的合作博弈的夏普利值进行了扩展。1977 年罗杰·梅尔森(Roger Myerson)提出梅尔森值,假设只有直接或间接相关参与者形成的联盟才能实现合作,由此得出参与者之间连通的情境下合作博弈的夏普利值。虽然连通并不一定会影响合作,但会影响联盟产生价值后的分配。梅尔森值是参与者连通的情境下合作博弈最著名的分配规则之一,具有分支有效性和分支公平性,其增加的有效分配启发了一系列学者进行后续研究。

在微分博弈方面,美国数学家艾夫纳·弗里德曼(Avner Friedman)于 1971 年确立了微分博弈的理论基础,使微分博弈渐趋系统和完善。他采用离散近似序列方法建立微分博弈值与鞍点存在性理论,这给微分博弈奠定了坚实的数学理论基础。作为一种有效的方法,微分博弈被广泛应用于分析对抗问题,尤其在军事对抗领域。今天,微分博弈的应用已经深入社会、经济、生活等各个领域的方方面面,比如生产与投资、劳资与谈判、招标与投标等。

在 20 世纪 70 年代博弈论发展的重要事件中,还应当提及"演化博弈论"。尽管在早期的研究中也涉及演化思想,但是演化博弈理论在各个不同的领域得到极大的发展应归功于约翰·梅纳德·史密斯(John Maynard Smith)与乔治·普瑞斯(George Price),他们提出了演化博弈理论中的基本概念——演化稳定策略(evolutionarily stable strategy, ESS)。史密斯和普瑞斯的工作把人们的注意力从博弈论的理性陷阱中解脱出来,从另一个角度为博弈理论的研究寻找到可能的突破口。自此以后,演化博弈论迅速发展起来。生态学家彼得·泰勒(Peter Taylor)和利欧·琼克(Leo Jonker)在 1978 年考察生态演化现象时首次提出了演化博弈理论的基本动态概念——复制者动态(replicator dynamics),这是演化博弈理论的又一次突破性发展。演化稳定策略与复制者动态共同构成了演化博弈理论最核心的一对基本概念,它们分别表征演化博弈的稳定状态和向这种稳定状态的动态收敛过程,演化稳定策略概念的拓展和动态化构成了演化博弈论发展的主要内容。

1.5.3　博弈论的逐渐成熟

1994 年,纳什、泽尔腾和海萨尼三位博弈论学者荣获诺贝尔经济学奖,为博弈论树起了一块不朽的科学丰碑。此后,博弈论的研究和应用受到世界各国的重视,并在几十年之内数次斩获诺贝尔经济学奖。与此同时,随着信息技术的发展,数值计算、数据分析与计算机模拟已经不再是博弈论发展的障碍,反而成为深化博弈论研究的极大助力。至此,博弈论不断开枝散叶,要对每年发表的数以千计的博弈论相关文献进行了解已不是件容易的事。

20 世纪 90 年代之后,博弈论的研究体系已经变得枝繁叶茂,平铺直叙无法完整、精确地描述出博弈论发展的历史。因此,我们只是摘录硕果、管窥一斑。表 1-3 中列出了与博弈论相关的诺贝尔经济学奖获得者的工作,同时也将作为接下来叙述的主线。

表 1-3　诺贝尔经济学奖获得者及其所做的贡献

获奖年份	获得者	主要贡献	获奖时所在机构	所属领域
1994	海萨尼	这三位数学家在非合作博弈的均衡分析理论方面作出了开创性的贡献,对博弈论和经济学产生了重大影响	美国加利福尼亚大学	博弈论
	纳什		美国普林斯顿大学	
	泽尔腾		德国波恩大学	
1996	詹姆斯·莫里斯 (James Mirrlees)	前者在信息经济学理论领域作出了重大贡献,尤其是不对称信息条件下的经济激励理论;后者在信息经济学、激励理论、博弈论等方面都作出了重大贡献	英国剑桥大学	信息经济学
	威廉·维克瑞 (William Vickrey)		美国哥伦比亚大学	
2001	阿克洛夫	在不对称信息条件下的市场运行机制方面的奠基性贡献。三人的理论构成了现代信息经济学的核心,改变了经济学家对市场功能的看法,其分析方法被广泛应用于解释许多社会经济体制中存在的问题	美国加利福尼亚大学	信息经济学
	斯宾塞		美国斯坦福大学	
	斯蒂格利茨		美国哥伦比亚大学	
2005	奥曼	通过博弈论分析促进了对冲突与合作的理解。二人进一步发展了非合作博弈理论,并开始涉及社会学领域的主要问题。前者从数学的角度、后者从经济学的角度,都发现社会交互作用可以利用非合作博弈理论来进行深入分析	以色列希伯来大学	博弈论
	谢林		美国马里兰大学	
2007	里奥尼德·赫维茨 (Leonid Hurwicz)	为机制设计理论奠定了基础。赫维茨开创性地提出了机制设计理论的主要思想及框架,马斯金和梅尔森对其理论发展和实践应用作出了重大贡献	美国明尼苏达大学	微观经济学
	埃里克·马斯金 (Eric Maskin)		美国普林斯顿高等研究院	
	梅尔森		美国芝加哥大学	

续表

获奖年份	获得者	主要贡献	获奖时所在机构	所属领域
2012	夏普利	创建"稳定匹配"的理论,并进行"市场设计"的实践。解决了价格机制无法发挥作用时应如何匹配资源的问题,并设计出优化资源配置的匹配算法	美国加利福尼亚大学	博弈论
	埃尔文·罗斯(Alvin Roth)		美国哈佛大学	
2014	让·梯若尔(Jean Tirole)	对市场力量和监管研究作出了贡献。梯若尔在当代经济学三个最前沿的研究领域——博弈论、产业组织理论和激励理论均作出开创性的贡献,特别是在垄断和阻碍市场进入方面的研究	法国图卢兹经济学院	规制经济学
2016	奥利弗·哈特(Oliver Hart)	在契约理论方面作出重大贡献。他们的理论构建了多个经济主体之间如何最优化合作安排的博弈论框架,使许多政策和制度的制定得以完善	美国哈佛大学	微观经济学
	本特·霍尔姆斯特伦(Bengt Holmstrom)		美国麻省理工学院	
2020	保罗·米尔格罗姆(Paul Milgrom)	对拍卖理论的改进和对新拍卖形式的发明。他们研究了拍卖是如何运作的,为难以用传统方式销售的商品和服务设计了新的拍卖形式,比如通信频谱拍卖机制等	美国斯坦福大学	经济学
	罗伯特·威尔逊(Robert Wilson)			

纵观诺贝尔经济学奖的历史,自 1994 年博弈论首次摘得桂冠,截至 2020 年,共有九届诺贝尔经济学奖与博弈论的研究相关。1994 年,由于在非合作博弈研究方面的卓越成就,纳什、海萨尼、泽尔腾三人获得诺贝尔奖。1996 年,莫里斯和维克瑞凭借他们在不对称信息条件下的激励理论方面的奠基性贡献获得诺贝尔奖。2001 年,阿克洛夫(商品市场)、斯宾塞(劳动力市场)、斯蒂格利茨(保险市场)分别在不对称信息条件下的市场运行机制方面作出开创性贡献,三人的理论构成了现代信息经济学的核心,因此获得诺贝尔奖。2005 年,奥曼和谢林因博弈论之于冲突与合作的研究获得诺贝尔奖。2007 年,赫维茨、马斯金、梅尔森三人因创立与发展机制设计理论获得诺贝尔奖。2012 年,夏普利和罗斯因为其在稳定匹配理论(stable matching theory)和与之相关的市场设计方面所取得的成果而获得诺贝尔奖。2014 年,梯若尔独享诺贝尔经济学奖,因其在产业组织理论领域的研究,特别是针对寡头市场中的市场力量和监管问题的分析。2016 年,哈特和霍尔姆斯特伦由于对于契约理论的研究贡献共享诺贝尔奖,他们的理论构建了多个经济主体之间如何最优化合作安排的博弈论框架。2020 年,米尔格罗姆和威尔逊因其对拍卖理论的改进和对新拍卖形式的发明获得诺贝尔奖。更多详细内容可参阅相关资料。

博弈论为何屡获诺奖垂青?这源于博弈论的研究总能以独树一帜的经济学视角,精准地切入紧贴现实的研究课题。作为微观经济学领域近几十年发展最为迅速的学科,博弈论已经彻底重写了诸多经济领域,如市场竞争、产业组织理论、契约理论、拍卖设计等,甚至为战争冲突、选举制度、全球变暖等重大社会议题提供了解决路径。荣誉加身的博弈论足以成为整个经济学领域皇冠上的明珠。现代经济学奠基者保罗·萨缪尔森(Paul Samuelson)在他的经典教科书中曾引用过谚语:"你可以使鹦鹉成为训练有素的经济学家,所有必须学的只是两个词:供给和需求"——现在它们或许可换成"博弈"和"均衡"。

博弈论为整个社会科学的研究提供了统一的研究范式:聚焦于微观层面系统变量之间的作用机制,更关注经济演变的过程而不是结果。其既有严格的数学模型,也有缜密的逻辑推演。正因如此,凡是能够凭借策略决一胜负的现象都可以利用博弈论的框架进行分析——无论是日常生活中的棋牌游戏和体育竞技,还是经济运行中的贸易往来和生产管理,甚至国家之间的外交谈判和战争冲突。博弈论已经成为我们研究世界的一种工具,目前已经深入经济学、政治学、社会学和军事及人工智能等各个领域。

历经百年,博弈论不再局限于一门学科、一套理论,已经成为一种思想。今时今日,萨缪尔森为我们指明道路,"要想在现代社会做一个有文化的人,你必须对博弈论有一个大致的了解"。继往开来,博弈论仍会基于彪炳史册的研究成果不断更新迭代。说不定你此时学习的理论,就会在不远的将来获得诺贝尔奖,届时你也将作为一个亲历者为之欢呼。

扩展阅读:《2020 年诺贝尔经济学奖,博弈论又一次胜利?》节选

2020 年 10 月 12 日,瑞典皇家科学院常任秘书戈兰·汉森(Güran Hansson)宣布,将2020 年度诺贝尔经济学奖授予美国的米尔格罗姆和威尔逊,以表彰他们在"对拍卖理论的改进和对新拍卖形式的发明"方面作出的突出贡献,两位获奖者将分享 1 000 万瑞典克朗奖金(约合 760 万元人民币)。

评审委员会指出,两位学者的研究与实践"使世界各地的卖方、买方和纳税人都受益"。他们为难以用传统方式出售的商品和服务开发了拍卖形式,如无线电频率、捕鱼配额、机场降落位、碳排放额度或特定地区的矿物数量等。

经济学家发现在社会经济生活的拍卖实践中,往往会出现竞拍人赢得拍卖后觉得不值的现象。拍卖理论中将这一现象称为"赢家诅咒"。

米尔格罗姆和威尔逊不仅致力于基本拍卖理论,还发明了新的更好的拍卖形式,以应对现有拍卖形式无法使用的复杂情况。他们最著名的贡献是设计了美国当局首次向电信运营商出售无线电频率的拍卖。

1993 年,美国总统签署法令,授权联邦电信委员会对无线电频段许可证进行拍卖,并要求在一年之内进行第一次公开拍卖会。频段同时具有私有价值属性和共同价值属性。米尔格罗姆和威尔逊(部分与普雷斯顿·麦卡菲合作)发明了一种全新的拍卖形式——同步多轮拍卖(SMRA),一次拍卖同时提供所有物品(不同地理区域的无线电频段),以低价开始,允许反复出价,从而降低了不确定性并减少了"赢家诅咒"所带来的问题。

评审委员会表示,新的拍卖模式是一个很好的例子,说明了基础研究如何能够随后产生造福社会的发明。这个例子的不同寻常之处在于,是同一群人发展了理论和实际应用。因此,获奖者对拍卖的开创性研究给买卖双方和整个社会都带来了巨大的

利益。

……就我们对人类理性的信念而言,人人都是经济学家。我不是说我们每个人都能凭直觉创造出复杂的博弈论模型或懂得一般显示性偏好公理,而是说我们对人类本性的基本信念与经济学的立论基础是相同的。

资料来源:李光斗:2020 年诺贝尔经济学奖,博弈论又一次胜利?[EB/OL].(2020-10-15). https://www.sohu.com/a/424843477_116237.

1.5.4 博弈论在中国

中国博弈论的研究起步于 20 世纪 50 年代吴文俊院士的工作,二人零和博弈的极大极小定理是吴文俊理解博弈论的切入点,也是他研究的出发点。1959 年初,吴文俊发表了他个人博弈论研究生涯也是中国博弈论研究历史上的第一篇论文。吴文俊很早就意识到纳什在 20 世纪 50 年代从事的非合作博弈研究的重要性,在此基础上发表了两篇有关非合作博弈的论文。尼古拉·沃比约夫(Nicola Vobiyov)教授是苏联博弈论的奠基人,他对于中国博弈论的诞生和成长也曾作出重要贡献,20 世纪 50 年代他应中国科学院的邀请来华讲授博弈论,受到周恩来总理的亲切接见,帮助中国培养了第一代博弈论领域的研究生。

20 世纪 60 年代初到 70 年代末,由于政治原因,中国博弈论的研究处于停滞状态。而这恰好是国际博弈论迅速发展的关键时期,非合作均衡理论体系逐渐完善,并在经济学中发挥了至关重要的作用,合作博弈理论体系迅速形成。

20 世纪八九十年代,中国博弈论的研究进入复苏阶段,不过有关论著并不丰富,张维迎的《博弈论与信息经济学》对于博弈论在中国的经济、金融和管理科学领域的应用产生了重要而积极的影响。

21 世纪的前十年,中国的博弈论研究领域呈现出繁荣景象,陆续出现了适应不同层面需求的论著。例如,俞建的《博弈论与非线性分析》,高红伟和彼得罗相的《动态合作博弈》等。2004 年国际动态博弈学会中国分会成立,2005 年中国运筹学会对策论专业委员会成立。在国际上,开始有中国学者担任国际动态博弈学会执行理事等重要职位。学术交流日趋活跃,在国内外特别是周边国家和地区的影响力逐渐显现,本领域的海外华人学者对于国内举办的学术交流活动的支持和响应程度逐渐增强。2002 年,“国际数学家大会‘对策论及其应用’卫星会议”在青岛大学召开,纳什、泽尔腾、奥曼以及夏普利等四位诺贝尔经济学奖得主同时出席会议。2004 年至 2023 年,中国运筹学会对策论专业委员会(2017 年后更名为中国运筹学会博弈论分会)已相继成功主持举办十届学术年会“中国博弈论及其应用国际学术会议”。此外,2006 年对外经济贸易大学承办了“第三届泛太平洋博弈论大会”。2009 年 6 月,中国数量经济学术博弈论与实验经济学专业委员会(对外联系名称:全国博弈论与实验经济学研究会)正式注册登记并于 2012 年起形成全国博弈论与实验经济学研究会学术年会机制,同年 11 月 3 日召开由北京信息科技大学承办的首届年会。为了推动全国博弈论与实验经济学发展,2013 年至 2023 年,“全国博弈论与实验经济学研究会学术年会”分别在重庆理工大学、华南师范大学、东北财经大学、暨南大学、陕西师范大学和西北大学等高校成功举办。2017 年 3 月 18 日至 20 日,中国发展高层论坛经济峰会在北京举行,马斯金、斯宾塞、斯蒂格利茨、阿马蒂亚·森(Amartya Sen)、埃德蒙·费尔普斯(Edmund Phelps)、克里斯托弗·皮萨里得斯(Christopher Pissarides)六位诺贝尔经济学奖得主出席会议并发言。2022 年 6 月 10 日至 12 日,西安财经大学和中国运筹学会博弈论分会于西安财经大学联合举办"博弈论及其应用高端论坛"。

在未来的一段时间内,博弈论学科将在进一步完善基础理论体系的基础上,在应用层面取得多样性、实质性的进展;博弈论与其他学科的交叉融合将产生新的研究分支,如博弈论与心理学、管理学、金融学、社会学等学科的交叉融合;同时,有限理性、行为假设以及在此基础上所进行的仿真与实验研究,也是未来发展的重要部分。从有限理性假设、行为视角以及复杂性科学出发,并与其他学科有机结合,运用实验研究、现代仿真技术等手段与方法,研究行为主体之间的交互作用、交互影响的特征和机理、合作的演化及其规律,将成为博弈科学研究的重要发展趋势。

习　　题

1. 什么是博弈论? 博弈论的主要研究内容是什么?

2. 博弈模型中有哪些要素?

3. 博弈问题有哪些分类方法? 博弈理论有哪些结构?

4. 博弈与游戏有什么关系?

5. 博弈论的发展前景如何?

6. 中国北方航空有限公司和中国新华航空有限责任公司分享了从北京到南方冬天度假胜地的市场。如果它们合作,各获得 50 万元的垄断利润,但不受限制的竞争会使每一方的利润降至 6 万元。如果一方在价格决策方面选择合作而另一方却选择降低价格,则合作的厂商获利将为零,竞争厂商将获利 90 万元。将这一市场用标准式博弈加以表示。

7. 一天早晨,黑先生、灰先生和白先生决定,通过用手枪进行三人决斗直到只剩下一个人活着为止来解决他们之间的冲突。黑先生枪法最差,平均 3 次中只有 1 次击中目标;灰先生稍好一些,平均 3 次中有 2 次击中目标;白先生枪法最好,每次都能击中目标。为了使决斗比较公平,他们让黑先生第一个开枪,然后是灰先生(如果他还活着),再接着是白先生(如果他还活着)。问题是:黑先生应该首先向什么目标开枪?

8. 举一个你在现实生活中遇到的囚徒困境的例子。

9. 一个工人给一个老板干活,工资标准是 100 元。工人可以选择是否偷懒,老板则可以选择是否克扣工资。假设工人偷懒有相当于 50 元的负效用,老板想克扣工资则总有借口扣掉 60 元工资,工人不偷懒老板有 150 元产出,而工人偷懒时老板只有 80 元产出,但老板在支付工资之前无法知道实际产出,这些情况是双方都知道的。请问:

(1) 如果老板完全能够看出工人是否偷懒,博弈属于哪种类型?用得益矩阵或扩展型表示该博弈并做简单分析。

(2) 如果老板无法看出工人是否偷懒,博弈属于哪种类型?用得益矩阵或扩展型表示并简单分析。

10. 博弈论的历史应该从什么时候算起？为什么？

————————————— 即测即练 —————————————

第 2 章

完全信息静态博弈

📣 本章导读

从小玩到大的"剪刀、石头、布"有何取胜之道？如何才能让对手猜不透？如何预测对手的行动并形成自己的策略？这些初学者所关心的问题，都将在本章逐一登场。

经济学家萨缪尔森有句名言：你可以使鹦鹉成为训练有素的经济学家，所有必须学的只是两个词：供给和需求。就这句名言，学者神取道宏（Kandori Michihiro）曾做过一个引申：现在这只鹦鹉需要再学一个词，那就是"纳什均衡"。

毋庸置疑，纳什均衡改变了经济学的语言和表达方法。它是本章的一个重要概念，将被重点阐述。此外，本章还将介绍与静态博弈有关的基础知识、基本分析方法和其他均衡概念等。

在网上流传着这样一个故事。一个古董商发现一个人用珍贵的茶碟装猫食，于是假装对他的猫非常喜爱，想从他手里买下猫。猫主人一口回绝。为此古董商狠心出了高价，才说服猫主人成交。成交后，古董商装作不经意地说："这个碟子它用习惯了，就一块儿送我吧。"猫主人微微一笑："你知道用这个碟子，我卖了多少猫吗？"

在这个故事中，古董商掌握着"茶碟是古董"这个信息，非常得意，并自作聪明地认为养猫人不知道。谁知猫主人不但知道，而且利用了古董商"认为自己不知道"的错误认知，更胜一筹。在现实生活中也常出现类似的情境，亦即参与者之间并不是相互知根知底的。但是，正如"知己知彼，百战不殆"所言，一个人所掌握的信息多少将在很大程度上影响他的决策。一般而言，拥有的信息越多，正确决策的可能性越大。因此，博弈的参与者会想尽办法收集信息，使自己的信息尽可能完备。换言之，如果博弈的信息是完全的，将大大地降低分析难度。因此，本书将在本章和第 3 章介绍完全信息下的博弈，然后再介绍不完全信息博弈。首先，进入本章的完全信息静态博弈。

2.1 完全信息静态博弈的概念

2.1.1 完全信息静态博弈的定义

📡 引语故事：《洛杉矶时报》大楼爆炸案的侦破

《洛杉矶时报》大楼爆炸案是发生在美国洛杉矶市的一起有预谋爆炸案，时间是 1910 年 10 月 1 日凌晨 1 时 7 分。炸弹炸毁了建筑的一边，但是引发的大火却摧毁了时报大楼和隔壁报纸印刷部门所在的建筑。当时一群正在连夜加班的时报员工还在大楼里。爆炸引起的火灾造成了 21 名雇员死亡,超过 100 人受伤。该事件被《洛杉矶时报》称为"世纪犯罪"。

......

经过一番努力,侦探获知钢铁工人工会成员中有两人参与了爆炸事件,而且两名嫌疑人常在一起打猎。在得到线索后,侦探前往酒店逮捕了他们,并将他们扣押在私人住宅里。侦探一直在努力说服其中一名嫌疑人,让他以为当局已经知道一切,而且侦探可通过与当局交易来保全他。6 天之后,这名嫌疑人放弃抵抗,同意说出他所知道的一切,以换取较轻的刑期。最终,这名嫌疑人作为污点证人免予起诉;而其他人也在一段抵抗之后坦白认罪。

资料来源:From the archives:the 1910 bombing of the Los Angeles times[EB/OL]. (2018-10-01). https://www. latimes. com/visuals/photography/la-me-fw-archives-the-1910-bombing-of-the-los-angeles-times-20180612-htmlstory. html.

《洛杉矶时报》爆炸案的侦破过程在现实中很常见。警察并非对嫌疑人所有的犯罪事实都一清二楚,在很大程度上需要嫌疑人自己招供。在警察指定的环境内,嫌疑人是无法沟通的,常在"坦白从宽"和"抗拒从严"之间左右为难。假定甲、乙二人一起携带炸药到某处时被捕。除了携带枪支弹药罪,警方还怀疑他们犯有其他重罪,但无证据,于是将他们带回警局隔离审讯,出现以下几种情况。

(1) 两人都保持沉默:以非法携带枪支弹药罪将两人各判 2 年刑期;

(2) 一人坦白而另一人沉默:前者作为污点证人免予起诉,后者因罪重判 9 年;

(3) 两人都坦白:双方因罪各判 6 年。

两个嫌疑人该如何抉择? 是保持沉默还是坦白罪行? 从表面上看,他们应该一同保持沉默。这样两人都只判 2 年。但是,果真如此吗?

甲的思考:假如乙沉默,我也沉默的话被判 2 年,而坦白可作为污点证人立即释放,显然坦白较好;假如乙坦白,我若沉默须坐牢 9 年,而坦白则被判 6 年,同样也是坦白较好。所以,坦白好过沉默。

乙的思考:同甲的思考,也是坦白好过沉默。

如此一来,双方都坦白! 与双方都沉默相比,各自多了 4 年的刑罚。聪明的嫌疑人反而得不到更好的结果! 这就是囚徒困境,它先由梅里尔 • 弗勒德(Merrill Flood)和梅尔文 • 德雷希尔(Melvin Dresher)于 1950 年提出,后被塔克以囚徒博弈的形式加以阐述。

下以囚徒困境为例来讲解完全信息静态博弈的表示。博弈的三要素如下。

(1) 参与者:嫌疑人甲和嫌疑人乙。

(2) 策略集:每个参与者可选择的策略有"坦白"和"沉默",所以他们的策略集都是{坦白,沉默}。

(3) 得益:得益不仅受自己策略的影响,也依赖于对方的策略。囚徒困境得益矩阵如图 2-1 所示。

上述三点对于参与者而言是共同知识。推而广之,可对完全信息静态博弈做如下

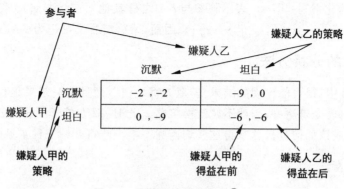

图 2-1　囚徒困境得益矩阵[①](1)

定义。

定义 2.1（完全信息静态博弈）　每一参与者都拥有其他所有参与者的特征、策略集和得益函数等方面的准确信息，这样的博弈称为完全信息博弈。参与者同时行动，或者非同时行动但后行动者在行动前观察不到他人行动的博弈，称为静态博弈。同时满足完全信息和静态两个条件的博弈称为完全信息静态博弈。

🔍 概念解读：定义 2.1 中的名词释义

（1）参与者的特征指什么？答：特征很难精准定义，可理解为性格、偏好等。在囚徒困境中，参与者的特征是理性，亦即自身利益最大化。此外，囚徒若有决策偏好，也应考虑在参与者特征内。

（2）何谓拥有得益函数的准确信息？答："准确"一词描述了两个要点：①得益函数是确定的，即每个参与者在任一策略组合下的得益是一个确定值。②得益函数是共同知识。例如，在囚徒困境中无论双方作出什么选择，双方都清楚彼此的结果。

（3）何种博弈适合用矩阵来描述？首先，2～3 个参与者为宜，两人参与的博弈用矩阵表示最为直观。可以想象，用高维矩阵来表示多人参与的博弈缺乏直观。其次，每个参与者的可能策略不宜过多。最后，适宜静态的博弈，但在表示有先后次序的行动时将会丢失过程信息。

一个完全信息静态博弈只需具备上述三要素就够了，无须具备诸如行动次序、概率分布等扩展信息，因此可用策略式博弈表示。在一个 n 人博弈的策略式表述中，常用 i 来称呼某个参与者，用小写的 s_i 表示参与者 i 的策略，用大写的 S_i 表示参与者 i 的策略集。显然有 $s_i \in S_i$。参与者的策略集分别记为 $S_1, S_2, \cdots, S_n$，得益函数分别记为 $u_1, u_2, \cdots, u_n$。一个策略式博弈可用 $G = \{S_1, S_2, \cdots, S_n; u_1, u_2, \cdots, u_n\}$ 来表示。对于只有两个参与者的有限博弈而言，可使用如图 2-1 所示的得益矩阵来直观表示。

另一个概念是策略组合。一个策略组合 $s = (s_1, s_2, \cdots, s_n)$ 表示所有参与者各选一个策略所组成的结果，即参与者 1 选择策略 s_1，参与者 2 选择策略 s_2，……，参与者 n 选

---

①　严格来讲这不是矩阵，只是借助矩阵的形式表达。特别是博弈论初始研究的常和博弈，因仅需保留逗号前的数字而更接近矩阵。

择策略 s_n。为简化书写,用 s_{-i} 表示除参与者 i 之外其他所有参与者的策略所构成的组合,即 $s_{-i} = (s_1, s_2, \cdots, s_{i-1}, s_{i+1}, \cdots, s_n)$。因而,策略组合又可记为 $s = (s_i, s_{-i})$。

2.1.2 常见的分析方法

在囚徒困境中,很可能出现的结果是"双方都坦白",而且这一结果是稳定的:单方面偏离并不能使自己变得更好,因此不愿改换策略。此时,双方处于一种"胶着状态",即均衡状态。那么,应该如何分析并求得这些均衡呢?本小节将介绍三种常见的分析方法。[①]

1. 上策均衡法

今不劳兵马,坐观成败,斗两彪而收长久之利,上策也。

——《魏书·崔浩传》

首先,明确何谓上策。若某个参与者的某一策略给他带来的得益总大于他的其他策略所带来的,则称这个策略为该参与者的上策。换言之,称策略 s_i 为参与者 i 的上策,若任给其他参与者的策略 s_{-i},他的得益 $u_i(s_i, s_{-i}) > u_i(t_i, s_{-i})$ 对任何 $t_i \neq s_i$,$t_i \in S_i$ 都成立。例如,囚徒困境中的"坦白"策略是囚徒1的上策——若他选择"坦白",无论对方选择"沉默"还是"坦白",他的得益都大于"沉默"时的得益。所以,"坦白"是囚徒1的上策。"坦白"同样也是囚徒2的上策。

其次,介绍上策均衡。如果每个参与者都有上策,那么所有参与者都愿意选择自己的上策,这些上策所构成的策略组合就构成一个上策均衡。例如,囚徒困境中的策略组合(坦白,坦白)就是一个上策均衡。由于所有参与者都严格偏好上策均衡,不会有人主动偏离,所以上策均衡是一个稳定的均衡。一般来讲,上策均衡是双方都能预测到的,不存在歧义,因此上策均衡具有很好的一致预测性。

通过寻找参与者的上策进而求解上策均衡的方法称为上策均衡法。利用上策均衡法进行分析,能使我们找出所有参与者的绝对偏好,因而得到的结果也非常稳定。可以说,上策均衡法能对博弈结果作出最肯定的预测。所以,在开始对一个博弈进行分析时不妨先看看参与者是否都有上策。但事情并非总是这样顺利,实际上参与者有上策的情况很少,而所有参与者都有上策的情况更加罕见。如此一来,上策均衡虽然具有很好的一致预测性,但是并不具有普遍适用性。它只在分析少数情况下的博弈时才能奏效。

2. 严格下策反复消去法

当你把不可能的因素全部剔除之后,不管剩下的是什么,不管它多么令人难以置信——都是真相!

——阿瑟·柯南·道尔《血字的研究》

既然不是所有的参与者都有上策,那么换个角度来思考,是否存在不受欢迎的下策(dominated strategy)。比较囚徒困境中两个嫌疑人的策略,无论对手的策略如何,"沉

[①] 最初版本中提及四种方法,本版删去了较少使用的箭头法。

默"都不如"坦白"。此时称"沉默"是相对于"坦白"的下策。

推而广之,如果一个参与者的某个策略给他带来的得益总是严格小于另一个策略所带来的得益——无论其他参与者采取何种策略,则称前者是相对于后者的严格下策。严格下策是不会被参与者选择的,因此可以剔除。例如在囚徒困境之中,沉默是严格下策,可用直线画去。结果如图 2-2 所示。

图 2-2　囚徒困境得益矩阵(2)

首先剔除囚徒甲的严格下策,然后重复这个过程,剔除囚徒乙的下策。此时所有囚徒都不再有严格下策。一般而言,可重复剔除所有的严格下策,直到所有的参与者都没有严格下策为止。这种方法称为严格下策反复消去法(iterated elimination of strictly dominated strategies)。假如此时只剩下一个策略组合,那么这个策略组合即为重复剔除严格下策后所得到的均衡,如囚徒困境中的(坦白,坦白)。

这种方法的局限性也很明显。假如在重复剔除严格下策后仍然剩下多个策略组合,则无法确定哪个组合是均衡。这意味着,严格下策反复消去法只是参与者理性化的过程,能够简化参与者的分析,但是不一定能找到均衡。

3. 划线法

依照参与者利益最大化的思路,给定其他参与者的策略,比较某一参与者所有可能策略的对应得益,将得益最大者画线。若对每个参与者都如此操作,则所有参与者的得益都被画线的组合对应着每个参与者的策略都是最优的——给定其他参与者的策略不变。此时的策略组合是所有参与者都愿意的选择——所有参与者都没有动机单方面偏离,因此它是一个均衡。

先来看如图 2-3 所示的博弈。稍加观察可以发现,该博弈没有任何一方拥有上策或严格下策,无法使用上述两种方法。

		参与者 2	
	左	中	右
上	0 , 4	4 , 0	5 , 3
参与者 1　　中	4 , 0	0 , 4	5 , 3
下	3 , 5	3 , 5	6 , 6

图 2-3　划线法博弈示例

设想你是参与者 1,要应对参与者 2 的策略来使自己的得益最大化。逐个分析对手可能的选择。

首先,假设对手选"左"。通过比较第一列中逗号前数字(图 2-4 中被虚线框出的数字)的大小,可知应选择"中"(因为 0<4,4>3),于是在"4"下画一条线,如图 2-4 所示。

参与者2

		左	中	右
	上	0，4	4，0	5，3
参与者1	中	4，0	0，4	5，3
	下	3，5	3，5	6，6

图 2-4　划线法分析步骤一

同理，当对方选择"中"时，参与者 1 应选择"上"，如图 2-5 所示。

参与者2

		左	中	右
	上	0，4	4，0	5，3
参与者1	中	4，0	0，4	5，3
	下	3，5	3，5	6，6

图 2-5　划线法分析步骤二

当对方选择"右"时，参与者 1 应选择"下"，如图 2-6 所示。

参与者2

		左	中	右
	上	0，4	4，0	5，3
参与者1	中	4，0	0，4	5，3
	下	3，5	3，5	6，6

图 2-6　划线法分析步骤三

现在换一下身份，设想你是参与者 2。当对方(即参与者 1)选择"上"时，同理分析，你应选"左"(因为 4＞0，0＜3)，如图 2-7 所示。

参与者2

		左	中	右
	上	0，4	4，0	5，3
参与者1	中	4，0	0，4	5，3
	下	3，5	3，5	6，6

图 2-7　划线法分析步骤四

当对方选择策略"中"时，参与者 2 也应选择策略"中"，如图 2-8 所示。

当对方选择"下"时，参与者 2 应选择策略"右"，如图 2-9 所示。

综上，分析结果如图 2-10 所示。若一个策略组合所对应的所有得益都被画线，说明所有参与者都有动机选择该组合下自己的策略。可见，(下，右)是该博弈的一个均衡。

参与者2

	左	中	右
上	0，4	4，0	5，3
中	[4，0	0，4	5，3]
下	3，5	3，5	6，6

参与者1 中

图 2-8　划线法分析步骤五

参与者2

	左	中	右
上	0，4	4，0	5，3
中	4，0	0，4	5，3
下	[3，5	3，5	6，6]

参与者1

图 2-9　划线法分析步骤六

下面用划线法分析囚徒困境作为巩固练习,步骤如图 2-11~图 2-15 所示。

参与者2

	左	中	右
上	0，4	4，0	5，3
中	4，0	0，4	5，3
下	3，5	3，5	(6，6)

参与者1

图 2-10　划线法分析结果

囚徒乙

	沉默	坦白
沉默	-2，-2	-9，0
坦白	0，-9	-6，-6

囚徒甲

图 2-11　囚徒困境的划线法分析步骤一

囚徒乙

	沉默	坦白
沉默	-2，-2	-9，0
坦白	0，-9	-6，-6

囚徒甲

图 2-12　囚徒困境的划线法分析步骤二

囚徒乙

	沉默	坦白
沉默	-2，-2	-9，0
坦白	0，-9	-6，-6

囚徒甲

图 2-13　囚徒困境的划线法分析步骤三

囚徒乙

	沉默	坦白
沉默	-2，-2	-9，0
坦白	0，-9	-6，-6

囚徒甲

图 2-14　囚徒困境的划线法分析步骤四

囚徒乙

	沉默	坦白
沉默	-2，-2	-9，0
坦白	0，-9	(-6，-6)

囚徒甲

图 2-15　囚徒困境的划线法分析结果

可知,(坦白,坦白)是该博弈的均衡。

综合比较上述三种方法,可以发现各有特色。①由于上策具有绝对优势,好过该参与者的其他所有策略,因此上策均衡是理想的均衡。上策均衡具有很好的一致预测性但是并非总是存在。②严格下策反复消去法是基于理性的排除法——博弈双方互相揣摩,排除对手不可能采用的策略。③划线法紧扣分析的重点——得益,通过画线寻找均衡。在前两种方法中,无论是上策的选择还是下策的选择,都要求无论其他参与者的策略是什么,因此,与第三种方法相比没有更多地考虑双方的策略互动。第三种方法能够更好地刻画参与者之间的相互依赖或策略互动,对应一种新的均衡概念,即纳什均衡,将在 2.2 节详细介绍。

2.1.3 应用举例

1. 猎鹿博弈

让-雅克·卢梭(Jean-Jacques Rousseau)在《论人类不平等的起源和基础》中提到了这样一个例子:

一群猎人发现了一只鹿。他们明白,要想抓住它,每个人都得尽全力。然而当其中某个猎人看见一只野兔从面前跑过的时候,他会毫不犹豫地选择去追它——猎人一旦得到猎物,就不会太关心他的同伴是否能抓到他们的目标。

假设参与猎鹿博弈的只有两个人,他们"同时"决定猎鹿还是猎兔。对于每个猎人而言,半头鹿比一只兔子要好,但是需要二人合力才能猎到。鹿相当于 10 顿饭的食物,兔子相当于 4 顿。这样将会有三种可能结果。

(1)两个人都选择猎鹿。他们将共同获得一头鹿,平分后得益均为 5。

(2)两个人都猎兔。每人都可以逮到一只兔子,得益均为 4。

(3)一人猎鹿而另一人猎兔,那么猎鹿的打不着,猎兔的得到兔,得益分别为 0 和 4。

由此可得图 2-16 所示的得益矩阵。

分别采用上述三种方法分析。

(1)上策均衡法。根据上策的定义,二人均无上策,因此上策均衡不存在。

(2)严格下策反复消去法。同理,双方也都没有严格下策,因此,采用严格下策反复消去法并不能简化博弈,仍然是 2×2 的策略集合,无法得出该博弈均衡。

(3)划线法。

第一步,先选取一个参与者(这里以猎人 1 为例)。比较在给定对方的策略时,此参与者采取所有可能策略的对应得益。当对方选择"猎鹿"时,自己选择"猎鹿"的得益为 5,选择"猎兔"的得益为 4。显然 5>4,所以在 5 的下方画一条线。当对方选择"猎兔"策略时,自己选择"猎鹿"的得益为 0,选择"猎兔"的得益为 4。因为 4>0,所以在 4 的下方画一条线。结果如图 2-17 所示。

	猎人2 猎鹿	猎人2 猎兔
猎人1 猎鹿	5，5	0，4
猎人1 猎兔	4，0	4，4

图 2-16　猎鹿博弈得益矩阵

	猎人2 猎鹿	猎人2 猎兔
猎人1 猎鹿	5，5	0，4
猎人1 猎兔	4，0	4，4

图 2-17　猎鹿博弈的划线法分析步骤

第二步,再看另一位参与者(这里为猎人 2)。当对方选择"猎鹿"时,自己选择"猎鹿"的得益为 5,选择"猎兔"的得益为 4。因为 5>4,在 5 的下方画一条线。当对方选择"猎兔"策略时,自己选择"猎鹿"的得益为 0,选择"猎兔"的得益为 4。由于 4>0,在 4 的下方画一条线。

综上,可得结果如图 2-18 所示。可知,(猎鹿,猎鹿)和(猎兔,猎兔)都是该博弈的均衡。

这个博弈的结果很有趣:明明存在对两人都更有利的均衡(猎鹿,猎鹿),大家却可能共同偏向于另一个较为一般的均衡(猎兔,猎兔)。对其更深入的讨论将留到 2.4.2 节,届时将讨论策略的风险。若在此基础上继续研究猎鹿问题,将会接触到合作中最关键的部分。我们将在第 9 章"演化博弈"和第 10 章"竞争与合作"中做更进一步的分析。

		猎人 2	
		猎鹿	猎兔
猎人 1	猎鹿	5 , 5	0 , 4
	猎兔	4 , 0	4 , 4

图 2-18　猎鹿博弈的划线法分析结果

思考与练习

狭窄的小路上迎面来了一个骑车的人,双方经常得左右摇摆几个回合才能勉强通过。遇到这样的场景时,你该怎么办?思考一下,这和你日常所处的环境相关吗?

2. 智猪博弈

假设猪圈中有大猪、小猪两头猪。猪圈的一边有猪食槽,另一边是一个利用踏板控制猪食供给的踏板,如图 2-19 所示。踩一下踏板就会有猪食进槽,假定每次的流出量为 10 份(重复踩踏板并没有额外的食物流出)。但是踏板不是随便踩的。由于距离较远,对每头猪而言,踩踏板一去一回要付出的劳动相当于 2 份猪食。此外,当一头猪跑去踩时,另一头猪会先在食槽旁边等待,也就是说,踩踏板的猪跑回来,不仅消耗体力,能吃到的食物也会变少。

图 2-19　智猪博弈

先总结一下可能出现的情况。

(1) 假如大猪去踩踏板,小猪等待,则大猪能吃 6 份饲料,小猪 4 份(在被大猪赶走前已经吃到了一些)。此时它们的得益分别为:大猪 6−2=4,小猪 4。

(2) 假如小猪去踩踏板,大猪等待,大猪能吃下 9 份饲料,小猪只能吃到 1 份(说不定还是大猪嘴里漏下的)。此时它们的得益分别为:大猪 9,小猪 1−2=−1。

（3）假如两头猪同时去踩（虽然不太现实，但也要加以考虑），大猪能吃到 7 份，小猪 3 份。此时它们的得益分别为：大猪 7－2＝5，小猪 3－2＝1。

（4）假如两头猪都不踩，它们当然会一起饿肚子，得益均为 0。

此即智猪博弈（boxed pigs game），该博弈的参与者是大猪和小猪，每头猪的策略集包含"踩踏板"和"在食槽边等待"两种策略。猪的得益是得到的食物量减去踩踏板消耗的食物量，可表示为如图 2-20 所示得益矩阵。

大猪

	踩踏板	等待
小猪　踩踏板	1，5	－1，9
等待	4，4	0，0

图 2-20　智猪博弈得益矩阵

问题是：在这种情况下，大猪有可能不去踩踏板坐享其成吗？

首先要注意到，小猪是有上策的，亦即不论大猪选择何种策略，小猪"等待"的得益永远比"踩踏板"要高。反之，"踩踏板"是下策。如果小猪是理性的（姑且假设它为理性的），它一定会选择"等待"。假如大猪相信小猪是理性的（姑且假设它相信），它就会明白小猪去踩踏板是不划算的，所以小猪一定不会去踩。假如小猪不踩，自己也不踩，那么它们都要饿肚子。所以，如果大猪理性，就应该去踩踏板。

利用严格下策反复消去法，将得到如图 2-21 和图 2-22 所示结果。小猪和大猪的博弈会在（等待，踩踏板）这一策略组合处达到均衡。

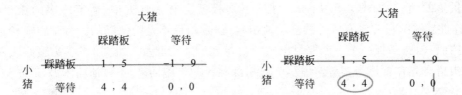

图 2-21　智猪博弈严格下策反复消去法步骤　　图 2-22　智猪博弈严格下策反复消去法结果

大家可能会想，这样不合常理的假设（猪理性且互知彼此理性）符合实际吗？这样的理论有应用价值吗？

来看一个真实的验证实验。实验笼子的尺寸是 2.8 米×1.8 米。为了确保两头猪有很强的食欲，连续 24 小时不让其进食。起初，每头猪被单独放在笼子里，加以训练使其意识到踩踏板将会得到食物。研究人员不是通过体型来判定哪只是大猪，哪只是小猪，而是通过进食量——先将猪单独关在有充足食物的猪圈里，一直在进食的那一头就是大猪。

实验结果如图 2-23 所示。图中的纵坐标表示每 15 分钟踏板被踩动的次数，横坐标表示的是尝试的次数。尝试踩踏板的次数达到 10 之前，这两头猪被单独放在笼子里，大猪踩踏板的次数略多。10 次尝试之后，它们被放在同一个笼子里，结果是：大猪踩踏板的次数越来越多。

两头猪最终达到均衡并不是因为一头猪能够猜测另一头猪的想法，并作出合乎博弈论的推理。更大的可能是，它们通过不断地尝试变得"聪明"起来。也许小猪在几次踩踏板却只得到很少食物后，不愿再踩踏板。这时，大猪会发现它能吃到食物的唯一办法就是

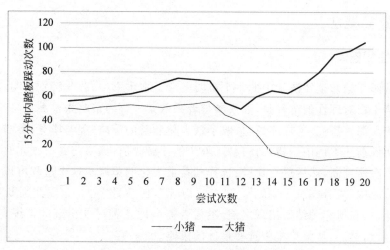

图 2-23　智猪博弈每 15 分钟的观察

踩踏板。

　　总之,在不断地重复博弈过程中,它们的行为也确实越来越接近预测的结果。这有力地说明,经验的积累可以帮助人们达到均衡,积累经验是在博弈中获得优势的好办法之一。

　　但是,重复博弈不仅能够训练参与者的理性,还能够改变博弈的均衡结果,促使参与者由竞争转向合作。在第 8 章,我们将进一步就"重复博弈"展开更深入的分析。

思考与练习

　　1. 有人说智猪博弈的结果体现了"能者多劳",你赞成这种看法吗?

　　2. 实际生活中"能者多劳"是一种合理的要求吗?

　　3. 假如你是饲养者,你当然希望饲料能够被合理分配,你会如何改变现状(设计规则),激励大猪和小猪都去踩踏板呢?

游戏与实验

　　假如你正在参加博弈论课程的结课考试,考场中一共有 50 名考生,你已顺利答完前面累计分值为 100 分的题目,你现在读到的是附加题:给你一个机会,你可以选择从你的卷面成绩中,贡献出至多 5 分。你贡献的分在翻两倍之后,会被平分给考场中参加考试的所有考生。(举个例子,假如批改试卷后得知你的卷面成绩为 90 分,所有人都选择贡献 5 分,每个 5 分翻倍变成 10 分,总计 500 分,平分给 50 个人,每人 10 分。那么现在你的卷面成绩将是 90−5+10=95 分。)请写出你愿意贡献的分数。

　　如果你是勤奋的自学读者,也可以找 4 个小伙伴一起来进行这个实验,规则不妨改成:每个人最初拥有 10 个棋子(或其他指示物),可以选择贡献一些棋子,5 个人贡献的棋子总和的两倍将均分给大家(如果不能均分则舍弃多余的棋子),一轮游戏后棋子最多的人获胜。

2.1.4 补充概念 *

1. 理性和信念

理性是博弈论乃至经济学中的一个重要概念。在本书中,若非特别说明,参与者都是理性的。第 1 章对理性的解释是,如果参与者采取某一(些)策略来最大化自身利益,那么他是理性的。深入探究,怎样才算"采取了最大化利益的策略"呢? 毕竟,参与者在实际决策时并不能像前述案例中一样,对得益矩阵了然于胸。所以,参与者必须先对各种策略所带来的利弊有所判断,然后进行比较,选择利益最大化的策略。这个过程可以狭义地视作参与者在脑海中(或者在纸上)拟出了"得益矩阵",比较数字大小,以此判断哪个策略更好。广义地讲,在博弈的结果出现之前,参与者需考虑各种可能出现的情况,并评估它们出现的可能性,然后,从策略集中选择最优的策略。

在此,把某一参与者对其他参与者可能策略的判断称为对他们策略的"信念"(belief)。参与者 i 对其他参与者可能行动的一个判断,用信念 μ_{-i} 来表示,且有 $\mu_{-i} \in \Delta S_{-i}$,其中 ΔS_{-i} 是指其他参与者的策略 s_{-i} 的概率分布集合,大写 S 前的 Δ 表示这个集合是概率分布的集合。例如,A 和 B 两人进行猜硬币游戏:B 抛硬币,A 来猜。此时两人的策略集 $S_A = S_B = \{正,反\}$。若 A 认为 B 一定抛正面朝上,则他对 B 的策略的信念为概率分布(100%,0%),可记作 $\mu_{-A} = (100\%, 0\%)$。若 A 对 B 抛正面朝上的判断为50%,则他对 B 的策略的信念为 $\mu_{-A} = (50\%, 50\%)$。参与者的判断既可以是先验的,又可以是后验的,参与者根据历史行动进行更新。本章主要在完全信息下假定信念是先验的,第 5 章将介绍在不完全信息下信念的后验更新。

至此可重新定义理性。

定义 2.2(理性)   参与者根据他对其他参与者策略的信念而选择使自己得益最大的策略,称他是理性的。参与者所具备的这种能力被称为理性。

一般而言,理性分为两种:一种是追求个人利益最大化的理性,称为个体理性;另一种是以集体利益最大化为目标的,称为集体理性。本书除了第 10 章的合作博弈是集体理性假设,其余章节都是在个体理性下介绍非合作博弈的。因此,在不致引起混淆的情况下仍用理性来表达个体理性。

2. 占优与最优反应

这部分将介绍占优(dominance)和最优反应(best response),它们是个体理性的基础。

1)占优

2.1.2 节的上策、下策所描述的正是占优关系。简单来说,占优是指不论其他参与者选择何种策略,某一个参与者 i 选择策略 s_i 给他带来的得益始终严格高于另一策略 s'_i 所带来的得益,则称策略 s_i 占优于 s'_i。

一般而言,占优的条件不算太难实现。然而上策的要求则相当苛刻:对于某一参与者而言,某一策略占优于其他所有策略,才可称为他的上策。显然,如果所有参与者希望达成上策均衡则更加困难。因此"上策"这一概念在描述博弈时并不方便,我们将把更多的注意力放在占优关系上。

定义 2.3(占优和劣于) 对于参与者 i 的策略 s_i,$t_i \in S_i$,如果对于其他参与者的所有策略组合 $s_{-i} \in S_{-i}$ 均能满足 $u_i(t_i,s_{-i}) > u_i(s_i,s_{-i})$,则称 t_i 占优于 s_i,这种关系即为占优;反之,称 s_i 劣于 t_i。在上式中,若存在其他参与者的某一策略组合 s_{-i} 使得 $u_i(t_i,s_{-i}) = u_i(s_i,s_{-i})$,则称弱占优或弱劣于。

对于任意一个策略,若它占优于另一策略,称之为占优策略。相反,若它劣于另一策略,则称为严格劣策略,或严格下策。占优策略也可称严格占优策略,二者含义完全一样,但是与上策的含义不同。

2)最优反应

另一个很实用的概念是最优反应或称最优回应。简单来说,作为一个参与者,若你相信对方会采取某种策略,而你针对这种策略作出了一种能最大化自身得益的行动(策略),那么这种行动就是你的最优反应。

定义 2.4(最优反应) 假设参与者 i 对于其他参与者具有信念 $\mu_{-i} \in \Delta S_{-i}$,如果参与者 i 的策略 s_i 对于任何 $s_i' \in S_i$ 都满足 $u_i(s_i,\mu_{-i}) \geqslant u_i(s_i'',\mu_{-i})$,那么 s_i 就是参与者 i 的最优反应。

研究者已经证明,在有限博弈中每个信念至少对应一个最优反应。这意味着信念一旦形成,就会有相应的最优反应。不管我们是否已经找出,它就在那里。从这个意义上说,决策是否正确,依赖于信念是否正确。

举例来说,假如年轻的夫妻二人正在商量今年去谁的父母家过年。图 2-24 的得益矩阵描述了当二人意见统一或不一致时的得益。

妻子

		去丈夫父母家	去妻子父母家
丈夫	去丈夫父母家	<u>3</u>, <u>1</u>	0, 0
	去妻子父母家	0, 0	<u>1</u>, <u>3</u>

图 2-24 夫妻之争得益矩阵

根据妻子对丈夫的了解,妻子认为今年丈夫应该照顾自己的感受,去岳父母家过年。丈夫亦然。那么,冲突是否出现的决定性因素在于:每人的想法是否真的如对方所料,即双方的信念是否符合事实。

假如妻子的信念正确,她的最优反应是回自己父母家过年,结果夫妻关系和睦,高高兴兴过年。假如妻子的信念是错误的,丈夫的想法是今年该回我父母家过年了,而妻子在错误信念下的最优反应是回自己父母家过年,那么冲突将不可避免。当然,也有互相为对方着想而出错的例子,就像 1.3.3 节《麦琪的礼物》一样。

可见最优反应带来好结果的前提是:信念正确。在博弈中,人们往往会下很大功夫力求形成正确的信念。博弈的成功与否往往取决于你对对手的了解是否超过了对手对你的了解。

实际上,面对生活中出现的各种冲突,人们发现沟通是一种非常有效的手段,它往往对博弈结果有很大的影响。换句话说,通过各种形式的沟通,可以协调双方的偏好,更新双方的信念而使之更为准确。

3. 严格下策与可理性化

回想一下前面介绍过的严格下策反复消去法,我们消去的正是严格下策。

1) 严格下策

对于参与者 i 的两个可行策略 $s_i', s_i'' \in S_i$,如果对其他参与者的任何一个策略组合 s_{-i},参与者 i 选择 s_i' 的得益都小于其选择 s_i'' 的得益,即有

$$u_i(s_i', s_{-i}) < u_i(s_i'', s_{-i}), \forall s_{-i} \in S_{-i}$$

成立,则称策略 s_i' 相对于策略 s_i'' 是严格下策,也称严格劣策略。若在上式中存在某个策略 s_{-i} 使得等号成立,则称 s_i' 是相对于 s_i'' 的弱劣策略。注意,严格下策反复消去法中剔除的不能是弱劣策略,否则将出现歧义,破坏均衡的一致预测性。

在使用严格下策反复消去法时,读者是否产生过这样的疑问:凡是严格下策都可以消去吗?事实上并非如此,如欲将严格下策消去,还需要满足一个条件,即可理性化。只有当一个博弈可理性化时,才能使用严格下策反复消去法。

2) 可理性化

以下内容节自电影《公主新娘》。

黑衣人:好吧,毒药在哪?这场游戏才刚刚开始。你先挑,然后我们同时喝下,不管谁生,谁死,游戏都将结束。

威兹尼:这太简单了吧。我只要猜测你的想法就行。你喜欢把毒药放在自己的杯子里还是对手的杯子里?聪明的人总是会把毒药放在自己的杯子里,因为他知道只有大傻瓜才选择自己眼前的东西。我不是傻瓜,所以我不会选择你面前的酒。但是,你一定知道我不是大傻瓜,那么我当然也不会选择放在自己面前的酒。

若在博弈中理性是共同知识,则称这个博弈是可理性化的(rationalizable)。理性是共同知识的意思是:每个参与者是理性的,每个参与者也知道别的参与者是理性的,每个参与者都知道别的参与者知道他是理性的……以此类推。

共同知识这个概念最初是由美国逻辑学家大卫·刘易斯(David Lewis)于 1969 年在讨论协约时提出的。他认为,某种东西要成为多方的协约,必须成为缔约各方的共同知识。也就是说,缔约各方不但都要知道协约的内容,而且要知道各方都知道协约的内容等。后来共同知识又被诸多学者研究,现在已经成为逻辑学、博弈论、人工智能等学科中频繁使用的一个概念。

对严格下策反复消去的过程可以将策略理性化。经严格下策反复消去后,剩下的策略叫作"理性化的策略"。人们可以在剩下的策略中继续施行严格下策反复消去法,直至无法再剔除。

让我们来看图 2-25 所示的一个抽象的博弈。

参与者 1 有两种可能策略:"上"和"下";参与者 2 有三种可能策略:"左""中"和"右"。分析如下。

如图 2-25 所示,对于参与者 1,"上"和"下"都不是"上策",即这两种策略不是"严格占优的"。因为,如果参与者 2 选择"左"或"中","上"优于"下"($1>0$),但如果参与者 2 选择"右","下"优于"上"($2>0$),结果如图 2-26 所示。

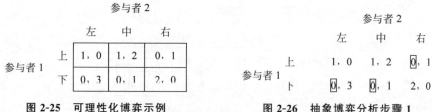

图 2-25　可理性化博弈示例　　　　　　　图 2-26　抽象博弈分析步骤 1

但对于参与者 2,"右"策略严格劣于"中"策略($2>1$ 且 $1>0$),如图 2-27 所示。

因此,理性的参与者 2 不会选择"右"策略。如果参与者 1 知道参与者 2 是理性的,他就可以将"右"策略从参与者 2 的策略集中剔除,即该博弈等同于如图 2-28 所示的博弈。

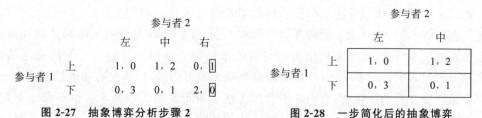

图 2-27　抽象博弈分析步骤 2　　　　　　图 2-28　一步简化后的抽象博弈

在图 2-28 中,对于参与者 1,"下"策略成为相对于"上"策略的"严格下策"。

因此,如果在前面所述"参与者 1 知道参与者 2 理性"的前提下,附加上"参与者 2 知道参与者 1 是理性的"以及"参与者 2 清楚'参与者 1 知道自己是理性的'",那么参与者 2 就可以将"下"从参与者 1 的策略集中剔除,得到如图 2-29 所示的博弈。

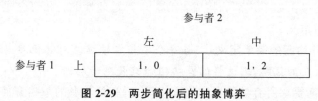

图 2-29　两步简化后的抽象博弈

此时对于参与者 2 来说,"左"又成为严格下策。因此最后仅剩的策略组合(上,中)就是该博弈的结果。

可以认为,可理性化是完全版的严格下策反复消去法。这种方法提供了一种很好的排除思路,启发我们在不能直观地找到问题答案时,不断地排除不可能策略,进而步步推理。

使用严格下策反复消去法时要注意两点。

(1) 每一次消去下策时都要求所有参与者清楚,如果想将过程推进到任意多步,就需要假设"理性是共同知识"。这在博弈论中是一个非常强的假定,只有在完全信息下才较为常用。

（2）该方法有时不能预测博弈的结果。例如图 2-30 所示的博弈,就没有可以剔除的严格下策。

参与者 2

	左	中	右
上	0, 4	4, 0	5, 3
参与者 1　中	4, 0	0, 4	5, 3
下	3, 5	3, 5	6, 6

图 2-30　无严格下策的博弈

2.2　纳 什 均 衡

如前文所述,利用划线法所得到的均衡即是纳什均衡。利用划线法求得的均衡与前两种均衡有所不同,它体现了策略互动的基本思想,即所有参与者的策略都是相互依赖、相互作用的。换言之,在均衡处所有参与者的策略都是他们在当前处境下的最优选择;只要其他参与者的行动不变,自己单方面偏离是无利可图的,因而没有动机偏离均衡。如果一个策略组合是纳什均衡,它一定不会被严格下策重复消去法剔除。但是严格下策重复消去法也可能无法剔除其他策略组合,这些策略组合与纳什均衡一点关系也没有。当然,上策均衡的要求更高,基本不考虑参与者之间的相互作用。与前两种方法所得到的均衡相比,利用划线法所得到的纳什均衡具有更普遍的适用性。

2.2.1　纳什均衡的定义

纳什均衡的定义由如下两部分构成:①参与者是理性的;②信念是正确的。以下给出纳什均衡的简单定义。

定义 2.5（纳什均衡的简单定义）　若每个参与者根据他对其他参与者策略的信念来选择自身利益最大化的策略,则这样的策略组合就是纳什均衡。

注意,纳什均衡要求所有参与者的信念正确,所有参与者的策略都使得各自利益最大化。否则,即便有一个参与者的策略不满足,都不能称之为纳什均衡。

读者也可以从最优反应的角度来理解纳什均衡:假如所有参与者达成了纳什均衡,那么任一参与者的策略都是针对其他参与者策略的最优反应。在纳什均衡处,所有参与者都是"你愿意而且我愿意"的状态,都没有动机单方面偏离均衡——只要其他参与者不动。

定义 2.6（纳什均衡的数学定义）　策略组合 $s = (s_1, s_2, \cdots, s_n) \in S$ 是一个纳什均衡当且仅当 $s_i \in BR_i(s_{-i})$ 对于每个参与者 i, $i = 1, 2, \cdots, n$ 都成立,式中 $BR_i(s_{-i})$ 表示参与者 i 针对其他参与者的策略组合 s_{-i} 而采取的最优反应集合。换言之,如果每个参与者所采取的策略都是针对其他参与者策略的最优反应,那么此时达成的策略组合即是纳什均衡。

由最优反应的概念可以看出,对于任意参与者 i 的任何其他策略 $s_i' \in S_i$ 来说,都有 $u_i(s_i, s_{-i}) \geqslant u_i(s_i', s_{-i})$。而这正与划线法的思想相吻合。因而划线法是寻找纳什均衡的一个常用且方便的方法。

在囚徒困境中,囚徒甲和囚徒乙应对对方策略的最优反应均为“坦白”,因此策略组合(坦白,坦白)成为纳什均衡。猎鹿博弈中,每个猎人应对其他猎人“猎鹿”策略的最优反应为“猎鹿”,应对其他猎人“猎兔”策略的最优反应为“猎兔”,因此(猎鹿,猎鹿)和(猎兔,猎兔)都是纳什均衡。

上文涉及的纳什均衡仅是极为常见的一类情况,2.2.2 节仍将讨论纳什均衡,不过策略集将从有限策略推广到无限策略。

概念解读：纳什均衡的小问答

1. 对每个参与者来说,纳什均衡一定是占优策略均衡吗?

答:不一定。占优策略均衡(上策均衡)一定是纳什均衡,而纳什均衡不一定是占优策略均衡。举个例子,猎鹿博弈中的纳什均衡(猎兔,猎兔)就不符合这个说法。

2. 对每个参与者来说,纳什均衡一定是最优反应吗?

答:正确,不仅现在的纳什均衡是,在 2.3 节引入混合策略纳什均衡之后仍然是。

3. 纳什均衡是否会被严格下策反复消去法剔除?

答:不会,利用严格下策反复消去法剔除严格下策后所剩下的都是“理性化的策略”,严格下策反复消去法是重复别除非最优反应的过程。

扩展阅读：纳什与纳什均衡

在博弈论诞生初期,并不存在一种分析方法能够“洞察本质”,适用于各种各样的博弈。

博弈论的创始人之一冯·诺依曼进行了长期的尝试,提出了“最大最小定理”。这个定理描述了在任何时候,两人参与的零和博弈总存在一个“能使参与者可能的最小收入最大化”的最大最小均衡。这个定理确实具有一定的普适性,但仍然十分有限。

(1)最大最小均衡只能解释二人参与的博弈。现实中的博弈参与者常常超过两个。为了弥补这一缺陷,冯·诺依曼与摩根斯坦在《博弈论与经济行为》一书中曾重点讨论过多人参与的博弈,但他们自己也未能证明对于所有这样的博弈均衡解总是存在的。

(2)现实中大多数情况下,参与者两方的得益并不是“零和”的。比如在当时最受经济学家关注的军事领域中,博弈几乎都是非零和的:一场战争很可能带来两败俱伤的后果,胜者所胜不能与败方所败画等号。为了扩展理论来描述非零和博弈的情况,冯·诺依曼引入一个虚构的局中人,用于消费过剩资源或弥补赤字,从形式上将这样的博弈转化为零和博弈。这的确是一种解决问题的思路,但是并不能被人们广泛接受——这个过程操作复杂,虚构的局中人的现实意义也不明确。尽管冯·诺依曼的最大最小理论离“普世的方法"仍有距离,但在此后很长一段时间内人们所关注的零和博弈依然占据着博弈论研究的核心地位。

20世纪40年代后期,在博弈论的发源地普林斯顿大学,聚集了一大批研究博弈论的数学家和经济学家。他们当时研究的主要目的正是想将严格的数学理论引入美苏军事冲突以及经济分析中。"零和博弈让所有人都觉得很烦躁,"经济学家肯尼思·阿罗(Kenneth Arrow)回忆道,"你得决定要不要开战,而你又不能说失败者失去多少胜利者就得多少,这确实太烦人了。"

在那时,年轻的纳什正在普林斯顿大学数学系攻读博士学位。冯·诺依曼理论中的缺陷,就像当年爱因斯坦眼中的以太一样,令他陷入长久的思考。

1949年夏天,几个模糊的想法渐渐成熟。10月,纳什思如泉涌,完成了属于他的创造——一个质疑斯密,挑战冯·诺依曼的崭新理论应运而生。博士生综合考试结束后几天,纳什就带着自己的理论成果去拜见冯·诺依曼。

此时的冯·诺依曼俨然已是一位公众人物,除了偶尔进行演讲之外,与普林斯顿的研究生没有什么接触,而且通常也不鼓励他们来请教问题。他端坐在一张巨大的桌子旁边,穿着昂贵的西装,打了丝质领带,整个人看上去与其说像个学者,倒不如说更像是一个银行总裁。他也确实和公务繁忙的行政人员一样操劳——当时他担任着几个顾问职务,还要没完没了地和奥本海默争论氢弹研制的问题,同时指导两台电子计算机样机的建造和程序编制工作。

纳什开始向冯·诺依曼讲述自己的证明。但是,没等他说到结论,冯·诺依曼便打断了他:"你说的不过只是一个不动点定理而已。"纳什便终止了谈话,默然离开了。过了几天,纳什向他的朋友盖尔谈起了他的发现:"我觉得我已经找到了一个办法,可以将冯·诺依曼的最大最小定理普遍化……整个理论就是建立在这个基础上。无论局中人数多少都适用,也不仅仅限于零和博弈……我把这称为一个均衡点。"在详细了解后,盖尔意识到纳什的想法能够很好地结合实际,远远超过了冯·诺依曼的零和架构。然而,更让盖尔着迷的是它的优美。正如盖尔所言,纳什均衡简洁而优美——只要有限个参与者"行动都理性,信念都正确",他们就会在某个策略组合上达到均衡,它就是纳什均衡。

盖尔积极鼓动纳什将结果正式发表。盖尔回忆说:"我说这绝对是一个了不起的成果,应该抓紧时间。"他告诉纳什,他应该抢在别人想到一个类似的主意之前尽快将这个成果纳入自己的名下。"纳什这个人比较怪,也许他自己永远也想不到这么做。因此他把证明过程交给我。"最终,纳什的成果刊登在了1950年11月的学院学报上。

纳什敏锐地观察到:每个参与者采取自己的最优策略,同时估计其他参与者也将采取最优的策略。但站在所有参与者的立场来看,这并不一定就是最优的解决方案:譬如囚徒困境。这种结果与经济学中斯密的"看不见的手"相矛盾。处于博弈中的每个参与者都在追求个人利益,但他们的行动不一定会增进整个集体的利益。现代经济学从此开始注意到个人理性和集体理性的矛盾与冲突。解决这个问题的办法并不是像传统经济学主张的那样,仅通过政府干预来避免市场失调时的无效状态。我们应该意识到,如果一种制度安排不能满足个人理性的话,就不可能实行下去。所以,解决个人理性与集体理性之间冲突的办法不是否认个人理性,而是设计一种机制,在满足个人理性的前提下达到集体理性。

　　有了在非合作博弈领域的创新发现,纳什成功地打开了将博弈论应用到经济学、政治学、社会学乃至进化生物学的大门。与纳什和海萨尼分享 1994 年度诺贝尔经济学奖的德国经济学家泽尔腾这样说道:"从总体来看,没有人预见到纳什均衡会给经济学和社会科学带来如此深刻的影响,更不必说其对生物学的重要意义。"

　　此外,纳什还详细阐述了非合作博弈与合作博弈的区别。简单地说,在合作博弈当中,参与者可以与其他参与者达成协议,实现共赢。与此相反,在非合作博弈当中,利益集团不会出现,参与者之间无法互相妥协达成一致。

2.2.2　连续得益无限策略时的纳什均衡

　　平等和效率(的冲突),是最需要加以慎重权衡的社会经济问题,它在很多的社会政策领域一直困扰着我们。我们无法按市场效率生产出馅饼之后,完全平等地进行分享。

——阿瑟·奥肯(Arthur Okun)

　　2.2.1 节定义了纯策略纳什均衡。对于常见的静态矩阵,划线法是一种求解纯策略纳什均衡的实用方法。但是对于另一类常见的博弈,它却无能为力。在这类博弈中,参与者的策略集合是无限的,得益则是对应于无限策略集合的连续函数。这类连续得益无限策略博弈常可利用导数知识来找到纳什均衡。接下来将通过三个模型来说明,并特别介绍所用到的一个概念:反应函数。

1. 古诺模型

引语故事:石油输出的垄断

　　"垄断"一词源于《孟子》——"必求垄断而登之,以左右望而网市利",原指站在市集的高地上操纵贸易,后来在经济学上指控制市场的唯一卖家。在垄断者的市场中,买家人数众多,互相竞争,是价格接受者。而卖方可以通过控制产品价格或者产量,来最大化自己的利润。真实的市场很少出现只有一个卖方垄断的情况,通常会出现由两家或者多家控制的局面,例如可口可乐和百事可乐,中国石油和中国石化等。在经济学中,它们被称为"寡头"。由寡头控制的市场可称为寡头市场或寡头垄断市场。

　　中东地区这个天然的大油库,地下蕴藏着全世界一半以上的石油,占有这个地区的国家伊朗、伊拉克、科威特、沙特阿拉伯等成为石油寡头国家。这些国家为了获得更多利润,组成了一个联盟——石油输出国组织。它们主要通过达成共识减少产量来提高石油价格。1973—1985 年,它们让每桶原油的价格上涨了十数倍,共同攫取了惊人的利润。经济学家把这类生产同质产品的独立企业(石油国可被视为一个大企业)所构成的组织称作卡特尔(cartel)。形成了卡特尔的市场相当于只有一个垄断者。

　　寡头们都希望能形成卡特尔,但并不能总是如愿,原因有二:一是世界上多数国家的反垄断法都禁止寡头之间的公开协议;二是卡特尔成员会受到利润的诱惑私自增加产量,让达成协议的努力付诸东流。从历史发生看,当石油输出国组织对各国石油产量和价格作出统一限定后,各成员国私下都会多生产一些石油来获得更多的利润。例如,伊朗多生产一些,伊拉克多生产一些,其他国家也都想多生产一些。如此一来,石油的实际产量就会超出共同协议的产量很多,使得油价低于原定的价格。

这也说明寡头们在集体利益和个人利益之间有权衡与取舍。它们都希望通过合作来达成垄断,以便共赢,又单方面地希望在共赢的基础上,自己可以"更赢"。但是有个问题出现了,既然增加产量后反而更糟糕,为何大家不能主动退回到原来的协议产量呢?

一般而言,厂商在生产活动中需要决定两个重要的指标:产量和价格。同时分析这两个指标有一定难度,让我们先单独研究一个指标对厂商得益的影响。简言之,与产量决策相对应的模型在经济学中称作古诺模型,而与定价对应的模型叫作伯川德模型。在这两个模型中,参与者的策略可以在某个范围内连续变化,即他们有无限多个可能策略。在这种条件下,我们依然能够找到纳什均衡,称之为"无限策略纳什均衡"。

古诺模型又称"古诺双寡头模型",由法国经济学家古诺在 1838 年提出。在那时,古诺就已提出了纳什所定义的均衡,但是只局限在特定的双寡头模型中。因其对博弈论的突出贡献,他的研究结果理所当然地成为博弈论的经典文献之一,同时也成为产业组织理论的重要里程碑。

在此仅讨论古诺模型中最简单的一种情况。在之后的章节里,大家还将看到这个模型的变形。为了理解方便,暂不使用博弈的语言,而用已有常识来描述这个问题。

假设市场中只有两个厂家可以生产某种商品,分别为 A 厂和 B 厂。这种商品的市场非常好,生产多少就能销售多少(也可以说市场是出清的)。但消费者愿意支付的价格随着市场总产量(即 A 厂与 B 厂的产量之和)的增加而减少。假设 A 厂产量为 q_A,B 厂产量为 q_B,则市场价格为 $1\,000-(q_A+q_B)$ 元。生产每件产品的成本对于两个厂家来说是一样的,假定都为 100 元。那么此时 A 厂的收益应为 $q_A \times [1\,000-(q_A+q_B)-100]$,B 厂的收益应为 $q_B \times [1\,000-(q_A+q_B)-100]$。

假如 A 厂认为 B 厂的产量已经确定(假设为 q_B^*),则 A 厂的收益函数是一个二次函数。A 厂为了在对方生产 q_B^* 时自己获得最大利益,由二次函数的性质(求导)可知,A 厂的产量 q_A 应为 $450-\dfrac{q_B^*}{2}$。类似地,当 A 厂的产量为 q_A^* 时,B 厂的产量为 $q_B=450-\dfrac{q_A^*}{2}$ 才能最大化自己的收益。

可以想象两个厂家在长期的生产销售中不断调整自己的产量,最终达到稳定。此时,A 厂的实际产量 q_A 等于 q_A^*;B 厂的实际产量 q_B 等于 q_B^*。由于双方同时行动,因此双方的行动需要同时满足上述函数。于是得到下面的方程组:

$$\begin{cases} q_A^* = 450 - \dfrac{q_B^*}{2} \\[2mm] q_B^* = 450 - \dfrac{q_A^*}{2} \end{cases}$$

解得 $q_A=300$,$q_B=300$。

但此时双方的收益真的是最大吗?我们简单算一算:如果双方的产量均为300,那么它们的收益均为 $300\times[1\,000-(300+300)-100]=90\,000$;假如双方的产量均为225,

那么它们的收益均为 $225 \times [1\,000 - (225 + 225) - 100] = 101\,250 > 90\,000$。这是为什么呢？既然有策略组合可以给双方都带来更好的利益，为什么最终没有达成呢？这和囚徒困境是否有些相似呢？

让我们来详细地用符号再建这个模型。为了区别于前面的叙述，重新给两个参与者起名：企业 1 和企业 2。

令 q_1、q_2 分别表示这两家企业生产某一同质产品（即相似、可替代的产品）的产量（$q_1, q_2 \geqslant 0$）。假设没有其他企业参与竞争，即市场中该产品的总供给：$Q = q_1 + q_2$。

这种产品的售价与供给量有关，令 P 表示价格，P 是关于 Q 的函数：

$$P(Q) = a - Q$$

其中 a 为常数[更准确地表述为：当 $Q \leqslant a$ 时，$P(Q) = a - Q$；当 $Q > a$ 时，$P(Q) = 0$]。

产品的总成本与生产量有关，令 C 表示成本，C 是关于 q 的函数。设企业 i 产量为 q_i，则其成本为

$$C_i(q_i) = cq_i$$

其中，两企业生产每单位产品的边际成本（marginal cost，每一单位新增产品所带来的总成本增量）均为常数 c，且企业没有固定的成本。假定 $c < a$，根据古诺的假定，两家企业同时进行产量决策。

回顾一下博弈的要素。

参与者：企业 1 和企业 2。

策略集：在古诺模型中，双方需要决定的是产量。假设生产产品的数量是连续可分割的非负数，则企业 i 的策略集可表示为 $S_i = \{q_i | q_i \in [0, \infty]\}$。显见，策略 s_i 即为产量 q_i。不必担心 q_i 的可取范围太大——超过 a 的产量都会使得益为 0，两家企业都不会这么做。

得益：企业 i 的得益应为它自己和另一企业所选策略的函数。假定收益就是其利润额，这样参与者 i 的收益就可以写为

$$\pi_i(q_i, q_j) = q_i[P(q_i + q_j) - c] = q_i[a - (q_i + q_j) - c]$$

根据纯策略纳什均衡定义，一个策略 s_i^* 如果是纯策略纳什均衡，那么对于每个参与者 i 来说，s_i^* 应满足

$$u_i(s_i^*, s_j^*) \geqslant u_i(s_i, s_j^*)$$

上式对任何属于 S_i 的可选策略 s_i 都成立，这一条件等价于：对于每个参与者 i，s_i^* 必须是下面最优化问题的解：

$$\max_{s_i \in S_i} u_i(s_i, s_j^*)$$

在古诺双寡头模型中，上述条件可具体化表述为：任给一对产量组合 (q_1^*, q_2^*)，若为纳什均衡，则对于每家企业 i，q_i^* 应为下述优化问题的解：

$$\max_{0 \leqslant q_i \leqslant \infty} \pi_i(q_i, q_j^*) = \max_{0 \leqslant q_i \leqslant \infty} q_i[a - (q_i + q_j^*) - c] \tag{2-1}$$

设 $q_j^* < a - c$。显然若不满足这个不等式，利润将是负的，稍后将证明该假设成立。利用导数为 0 或二次函数求最大值，其解为

$$q_i = \frac{1}{2}(a - q_j^* - c)$$

所以,如果产量组合(q_1^*, q_2^*)是一个纳什均衡,则企业的产量必须满足

$$\begin{cases} q_1 = \frac{1}{2}(a - q_2^* - c) \\ q_2 = \frac{1}{2}(a - q_1^* - c) \end{cases}$$

解这组方程得

$$q_1^* = q_2^* = \frac{a - c}{3}$$

可见产量小于$a-c$,满足假设条件。代入前例中的$a = 1\,000$, $c = 100$,可得$q_1^* = q_2^* = 300$。那为什么这个策略组合不是最优的呢?

回顾式(2-1),因为$q_j^* \geq 0$,所以$q_i[a-(q_i+q_j^*)-c] \leq q_i(a-q_i-c)$。这表明,只有当市场完全由一家企业垄断的时候,这家企业的得益才能达到理论上的最大值。不妨把一家企业垄断使其利润最大化的产量称为"垄断产量",即$q_m = \frac{a-c}{2}$。此时它可获得"垄断利润"$\pi_m(q_i, 0) = \frac{(a-c)^2}{4}$。

另外,在市场上只有两家企业的情况下,由反应函数可以推知,$q_1 + q_2 > q_m$恒成立。它说明由于垄断产量较低,相应的市场价格$P(q_m)$较高。在这种价格下,每家企业都有动机提高产量,而不顾价格下降。

2. 反应函数

用上面的方法预测双方的行动时,我们曾得到这样两个式子:

$$q_1 = \frac{1}{2}(a - q_2^* - c) \tag{2-2}$$

$$q_2 = \frac{1}{2}(a - q_1^* - c) \tag{2-3}$$

以式(2-2)为例,这个式子描述了当企业2改变自己的策略时,企业1应该如何对其行动作出最优反应。我们称这样的函数为企业1对企业2产量的一个"最优反应函数(best response function)",也叫"反应函数"。

图2-31作出了两家企业对彼此策略的最优反应函数。R_1代表企业1的反应函数(R是reaction的缩写),R_2代表企业2的反应函数。两个最优反应函数只有一个交点,该交点就是纳什均衡所对应的产量组合。

使用最优反应函数时需要注意的是反应函数必须连续。而在很多博弈中,参与者的策略不是无限的,更不是连续的,因此各方的得益也不是连续的可导函数,无法通过求导得出反应函数。此外,最优反应函数可能不相交,或者交点有多个,这也会带来分析上的困难,如图2-32所示。

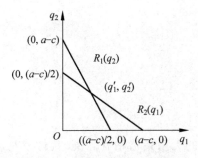

图 2-31 双寡头最优反应函数

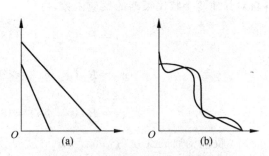

图 2-32 最优反应函数特殊情况

另外,无限策略博弈也可以应用严格下策反复消去法,感兴趣的读者可以参阅罗伯特·吉本斯(Robert Gibbons)所著的《博弈论基础》相关章节。

类似古诺模型这样来分析企业产量的模型还有很多。在第 3 章还将介绍企业依次决定产量的斯塔克伯格(Stackelberg)模型,以及古诺模型中两个企业的相互影响多次发生的弗里德曼(Friedman)模型。

3. 公地悲剧

从工业革命开始,大气中的二氧化碳含量增加了近 30%;甲烷含量增加了两倍多;一氧化氮的含量增加了 15%。在 20 世纪初,全球近地面平均气温上升了约 0.6 ℃。1951—2001 年,我国平均地面气温变暖幅度达到 1.1 ℃,明显高于同期全球的平均增温速率。全球海平面上升了 10～20 厘米……

美国生态学家加勒特·哈丁(Garrett Hardin)曾于 1968 年在《科学》杂志上发表了一篇题为《公地的悲剧》的文章。文中介绍英国曾经有这样一种土地制度——封建主在自己的领地中划出一片尚未耕种的土地作为牧场(他称之为“公地”),无偿向牧民开放。这本来是一件造福民众的事,但由于是无偿放牧,每个牧民都想尽可能多地养羊。随着羊数量无节制地增加,公地最终因“超载”而成为不毛之地,牧民的羊也无从放养。

这种悲剧背后的原因是什么呢?

假设总共有 n 个牧民来这里放羊,用 g_i 表示牧民放羊的只数,那么整个牧场中羊的总数量为 $G = g_1 + g_2 + \cdots + g_n$。近似假设羊的数量是连续可分割的,那么村民的策略对应着放养的羊的数量 g_i。因此,可将他的策略集写作 $[0, \infty)$。

牧民的得益可以用羊的总价值减去总成本计算。购买和照看一头羊的成本为定值 c,不随羊的数目而变化。当整个牧场中羊的总数量为 G 时,每头羊的价值为 $v(G)$。由于每头羊都需要吃草,如果牧草生长的速度跟不上羊的消耗,那么很快羊就会无草可吃。

简单起见,假设共有 3 个牧民来放羊。每只羊的价值为 $v(G) = 100 - G = 100 - (g_1 + g_2 + g_3)$,成本为 4。则 3 个牧民的得益函数分别为

$$u_1 = g_1 [100 - (g_1 + g_2 + g_3)] - 4g_1$$
$$u_2 = g_2 [100 - (g_1 + g_2 + g_3)] - 4g_2$$
$$u_3 = g_3 [100 - (g_1 + g_2 + g_3)] - 4g_3$$

仍假设羊的数量为连续可分割的,那么上述得益函数依然是连续函数。求 3 个牧民

各自对其他两个牧民策略的反应函数,可得

$$g_1 = R_1(g_2, g_3) = 48 - \frac{1}{2}g_2 - \frac{1}{2}g_3$$

$$g_2 = R_2(g_1, g_3) = 48 - \frac{1}{2}g_1 - \frac{1}{2}g_3$$

$$g_3 = R_3(g_1, g_2) = 48 - \frac{1}{2}g_1 - \frac{1}{2}g_2$$

3个反应函数的交点(g_1^*, g_2^*, g_3^*)就是该博弈的无限策略纳什均衡,具体就是将g_1^*, g_2^*, g_3^*代入3个反应函数,联立解得$g_1^* = g_2^* = g_3^* = 24$。此时羊总数为72。再将其代入得益函数,得3个牧民的得益$u_1^* = u_2^* = u_3^* = 576$。这是3个牧民独立作出选择时,最大化自己利益的结果。

假如3个牧民可"结盟",各自负责等量的羊群,情况会怎样呢?此时总利润将均分给3人,所以总利润最大时,每个牧民的利润也最大。假设此时羊总数为G^{**},它应等于总得益u取得最大值时G的取值。

$$u = G \cdot (100 - G) - 4 \cdot G = 96G - G^2$$

利用G取得最大值的条件,可得

$$G^{**} = 48$$

将其代入总得益函数,得$u^{**} = 2\,304$,即

$$u_1^{**} = u_2^{**} = u_3^{**} = 768 > u_1^* = u_2^* = u_3^* = 576$$

可见每个牧民独立做决定时,草地会被过度利用,造成资源浪费,损害集体和个人利益。

公地悲剧(tragedy of the commons)更准确的说法是:无节制的、开放式的资源利用的灾难。比如环境污染,由于治污需要成本,私人必定千方百计把企业成本外部化。这就是赫尔曼·戴利(Herman Daly)所称的"看不见的脚"。"看不见的脚"导致私人出于自利不自觉地把公共利益踢成碎片。所以,我们必须清楚——"公地悲剧"源于公产的私人利用方式。其实,哈丁的本意也在于此。事实上,针对如何防止公地悲剧,哈丁提出的对策是共同赞同的相互强制,甚至政府强制,而不是私有化。但是,关于私有化是否一定导致公地悲剧,目前还存在争议。同时,避免公地悲剧发生的制度创新仍在不断探索中。读者可联系实践,列举个人所见的制度创新有哪些。

4. 伯川德模型[*]

在我们的认识中,厂商应该既决定产量,又决定价格。但是,消费者的需求函数意味着两个变量间有明确的关系,所以我们可以近似认为厂商是先选择了其中一个变量(产量或价格),然后再根据市场来调整另一个变量的取值。古诺模型里,厂商选择产量是合理的。下面我们来探讨另一种情况——厂商决定价格的伯川德模型,也叫伯川德双寡头模型(Bertrand Duopoly Model)。

如果企业1和企业2分别选择价格p_1和价格p_2。消费者对企业1的需求为

$$q_1(p_1, p_2) = a - p_1 + bp_2$$

消费者对企业2的需求为

$$q_2(p_1,p_2)=a-p_2+bp_1$$

其中，a 和 b 是正值的常数（准确地说 $b<2$ 时才有意义）。这个式子很精妙地反映了需求的特点：提高价格，顾客不想买你的产品；另一家价格下降，你的销量也会减少。

和所有博弈分析相同，需要先明确参与者的策略集以及得益。参与者的策略通过所定的价格体现。注意，不能说规定的“价格”是“策略”，“规定某一价格”这种行动才是“策略”。由于负的价格没有意义，所以每个企业都可以把任何非负数作为产品的定价。用 $S_i=[0,\infty)$ 表示企业 i 的策略集，$s_i\in S_i$。显然策略 s_i 即为定价 p_i。

依然假设每个企业的得益函数为利润函数，市场出清，则当企业 i 选择价格 p_i、其对手选择价格 p_j 时，企业 i 的利润 $\pi_i(p_i,p_j)$ 为

$$\pi_i(p_i,p_j)=q_i(p_i,p_j)[p_i-c]=(a-p_i+bp_j)(p_i-c)$$

其中成本 c 为非负常数，因此 (p_i-c) 表示每件产品的利润。

如果价格组合 (p_i^*,p_j^*) 是纳什均衡，则对每个企业 i，p_i^* 应是下面最优化问题的解：

$$\max_{0\leqslant p_i\leqslant\infty}\pi_i(p_i,p_j^*)=\max_{0\leqslant p_i\leqslant\infty}(a-p_i+bp_j^*)(p_i-c)$$

不难解得

$$p_i^*=\frac{1}{2}(a+bp_j^*+c)$$

因此，两家企业选择的价格应满足

$$\begin{cases}p_1^*=\dfrac{1}{2}(a+bp_2^*+c)\\[2mm]p_2^*=\dfrac{1}{2}(a+bp_1^*+c)\end{cases}$$

解这一组方程，可得

$$p_1^*=p_2^*=\frac{a+c}{2-b}$$

正如上文所提及的，仅当 $b<2$ 时，这个问题才有意义。这样我们便求得了伯川德寡头模型中的无限策略纳什均衡。

2.3　混合策略纳什均衡

纳什均衡是普遍存在的[①]，因而具有很强的普遍适用性；同时，纳什均衡也同上策均衡一样具有很强的预测一致性。一般而言，有限博弈一定存在纳什均衡。这种纳什均衡既可以是纯策略的也可以是混合策略的。如果一个策略规定参与者在任一给定信息下只能选择一种特定的行动，则称之为纯策略。这意味着，参与者在其策略空间中选取唯一确定的策略。2.3 节之前所讨论的策略都是纯策略。现在引入“混合策略”的概念。

---

　　① 纳什均衡的普遍存在性证明需要用到不动点理论和相关的数学知识，读者可参阅朱·弗登博格和让·梯若尔著《博弈论》。

2.3.1 混合策略

假如今晚恰好同时有 NBA 总决赛和世界杯总决赛,你最喜欢的篮球队和足球队都将角逐冠军,你该怎么办呢? 虽然博弈的参与者只有你一个人,但此时想看 NBA 的动机和想看世界杯的动机正在进行激烈的斗争。从博弈的角度看,无论看哪场比赛,都将给你带来极大的满足,可以视选择这两种策略的得益相等。两种策略同样棒,且没有更好的策略,也就是说:纯策略纳什均衡不存在,那么该怎么办?

有人说:"抛硬币!"

这是不能两全其美的无奈之举,但确实能解决问题。抛硬币实际上是利用道具将 50% 的概率赋给"看 NBA",另 50% 的概率赋给"看世界杯"。这样一来就形成了一个混合策略。

参与者的一个混合策略是指他可采取的一种"根据概率分布对策略进行选择"的行动。比如参与者 i 有两个策略"A"和"B",他以 1/3 的概率选"A",2/3 的概率选"B",这样将所有可能性"1"分配给两个策略,构成一个混合策略。如同信念一样,混合策略也是用概率分布衡量,记参与者 i 的混合策略 $\sigma_i \in \Delta S_i$,其中 ΔS_i 表示参与者 i 可选策略的概率分布集合。可见,混合策略是纯策略在空间上的概率分布,纯策略是混合策略的特殊情况,二者是包含关系而不是对立关系。

本节将重点讨论"非退化的混合策略",即"不是纯策略的混合策略"。同时,本节会将纯策略分析中的"占优"与"最优反应"的概念完整地推广到混合策略中来,并由此对混合策略中的纳什均衡进行分析。

1. 混合策略下的占优

先通过掷硬币游戏来引入混合策略中占优的概念。假如有两个人参与游戏,一个人选好正反以后将其盖在桌上,由另一人猜。游戏如图 2-33 所示。

猜硬币方

盖硬币方		正面	反面
	正面	−1 , 1	1 , −1
	反面	1 , −1	−1 , 1

图 2-33 猜硬币游戏

用划线法进行分析,如图 2-34 所示。

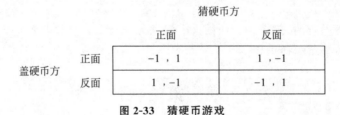

图 2-34 划线法分析猜硬币游戏

对于如何选择,猜硬币方完全没有头绪——无论选择哪种策略,结果似乎都是一样的。也许参与者会在"正""反"二者中随机选择,意即二者各占 50% 的可能。但是,假如盖硬币的一方根据多年和对方相处的经验,知道对方更喜欢猜"正",概率达 60%,而且对方并不自知,那么情况将会有所改变。对盖硬币者来说,更多次地将硬币反面向上,可以带来更大的得益。毫无疑问,出"正"的概率将低于 50%。但是,概率到底为多少才是理性的呢?

在上述猜硬币游戏中,作为盖硬币方,他根据自己的判断形成了对对手的信念。基于信念,选择"正面"策略的期望收益为:对方选择"正面"的概率×对方选"正面"时我方出"正面"的得益+对方选"反面"的概率×对方选"反面"时我方出"正面"的得益。可用符号简洁表示为

$$u_{i_{\text{正}}} = p_{j_{\text{正}}} \cdot \pi_i(i_{\text{正}}, j_{\text{正}}) + p_{j_{\text{反}}} \cdot \pi_i(i_{\text{反}}, j_{\text{反}}) = 60\% \times (-1) + 40\% \times 1 = -0.2$$

此时将对手的"信念"引入公式,并赋予我们所认为的概率 60%,即前文中的 $u_{\text{猜}}(\text{正}) = 60\%$。此时猜硬币得益矩阵如图 2-35 和图 2-36 所示。

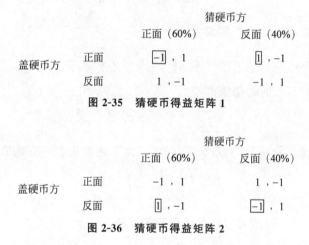

图 2-35　猜硬币得益矩阵 1

图 2-36　猜硬币得益矩阵 2

同理,盖硬币方选择"反面"的期望收益为

$$u_{i_{\text{反}}} = 60\% \times 1 + 40\% \times (-1) = 0.2$$

显然 $0.2 > -0.2$。对盖硬币方来说,"反面"策略优于"正面"策略,是一个占优策略。所以要想获得更高的得益,应更多地盖"反面"。[①]

定义 2.7(占优和劣于)　对于参与者 i 的策略 σ_i',存在策略(无论是纯策略还是混合策略)$\sigma_i'' \in \Delta S_i$,如果对于其他参与者的所有策略组合 $\sigma_{-i} \in \Delta S_{-i}$ 均能满足 $u_i(\sigma_i', \sigma_{-i}) > u_i(\sigma_i'', \sigma_{-i})$,则称 σ_i' 占优于 σ_i'',σ_i'' 劣于 σ_i'。

2. 混合策略下的最优反应

此前我们只介绍了纯策略条件下的最优反应,这个概念同样可推广到混合策略中。

---

① 要小心的是,对手在几个回合后很可能会发现这个把戏,调整自己的策略。而此时盖硬币方的信念也应随之变化。我们将在第 6 章继续讨论这个问题。

例如在图 2-37 的博弈中,假设参与者 1 的策略集为(U,M,D)。他的信念是:参与者 2 有 1/3 的概率选择策略"L",1/2 的概率选择策略"C",1/6 的概率选择策略"R",即参与者 2 混合策略$\left(\frac{1}{3},\frac{1}{2},\frac{1}{6}\right)$。

参与者2

		$L(1/3)$	$C(1/2)$	$R(1/6)$
	U	2, 6	0, 4	4, 4
参与者1	M	3, 3	0, 0	1, 5
	D	1, 1	3, 5	2, 3

图 2-37 抽象博弈得益矩阵

如果参与者 1 选择策略"U",他的期望得益为

$$\frac{1}{3}\times 2+\frac{1}{2}\times 0+\frac{1}{6}\times 4=\frac{4}{3}$$

如果选择策略"M",他的期望得益为

$$\frac{1}{3}\times 3+\frac{1}{2}\times 0+\frac{1}{6}\times 1=\frac{7}{6}$$

如果选择策略"D",他的期望得益为

$$\frac{1}{3}\times 1+\frac{1}{2}\times 3+\frac{1}{6}\times 2=\frac{13}{6}$$

所以,他的最优反应是策略"D"。我们可以用下述方法来规范地描述:

$$BR_1\left(\frac{1}{3},\frac{1}{2},\frac{1}{6}\right)=\{D\}$$

意即混合策略$(\frac{1}{3},\frac{1}{2},\frac{1}{6})$所对应的最优反应为策略"$D$"。

仍以该博弈为例,假设这次的身份是参与者 2。参与者 2 判断对手采取混合策略 $\left(\frac{1}{2},\frac{1}{4},\frac{1}{4}\right)$,即有 1/2 的概率会采取策略"$U$",1/4 的概率采取策略"$M$",1/4 的概率采取策略"$D$"。

参与者 2 若选择策略"L",则他的期望得益为

$$\frac{1}{2}\times 6+\frac{1}{4}\times 3+\frac{1}{4}\times 1=4$$

若选择策略"C",他的期望得益为

$$\frac{1}{2}\times 4+\frac{1}{4}\times 0+\frac{1}{4}\times 5=\frac{13}{4}$$

若选择策略"R",他的期望得益为

$$\frac{1}{2}\times 4+\frac{1}{4}\times 5+\frac{1}{4}\times 3=4$$

所以参与者 2 具有两个最优反应,即策略"L"和策略"R"。因此

$$BR_2\left(\frac{1}{2},\frac{1}{4},\frac{1}{4}\right)=\{L,R\}$$

至此，可重新定义最优反应。

定义 2.8（最优反应）　假设参与者 i 对于其他参与者采取的策略具有信念 $\mu_{-i}\in\Delta S_{-i}$，如果参与者 i 的策略 σ_i 满足任给 $\sigma'_i\in\Delta S_i$ 都有 $u_i(\sigma_i,\mu_{-i})\geqslant u_i(\sigma'_i,\mu_{-i})$，那么 σ_i 是一个最优反应。

概念解读：如何应对混合策略

问：混合策略的最优反应可以是混合策略吗？答：可以，当对方的混合策略不确定时，我们就应以一个混合策略来回应，之后我们会看到实例。

2.3.2　混合策略纳什均衡

在前一个例子中可见，在参与者 1 对参与者 2 的信念下，参与者 1 选择纯策略"D"。这样看来，参与者 2 的信念 $\left(\frac{1}{2},\frac{1}{4},\frac{1}{4}\right)$ 不对，需要调整。而这又将进一步改变参与者 1 的信念……最终想要达成均衡，双方的信念都会调整正确，双方的行动都将是最优反应。这种情况下的均衡正是混合策略纳什均衡。

我们知道，纯策略下的占优和最优反应的概念都可以通过计算期望的方式，扩展到混合策略中来。那么纳什均衡是否可以通过相似的方法得以拓展？

回顾此前给出的纳什均衡的定义，它保证了每一参与者的纯策略都是其他参与者纯策略的最优反应。想一想，任何纯策略都是特殊的混合策略，要想把 2.2 节的定义推广到包含混合策略的情况，只需使每一参与者的混合策略是其他参与者混合策略的最优反应，这样扩展后的定义完全涵盖了前一定义。

定义 2.9（混合策略纳什均衡）　考虑策略组合 $\sigma=(\sigma_1,\sigma_2,\cdots,\sigma_n)$，其中对于每一个参与者 i，都有 $\sigma_i\in\Delta S_i$，其中 ΔS_i 是指参与者 i 的策略的概率分布集合。当且仅当 $u_i(\sigma_i,\sigma_{-i})>u_i(s'_i,\sigma_{-i})$ 对于任何 $s'_i\in S_i$ 和每一个参与者都成立时，组合 σ 是一个混合策略纳什均衡。

根据定义可以看出，策略组合是一个混合策略纳什均衡，也就意味着，对每一个参与者来说，它是最优反应——而要让一个混合策略成为最优反应，这个混合策略包含的概率为正的纯策略必须是属于最优反应的纯策略。

总之，无论是混合策略还是纯策略，所构成的策略组合都有可能是一个纳什均衡。纳什均衡具有很强的普适性，可以用一个定理进行概括。

定理 2.1（纳什定理 Nash Theorem，1950）　在由 n 个参与者所构成的博弈 $G=\{S_1,\cdots,S_n;u_1,\cdots,u_n\}$ 中，如果 n 是有限的，且每个策略集 $S_i(i=1,\cdots,n)$ 都是有限的，则该博弈至少存在一个纳什均衡，但其中可能包含混合策略。

通俗地说，这个定理的含义就是：任何有限博弈都有至少一个混合策略纳什均衡。

该定理的证明要用到不动点定理，不在本书所讲范围之内，感兴趣的同学可自行查阅相关资料。而且，更进一步的结论是：

在博弈论领域里几乎所有有限策略的博弈都有有限奇数个纳什均衡。

这就意味着,如果一个博弈有两个纯策略纳什均衡,那么就一定存在第三个混合策略的纳什均衡,亦即对于大多数双均衡博弈问题,都应该有一个混合策略纳什均衡。这对于求解纳什均衡具有非常重要的指导意义。

2.3.3 应用举例:如何让对手猜不透

案例分析:世界杯决赛中的点球大战

当地时间 12 月 18 日晚,2022 年卡塔尔世界杯在多哈卢赛尔体育场上演终极对决。对阵双方是法国和阿根廷。经过 120 分钟鏖战,双方 3∶3 打成平手。世界杯决赛进入史上第三次点球大战。阿根廷队四罚全中,法国队却打丢两球。4∶2,冠军属于阿根廷队。

下面以罚点球的姆巴佩和守门员为例,分析点球大战中二人的心理。姆巴佩会向哪边踢,而守门员会扑向哪边?让我们尝试利用所学知识,给点球建立一个简易的博弈模型。简单起见,假设姆巴佩可以选择往左、中、右三个方向罚球,守门员可以选择往左扑、站着不动或往右扑(为了一致,也称其为左、中、右)。为便于分析,让我们以姆巴佩的视角确定左右,即守门员扑向他自己的右侧视为选择策略"左"。这里我们提供了一种评估得益大小的新思路——假设进球带来的得益为 1,我们可以以进球的概率来衡量每种情况下姆巴佩和守门员的得益,博弈可以用图 2-38 表示。

视频 2:2022 年世界杯法国队—阿根廷队点球大战

守门员

		左	中	右
姆巴佩	左	65%, 35%	95%, 5%	95%, 5%
	中	95%, 5%	0, 100%	95%, 5%
	右	95%, 5%	95%, 5%	65%, 35%

图 2-38 点球大战得益矩阵

很明显这个博弈没有纯策略纳什均衡。可以这么理解,姆巴佩往哪个方向踢,守门员也得往同样的方向扑才能最大化得益;但姆巴佩不这样想,他一定不希望和守门员的策略相同,因此不可能有某个策略组合能使双方都满意。换言之,这个博弈不存在稳定的纯策略纳什均衡。

思考与练习

如果双方都采取等可能策略,即双方都采取混合策略 $\left(\dfrac{1}{3}, \dfrac{1}{3}, \dfrac{1}{3}\right)$,那么,守门员或姆巴佩有偏离动机吗?如果有,他们将如何调整?

假设姆巴佩踢球的混合策略为:向左踢概率为 k_l(k 为 kicker 的首字母,l 表示 left),向中间踢概率为 k_c(c 表示 center),向右踢的概率为 k_r(r 表示 right)。同样,假设守门员往左扑的概率为 g_l(g 表示 goalkeeper),守在原地概率为 g_c,往右扑概率为 g_r。显然,$k_l + k_c + k_r = 1$;$g_l + g_c + g_r = 1$。

这样我们可以表示出姆巴佩和守门员的期望得益。以姆巴佩为例,向左踢的期望得益：

$$g_l \times 65\% + g_c \times 95\% + g_r \times 95\%$$
$$= g_l \times 65\% + (1 - g_l - g_r) \times 95\% + g_r \times 95\%$$
$$= 0.95 - 0.3g_l$$

向中踢的期望得益：

$$g_l \times 95\% + (1 - g_l - g_r) \times 0 + g_r \times 95\% = 0.95(g_l + g_r)$$

向右踢的期望得益：

$$g_l \times 95\% + (1 - g_l - g_r) \times 95\% + g_r \times 65\% = 0.95 - 0.3g_r$$

为了应对姆巴佩，守门员需要找出一个混合策略，即扑向每个方向的概率。对守门员来说，他要做的是万无一失，尽量不给对方创造获得更高得益的机会。也就是说，不能让对方发现往左踢、往右踢或者往中间踢有可能带来更高的得益。因此守门员最好的应对方式，是决定自己的混合策略，使得对方无论采取何种策略产生的期望得益都相等，即

$$0.95 - 0.3g_l = 0.95(g_l + g_r) = 0.95 - 0.3g_r$$

很容易解出 $g_l = g_r = 43.18\% \approx 43\%$，那么 $g_c = (1 - g_l - g_r) \approx 14\%$。

因此，守门员的混合策略纳什均衡应该为 $(43\%, 14\%, 43\%)$。只有这样，姆巴佩才没有占优策略，只能随机选择。

同样地，我们也可以从姆巴佩的角度分析问题——姆巴佩的混合策略也应该使守门员等概率地在三种策略中作出选择。解方程组，结果是一样的：

$$\begin{cases} k_l = k_r = 43\% \\ k_c = 14\% \end{cases}$$

不仅足球，其他竞技运动也是如此，除技术之外还需要策略的辅助，这样才能更好地掌控比赛、获得胜利。

那么实际比赛中的点球数据是怎样的呢？根据《哈林顿博弈论》所引的数据，实际中的对应频率如下：

		守门员		
		左	中	右
	左	$(19.6\%, 80.4\%)$	$(0.9\%, 99.1\%)$	$(21.9\%, 78.1\%)$
球员	中	$(3.6\%, 96.4\%)$	$(0.3\%, 99.7\%)$	$(3.6\%, 96.4\%)$
	右	$(21.7\%, 78.3\%)$	$(0.5\%, 99.5\%)$	$(27.6\%, 72.4\%)$

✒️ **扩展阅读：世界杯点球大战——射哪里，扑哪里？**

从图 2-39 可以看出，在世界杯点球大战中，大多数人在逻辑上都试图将点球射入球门的底角，29.3% 的点球大战点球位于每个门柱内的两个低位区域。

从每次世界杯点球大战的射门位置来看，很明显大多数成功的射门都在守门员的侧面（图 2-40）。

但是，当谈到世界杯点球大战的转化率时，历史数据表明，如果你把球打高了，那么你就赢了（图 2-41）。世界杯上有 42 次点球大战射入球门前 1/3（贴着横梁），但没有一次被扑出。

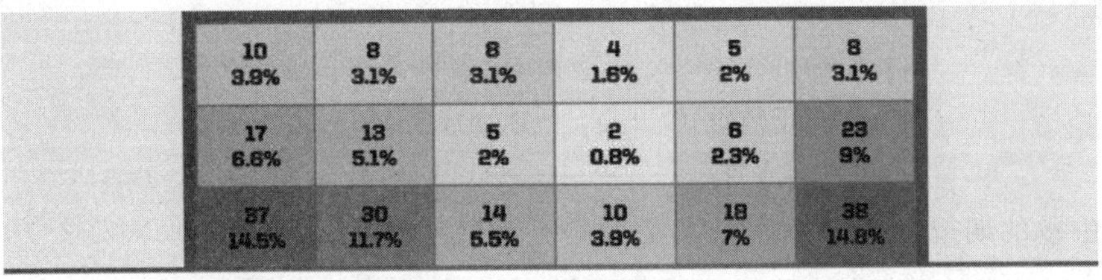

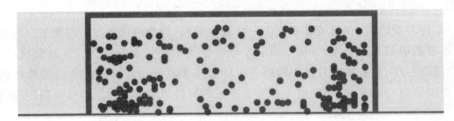

图 2-39　1982 年以来世界杯点球射门位置

图 2-40　1982 年以来世界杯点球得分的位置分布

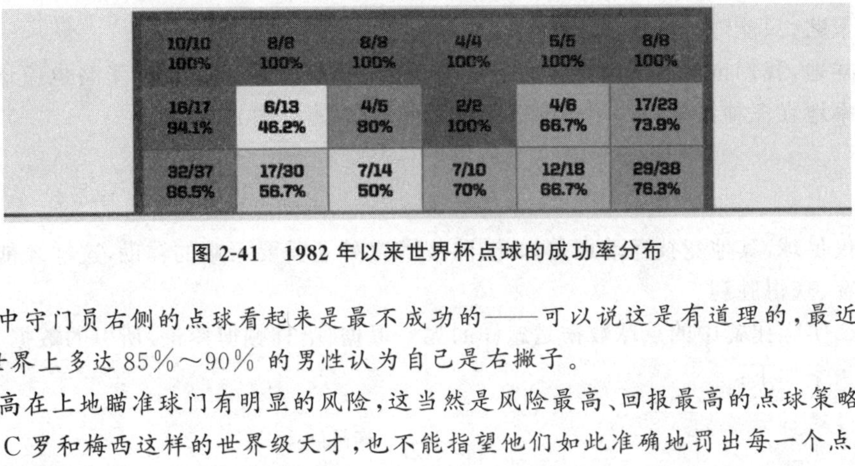

图 2-41　1982 年以来世界杯点球的成功率分布

　　击中守门员右侧的点球看起来是最不成功的——可以说这是有道理的,最近的研究表明,世界上多达 85%～90% 的男性认为自己是右撇子。

　　高高在上地瞄准球门有明显的风险,这当然是风险最高、回报最高的点球策略——即使是像 C 罗和梅西这样的世界级天才,也不能指望他们如此准确地罚出每一个点球。

　　自世界杯点球大战引入以来,有 14 个点球击中横梁或越过横梁——最著名的是罗伯托·巴乔在 1994 年决赛中为意大利对阵巴西的失误。

　　资料来源:World Cup penalty shootouts: the facts[EB/OL].(2022-12-03). https://theanalyst.com/na/2022/12/world-cup-penalty-shootouts-the—facts/.

2.3.4　求解混合策略纳什均衡

　　本小节通过一个数值例子给出求解混合策略纳什均衡的一般解法。在某些工作场合,职员的工作努力程度是不容易被观察到的,因此职员既有可能偷懒也有可能勤奋。而经理则有检查和不检查两种选择。假如职员和经理面临图 2-42 所示的博弈局面。

　　根据划线法可知该博弈没有纯策略纳什均衡,因此考察混合策略纳什均衡$\{(p,1-p),(q,1-q)\}$。为了直观,在静态矩阵中加入每个行动的概率,如图 2-43 所示。

	经理	
	检查	不检查
职员　勤奋	10，80	8，100
偷懒	6，90	10，60

图 2-42　职员和经理的博弈矩阵

	经理	
	检查 q	不检查 $1-q$
职员　勤奋 p	10，80	8，100
偷懒 $1-p$	6，90	10，60

图 2-43　职员和经理的博弈矩阵(加入行动概率)

(1) 根据让别人猜不透的原则,经理选择 q 使得职员猜不透。换言之,经理的策略使得职员在勤奋与偷懒之间无从选择。因此职员选择勤奋和偷懒时的期望值应该是一样的。所以,有

$$q \times 10 + (1-q) \times 8 = q \times 6 + (1-q) \times 10$$

同理,职员的选择使得经理猜不透,意即经理在检查和不检查之间无从选择。因此,经理在选择检查和不检查时的期望得益也是一样的,有

$$p \times 80 + (1-p) \times 90 = p \times 100 + (1-p) \times 60$$

两式联立可解得 $p = \dfrac{3}{5}, q = \dfrac{1}{3}$。所以,经理以 1/3 的概率抽查,而职员则依照 3/5 的可能性选择勤奋。

(2) 如果经理选择混合策略 $(q, 1-q)$,则职员选择勤奋时的期望得益为 $q \times 10 + (1-q) \times 8$。若职员选择偷懒,则期望得益为 $q \times 6 + (1-q) \times 10$。所以,职员选择混合策略 $(p, 1-p)$ 时的期望得益为

$$U_1 = p[q \times 10 + (1-q) \times 8] + (1-p)[q \times 6 + (1-q) \times 10]$$

同理,经理的期望得益为

$$U_2 = q[p \times 80 + (1-p) \times 90] + (1-q)[p \times 100 + (1-p) \times 60]$$

所以,职员选择 p 使得 U_1 最大,同时经理选择 q 使得 U_2 最大。由于 p 和 q 在 $[0,1]$ 内连续,须有

$$\begin{cases} \dfrac{\mathrm{d}U_1}{\mathrm{d}p} = 0 \\[2mm] \dfrac{\mathrm{d}U_2}{\mathrm{d}q} = 0 \end{cases}$$

亦即

$$\begin{cases} q \times 10 + (1-q) \times 8 = q \times 6 + (1-q) \times 10 \\ p \times 80 + (1-p) \times 90 = p \times 100 + (1-p) \times 60 \end{cases}$$

实际上,这就是(1)的结果。同样解得 $p = \dfrac{3}{5}, q = \dfrac{1}{3}$。

2.4　关于均衡的更多讨论

在讨论纳什均衡时,我们发现了一些有意思的问题:聪明的囚徒为何得不到最好的收益?夫妻之争如何能达成一致?这些问题尽管有纳什均衡存在,但是仍有很大空间留

待人们讨论。本节将介绍经济学家如何进一步完善均衡理论,特别是在一个博弈具有多重纳什均衡时,如何使均衡更加精炼。

2.4.1 集体理性与帕累托上策均衡

1. 集体理性和帕累托效率

回顾囚徒困境,如图 2-44 所示,两个聪明人如果都选择了沉默,会少蹲几年监狱,可是他们因为担心对方"背叛",而选择"坦白"。就他们两人而言,这种对个人利益的担心导致集体利益的损失。

乙

甲	乙 沉默	坦白
沉默	-2, -2	-9, 0
坦白	0, -9	-6, -6

图 2-44 囚徒困境得益矩阵(3)

是否可以据此认为他们不理性呢?不,问题不是出在是否理性上,而是出在决策模式上,即做决策时参与者的行为动机到底是什么。因此,经济学家提出了"追求集体利益最大化"①的集体理性概念。

在这种新的前提下,此前定义的"占优"不再适用了,因为占优描述的是一种"无论别人如何只要自己最好就行"的思想。显然想采取占优策略的人不具有集体理性。因此我们需要一种类似于"占优"这一概念的、适用于集体理性的标准,来衡量各种策略的优劣。

经济学家维尔弗雷多·帕累托(Vilfredo Pareto)最先引入"效率"这一概念。按照帕累托的说法:"如果社会资源的配置已经达到这样一种状态:要想让某个社会成员变得更好,就只能让其他某个成员的状况变得比现在差。此时,这种资源配置的状况是最佳的,是最有效率的。"这一概念后来也被称作"帕累托效率"(Pareto efficiency),或称"帕累托最优"(Pareto optimality)。用数学语言来表述,任给策略组合 s, s',如果 $u_i(s) \geqslant u_i(s')$ 对每个参与者 i 都成立,同时不等式至少对一个参与者是严格成立的,那么 s 比 s' 更有效率。给定某一策略组合,若不存在较之更有效率的策略组合,则称当前的策略组合是有效的。

需注意两点:首先,帕累托有效的策略组合并不一定是纳什均衡。例如在囚徒困境中,并不是只有(沉默,沉默)才是有效的。策略组合(沉默,坦白)和(坦白,沉默)同样是有效的。其次,与占优策略不同,帕累托效率所指的是策略组合。帕累托效率这个概念不是针对某一参与者的某一策略,所以我们不能说"某个策略是有效的",只能说"某个策略组合是有效的"。

---

① 一般情况下,集体利益最大化并不是博弈参与者的根本目标,人们在决定策略时依照的仍是"个人理性"。此时要想让大家有动机达成集体利益最大化,可以制定"有约束力的协议",使每个参与者选择能使集体利益最大化的策略时可以得到合适的补偿。这样即可化解个体利益与集体利益之间的矛盾。存在"有约束力的协议"的博弈被称作"合作博弈",与之相对的是"非合作博弈"。合作博弈将在第 8 章专门介绍。

现在,在研究参与者行为的优劣时,我们有了两套标准:一套是"个人占优标准"意义上的占优,基于个体理性;另一套是"帕累托效率"意义上的占优,基于集体理性。用不同的标准审视问题经常会带来不同的结果,但是没有孰是孰非。两种思考方式都是正确的,我们应该有机地将其结合起来,多角度的思维方式在解决现实生活中的问题时往往会有不错的效果。个体理性与集体理性虽有矛盾和冲突,但也可以达成妥协与协作。本节只做浅析,详见第 9 章。

2. 帕累托上策均衡

并非所有存在多个纳什均衡的博弈都会让人难以抉择。当某个纳什均衡带给每个参与者的收益都严格大于其他纳什均衡时,参与者的选择倾向就会是一致的,就不会出现选择困难——如果参与者拥有集体理性或达成了合作默契。这种依据帕累托效率的优劣关系而从多重纳什均衡中选出的均衡,称为"帕累托上策均衡"。

让我们来看一个例子,如图 2-45 所示。人类历史充斥着战争,国家之间经常面临战争与和平的选择。从国家和人民总体的长远利益来看,战争对任何一方都是有害无益的。选择战争比选择和平好的情况只有一种——对方已经选择了战争,此时不反击就会任人宰割。

国家 2

		战争	和平
国家 1	战争	<u>−5</u>, <u>−5</u>	8, −10
	和平	−10, 8	<u>10</u>, <u>10</u>

图 2-45 战争与和平得益矩阵

该博弈存在两个纯策略纳什均衡(战争,战争)与(和平,和平),显然(和平,和平)在帕累托效率意义上更好,所以策略组合(和平,和平)是这个博弈的"帕累托上策均衡"。换言之,如果两个国家的决策者都是理性的,两国间就不应该发生战争。对双方而言,博弈的最佳选择取决于对方的选择。既然(和平,和平)对双方都有好处,双方都希望选择和平并期望对方也选择和平,因此(和平,和平)是这个博弈的合理结果。

既然每个国家都希望选择和平,为什么世界历史上还会有如此多的战争呢?这个问题的答案有很多,或许决策者更多地考虑短期利益、个人利益、集团利益,或者局部地区特定时期"战争"的得益比"和平"的得益大等。无论如何,和平共处、长治久安仍是大多数国家和人民的长期目标和共同追求。

寡头垄断市场的价格竞争与两国间关于战争与和平的选择是相似的。企业间的价格竞争有时就是一场战争,因此上述战争与和平的选择模型也可用来分析寡头市场的价格竞争问题。其他很多例子也可利用帕累托上策均衡进行分析,读者不妨自己在生活中尝试一下。

2.4.2 策略的风险与风险上策均衡

帕累托上策均衡虽然是一种能让所有参与者都受益的均衡状态,但与我们在囚徒困境中看到的一样,参与者不一定会选择这种均衡。因为他们很清楚,所有人仍然具有个体理性、为自己考虑,所以依然可能背叛,这就导致选择帕累托上策均衡可能意味着选择风险。

我们举一个抽象博弈的例子来解释这个问题。假设在我们的博弈中参与者为 A 和 B,参与者 A 可以选择"U"和"D"两种策略,参与者 B 可以选择"L"和"R"两种策略,各种策略组合的得益如图 2-46 所示。

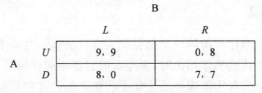

图 2-46　抽象博弈得益矩阵

易知,纳什均衡为(U,L)和(D,R),帕累托上策均衡为(U,L)。由于在(U,L)下每个参与者的个人得益都严格大于其在(D,R)下的得益。因此有理由推断(U,L)是双方都愿意选择的均衡,但实际上,双方真的会采用帕累托上策均衡(U,L)吗?

虽然双方采用帕累托上策均衡时,每个人的得益都会比采取另一纳什均衡(D,R)时多 2 个单位。可是一旦对方偏离了(U,L),自己的得益就是 0,远少于另一纳什均衡(D,R)的 7 个单位(无论对方采用何种策略都不少于 7 个单位)。这意味着(U,L)对于两个参与者来说都有较大的风险。从混合策略的角度考虑,只要一方偏离(U,L)的可能性大于 1/8,(D,R)就是比(U,L)更加明智的选择,此时博弈双方的期望得益更大。

因此,如果考虑风险,(D,R)就更有优势,虽然在帕累托效率意义上不如(U,L),但在风险较小的意义上却截然相反。当人们希望更稳妥一些时,就会选择(D,R)而非(U,L)。称(D,R)是这个博弈的一个"风险上策均衡"(risk-dominant equilibrium)。

📚 进阶阅读:1/8 这个数字是如何得到的

不妨假设参与者 A 有可能偏离,以 $1-p$ 的概率偏离(U,L),亦即坚持选 U 的概率为 p,如图 2-47 所示。

		B	
		L	R
A	U(p)	9, 9	0, 8
	D(1-p)	8, 0	7, 7

图 2-47　抽象博弈得益矩阵(加入行动概率)

这时,B 选择坚持 L 策略的期望得益为 $9p$;放弃策略 L 而选择策略 R 的期望得益为 $8p+7(1-p)=p+7$。令两种策略的期望得益相等,有

$$9p = p+7$$

可解得 $p=7/8$。

当参与者 A 偏离 U 的概率 $1-p$ 大于 $1/8$，即 p 小于 $7/8$ 时，有 $9p < p+7$，因此参与者 B 倾向于选择 R 策略。如果参与者 A 是理性的，知道这种情况下 B 更愿意选择 R，那么 A 将选择 D 策略。因此二者偏离 (U,L)，转向 (D,R)。

猎鹿博弈也是一个体现了风险上策均衡思想的生动案例，其博弈如图 2-16 所示。

循着和前一个例子同样的思路，易知（猎鹿，猎鹿）是一个有风险的策略，（猎兔，猎兔）是一个风险上策均衡。只要双方偏离（猎鹿，猎鹿）的概率大于 $1/5$，在帕累托效率意义上，（猎兔，猎兔）就将带来更高的收益。由此推测，精明的博弈参与者往往选择去抓兔子而不是老老实实参与猎鹿。

更进一步说，参与者对于风险上策的选择倾向，有一种自我强化的机制。当部分甚至所有参与者选择风险上策均衡的可能性增大的时候，任一参与者选择帕累托上策均衡的可能性会进一步变小，于是参与者会更加倾向于选择风险上策均衡，这又使得帕累托上策均衡的得益更小。这就形成了一种促进参与者选择风险上策均衡的正反馈机制，使其出现的可能性越来越大。

事实上，这种反馈机制的存在，使得"达成风险上策均衡"的概率增大了很多。参与者对其他参与者可能采取风险上策均衡的担心，最终达成的是没有效率的均衡。

同时，这种反馈机制还会随着相互信任难度的增加而强化。假设猎鹿博弈中不再是两个人合作就能拿下一头鹿，而是 10 个人——10 个人中哪怕有一人不合作就会失败。很显然，相信 9 个人都会合作比相信一个人会合作的难度大多了，所以人们在此时很难自觉地选择合作。换言之，合作的风险太大以至于理性的人敬而远之。

总体而言，风险上策均衡是分析人们决策行为的一个重要概念。倘若忽略这种均衡或行为规律的存在，忽略风险上策均衡在现实中的受偏爱程度，很可能对此类问题作出错误的分析和判断。

思考与练习

试比较如图 2-48 和图 2-49 所示的两个博弈，谈谈得益对参与者策略选择的影响。

参与者2

		A	B
		A	B
参与者1	A	99 , 99	0 , 100
	B	100 , 0	98 , 98

图 2-48　抽象博弈 1 得益矩阵

参与者2

		A	B
参与者1	A	99 , 99	0 , 100
	B	100 , 0	1 , 1

图 2-49　抽象博弈 2 得益矩阵

2.4.3　策略的多重性与聚点均衡

人们还可能遇到的情况是存在多个纳什均衡且它们在效率意义上不分伯仲。例如，夫妻之争中的两个均衡。若双方信念有偏差，就会出现冲突。但在现实生活中，人们似乎又总能找到和平解决的办法，避免冲突。

1. 电话博弈

博弈中的很多模型稍加变形就可以应用在日常生活里，举个"夫妻之争"的例子，如图 2-50 所示。由划线法可知，纯策略纳什均衡只有（打电话，等电话）和（等电话，打电话）。若丈夫和妻子正在打电话，但是线路突然中断了。电话里的事只说了一半，两人都急切地希望重新接通电话。此时双方都拨通了对方的电话，冲突就出现了。那么，应该是丈夫给妻子打电话，还是妻子给丈夫打电话呢？

	妻子	
	打电话	等电话
丈夫　打电话	0，0	2，3
等电话	3，2	1，1

图 2-50　电话博弈得益矩阵

假如遇到这个场景，我们通常的做法是什么？答案因人而异，可能受到习惯（男士应该更主动）、环境（妻子的手机套餐打电话便宜）、心理（应该由正在说话的一方主动再打）等多种"博弈之外的规则"的影响。这些规则其实正是人们为了解决和避免类似冲突而积攒下来的经验。

诺贝尔奖获得者谢林于 1960 年在他的著作《冲突的策略》中提出了"聚点均衡"的概念，用以描述人们在没有沟通时的选择倾向。广为人们选择的策略为这些博弈中的"聚点"（focal point）。在多重纳什均衡的博弈中，双方同时选择一个聚点而构成的纳什均衡称为"聚点均衡"。

2. 城市博弈

聚点均衡的另一个例子是"城市博弈"。来看一个简化的版本：要求两个博弈参与者各将"上海、南京、长春、哈尔滨"这四个城市分成两组，每组各两个城市。若两人分法相同，则各得 100 元奖金，分法不同则没有任何奖励。显然这个博弈也存在多个纳什均衡，即任何两种相同的分法都将构成一个纳什均衡。

如果让有地理知识的两个中国人来参加这个博弈，通常两人会将上海和南京分为一组，长春和哈尔滨分为一组。其理由是，前两者是南方城市，后两者是北方城市。这种分法是有基本地理常识的人最容易想到的，因此它是一个"聚点"。而如果有人因为自己父母分别来自哈尔滨和上海而将它们分为一组，恐怕就没什么机会拿到奖金了。

从上述几个例子可以看出，聚点均衡确实反映了人们在对多重纳什均衡进行选择时具有规律性。可是这种规律性涉及太多方面，无法对一般的博弈给出普遍适用的分析原则,只能"具体问题具体分析"。

思考与练习

假设一个美国司机和一个日本司机在路中央开着车,每个人遵从自己国家驾车的习惯。以上均为共有知识。哪个人会靠边行驶? 这会演变成一个斗鸡博弈吗? 纳什均衡能作出准确预测吗?

2.4.4　机制设计和相关均衡

在介绍聚点均衡的时候我们看到了博弈之外的规则可以给参与者带来好处。那么是否可以主动创造能够使更多人获利的机制呢?

相关均衡(correlated equilibrium)研究的就是通过设计或者利用机制来辅助达成均衡的方法。让我们通过图 2-51 所示的污染项目违建博弈来介绍相关均衡。

乙

甲	抗议	沉默
沉默	5 , 1	0 , 0
抗议	4 , 4	1 , 5

图 2-51　污染项目违建博弈

可利用划线法找出两个纯策略纳什均衡(沉默,抗议)和(抗议,沉默)与一个混合策略纳什均衡 $\left\{\left(\frac{1}{2},\frac{1}{2}\right),\left(\frac{1}{2},\frac{1}{2}\right)\right\}$。

首先,观察(沉默,抗议)和(抗议,沉默)这两个纯策略纳什均衡。尽管都是纳什均衡,但这两个策略组合在效率意义上无法比较优劣,双方很难作出选择。双方很可能采取混合策略。

其次,当两个参与者希望达成混合策略纳什均衡时,很可能遇上(沉默,沉默)这种效率非常低的情况。若两个参与者采取混合策略纳什均衡,不难算得双方的期望得益均为 2.5。

试想两个参与者若能找到方法避免(沉默,沉默)出现,势必提高两个人的期望得益。比如甲想了一个办法:掷硬币。如果硬币正面朝上,则甲选择"沉默",乙选择"抗议";反之,甲选择"抗议",乙选择"沉默"。既然(沉默,抗议)和(抗议,沉默)都是纳什均衡,则双方无论是看到正面或反面,都没有动机偏离均衡,亦即这种机制是一个有效的协调机制。这样双方各有 50% 的可能性获得 5 单位的收益,也有 50% 的可能性获得 1 单位的收益,期望得益为 3>2.5。可见利用这种机制,双方的期望得益高于采取混合策略纳什均衡的期望得益。

我们将这种引入"相关装置"(如上述的掷硬币)而得到的均衡称为"相关均衡"。

其实这个博弈还可以得到更好的结果,该博弈存在一个整体最优的策略组合(抗议,抗议)。假如设计的机制能够让其有概率出现,且避开效率很低的(沉默,沉默),那么期望得益显然更高。这里提供一个可以实现的示例方案。

用一个相关装置来发出"相关信号"。

(1) 该装置以等可能性(各 1/3)发出 A、B、C 三种信号。

(2) 参与者 1 只能看到该信号是否为 A,参与者 2 只能看到该信号是否为 C。

(3) 两个参与者遵照这样的规则行动:参与者 1 看到 A 采用沉默,否则采用抗议;参与者 2 看到 C 采用沉默,否则采用抗议。

不难发现这种机制会带来如此结果:(沉默,沉默)不可能同时发生,且(沉默,抗议)、(沉默,沉默)、(抗议,沉默)以相等的概率(1/3)出现。这样既提高了博弈的效率,又具有稳定性——若参与者偏离规则可能会导致(沉默,沉默)出现。此时的期望得益为 $\frac{1}{3} \times (1 + 4 + 5) = \frac{10}{3}$,超过了硬币相关机制中的 3。可见,这是一个更好的相关机制。在此相关机制下的均衡仍然是一个相关均衡。

习　题

1. 上策均衡、严格下策反复消去法和上策均衡相互之间的关系是什么?

2. 多重纳什均衡是否会影响纳什均衡的一致预测性质,对博弈分析有什么不利影响?

3. 为什么说纳什均衡是博弈分析中最重要的概念?

4. 在图 2-52 所示的策略式博弈中,找出重复删除劣策略的占优均衡。

5. 在图 2-53 所示博弈的标准式中,哪些策略不会被重复剔除严格劣策略所剔除?纯策略纳什均衡又是什么?

S_2

S_1		L	M	R
	U	4, 3	5, 1	6, 2
	M	2, 1	8, 4	3, 6
	D	3, 0	9, 6	2, 8

图 2-52

参与者 2

参与者 1		L	C	R
	T	2, 0	1, 1	4, 2
	M	3, 4	1, 2	2, 3
	B	1, 3	0, 2	3, 0

图 2-53

6. 甲、乙两企业分属两个国家,在开发某种新产品方面有图 2-54 所示收益矩阵表示的博弈关系。试求出该博弈的纳什均衡。如果乙企业所在国政府想保护本国企业利益,可以采取什么措施?

7. 史密斯和约翰玩数字匹配游戏,每个人选择 1、2、3,如果数字相同,约翰给史密斯 3 美元,如果不同,史密斯给约翰 1 美元。

(1) 列出收益矩阵。

(2) 如果参与者以 1/3 的概率选择每一个数字,证明该混合策略存在一个纳什均衡,它为多少?

8. 运用本章所学的均衡概念与思想讨论图 2-55 所示静态博弈。

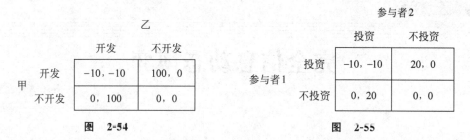

乙

	开发	不开发
甲 开发	−10, −10	100, 0
不开发	0, 100	0, 0

图 2-54

参与者 2

	投资	不投资
参与者 1 投资	−10, −10	20, 0
不投资	0, 20	0, 0

图 2-55

9. 企业甲和企业乙都是彩电制造商,它们都可以选择生产低档产品或高档产品,但两企业在选择时都不知道对方的选择。假设两企业在不同选择时的利润(单位:元)如图 2-56 所示。

企业乙

	高档	低档
企业甲 高档	500, 500	1 000, 700
低档	700, 1 000	600, 600

图 2-56

(1) 该博弈有没有上策均衡?

(2) 该博弈的纳什均衡是什么?

10. 求解习题 5 中博弈的混合策略纳什均衡。

11. 两个人就如何分配 1 元钱进行谈判,双方同时提出各自希望得到的份额,分别为 s_1 和 s_2,且 $0 \leqslant s_1, s_2 \leqslant 1$。若 $s_1 + s_2 \leqslant 1$,则二人分别得到他们所要的一份;如果 $s_1 + s_2 \geqslant 1$,则两个人均一无所获。求出此博弈的纯策略纳什均衡。

12. 模型化下述游戏:两个朋友在一起做游戏,每人有四个行动:杆子、老虎、鸡和虫子。输赢规则是:杆子降老虎,老虎降鸡,鸡降虫子,虫子降杆子。两个人同时出令。如果一个打败另一个,赢者的效用为 1,输者的效用为 −1;否则效用为 0。给出以上博弈的策略式描述并求出所有的纳什均衡。

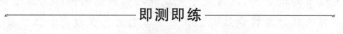

即测即练

第 3 章

完全信息动态博弈

📣 本章导读

为什么"破釜沉舟"可以提高项羽获胜的可信度？为什么有些国家的边缘政策一再奏效？为什么人们在有些情况下争先恐后，而在另一些情况下却一拖再拖？这些都可以在动态博弈的学习中找到答案。谈及动态博弈，难免涉及次序，而有先后次序的互动，常会改变原本静态的结局。先行的行动旨在获得先发优势，以期先发制人，但是后发者却可以相机选择。那么，如何作出理性的先发行动并准确预测他人的后继行动？动态博弈中是否也存在均衡？应如何定义和预测这些均衡？也许上述这些问题正在困扰着你，本章将逐一释惑。

本章将提取一些关键因素来定义完全且完美信息动态博弈，并介绍一个新的均衡概念和分析方法。此外，本章还会展示诸多生活中的例子，引导读者领略动态博弈之美。

3.1 动态博弈的表示

📡 引语故事：名牌仿冒

无论是在国际市场还是在国内市场，众多名牌产品都承受着假冒伪劣品的挤压，例如 Chanel（香奈儿）、Adidas（阿迪达斯）、Nike（耐克）、Gucci（古驰）、Crocs（卡骆驰）、Valentino（华伦天奴）等。但是，它们的维权道路却各不相同。让我们来看 Crocs 和 Valentino 的品牌提升和商标维权之路。

2003 年，Valentino 不得不选择退出中国市场。此前，以华伦天奴为招牌的名品打折店已经遍布各大城市的商业街，以致几十元就能买到所谓的国际名牌服饰。有人统计，带有"华伦天奴"字样的服饰品牌竟然有 160 多个。它的总代理商浙江巴贝集团在接受采访时认为：华伦天奴是奢侈品，针对的是高端消费群体，一般的仿冒品根本不能对它构成威胁。事后来看，这些仿冒品确实对 Valentino 构成了威胁，挤走了真正的 Valentino。有人认为这是 Valentino 品牌管理不善而采取的以退为进策略（注：确于 2014 年重返中国市场）；也有人指出，面对混乱的市场，Valentino 应及时向消费者说明如何识别正品，同时效仿其他品牌的成功案例，采用法律或协商方式停止仿冒对品牌的侵害。

Crocs 的诞生就与好看无关。最初，Crocs 的鞋款设计用于划船运动，但由于其优越的防滑性和舒适性，很快赢得了大量消费者的喜爱。但是，关于 Crocs 鞋丑的争议却从未停止，例如 *TIME* 曾将 Crocs 评为 50 项最糟糕的发明之一，评语为"不管有多流行，都很丑"。对此,Crocs 一开始选择了自我辩解,效果平平。但从 2017 年,Crocs 坚定了自身的品牌之路,从美丑之争上升到价值理念,推出了 Come As You Are(做自己)的全球营销活动。同时,由于受到年轻消费者喜爱,该品牌的仿冒品也不断出现。Crocs 的维权也一直在路上,一旦发现,立即制止。Crocs 的市场表现也与其品牌提升几乎同步。自 2002 年成立后 4 年成功上市,马上出现业绩下滑,2008 年亏损 1.85 亿美元,裁员关店,Crocs 进入 10 年沉浮期。直到 2018 年才走向上升期。2022 年,Crocs 实现营收 35.5 亿美元,涨幅 53.7%;主品牌营收增长 14.9%,其中在亚太地区达到了 35.3%。

为什么仿冒行为屡禁不止?为什么众多品牌面对仿冒时的维权之路大相径庭?让我们尝试用博弈方法来分析它们的策略,即仿冒者就是否进入市场与品牌厂商就如何维权所展开的博弈。

假设 Grocs 是一家仿冒厂商,决定是否进入市场仿制 Crocs 的产品。然后 Crocs 选择是否制止,接着 Grocs 选择是否继续仿冒。对被仿冒的企业来说,容忍仿冒意味着市场被挤压;采取措施制止仿冒虽然可以维护自身利益,但也是有成本的。对仿冒企业来说,仿冒不被制止可以获得丰厚利益,被制止则面临投资损失或经济罚款。

这是一个动态博弈,两家企业依照不同次序行动。但是,它与完全信息静态博弈不同,多了行动次序的要求。那么,如何表示这类博弈呢?

3.1.1　动态博弈的扩展型表示

动态博弈与静态博弈最大的不同在于:各参与者的选择和行动不仅有先后顺序,而且后行动的参与者可以在行动前看到所有参与者此前的行动。因此动态博弈无法用第 2 章的矩阵形式来准确表示——因为矩阵中的双方都看不到对方的行动。基于动态博弈中的一方可以根据对方的行动作出下一阶段的反应,我们将介绍一种用来描述动态博弈的模型——扩展型。在图 3-1 中,我们对其进行了清晰的描述。

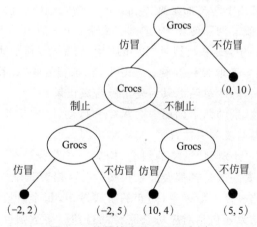

图 3-1　仿冒博弈的扩展型表示

注:在动态博弈中的得益组合(x,y)中,x 表示先行动者的得益,y 表示后行动者的得益。

在图 3-1 中，节点"Grocs""Crocs"分别表示 Grocs 和 Crocs 的选择，亦即参与者在相应节点处的选择。每个分支代表可供选择的一种行动方案。一个参与者的一次选择行动被称为一个"阶段"。对应终点的数字代表在该策略下博弈双方的得益。图 3-1 的表示方法称为扩展型。建立扩展型是由上而下的（也可以是由左向右的），但分析过程却不尽然，下文将介绍逆向推理方法。在该扩展型中，Grocs 首先作出仿冒或者不仿冒的决策，随后 Crocs 决定是否制止，最后 Grocs 决定是否继续仿冒。

对于复杂的动态博弈而言，扩展型显然比策略型描述得更为清晰。这将给动态博弈的分析带来极大便利。不仅如此，对于更加复杂的博弈过程，扩展型也可以进行非常直观的描述，只是选择节点数和备选行动数量有所增加、参与者的利益不同。

请注意，并不是所有的动态博弈都可以用扩展型来表示。有些动态博弈，例如下象棋，不但博弈阶段非常多，而且每个阶段的可能选择也很多，无法用扩展型表示。而另一些动态博弈中，参与者的选择有无穷多种。这类博弈也无法用只能描述有限行动集合的扩展型来表示。无法用扩展型表示的动态博弈，通常可以用数学函数加以表示。我们先来分析可以用扩展型表示的博弈，随后将讨论更复杂的情况。

3.1.2 动态博弈的特点

正如 3.1.1 节所描述的，与静态博弈不同，博弈的"策略"和"结果"在动态博弈中拥有新的定义。

（1）"策略"是在整个博弈中所有选择、行动的计划。在一次动态博弈中，每个参与者的决策都需要根据整体（意指所有阶段）的利益最大化而作出，单次博弈的利益得失并不能代表最终博弈的胜利。在整个博弈过程中，参与者常常需要放弃局部利益，为达到最终胜利而作出相应的妥协。因此，在分析动态博弈的策略时，就不能像分析静态博弈一样只考虑本次行动的纳什均衡，任何脱离了整体的最优策略都是没有意义的。

当要考虑的不仅是当下对垒而是整体利益的时候，身在博弈之中需要考虑得更加长远，这种深谋远虑就形成了动态博弈中的所谓"策略"，每一步棋都取决于对手的反应而又旨在获得优势。战争之中，战事激烈是"以牙还牙"的策略，和平休战是"韬光养晦"的策略，进攻防守都只为战争夺取最终胜利；恋爱中，相亲相爱是"以德报德"的策略，持续冷战是"以怨报怨"的策略，忽冷忽热也只为爱情能修成正果。

因此，在第 2 章无区别的两个词语——策略和行动，在本章将加以区别。一般来讲，行动是指某一阶段中参与者的一次选择，与策略不同。

（2）"结果"是上述"计划型"策略的组合，构成一条路径。在一次博弈活动中存在着很多条路径，参与者的每一次选择都会面临很多分支。沿着其中一条分支一直走下去，最终会得到一条完整的路径。一般来说，博弈的阶段越多，每个阶段参与者的选择越多，最终的路径也会越多。结果还包括对应每条路径的得益。多数情况下，我们无法计算每一阶段之后各参与者的得益，而只需关注每条路径所对应的最终得益。

（3）相对于静态博弈来说，动态博弈最显著的特点在于它的非对称性，以及由此产生的先行优势或后动优势。

动态博弈的非对称性——"先后次序"决定动态博弈必然是非对称的。例如，在仿冒与反仿冒博弈中,Grocs 先行动,即选择进入市场仿冒或者不仿冒。Crocs 会根据 Grocs 是否仿冒决定是否制止。之后,Grocs 又会根据 Crocs 的决策选择是否继续仿冒。由于动态博弈的参与者不是同时作出决策的,后作出决策的参与者可以根据先行者的策略调整自己的决策。我知道你的行动而你不知道我的,这种信息的不对称性会导致参与者处在不同的优势或劣势中。

一般来说,当信息不完全时,后行动的参与者拥有更多的信息来帮助自己选择,从而避免决策的盲目性,因此处于有利地位,即后动优势。但是,后行动和具有更多的信息并不一定更为有利。在某些情况下,先选择行动的参与者更有利,有先行优势,例如下棋或足球比赛。关于先行优势与后动优势,我们在此仅做简单说明,接下来将会进行更加深入的讨论。

3.2　相机选择与策略可信性

3.2.1　纳什均衡在动态中的问题

在第 2 章的静态博弈分析中,我们引入非常重要的纳什均衡。纳什均衡描述的是一种状态,在这种状态下,任何单独的参与者都不能通过改变自己的策略达到增加得益的目的。因此,在这种状态下参与者的策略具有稳定性。

与第 2 章类似,图 3-1 中的策略组合也用括号来表示。例如,"仿冒/仿冒"表示"Grocs"第一次选择仿冒,第二次也选择仿冒;"不制止"表示 Crocs 在轮到它行动时选择不制止。因此,策略组合(仿冒/仿冒,不制止)的完整描述为:第一阶段 Grocs 仿冒,第二阶段 Crocs 不制止,第三阶段 Grocs 继续仿冒。假设不仿冒时双方得益为(0,10)——实际上这是一种退化状态,它隐含着两个企业的 4 种策略组合,即(不仿冒/仿冒,制止)、(不仿冒/不仿冒,制止)、(不仿冒/仿冒,不制止)、(不仿冒/不仿冒,不制止)。而仿冒发生时也有 4 种情况:(仿冒/仿冒,制止)、(仿冒/不仿冒,制止)、(仿冒/仿冒,不制止)和(仿冒/不仿冒,不制止),假设收益分别为(−2,2)、(−2,5)、(10,4)和(5,5)。仿照静态博弈中的纳什均衡分析方法,可以对该案例进行如图 3-2 的分析。

	制止	不制止
仿冒/仿冒	(−2, 2)	(10, 4)
仿冒/不仿冒	(−2, 5)	(5, 5)
不仿冒/仿冒	(0, 10)	(0, 10)
不仿冒/不仿冒	(0, 10)	(0, 10)

图 3-2　仿冒博弈的策略型表示

逐一研究这八种策略组合,会发现存在三个纯策略纳什均衡:(仿冒/仿冒,不制止)、(不仿冒/仿冒,制止)和(不仿冒/不仿冒,制止)。在后两个均衡中,Grocs 都不会进入市场进行仿冒活动,因为 Crocs 一定会采取行动制止这种仿冒行动。

但是,上述三种纳什均衡是否具有稳定性呢?能否正确预测博弈结果呢?答案是并非如此。实际上,在两个不仿冒的纳什均衡中,存在 Grocs 仿冒产品的可能性。因为

Grocs 不进行仿冒活动的前提是：Crocs 作出了一系列威胁,使得 Grocs 相信当它进入市场从事仿冒活动之后,Crocs 一定会采取措施制止。假设 Grocs 的管理者是一个见好就收的人,但是遇到特殊情况会选择鱼死网破。如果 Crocs 进行制止的话,那么 Grocs 会选择继续进行仿冒活动,此时 Crocs 得益是 2;如果 Crocs 选择不制止的话,Grocs 会选择退出市场,此时 Crocs 得益为 5。这样,在 Crocs 了解所有的信息,并且 Grocs 也了解所有信息的情况下,Grocs 一定会进入市场进行仿冒——因为无论事前如何威胁,一旦 Grocs 进入市场仿冒,Crocs 只能顺应接受,选择不制止,得益为 5。这说明 Crocs 的制止威胁并不可信,(不仿冒/仿冒,制止)不是一个稳定的纳什均衡。

通过上面的案例解读,可以看到在动态博弈中不仅存在着各自利益最大化的问题,更重要的是参与者会根据不同阶段的情况灵活作出决策,即相机选择。这也是纳什均衡分析失效的原因。进一步,在相机选择中威胁和承诺的可信性尤为重要。例如,在卓文君和卓王孙的博弈中,卓王孙的"断绝父女关系"的威胁便不具有可信性,毕竟血浓于水。一旦"生米煮成熟饭",对于父亲而言接受还有亲情在,不接受连亲情也没有了。而卓文君也没有屈服于父亲的威胁,坚定地选择了自己的幸福。

3.2.2　相机选择

如前所言,相机选择和可信性是导致纳什均衡在动态博弈分析中失效的主要原因。本小节将通过"开金矿博弈"及其变异版本来进一步分析相机选择和策略的可信性问题。

开金矿博弈:假设甲发现了一个价值 4 万元的金矿,但是没有资金开采金矿。甲的朋友乙刚好有 1 万元的资金准备投资。设想,如果甲试图说服乙将钱借给自己用于开矿,并承诺将采到的金子与乙平分。那么,乙是否该将钱借给甲呢?(假设甲用 1 万元一定可以开采出价值 4 万元的金矿,则乙所需要关心的则是甲在采到金子后是会履行诺言,还是会带着这 4 万元跑路。)

我们考虑三种不同的博弈情形,逐一进行分析。

(1) 在图 3-3 中,博弈双方只存在两阶段的博弈,相对比较简单。乙方最初的资金为 1 万元,若不做任何投资则这些资金既不会升值也不会贬值。如果将资金借给甲,甲在开金矿的过程中成功完成资产的增值,即甲得到资金数量为 4 万元。如果甲选择与乙平分,则每人得到 2 万元。但如果甲选择独自占有这 4 万元,则乙血本无归。

在该博弈中,乙决策的关键是要判断甲的承诺是否可信。根据参与者的理性假设,可以判断轮到甲行动时一定会选择"不分",即独自占有 4 万元。乙如果足够理性,应该清楚甲的行动准则,因此他第一阶段会选择"不借"以保住自己的本金。对乙来说,本博弈中甲的承诺是不可信的。

在现实的投资活动中,这种情况确实存在。如果甲方与乙方是单次合作,甲有理由和动机剥削乙的利益(当然甲会采取五花八门的手段使这种剥削显得合法)。但是如果甲方与乙方追求的是长期合作,每一步行动都受到对手的牵制,每一步的决策都要考虑全局利益。此时甲方会选择在单次博弈中妥协以追求长远的利益。

(2) 在图 3-4 中,有法律保障社会维权。在这种情况下,法律是值得大家信任的维权手段,法律的执行成本很低,在诉诸法律之后,受害方可以切实地维护自己的权益。

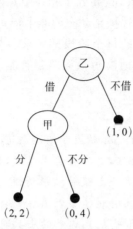

图 3-3　开金矿博弈

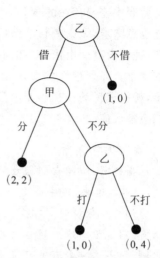

图 3-4　有法律保障的开金矿博弈

图 3-3 与图 3-4 唯一的区别在于：当甲选择不分钱的时候,乙可以选择"打"官司或"不打"官司。当乙选择"不打"官司时,甲独吞 4 万元,乙仍然血本无归。但是,当乙选择"打"官司时,可以收回自己的 1 万元本金,甲则会因为高额的赔偿和罚款而一无所有。乙"打"官司的得益比"不打"官司的得益大,因此乙一定会选择"打"官司。甲清楚乙的上述思路,知道如果自己在第二阶段选择"不分",等着他的必然是一场官司和失去所有的收入。对甲来说,乙"打"官司的威胁是可信的。因此甲在第二阶段会选择"分"。这时,甲"分"的承诺也具有了可信性,因此乙在第一阶段会选择"借"。博弈的最终结果是乙在第一阶段选择"借",甲在第二阶段选择"分",从而结束博弈,双方各自的得益为 2,实现了合作共赢。

这种情况下的博弈是人们一直追求的市场效率最高的博弈,投资者会毫不犹豫地选择投资,促进整个社会的发展。但是,在图 3-4 中"法律能够保障公民的合法权益"的条件并不是总能满足,图 3-5 所描述的博弈就是一个例外。

（3）在图 3-5 中,假设通过法律手段维护权利的成本很高。如果乙在甲拒绝分享收益时上诉,不但不能追回本金,反而要承受 1 万元的损失。

在这种情况下,乙在第三阶段会选择"不打"官司,以防止进一步损失。对甲来说,乙在第三阶段"打"官司的威胁就成为不可信的"空头威胁"。因此,甲在第二阶段会选择"不分"。乙清楚甲的思路,自然甲在第二阶段"分"钱的承诺也不可信了。因此乙在博弈的第一阶段会选择"不借"。

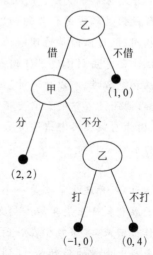

图 3-5　法律保障不足的开金矿博弈

通过对"开金矿博弈"及其变异版本的分析,相信读者已经体会到了相机选择的思想。

它指出动态博弈中普遍存在的现象：参与者会根据不同形势、不同时机作出对自己有利的选择。这也意味着，无论威胁多么可怕、承诺多么诱人，只要到了相应节点参与者的偏离有利可图，他就没有理由依照事前的要求行动。相机选择是动态博弈中特有的现象，是序列理性的要求。序列理性的要求指的是动态博弈中的每个阶段都要求参与者是理性的。进一步，相机选择的存在也要求参与者在制定策略时考虑该策略是否能够针对不同情况作出相应的反应。

✍ 扩展阅读：相机选择

曹操三征张绣时，听闻袁绍欲攻许都，于是下令撤军。张绣要亲自率兵追击曹军。贾诩对张绣说："不能追击，追击一定会失败。"张绣没有听从，进兵与曹军交战，结果被打得大败而回。贾诩又对张绣说："赶快再去追击，再打一仗必定获胜。"张绣说："没有听从您的建议，才落到这步田地。现在已经打了败仗，怎么又要追击呢？"贾诩说："用兵的形势有了变化，赶快去追一定有利。"张绣相信了他的话，于是聚集逃散的士兵再去追击，与曹军大战，果然获胜返回。这就是相机选择的一个通俗解释。

相机选择的存在，使得参与者所设定的行动计划的"可信性"遭受质疑，进而博弈的路径和结果也存有不确定性。如果缺乏可信的承诺或威胁，博弈往往难以按照参与者所预想的方向发展，博弈结果也难以令人满意。

那么，什么策略满足序列理性的要求呢？什么策略可以使承诺或威胁可信呢？事实上，这样的策略有很多种。例如，常见的以牙还牙、以德报怨、以直报怨、以怨报怨、韬光养晦等，它们都能够既简单又直接地作出反应。在不同情况下，可以综合运用这些策略化解危机。

◎ 概念解读：以牙还牙策略

以牙还牙的含义是：别人对我怎么做，我接着也对他这么做。补充一句，这个策略在开始阶段假设双方是合作的，以后则模仿对手在前一阶段的行动。当双方的可能行动集合不相同时，可以简单地理解为：别人善意则我也善意；别人恶意则我也恶意。

以牙还牙法则体现了任何一个行之有效的策略所应该符合的四个原则：清晰、善意、刺激性和宽容性。"以牙还牙"简单易懂、直观清晰，让对手很容易领悟。这一法则不会引发作弊，因而是善意的。它更不会让作弊者逍遥法外，因此能够产生刺激。同时它还是宽容的，因为它促使参与者恢复合作，而不是长时间怀恨在心。这一法则非常简单实用，它的威力已被罗伯特·阿克塞尔罗德（Robert Axelord）设计的二人囚徒困境博弈锦标赛所证明。[①]

不过，以牙还牙策略是一个有缺陷的策略。只要有些许发生误解的可能性，以牙还牙策略的胜利就会土崩瓦解。例如，1987年，美国就苏联侦察和窃听美国驻莫斯科大使馆一事作出回应，宣布减少在美国工作的苏联外交官人数。苏联的回应是调走苏联在美国驻莫斯科大使馆的后勤人员，同时对美国外交使团的规模作出更严格限制。结果双方都

---

① 这里不再详细解释"二人囚徒困境博弈锦标赛"，有兴趣的读者可参阅《策略思维——商界、政界及日常生活中的策略竞争》。

难以开展各自的外交工作。以牙还牙策略的问题在于，任何一个错误都会反复出现。一方对另一方的背叛行动进行惩罚，从而引发连锁反应。对手受到惩罚之后，不甘示弱，进行反击，如此反复。

因此，在人际交往而非对抗性竞赛中，我们要有足够的宽容，而不是简单地采取以牙还牙的报复行动，才能避开恶性循环的结果。

3.2.3　如何提高策略的可信性

言语的束缚实在软弱无力，根本抑制不了人们的贪婪。

——托马斯·霍布斯(Thomas Hobbes)

有时我们想让别人相信，他们应该或不该采取某种行动，否则他们会受到惩罚；有时我们作出承诺，想要说服别人向我们施以援手。如果承诺和威胁不可信，它们就不会改善我们的博弈结果。那么怎么做才可以提高承诺和威胁的可信性呢？这里我们提供些许建议，对提高可信性有一定帮助。但这些方法的适用范围有限，具体情况还需灵活应对。

1. 建立和利用声誉[①]

声誉(reputation)的建立源于重复博弈中对承诺的遵守，参与者有理由相信一个从来不会违背承诺的合作者会继续履行承诺，因为声誉的建立需要很多次遵守承诺，而声誉的摧毁只需一次违约即可。对于一个声誉良好的参与者来说，建立声誉所付出的成本巨大，以至于违反承诺所带来的利益不足以使其动心。换言之，声誉良好的参与者没有偏离的动机。

关于建立声誉的一个非常成功的案例是商鞅"徙木立信"。公元前 356 年，商鞅拟定变法法令后，欲让百姓知其必行，遂在秦国都城的南门放了一根 3 丈(1 丈约等于 3.33 米)长的木头，并贴出告示：如有人将这根木头搬到北门就赏十金。搬一根木头不是什么难事，却能得到如此多的奖励，老百姓觉得太奇怪，不知其中有什么名堂，都不敢去动木头。商鞅于是提高奖励规格，宣布凡能按要求搬动木头者，给予"五十金"的奖赏。重赏之下必有勇夫，有一壮士把木头从南门搬到了北门，商鞅如约赏给了他五十金。此事过后，老百姓更加相信商鞅变法后的美好愿景。借此，商鞅建立了政策权威并取信于民，变法得以顺利进行。

2. 签订合同

一个使承诺可信的直接有效方法就是同意在自己不能遵守承诺的时候接受惩罚。如果在事先约定违反承诺会遭受巨大的惩罚，那么承诺方违反承诺的动机就会削弱。迫于对惩罚的畏惧，承诺方便会遵守承诺、履行职责。而签订合同就是将双方的承诺和违约的惩罚置于法律的监管和约束下，确保承诺和惩罚的效力。笔者通过对产业创新联盟内的承诺研究也发现，偏离承诺的行为着实不可完全避免，但是基于最大可能损失的惩罚原则

---

① 关于声誉的具体讨论，参见第 5 章和第 6 章。

却能在很大程度上降低这种行为发生的概率。

假如负责为你重新装修房子的工人事先得到一大笔酬金,他就有动机减慢工程进度。但是,一份具体说明了酬金与工程进度有关,同时附有误工惩罚条款的合同却能让他意识到严格遵守商定的时间表才最符合自己的利益。这份合同就成了使承诺得以遵守的手段。

签订合同在现代社会中非常普遍,尤其在商业交易中,合同是维护市场秩序的重要基石。合同的签订确保了贸易的正常进行,促进了资本周转,已经成为社会运转的一个不可或缺的重要因素。实际上,假如声誉影响足够大,可能根本没必要签订一份正式合同,也即"一言既出,驷马难追"。

3. 破釜沉舟

破釜沉舟的故事想必大家都有所了解。秦朝末年,楚霸王项羽率领部队与秦军作战,打算救援赵国。项羽下令士兵每人带足三天的口粮,然后又下令砸碎全部行军做饭的锅。将士们都表示难以理解,项羽说:"没有锅,我们可以轻装前去,立即挽救危在旦夕的赵国!至于吃饭嘛,让我们到章邯军营中取锅做饭吧!"大军渡过了漳河,项羽又命令士兵把渡船全都砸沉,同时烧掉所有的行军帐篷。战士们一看退路没了,这场仗如果打不赢,必死无疑。渡河的楚军无不以一当十、以十当百,个个如下山猛虎,奋勇拼杀。经过多次交锋,楚军终于以少胜多、大获全胜。

在这场战争中,项羽用实际行动向自己的手下传达了此战必胜的决心。他自断后路,自知失败必死。此举看似冲动,却很巧妙地将大家团结在了一起,提升了军队的士气。项羽用这种"铤而走险"的方式给对手施加了一个可信的威胁,打击了对手的嚣张气焰,为自己的胜利奠定了基础。当然,这种方式显得有些极端。很多时候,只要象征性地切断自己的后路即可。

除了上面介绍的建立和利用声誉、签订合同和破釜沉舟三种方式,还有很多种方法让承诺或威胁变得可信或不可信。例如,切断联系、同归于尽、跬步前进、寻求代理人或第三方等,有兴趣的读者可参见《妙趣横生博弈论》一书。

概括地讲,这些方法体现了三个原则。

(1) 改变博弈的得益,亦即使遵守承诺成为符合自身利益的选择,把威胁变成警告,把许诺变成保证。该原则的主导思想是不改变既有博弈的结构,而采取行动改变参与者的得益。例如,古时商鞅"徙木立信"时从十金提高到五十金,现代人力资源管理中所常见的经济赏罚等。

(2) 改变博弈的行动和信息,使人背弃承诺的可能性大大降低。该原则的主导思想是改变现有博弈的结构,主要指改变博弈的选择机会、行动次序以及信息披露等。例如,警察在追捕嫌疑人时可以鸣枪示警,警告嫌疑人自己有可能开枪,向嫌疑人披露了自己的真实信息。又如,某些企业为了顺利实现所承诺的产量,常常将生产活动分解成多步行动,定期检查,分期交货等,这就是"积跬步以至千里"。

(3) 借助他人。一个团队也许会比单独一个人更容易建立可信度,或者加入对你有利的参与者,从而改变未来局势。该原则的主导思想是改变参与者的数量,因为参与者数量越多,博弈的结果就越复杂。此时参与者可以通过引入对自己有利的第三方或团队而改变博弈的局势。例如,《三国演义》中刘备过江招亲这一情节。孙权承诺嫁妹本是假意,但是诸葛亮将计就计,为了成功联姻,授意赵云大张旗鼓地去拜访乔国老。这样一来,有了更多的参与者和可能结果,从而加大了成功的可能性。又如,战国时期著名政治战略"合纵"策略。"合纵"就是许多弱国联合起来抵抗一个强国,以示"抵抗行动"更可信。赵、魏、韩等国曾多次采用合纵策略对抗强秦(或齐国)以求自保或扩张领土。在那段历史时期,所谓的威胁与承诺也不断因第三方的加入或叛离而变得扑朔迷离。在现代社会,随着市场竞争的日趋激烈,大品牌、大企业逐渐形成了行业垄断的态势,给大量的小微企业、个体户带来巨大的冲击。为了对抗强大品牌的冲击,合纵连横的商业策略开始发挥作用,异业联盟模式应运而生。

　　除了上述原则,在博弈中掌握主动性也很重要。积极的博弈者常常主动出击、顺势而为。读者可从战国时期苏秦的行动中窥见一斑。燕国大夫苏秦因担心自己与太后私通的事情败露而遭迫害,主动向燕王请辞,去齐国做卧底。到齐国后,精于游说的苏秦深得齐王信任。齐国众大夫嫉妒苏秦位高权重,派人刺杀。但是苏秦重伤未死。齐王派人捉拿凶手,并未成功。在将死之时,苏秦请求齐王在他死后以"苏秦为燕作乱于齐"为名将之车裂于市,并悬赏行刺之人以诱使贼人出现。齐王照计行事,成功诛杀凶手,苏秦得以瞑目。苏秦在齐国虽为间谍却位高名显,同时他又屡受燕臣谗陷而化险为夷,这些大多凭借他的顺势而为和主动出击。当然,只有这些是远远不够的,其卓越的战略眼光和政治才智才是立身之本。

3.3　动态博弈的均衡

　　3.2 节曾指出纳什均衡在动态博弈分析中的弊端,即纳什均衡不是真正具有稳定性的均衡概念。为此,需要发展一个能够排除不可信行动的新的均衡概念,以满足动态博弈分析的需要。本节将引入"子博弈完美纳什均衡"的概念以及动态博弈分析的基本方法——"逆向归纳法"。

3.3.1　逆向归纳法

　　在动态博弈中,理性的参与者都希望提高自己的预见力,看得越远越好(譬如下棋)。一种非常自然的想法是:给定自身的行动,对方将会做何反应? 推而广之,在最后阶段的博弈中,假定此前所有阶段的行动均已知,则参与者将做何反应? 一种广为采用的方法是:从最后阶段参与者的行动开始分析,倒推回前一个阶段相应参与者的行动选择,逐阶段回退,直至第一个阶段。此即逆向归纳法,现已经被广泛接受。逆向归纳法是动态博弈分析中最重要、最基础的方法。下面将通过一个简单的例子来介绍逆向归纳法的应用与操作。

　　对于图 3-3 中的开金矿博弈,先分析第二阶段甲选择"分"还是"不分"。由于甲选择

"不分"时的得益为 4,而选择"分"时的得益只有 2,因此他必然选择"不分"。所以,当博弈进行到第二阶段,结果必然是甲选择"不分",双方的得益为(0,4)。接下来递推分析第一阶段。既然双方都是足够理性的,那么上述两阶段博弈就与图 3-6 的单人博弈完全等价了。

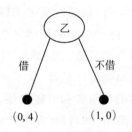

图 3-6 开金矿博弈的等价博弈

分析这个单人博弈非常简单。显然,乙的最佳选择是"不借"。这个结果也与 3.2.2 节的分析结论相一致。

逆向归纳法事实上就是把多阶段动态博弈化为一系列的单人博弈,通过对一系列单人博弈的分析,确定各参与者在各自选择阶段的行动,最终对动态博弈结果(包括博弈的路径和各参与者的得益等)作出判断。归纳各个参与者在各阶段的行动则可得到各个参与者在整个动态博弈中的策略,而所有参与者策略所形成的策略组合,就是一个均衡!

📖 **案例分析:种族歧视与运动队**

在美国,种族歧视一直是严重的社会问题。在 1947 年之前,美国职业棒球大联盟中从来没有过黑人。在分队比赛时,具有棒球天分的黑人球员会被安排到黑人俱乐部。基于此,我们来探讨一下关于种族歧视的博弈。

假设有两支球队 A 和 B,有四名球员{1,2,3,4}。球员按照种族和才能划分,如表 3-1 所示。球队 A 不考虑种族,其认为较有才能的球员具有更高的价值;而球队 B 既看重种族也看重才能,其认为这两个最好的白人球员具有最高的价值。每个球队都希望征募的球员能够使球队的整体价值最大化。球员征募的规则为:球队 A 先从四名球员中任意挑选一名(假设球队 A 具有优先选择权),接着球队 B 在剩余的三名球员中选择一名,然后球队 A 在剩余两名球员中选择一名,最后一名球员归球队 B。

表 3-1 四名球员的种族、才能和球队收益

球 员	才 能	种 族	球队 A 的收益	球队 B 的收益
1	30	黑	30	20
2	25	白	25	25
3	22	白	22	22
4	20	黑	20	10

我们用图 3-7 所示的扩展型表示该棒球队员征募博弈(得益数组中,上面的数字表示球队 A 的得益,下面的数字表示球队 B 的得益)。

现在我们用逆向归纳法分析这个博弈。考虑球队 A 第二次选择的 12 个决策点,每个决策点有两个选择。比较两个选择的得益,并选择其中较大的一个,我们可以将图 3-7 简化为图 3-8。

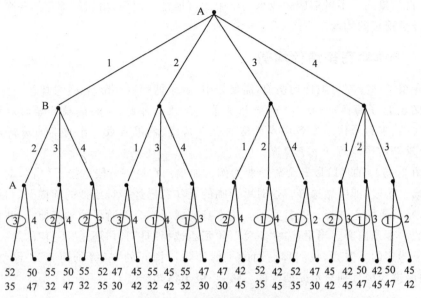

图 3-7 球员征募博弈扩展型

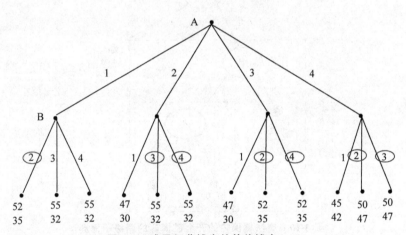

图 3-8 球员征募博弈的等价博弈(一)

现在来考虑第二阶段球队 B 的决策。在每个决策点,球队 B 有三个选择,显然球队 B 将选择得益最大的一个。因此,我们可以将博弈进一步简化为图 3-9 所示的博弈。

现在考虑第一阶段球队 A 的决策。显然,球队 A 选择 2 号可以获得最大得益。相应地,球队 B 在第二阶段会选择 3 号或 4 号,球队 A

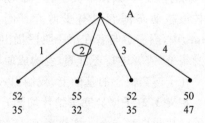

图 3-9 球员征募博弈的等价博弈(二)

在第三阶段选择 1 号。最终,两支球队的得益分别为 55 和 32。

逆向归纳法不但逻辑清晰、简单实用,更为重要的是,利用该方法得出的结论是非常可靠的。由于逆向归纳法所确定的各阶段行动都是建立在后续阶段理性选择的基础之上,因此自然排除了不可信威胁或承诺产生的可能性。因而,由它所确定的各个参与者的策略组合是稳定的均衡。

3.3.2　子博弈完美纳什均衡

在介绍子博弈完美纳什均衡前,需要先引入"子博弈"(subgame)的概念。

定义 3.1(子博弈)　由一个动态博弈第一阶段以外的、从某阶段开始的后续博弈阶段所构成的、有初始信息集和博弈所需的全部信息、能够自成一个博弈的原博弈的一部分,称为原动态博弈的一个子博弈。

以图 3-10 中的三阶段开金矿博弈为例。如果乙在第一阶段选择了"借",动态博弈将进行到第二阶段,即甲做选择。这时甲面临的是在乙已经借钱给他的前提下,自己选择是否分成,然后再由乙选择是否打官司。这本身构成了一个两阶段的动态博弈,我们称之为原博弈的一个子博弈。当甲选择"不分",轮到乙选择"打"官司还是"不打"的第三阶段,就是上述子博弈的子博弈,我们称后面的子博弈为原博弈的"二级子博弈"。图 3-10 中的外、内两层虚线框分别表示原博弈的一级、二级子博弈。

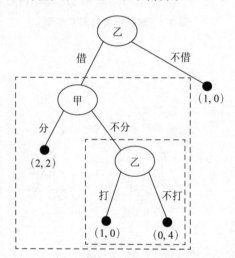

图 3-10　有法律保障的开金矿博弈的两级子博弈

除了上述可以用扩展型表示的动态博弈有子博弈,事实上,无法用扩展型表示的无限多种策略动态博弈也有子博弈。例如,在无限多种策略的讨价还价博弈(bargaining game)中,当一参与者在第一阶段提出一个报价以后,第二阶段开始另一参与者选择是否接受报价,或者进行还价等,就构成原博弈的一个子博弈。

在子博弈概念的基础上,我们引入子博弈完美纳什均衡概念。

定义 3.2(子博弈完美纳什均衡)　如果在一个完美信息的动态博弈中,由各参与者的策略所构成的一个策略组合满足:在整个动态博弈及它的所有子博弈中都构成纳什均衡,那么这个策略组合称为该动态博弈的一个"子博弈完美纳什均衡"。

子博弈完美纳什均衡与纳什均衡的根本不同之处,就在于子博弈完美纳什均衡能够排除均衡策略中不可信的威胁或承诺,因此具有稳定性。非子博弈完美纳什均衡,虽然可以构成整个博弈的纳什均衡,但其中包含的不可信行动选择,至少在博弈的某些子博弈中不符合参与者自身的利益,因而不构成纳什均衡。而要求在所有子博弈中都是纳什均衡的子博弈完美纳什均衡,排除了其中存在不可信行动选择的可能性,因而在动态博弈分析中具有真正的稳定性。

求解完美信息动态博弈中子博弈完美纳什均衡的最基本方法就是逆向归纳法。按照逆向归纳法的定义,从动态博弈的最后一级子博弈开始,逐步寻找参与者在各级子博弈中的最优选择,最终便可得到动态博弈的子博弈完美纳什均衡。

3.4　几类经典案例

3.4.1　斯塔克伯格博弈

📖 引语故事:美国原油产量创下历史新高,"欧佩克＋"还能顶住吗?

2023 年 4 月,沙特阿拉伯和俄罗斯呼吁所有"欧佩克＋"成员国加入减产计划,作为稳定原油市场的"预防措施"。

沙特阿拉伯能源部宣布将日均减产 50 万桶,其他主要产油国也宣布减产:伊拉克日减 21.1 万桶,阿拉伯联合酋长国日减 14.4 万桶,科威特日减 12.8 万桶,哈萨克斯坦日减 7.8 万桶,阿尔及利亚日减 4.8 万桶,阿曼日减 4 万桶。俄罗斯副总理诺瓦克表示,俄罗斯自愿基于 2023 年 2 月平均开采水平,将石油日均减产 50 万桶的措施延长至 2023 年年底。受此影响,国际油价再度大幅跳涨,美油重新冲上 80 美元/桶的高位。

据《国会山报》报道,美国国家安全委员会对"欧佩克＋"削减石油产量的决定表示批评。美国国家安全委员会发言人表示,鉴于市场的不确定性,美国认为此刻减产是不可取的,且美国此前已明确表示了这一点。

美国能源信息署(EIA)公布的数据显示,2023 年上半年美国的平均出口量为 399 万桶/日。这比一年前增长了 19%,是自 2015 年美国原油出口禁令结束以来上半年的最高水平。

美国、巴西和圭亚那等非"欧佩克＋"成员国的巨大石油产量似乎填补了"欧佩克＋"减产所产生的缺口,并使"欧佩克＋"在石油市场的份额降至近 10 年来的最低水平。美国的做法符合理性吗? 为什么会出现这种局面? 现在我们来分析这种动态的寡头市场产量博弈模型——寡占的斯塔克伯格模型。该模型与第 2 章的古诺模型十分相似,唯一的区别是博弈双方的选择是先后有序而不是同时进行的。

简单起见,假设模型中有两个寡头:厂商 1 和厂商 2。厂商 1 先选择自己所生产的产量,厂商 2 在观察到厂商 1 的选择之后再选择自己的产量。两个厂商的产量分别为 q_1 和 q_2(q_1 和 q_2 为不小于 0 的实数),总产量为 Q($Q = q_1 + q_2$)。设两个厂商的边际生产成本都为 $c_1 = c_2 = 2$,并且没有固定成本。价格与产量之间的关系为 $P = P(Q) = 8 - Q$($Q < 8$)。厂商 1 的得益为 u_1,厂商 2 的得益为 u_2。

由于两个参与者可以选择的产量水平有无限多个,因此这一动态博弈无法用扩展型表示,只能用描述得益函数的方法表示。根据上述假设,两厂商的得益可以表示为

$$u_1 = q_1 P(Q) - c_1 q_1 = q_1 [8 - (q_1 + q_2)] - 2q_1 = 6q_1 - q_1 q_2 - q_1^2$$

$$u_2 = q_2 P(Q) - c_2 q_2 = q_2 [8 - (q_1 + q_2)] - 2q_2 = 6q_2 - q_1 q_2 - q_2^2$$

至此,我们阐述的都是之前研究古诺模型时已经接触过的东西。现在,我们用逆向归纳法来分析这个博弈,找出它的子博弈完美纳什均衡。

根据逆向归纳法的思路,我们先分析第二阶段厂商 2 的决策。在厂商 2 决策时,厂商 1 选择的 q_1 实际上已经决定了。针对这一情况,问题转化为:在给定 q_1 的情况下求使 u_2 实现最大值的 q_2^*。这样的 q_2^* 必须满足如下条件:

$$6 - 2q_2^* - q_1 = 0$$

即

$$q_2^* = \frac{1}{2}(6 - q_1) = 3 - \frac{q_1}{2} \tag{3-1}$$

厂商 1 知道厂商 2 的这种决策思路,因此在选择 q_1 时知道厂商 2 的产量 q_2 会根据式(3-1)确定。因此在确定自己的最佳产量 q_1^* 时,可以将式(3-1)直接代入自己的得益函数,即

$$u_1 = 6q_1 - q_1 q_2^* - q_1^2 = 6q_1 - q_1 \left(3 - \frac{q_1}{2}\right) - q_1^2 = 3q_1 - \frac{1}{2}q_1^2 \tag{3-2}$$

式(3-2)是关于 q_1 的一元函数,也就是说,当把厂商 2 的反应方式考虑进来之后,厂商 1 的得益就完全由其自己控制了。根据式(3-2),厂商 1 可以直接求解出 q_1^*,令 $q_1 = q_1^*$ 时式(3-2)对 q_1 的倒数等于 0,可得

$$3 - q_1^* = 0$$

$$q_1^* = 3$$

即厂商 1 的最佳选择是生产 3 单位。由式(3-1)可得,厂商 2 的最佳产量为 $3 - 1.5 = 1.5$ 单位。此时市场价格为 1.5,双方的得益分别为 4.5 和 2.25。

厂商 1 在第一阶段选择 3 单位产量,厂商 2 在第二阶段选择 1.5 单位产量,就是这个动态博弈唯一的子博弈完美纳什均衡。

回忆一下我们在第 2 章讨论的古诺模型,其纳什均衡是 $q_1^* = q_2^* = 2$。比较两个结果,会发现斯塔克伯格模型均衡的总产量较多,价格较低,总利润也较少。但是,厂商 1 的斯塔克伯格博弈均衡产量大于古诺模型均衡产量,而厂商 2 的斯塔克伯格博弈均衡产量小于古诺模型均衡产量。相应地,厂商 1 的得益有所增加,而厂商 2 的得益有所减少。这就是"先行优势"。同时,斯塔克伯格模型的均衡产量和也大于集体决策时的最优总产量,即存在双边际效应(double marginalization)。

这个例子也说明,在信息不对称的博弈中,信息较多的参与者(如本博弈中的厂商 2,在决策之前可先知道厂商 1 的选择,因而拥有较多的信息)不一定能得到较多的利益,而这在单人博弈中是不可能的。

🔍 思考与练习

在得益函数上,斯塔克伯格模型和古诺模型完全一致,但在行动次序上存在差别。这种差别是如何在分析方法上体现出来的?

在生活中我们经常会遇到这样的情况:如果京东的促销活动在一个小时之后开始,

现在就坐在电脑前等待还是半个小时之后行动？在候车厅等待时，提前多长时间去排队等候检票比较合适？为何在有些时候又是拖得越久越好？例如，许多动物的交配竞争体现为炫耀行为，胜利往往属于炫耀时间最长的那一个。

上述问题分别属于两种不同的类型：抢先博弈（preemption game）和消耗战（war of attrition）。前者是大家争先恐后；而后者则是争后恐先，希望能坚持到最后。看似矛盾的两种情况，仔细分析会发现都是合理的结果。那么在什么条件下会有争抢，什么条件下会有消耗？3.4.2 节和 3.4.3 节将分析两种相反的结果是如何形成的，以及什么时候我们需要考虑先行优势，什么时候又该考虑后动优势。前者主要介绍抢先博弈，而后者将通过讨价还价场景来介绍消耗战。

3.4.2　抢先博弈

假设有两位乘客（1 和 2）在火车站检票口等待乘坐京沪高铁，他们各自面临"坐在座位上等待"还是"起身排队"的选择。由于火车站客流量较大，排在前面可以尽快上车，相对而言有较高的得益。但是乘客也可以坐在座位上等待，因此需考虑排队所花费的时间和体力。

为了简化博弈，假设只要有一个乘客起身排队，另一个就会紧随其后。排在队伍前面的乘客的收益为 30，排在后面的乘客的收益为 20。与排队相关的时间成本如表 3-2 所示。等待的时间越长，成本越高。如果一位乘客已经等待了 1 个时间单位，则第 2 个时间单位的成本是 $12-5=7$；如果他已经等待了 2 个时间单位，则第 3 个时间单位的成本是 $21-12=9$。乘客的最终得益就是他们在队伍中所排的位次带来的收益减去排队所花费的时间成本。

表 3-2　排队博弈时间成本对比

排队花费的时间单位	时 间 成 本
1	5
2	12
3	21
4	32
5	45

该博弈的扩展型如图 3-11 所示。乘客 1 首先选择是否起身去排队。如果他行动了，那么博弈结束，他的得益为 -15（排在队伍前边的收益 30 减去等待所花费的时间成本 45），乘客 2 的得益为 -25（收益 20 减去成本 45）。如果乘客 1 等待，那么乘客 2 选择是否立即行动去排队。如果乘客 2 等待就轮到乘客 1 选择是否行动，以此类推。这种情形最多可以持续 5 个阶段。如果在最后的决策点乘客 2 选择等待，我们就认为队伍最前方的乘客是随机确定的。这种情况下，两位乘客的得益均为 $(1/2)\times30+(1/2)\times20=25$（此时不存在等待成本，排在队伍前方或者后方对乘客的得益无影响）。

现在用逆向归纳法分析这个博弈。在博弈的最后阶段，乘客 2 肯定会选择行动来得到较高的得益 30。逆推至博弈的第五阶段，乘客 1 在了解乘客 2 的想法后，会选择行动。以此类推，在博弈的第四阶段，乘客 2 会选择行动。再逆推至博弈的第三阶段，乘客 1 会选择行动。再通过逆推，可知乘客 2 在第二阶段会选择等待，乘客 1 在第一阶段也会选择

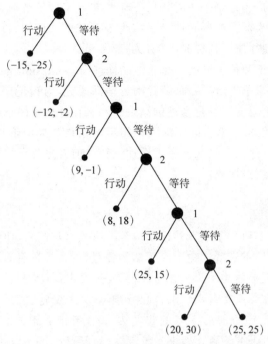

图 3-11 排队博弈扩展型

等待。此博弈的子博弈完美纳什均衡为"等待/行动/行动,等待/行动/行动",意即乘客 1 在第一阶段选择等待,乘客 2 在第二阶段也选择等待,乘客 1 在第三阶段行动(排队)……在均衡路径上,双方的得益分别为 9 和 −1。

上述子博弈完美纳什均衡解释了为何人们喜欢早早排队而不是静心等候。但是,很明显该子博弈完美纳什均衡的效率非常低。如果乘客们一直等待(最后阶段乘客 2 行动),那么乘客 2 可以得到 30 的收益,乘客 1 可以得到 20 的收益,这个结果远远优于均衡结果。在现实生活中,这种低效率的博弈结果是乘客们的急切心理造成的。面对类似情况,静心等候,充分利用时间也许是更好的选择。

急切之心人皆有之,排队博弈中参与者争先恐后的情况在生活中也非常普遍。对于每一个普通的高中生而言,大学保送资格都极具诱惑力。十余载的寒窗苦读逐渐被量化为一张成绩单、一个奥赛获奖证书、一封校长推荐信等,用以换取一张梦寐以求的录取通知书。为了保证高校本科生的生源质量,大学挑选优秀高中生的竞争也日趋激烈。对于大多高校的招生办公室来说,高考普通批次招生已然是"滞后批"。各大高校为了录取优秀的学生入学,纷纷推出少年班、夏令营、提前批等措施,意图与学生提前签署协议。由于高校之间的激烈竞争,协议的签署时间不断提前,甚至发展到了参加竞赛获奖的学生刚进高二就被大学提前录取的程度。但这种争抢战略背后的代价高昂:高校在不知晓学生综合素质和整体发展的前提下进行录取,被录取的学生又有多少重演着"伤仲永"的悲剧?这些行动也打乱了学生的正常课程安排,本可以全面发展的学生为了争取保送资格,抛却其他科目只专注竞赛科目,造成严重偏科。直到近年来的教育体制改革,保送资格要经过严格的综合素质考核,这一现象才得到改善。

3.4.3 讨价还价

讨价还价是市场经济中最常见、最普通的事情,也是一种典型的消耗战。我们将通过对讨价还价博弈的分析来揭示消耗战的一般特点。

讨价还价博弈 假设有两人就如何分享 10 000 元进行谈判,规则如下:首先由甲提出一个分割比例,乙可以选择接受或者拒绝;如果乙拒绝甲的方案,则他提出另一个方案,让甲选择接受与否。博弈按此规则不断循环进行,直至其中任何一方接受对方的方案,博弈宣告结束。被拒绝的方案对以后的博弈阶段没有影响。由于谈判费用和利息损失等,讨价还价每多进行一个阶段,博弈双方的利益都会有一定损失。因此,引入"折现因子 δ"($0<\delta<1$),δ 也称为消耗系数,即博弈每多进行一个阶段,参与者所得利益需乘以 δ。

1. 三阶段讨价还价

为了简化问题,首先讨论一个只有三阶段的讨价还价,即博弈进行到第三阶段时乙必须接受甲的方案——无论结果如何。具体来说,博弈过程如下。

第一阶段,甲提出方案:自己得 S_1,乙得 $10\ 000-S_1$。如果乙接受,则谈判结束,双方的得益分别为 S_1 和 $10\ 000-S_1$;如果乙不接受,则进行下一个阶段。

第二阶段,乙提出方案:甲得 S_2,自己得 $10\ 000-S_2$。如果甲接受,则谈判结束,双方的实际得益分别为 δS_2 和 $\delta(10\ 000-S_2)$;如果甲不接受,则进行下一个阶段。

第三阶段,甲提出方案:自己得 S,乙得 $10\ 000-S$。这时乙必须接受,双方的实际得益分别为 $\delta^2 S$ 和 $\delta^2(10\ 000-S)$。

在求解均衡之前先观察该博弈的特点:其一是第三阶段甲提出的方案具有强制力,即当博弈进行到该阶段时,乙必须接受分割比例 $S:10\ 000-S$;其二是该博弈每多进行一个阶段,双方的总得益就会损失一定比例,因此谈判拖得越久对双方越不利。

现在求解该博弈的子博弈纳什均衡。显然,这是一个无限策略的动态博弈,无法用标准的扩展型来表示。现在,我们先不考虑两个参与者选择的具体分割比例,而用一个形式上的扩展型来分析,如图 3-12 所示。

我们仍然用逆向归纳法进行分析。首先分析第三阶段,在此阶段,因为乙必须接受,所以甲会选择全得,即 $S=10\ 000$。为便于讨论,仍沿用一般记号 S。这样当博弈进行到第三阶段时,双方的实际得益分别是 $\delta^2 S$ 和 $\delta^2(10\ 000-S)$。

现在回到第二阶段乙的选择。乙已经知道,如果博弈进行到第三阶段,甲将得 $\delta^2 S$ 而自己得到 $\delta^2(10\ 000-S)$。如果此阶段乙所提方案使得甲的得益 S_2 大于 $\delta^2 S$,那么甲会接受而不至进入第三阶段。显然,S_2 越大,甲选择接受的动机越强烈。但是如何才能保证自身利益最优呢?很不幸,S_2 越大,乙的得益越小。如果 S_2 既能让甲接受(意味着 $\delta S_2 \geqslant \delta^2 S$),也能让自己得益最大(即 S_2 尽可能小),那么这样的 S_2 就是最符合乙的利益的。因此乙的出价 S_2 应满足 $\delta S_2=\delta^2 S$,即 $S_2=\delta S$。此时乙的得益为 $\delta(10\ 000-S_2)=10\ 000\delta-\delta^2 S$。由于 $0<\delta<1$,因此该得益与进行到第三阶段的得益 $\delta^2(10\ 000-S)$ 相比要大一些,这是乙可能得到的最大得益。

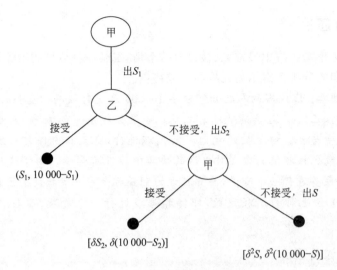

图 3-12　三阶段讨价还价博弈

最后再回到第一阶段甲的选择。甲知道,若进行到第二阶段自己将得 $\delta^2 S$,而乙则会满足于得到 $10\,000\delta - \delta^2 S$。因此出价 S_1 应使乙的得益不低于 $10\,000\delta - \delta^2 S$。类似第二阶段,甲的出价 S_1 应满足 $10\,000 - S_1 = 10\,000\delta - \delta^2 S$,即 $S_1 = 10\,000 - 10\,000\delta + \delta^2 S$。此时,甲的得益为 $10\,000 - 10\,000\delta + \delta^2 S$。因为 $\delta < 1$,该得益比进行到第二、第三阶段的得益 $\delta^2 S$ 更大。

综上所述,子博弈完美纳什均衡所对应的路径为:甲在第一阶段出价 $S_1 = 10\,000 - 10\,000\delta + \delta^2 S$,乙接受。双方的得益分别为 $10\,000 - 10\,000\delta + \delta^2 S$ 和 $10\,000\delta - \delta^2 S$。

进一步讨论该博弈的均衡结果,可以发现:当甲在第三阶段提出 $S = 10\,000$ 时,双方的得益分别为 $10\,000(1 - \delta + \delta^2)$ 和 $10\,000(\delta - \delta^2)$。此时,双方获得利益的比例取决于 $\delta - \delta^2$ 的大小。当 $0.5 < \delta < 1$ 时,δ 越大,$\delta - \delta^2$ 越小,甲的得益越大,乙的得益越小;当 $0 < \delta < 0.5$ 时,δ 越大,$\delta - \delta^2$ 越大,甲的得益越小,乙的得益越大。这种结果反映了,在此博弈中乙赖以讨价还价的筹码就是可以跟甲耗时间。换言之,虽然最终甲可以争得全部利益,但拖延时间会给甲带来损失。损失越大,耐心越小,则甲愿意分给乙的利益就越大。

上述博弈问题及其结果,在现实生活中有许多例子,如利润分配、债务纠纷、商品交易等,都可以是这个博弈模型的原型。该模型的第一、第二阶段相当于纠纷或争执的各方不同形式的调解过程,而第三阶段则相当于最后由仲裁机构或第三方进行裁决。模型中的折现因子 δ 则显示相关各方花费在谈判和诉讼等方面的时间、金钱等代价。在第 8 章将要介绍的重复博弈中,δ 也将作为重要的考量因素,影响着参与者的互动行为和策略。

2. 无限阶段讨价还价*

无限阶段讨价还价博弈在第三阶段并不要求强制结束,只要双方互不接受对方的出价方案,博弈就将不断进行下去。奇数阶段由甲出价,乙选择是否接受;偶数阶段由乙出价,甲选择是否接受。

无限阶段与有限阶段的最大区别在于:前者不存在可以作为逆向归纳法起始点的最后阶段。因此按照通常的思路,无法使用逆向归纳法。1984 年,阿夫纳·夏克德(Avner Shaked)和约翰·萨顿(John Sutton)提出了一种解决该博弈问题的思路,其要点是:无论是从第三阶段开始(假如能到达第三阶段)还是从第一阶段开始,对于一个无限阶段博弈,结果应该是一样的。在无限阶段讨价还价中,无论是从第一阶段开始还是从第三阶段开始,都是由甲先出价,然后双方交替出价,直到一方接受为止。

按照这种思路,我们可以先把整个博弈的子博弈完美纳什均衡的解假设出来。假设博弈的解为:甲在第一阶段出价 S,乙接受,双方的得益分别为 S 和 $10\,000-S$。因为从第三阶段开始博弈与从第一阶段开始应该得到相同的结果,所以上述解也是从第三阶段开始的博弈的解。换句话说,第三阶段甲仍出价 S,乙接受,双方的得益分别为 S 和 $10\,000-S$,并且这个结果是最终结果。

由于甲在第三阶段的出价是最终出价,因此这个无限阶段博弈相当于有强制结束的三阶段讨价还价。根据前面对三阶段讨价还价博弈的讨论可知,该博弈的解是甲在第一阶段出价 $S_1=10\,000-10\,000\delta+\delta^2 S$,乙接受。由于这个三阶段博弈等于从第一阶段开始的无限阶段讨价还价博弈,因此应有: $S=S_1=10\,000-10\,000\delta+\delta^2 S$。从上述方程可解出 $S=\dfrac{10\,000}{1+\delta}$。因此,该无限阶段讨价还价的均衡结果是:甲在第一阶段出价 $S^*=\dfrac{10\,000}{1+\delta}$,乙接受,双方的得益分别为 $\dfrac{10\,000}{1+\delta}$ 和 $\dfrac{10\,000\delta}{1+\delta}$。

3.4.2 小节和 3.4.3 小节分别介绍了动态博弈中的两种常见类型:抢先博弈和消耗战。它们具有如下特点。

具体来讲,抢先博弈是这样的博弈,每个参与者要决定何时采取行动,当下列情况发生时参与者可以获得较高得益:①先于他人行动;②对所有参与者而言,都拖延一个阶段行动。例如,在诸多顾客等候服务的排队问题上,顾客如果能坚持坐等更长时间,还能排到队伍最前方,那就获益良多。一位乘客犹豫的时间越长,其他人越有可能先于他行动。但是在多人参与的情况下,条件②很容易遭到破坏,参与者为了获益更多转而关注条件①。所以均衡结果更多地包含了顾客缺乏耐心而排队,他们在排队之前没有足够的耐心去等。

同样,消耗战也是时机博弈。但参与者在以下情况下能获得较高的得益:①其他参与者较早行动;②自己较早行动。特别是,如果一个参与者想要行动,在所允许的范围内,他希望其他参与者超越"底线"而首先行动。但是如果他打算超越底线,那么他愿意现在就行动而不是以后。一个人等待其他人采取行动的时间越长,损失就越大。其中的关键问题是所有参与者的折现因子并不是对称的,而且一般不为他人所知。此时,参与者为了多得一点就会逐步试探——探测对方的底线。这种逐步试探的过程使多阶段博弈得以进行;同时,最先被探底者将失去继续下去的耐心,而接受对方的出价。总体来看,均衡结果要求参与者有足够的耐心,在行动之前等待足够长的时间。

游戏与实验

假设你正在与另一位同学共同对 1 000 元奖金的分配进行讨价还价,折现系数 δ 的可能取值为 0.3、0.5、0.7、0.9。双方通过抽签的方式决定自己的折现因子(双方的 δ 可以相等),且不允许就折现系数交流。然后双方开始进行讨价还价博弈。每 2 分钟为一个阶段,博弈将会随机停止。当博弈结束时,最后一人提出的分配方案即为最终方案。统计各组的实验结果,考察折现系数 δ 对讨价还价博弈的影响。

3.4.4　供应链中的双边际效应

20 世纪 80 年代日本汽车大举进入美国市场,紧接着席卷全球市场。日本汽车业的成功,迫使美国汽车业(也包括学者和政府)研究、学习日本汽车业的成功做法。《改变世界的机器》一书,就是当时美国学者研究和学习的一个总结。其中一条重要的经验是,制造商要与其供应商建立深层次的合作关系,形成有竞争力的价值链(即供应链)。至此,供应链管理在商界和学界逐渐深入人心。"供应链管理"概念的提出是对企业完全自利行动的一种叛离,因为自利会导致经济学中所常见的双边际效应。

概念解读:双边际效应

双边际效应是指,在信息不对称的情况下,供应链双方片面追求自身利益最大化,而导致供应链的整体效益低于供应链双方利益之和的现象。对供应链内的每个成员而言,都将依照自己的边际利润为零而作出行动,但是,这种行动往往与供应链利润之和所对应的最优行动不一致。而这都源于两个成员企业在做独立决策时两种边际所带来的冲突。

无论是在理论上还是在实践中,供应链管理都已经取得了巨大的进展,目前仍然是管理学的国际前沿研究领域之一,也是华人学者有所成就的领域之一。供应链管理的一项重要工作就是刻画与分析企业之间的竞争,并通过机制设计来协调不同主体之间的动机冲突。其主要的研究工具就是我们所介绍的博弈论。接下来我们将借助博弈论建立一个简单的模型,尝试分析这种双边际效应是如何产生的。

假设 1 个汽车制造商向 1 个零部件供应商采购零部件,与其他部件一起加工组装,形成 1 辆汽车后销往市场。不妨假设,1 辆汽车需要 1 个零部件。首先,供应商提出零部件批发价 w,制造商则据此作出反应,确定汽车的生产量 q,并依此向供应商订购零部件 q。可以想象,供应商的批发价高,则其单位利润高,但是订购量有可能会下降。而对于制造商来讲,供应商的批发价低,则其单位利润越高。那么产量呢,越大对其越有利吗?不一定。我们来考察古诺模型的情况,此时汽车的售价可表示为如下逆需求函数:

$$p = A - kq \tag{3-3}$$

其中,A,k 的含义与寡头古诺模型中的意义相同,$k > 0$。供应商和制造商的利润分别为

$$\pi_s = (w - c_s)q \tag{3-4}$$

$$\pi_m = (p - w - c_m)q \tag{3-5}$$

其中,c_s,c_m 分别表示上、下游的成本,此处为双方都知道的常数。考虑到利润非负,一般

要求 $w \geqslant c_s$，同时对于给定的 w 有 $p-w-c_m \geqslant 0$ 且 $q \geqslant 0$。

至此稍做停顿，理出博弈的要素。首先，参与者为制造商及其供应商。其次，参与者的决策及其策略空间。供应商的行动是连续变量 w，制造商的行动也是连续变量 q。而其策略空间不难计算，分别为 $w \geqslant c_s$ 和 $0 \leqslant q \leqslant (A-w-c_m)/k$。对于任意的策略组合 (w,q)，收益分别对应式（3-4）和式（3-5）。供应商和制造商行动次序如图 3-13 所示。

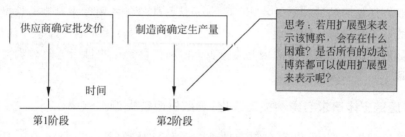

图 3-13 供应商和制造商行动次序

既然博弈的要素清楚了，那么如何分析均衡策略呢？仍然利用逆向归纳法。首先，对于任给定 w，制造商都会作出反应（即决定自己的产量 q）以使自身利润最大。将式（3-3）代入式（3-5）可知 π_m 是 q 的二次函数。不难计算，制造商将会把自己的产量定为

$$q(w) = \frac{(A-w-c_m)}{2k} \tag{3-6}$$

这就是制造的反应函数。由于信息完全，供应商也能够利用博弈的要素推知制造商的反应函数。将式（3-6）代入式（3-4），供应商的利润函数为 $\pi_s(w) = (w-c_s)q(w)$。显然，它是 w 的二次函数。不难推知当

$$w = \frac{(A+c_s-c_m)}{2} = c_s + \frac{(A-c_s-c_m)}{2} \tag{3-7}$$

时，供应商的利润最大。而这个推理对制造商来说也是透明的，因为所有的变量和成本双方都知道。在供应商确定零部件价格为 $w^* = c_s + (A-c_s-c_m)/2$ 之后，制造商也会据此计算自己的最优反应 q^*。将式（3-7）代入式（3-6），可得 $q^* = (A-c_s-c_m)/(4k)$。你从这些优美的表达式中发现了什么？式（3-7）也可表示为 $w^* - c_s = (A-c_s-c_m)/2$，此即供应商的单位利润，是潜在利润空间的一半。而制造商的单位利润 $p^* - w^* - c_m = (A-c_s-c_m)/4$，是潜在利润空间一半的一半。此时双方的利润分别为

$$\pi_s^* = (A-c_s-c_m)^2/(8k), \quad \pi_m^* = (A-c_s-c_m)^2/(16k) \tag{3-8}$$

供应商的利润比制造商的高！对，这就是先动优势（first-mover advantage）。

注：也许你会疑惑，供应商时常处于被挤压状态，怎么会有如此丰厚的利润呢？问题的症结不在于模型中间的推理，而在于模型的前提：供应商先动。先动意味着具有先动优势，实际上并不是所有的供应商都如此。若想考察其他类型的供应链，需要重建模型，改变供应商先动的状况才行。

至此，仍未涉及双边际的产生。让我们来考察整个供应链的最优产量和利润。供应链的利润是双方利润之和，即

$$\pi_c = (p - c_s - c_m)q \tag{3-9}$$

与前类似，可得最优产量 $q^* = (A - c_s - c_m)/(2k)$，对应利润则为 $\pi_c^* = (A - c_s - c_m)^2/(4k)$。而零部件批发价随便确定。显然，双方博弈的结果是产量和利润都比整体最优时低。如果强行让制造商的产量等于 $(A - c_s - c_m)/(2k)$ 会怎么样呢？显然，供应商有动机调整到 $w^* = c_s + (A - c_s - c_m)/2$，而制造商有动机调整到 $q^* = (A - c_s - c_m)/(4k)$。这意味着双方还是回到这种低效状态——只是从整体最优的角度来判定。这就是经济学中所常见的双边际效应。通俗地讲，双方都会为了自己的最优而牺牲掉整体的最优。

双边际效应出现的最根本原因是：企业个体利益最大化的目标与整体利益最大化的目标不一致。其主要表现如下。

1. 供应链主体追求自身利益最大化，导致供应链失调

供应链中的供应商、零售商在制定自身的激励机制时，都是以自己的情况为参考依据，很少考虑到供应链的其他成员企业的目标以及供应链的整体目标。这种简单地追求自身利益最大化的激励方式，加剧了供应链中各个环节的冲突，导致了供应链的失调。

2. 供应链主体信息不对称，决策中的不确定性加剧双边际效应

在信息不对称的条件下，供应链不同阶段成员的目标可能发生冲突，供应链中的每个成员在决策时只考虑各自的边际效益，而不考虑供应链中其他成员的边际效益，从而使整个供应链的效益受到损害，各自的效益也不能达到最优，加剧双边际效应。

3. 供应链主体间缺乏信任，难以实现合作共赢

供应链失调的深层次原因是供应链上的成员企业各自为政，相互间缺乏信任，未能形成共同愿景，忽略了合作共赢，片面追求自身利益最大化。

能否想办法既整体最优又使得双方的动机不冲突呢？答案是能，但不是这种常见的批发价协议。基于双边际效应出现的根本原因，可以通过信息共享降低不确定性、利用契约机制协调优化、构建合作伙伴关系和信任机制等方式减弱和消除双边际效应。如果你感兴趣，可以翻阅更多供应链管理的书籍，了解相关学者和实践者是如何通过机制设计来降低双边际效应、从而提高整个供应链绩效的。

3.5 动态博弈的扩展讨论

在前面几节中，我们介绍了逆向归纳法和子博弈完美纳什均衡，并利用这些概念讨论了几个经典案例。本节将对动态博弈做进一步的讨论。一方面，除了我们已经介绍的几个经典模型，动态博弈还有很多类型。本节将介绍一类有同时行动的动态博弈模型，这种模型至少在博弈的某个阶段中存在着参与者的同时行动。另一方面，尽管逆向归纳法和子博弈完美纳什均衡概念在简单的两阶段博弈中似乎很有说服力，比如斯塔克伯格模型，但这并不意味着它们克服了相机选择对动态博弈分析所造成的困难。如果有多个参与者或每一个参与者有多次行动，情况就变得复杂多了。本节将通过一些案例讨论逆向归纳法和子博弈完美纳什均衡作为行为理性的一些局限性,并简单介绍颤抖手均衡等思想,以使读者对动态博弈分析有更深入的了解。

3.5.1　有同时行动的动态博弈

引语故事:硅谷银行挤兑

2023 年 3 月初,美国硅谷银行,一家专注于科技创新和初创企业服务的金融机构,意外地陷入存款挤兑的风波,这一事件不仅震撼了美国金融界,也引起了全球范围内的广泛关注。

3 月 8 日,硅谷银行为缓解流动性压力,采取了一系列紧急措施,包括:以亏损 18 亿美元的代价出售了价值 210 亿美元的债券,发行了可转债以筹集 150 亿美元资金,并紧急发售新股筹集了 22.5 亿美元。这些行动意外地暴露了银行存款大规模流失的严重问题,进一步加剧了客户对银行稳定性的担忧,从而加剧了挤兑现象。

3 月 9 日,硅谷银行的客户提现需求急剧增加,高达 420 亿美元,这相当于硅谷银行总存款的 1/4。到了晚上,硅谷银行的现金结余骤降至负 10 亿美元,无法支付其在美联储的应付款项。次日,该银行被联邦存款保险公司接管,以稳定金融秩序(图 3-14)。

图 3-14　硅谷银行营业点门前排起长龙

信任是银行业运转的根基,每一笔看似简单的信贷业务都由银行与客户之间的信任背书。银行的信贷业务在给银行和整个社会带来巨大收益的同时,也孕育着巨大的风险。一旦客户丧失对银行的信任,就会不再存款而争相提款。此举的传染性可能造成银行破产,产生影响宏观经济的系统性风险,甚至造成金融危机。本小节将通过一个博弈模型来介绍其内在相互作用机制。

一家银行为了给一个企业发放一笔 2 万元的贷款,以 20% 的年利率吸引客户的存款。若两个客户各有 1 万元的资金,并把资金以 1 年期定期存款存入该银行,那么银行就可以向企业发放贷款。若至少一个客户不愿存款,那么银行将无法给企业贷款,但客户们都能保住自己的本金。

在两个客户都存款时,银行准时发放贷款,企业正常投入生产,银行得以收回贷款本息来支付客户的存款本息。但是若有一个客户单独或者两个客户同时要求提前取出存款,银行就不得不提前收回贷款,企业就无法保证生产。假设此时银行只能收回80%的本钱。若一个客户要求提前取款,银行偿还其全部本金,余款则属于另一客户;若两个客户同时要求提前取款,则平分回收的资金(假设银行不收任何佣金和手续费)。

现在,建立博弈模型。由于只有两个客户先选择是否存款,才能进一步考虑是否提前取款,因此这是一个动态博弈问题。第一阶段,两个客户各自选择是否存款。由于两个客户互不了解,因此可视作静态博弈,即两个客户同时选择是否存款。同样,第二阶段也是一个静态博弈,即两个客户同时选择是否提前取款。因此这是一个包含同时行动的两阶段动态博弈。为了便于分析,将该博弈用图3-15所示的两个得益矩阵表示。

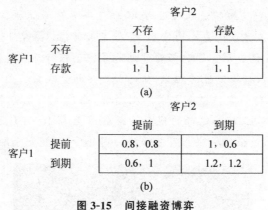

图 3-15   间接融资博弈

(a) 第一阶段;(b) 第二阶段

用逆向归纳法来分析这个博弈。第二阶段的静态子博弈存在两个纯策略纳什均衡(提前,提前)和(到期,到期),分别对应得益(0.8,0.8)和(1.2,1.2)。显然,后一个帕累托优于前一个。通常情况下该博弈的结果是(到期,到期),双方得益为(1.2,1.2)。换言之,两客户都等到存款到期后去取款,收回本金并获得利息。但只要有一个客户认为另一客户有提前取款的可能,那么前者的合理行动就不再是到期取款,而是提前取款。因此上述高效率的均衡往往难以实现,结果导致另一个低效率的纳什均衡。

回到第一阶段,两个客户是否存款。如果第二阶段的博弈结果是高效率的(到期,到期),那么第一阶段的博弈如图3-16所示。

	客户2	
	提前	到期
提前	1,1	1,1
到期	1,1	1.2,1.2

图 3-16   间接融资博弈第一阶段等价博弈(一)

此时第一阶段也有两个纳什均衡:(不存,不存)和(存款,存款)。显然,后者帕累托优于前者。因此两客户都会选择存款,这对应于银行间接融资制度有效的情况。

如果第二阶段的博弈结果是低效率的(提前,提前),那么第一阶段的博弈如图3-17所示。

客户2

		提前	到期
客户1	提前	1，1	1，1
	到期	1，1	0.8，0.8

图 3-17 间接融资博弈第一阶段等价博弈（二）

此时（不存，不存）是两个客户的最佳选择。这对应于客户不再信任银行、银行系统崩溃的情况。但这种情况本身却不会引起银行挤兑的风潮和金融危机，因为在这种情况下客户根本没有把资金存入银行。

事实上，导致银行挤兑风潮和金融危机的内在机制是这样的：由于第二阶段的结果是不确定的，客户会以第二阶段的（到期，到期）为预期而在第一阶段选择（存款，存款）。但在第二阶段，谣传引起的恐慌等原因导致客户纷纷提前取款，最终出现（提前，提前）。这正是现实生活中许多"银行挤兑"风潮的制度性根源，严重者将导致银行倒闭。

上述间接融资博弈揭示了经济决策中一类低效率均衡存在的原因。为了保证或促进高效率均衡的实现，需要借助保险制度和政府权威机构的调控。这就是政府要建立信贷保证、保险制度，对存款进行保护、保险的原因。

根据上述间接融资模型，可归纳出一个有同时行动的两阶段动态博弈标准模型：

（1）博弈中有四个参与者，分别称为参与者1、参与者2、参与者3、参与者4；

（2）第一阶段是参与者1和参与者2同时行动，他们同时在各自的可选策略（行动）集合中行动；

（3）第二阶段是参与者3和参与者4同时行动，他们在观察到参与者1和参与者2的行动之后，同时在各自的可选策略（行动）集合中作出反应；

（4）各参与者的得益都取决于所有参与者的行动，即任一参与者的得益都是所有参与者行动的一个多元函数。

现实生活中的具体博弈可看作上述标准模型的具体化。当然，不同的博弈会有不同的特点。例如，在博弈的第一阶段或第二阶段只有一个参与者，或者前后两个阶段的参与者相同（如上述间接融资博弈），这些差别并不影响模型的基本分析方法。

除了有同时行动的动态博弈，还存在另一种常见的动态博弈类型：重复博弈。鉴于重复博弈的重要性和系统性，我们将在第8章进行详细介绍。

3.5.2 逆向归纳法的局限性

引语故事：《隆中对》的战略远见

《隆中对》作为千古名篇广为人识，其中的军事谋略在中国古代战略思想中具有典范价值，是诸葛亮初登政治舞台为刘备描述的战略远景。《隆中对》可分为前后两部分，主旨各不同，但其要义皆为联吴抗曹。在当时，除了鲁肃等几位政治家与其见解相同，即使诸葛亮身边的人包括识人善用的刘备和忠义的关羽也未能深刻认识到这一点。例如，孔明在离开荆州时曾问关羽："倘曹操引兵来到，当如之何？"关羽对曰："以力拒之。"孔明又问："倘曹操、孙权,齐起兵来,如之奈何?"关羽说："分兵拒之。"孔明听后说："若如此,荆州危矣。"于是,孔明告诉关羽"北拒曹操,东和孙权"的八字方针。毛主席曾直言,诸葛亮让关羽守荆州是一招错棋!其根源就在于:刘备谨慎,从战略上提防东吴,不能完全地达成攻守同盟;关羽骄傲,从思想上看不起东吴,不能认真贯彻执行联吴抗曹的战略方针;此二人这样行事就从根本上否定了诸葛亮的战略意图。可见,即使诸葛亮联吴抗曹的谋略具有远见卓识,但却没有为众人所共见,他身边的盖世英豪也概莫能外。

引语故事提出了一个问题:参与者是否具有足够的远见以预测未来。实际上,大多数博弈的参与者只具备有限的能力进行"向前展望,倒后推理"。动态博弈分析的中心内容是子博弈完美均衡分析,而子博弈完美均衡分析的核心方法便是逆向归纳法。逆向归纳法思路清晰,并能得出明确的结论,是一种很高效的工具。但是,逆向归纳法在进行"向前展望,倒后推理"时同样存在很多弱点,包括以下内容。

(1) 逆向归纳法只能分析明确设定的博弈问题,要求博弈的结构,包括次序、规则和得益情况等都非常清楚,并且各个参与者了解博弈结构,相互知道对方了解博弈结构。而现实中的大量问题并不具有如此清晰的特征。

(2) 逆向归纳法也不能分析比较复杂的动态博弈(如有多个参与者或每一个参与者有多次行动),如象棋、围棋等。

(3) 在遇到两条路径的利益相同时,逆向归纳法也会发生选择困难。

(4) 逆向归纳法对参与者的理性要求太高,不仅要求所有参与者都有高度的理性,不允许犯任何错误,而且要求所有参与者相互了解和信任对方的理性,对理性有相同的理解,或进一步有理性的"共同知识"。

让我们通过下面两个案例来更好地理解这些问题。

(1) 最后通牒博弈(ultimatum bargaining game):假设有 1 万元钱提供给甲、乙双方,分配规则如下:甲提出分配比例,即分给乙 s,分给自己 $1-s$,而乙则可以选择接受或者不接受。如果乙接受,那么按照甲的分配比例,甲可以得到 $1-s$,乙可以得到 s;如果乙不接受,那么甲、乙两人都不会得到这笔钱。该博弈的扩展型如图 3-18 所示。

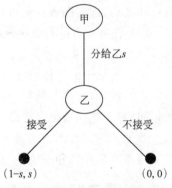

图 3-18 最后通牒博弈的扩展型

在理性假设下,用逆向归纳法分析,不难得出此博弈的子博弈完美均衡:参与者甲自己几乎取 1,而乙得任意小的正量 ε(取极限值为 $\varepsilon=0$)。这一结果是如此简单,似乎毋庸置疑。但是,用逆向归纳法得出的这个结论符合实际吗?很遗憾,现实并非如此。实验表明:

① 没有发生过 $s>0.5$ 的情况;

② 在多数情况下,有 $s\in(0.4,0.5]$;

③ $s<0.2$ 的情况几乎没有出现;

④ s 越小则被参与者 2 拒绝的可能性越大,被拒绝的概率随 s 的增加而递减。

实验结果为什么与理论预测不符？其原因在于子博弈完美纳什均衡对参与者的理性要求太高。参与者大多不具备"完全理性"的行为能力——在显失公平时将不再追求自身利益最大化。

（2）蜈蚣博弈（抢钱博弈）："蜈蚣博弈"是罗伯特·罗森塔尔（Robert Rosenthal）提出的一个动态博弈问题，因其扩展型像一条蜈蚣而得名。其规则如下：参与者 1 和参与者 2 轮流选择进行博弈，两人的两次决策记为一轮。在第 n 轮博弈中，若参与者 1 选择 D，博弈结束，双方的得益都是 n；若参与者 2 选择 d，博弈结束，双方的得益分别为 $n-1$ 和 $n+2$。若该博弈进行了 100 轮还未结束，则博弈强制结束，双方各得 100。该博弈的扩展型如图 3-19 所示。

视频 3：实验讲解——匿名最后通牒博弈

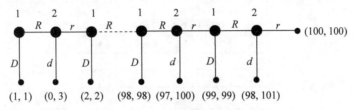

图 3-19　蜈蚣博弈的扩展型

用逆向归纳法分析上述博弈。首先看博弈最后一个阶段。显然，d 是参与者 2 的最佳选择，意味着如果博弈进行到这个阶段，参与者 1 和参与者 2 的得益分别为 98 和 101。再逆推至倒数第二阶段，不难看出参与者 1 的最佳选择是 D。再逆推至倒数第三阶段，参与者 2 的选择还会是 d。以此类推，我们可以得到该博弈的结果是：参与者 1 在第一阶段选择 D，博弈结束，双方的得益均为 1。

子博弈完美纳什均衡给我们的答案是：参与者 1 和参与者 2 都只为眼前的蝇头小利抢先结束博弈，牺牲了获得较大利益的机会。但即便是追求收入最大化，为什么不能将眼光放长远一些呢？对于参与者 1 来说，目光短浅地逐利，从一开始就抢掉那 1 元钱，以免什么都拿不到；眼光长远地逐利，先不拿钱，顶多损失 1 元，却有可能换来 100 元钱的收入。对于参与者 2 来说，目光短浅地逐利，从第一次轮到他决策时就抢掉那 3 元钱，以免只能拿到 2 元钱的可能；眼光长远地逐利，暂时不拿钱，顶多少拿 1 元钱，同样有可能换来 100 元的收入。

逆向归纳法得出的均衡显然没有达到帕累托最优，不但与人们的直觉不一致，而且与实验结果相矛盾。在绝大多数随机选择的参与者之间进行该博弈时，通常都不会出现上述逆向归纳法预测的结果。实际上，因为这个博弈将怎样进行是双方都清楚的事情，所以两人有理由稍稍修正原来的立场，进而产生合作。对参与者 1 来说，在第一阶段选择 R 而不是 D 就可以促成双方合作。如果参与者 2 理解参与者 1 在第一阶段选择中包含的信号，那么他也会选择合作，让博弈延续到下一阶段而不是结束博弈。

但是，这种合作难以持续到最后一个阶段。随着结束阶段的临近，双方进一步合作的潜在利益越来越小，逆向归纳法的逻辑肯定会在某个时刻起作用，并且这个时刻难以预测。进一步地,如果上述蜈蚣博弈的阶段数大大减少,例如只有 3 个或 5 个阶段,那么开始时合作的可能性就要小得多,因为选择合作的潜在利益减少了许多;相反,如果蜈蚣博弈的长度进一步加大,那么合作的可能性将会增大,平均来说合作的阶段数也会大大增加。在后续章节的重复博弈中,随着参与者对弈次数的变化,我们也将面临与此相似的情况。

如图 3-20 所示,第一行表示接受或是传递的行为,第二行表示参与者 1 的收益,第三行表示参与者 2 的收益,最后一行为选择接受的人数比例。我们把所进行的实验在各个阶段终止的比例在图中进行了标注,发现在实际验证中,并不是所有的参与者都选择了在第一阶段终止实验。

传递 →	传递 →	传递 →	传递 →	传递 →
接受 ↓	接受 ↓	接受 ↓	接受 ↓	接受 ↓
0.4	0.2	1.6	0.8	6.4
0.1	0.8	0.4	3.2	1.6
8%	41%	38%	10%	2%

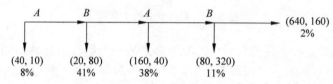

图 3-20　蜈蚣博弈实验(得益的货币单位为美分)

实验发现,常常的情况是,人们不会出现一开始选择"不合作"策略而双方获得最低收益的情况。双方会自动选择合作性策略,从而走向合作,但是这种合作也不会坚持到最后一步。理性的人出于自身利益的考虑,肯定在某一步采取不合作策略,但其"终止"合作的时间和动机难以确定。同时从实验来看,人们合作的远见常常在两三步,只有少数人具有足够的远见。

通过上述案例,相信大家对逆向归纳法的局限性有了进一步的认识。但是,逆向归纳法为什么会与实际不符呢?实际上,现实生活中的人并不是完全"理性"的人。在实际博弈问题中,除了"理性"假设之外,往往还要考虑"公平动机""利他偏好"等因素。在后面章节,我们将会对这些问题做进一步的讨论。

游戏与实验

假设有一笔财富进行分配,参与者 1 和参与者 2 在轮到自己行动时,都面临"抢占"或"留下"的选择。如果抢占,将得到财富的 4/5;如果留下,财富将翻倍。博弈共有三轮、六个阶段,得益如图 3-21 所示。

依照图 3-21 的博弈组织实验,分下述五步完成。

(1)设计实验,包括情景描述、是否允许沟通、参与人数等细节。

(2)制订实施计划,包括实验场地、被试者选取、实验步骤和结果记录等。

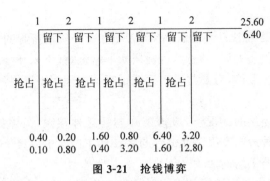

图 3-21　抢钱博弈

（3）课外寻找志愿者作为被试人员参与实验，组织实施。

（4）对实验结果进行统计分析。

（5）在情景描述时，若告诉志愿者这是一笔"善款"而非"财富"，其他条件不变。比较两种结果有无显著差异。

3.5.3　颤抖手均衡

3.5.2 节曾提到逆向归纳法对参与者的理性要求太高，不仅要求所有参与者都有高度的理性，不允许犯任何错误，而且要求所有参与者相互了解和信任对方的理性。那么，对于理性的参与者来说，如果其他参与者犯错误，偏离了子博弈完美纳什均衡路径，应该怎样进行后面的博弈呢？

现以图 3-22 所示的三阶段动态博弈来阐述这个问题。

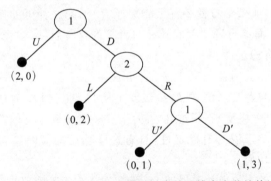

图 3-22　对参与者理性程度要求过高的子博弈完美纳什均衡

用逆向归纳法可以找出该博弈的子博弈完美纳什均衡是：参与者 1 在第一阶段选择 U，在第三阶段选择 D'；参与者 2 在第二阶段选择 R。博弈结果是：参与者 1 在第一阶段选择 U，博弈结束，双方的得益分别为 2 和 0。如果两个参与者是完全理性的，上述均衡和结果没有任何疑问。但是，如果参与者 1 在第一阶段的行动选择中犯错误选择了 D，假如参与者 2 是理性的，他该怎样进行选择呢？

如果按照子博弈完美纳什均衡的策略，参与者 2 应该选择 R。因为理性的参与者 1 在第三阶段会选择 D'，这样参与者 2 的得益就是 3，比第二阶段直接选择 L 的得益多。但是，在参与者 1 第一阶段选择 D 而不是 U 的情况下，参与者 2 还能相信参与者 1 的理性吗？

这时参与者 2 需要考虑的问题是：参与者 1 在第一阶段所犯的错误只是一个不影响后续阶段理性判断的偶然失误，还是其理性层次非常低，接下来还会继续犯错误？抑或是参与者 1 故意犯错误？显然，对参与者 1 犯错误行动的理解不同，将直接影响后续博弈的进行。

在遇到参与者犯错误的情况下，应该怎样理解这种错误，又该如何预测博弈的走向呢？这里我们介绍一种理解有限理性的参与者在动态博弈中偏离子博弈完美纳什均衡行动的重要思想——颤抖手均衡。

为了便于理解，首先我们用得益矩阵形式表示的静态博弈介绍颤抖手均衡的思想，如图 3-23 所示。

图 3-23   博弈（一）

在图 3-23 所示博弈中，有两个纳什均衡，分别是 (D,L) 和 (U,R)。其中，(D,L) 对参与者 1 较为有利，(U,R) 对参与者 2 较为有利。如果不考虑参与者的选择和行动偏差，这两个纳什均衡都具有稳定性，都可能是该博弈的结果。但如果考虑到参与者的选择和行动可能出现偏差，情况还会相同吗？

对参与者 1 来说，如果参与者 2 有可能选择 R，无论这种可能性多小，他的最佳选择都是 U 而不是 D。而参与者 2 考虑到参与者 1 的这种思路，就会选择 R 而不是 L。因此，(D,L) 就不再具有稳定性。

再来看均衡 (U,R)。对参与者 1 来说，不管参与者 2 是否有偏离 R 的可能，他都没有必要偏离 U。对参与者 2 来说，虽然参与者 1 从 U 偏离到 D 对他有不利影响，但只要参与者 1 偏离的可能性（概率）不超过 2/3，就没有必要改变自己的策略。因此，(U,R) 对于概率较小的偶然偏差来说具有稳定性，具有这样性质的策略组合称为"颤抖手均衡"。(D,L) 便不是颤抖手均衡。

如果我们把参与者 1 的得益稍做改变，情况又会有所不同，如图 3-24 所示。

参与者2

		L	R
参与者1	U	9, 0	6, 2
	D	10, 1	2, 0

图 3-24   博弈（二）

在这个博弈中，(D,L) 也是颤抖手均衡。为什么呢？对参与者 1 来说，参与者 2 偏离 L 而选择 R 的确会对自己造成不利影响，但只要参与者 2 偏离的可能性不超过 1/5，那么

自己坚持选择 D 就是最佳策略。对参与者 2 来说,只要参与者 1 偏离 D 的可能性不超过 $1/3$,自己就没有必要改变策略。因此,(D,L) 对于概率不太大的偶然偏差来说同样具有稳定性。

通过上述两个例子的对比,我们可以发现:如果一个纳什均衡是一个颤抖手均衡,则它一定不能包含任何“弱劣策略”,也就是偏离对偏离者没有损失的策略。包含弱劣策略的纳什均衡不可能是颤抖手均衡,因为只要有一丝犯错误的可能,它们就不再具有稳定性。

现在我们讨论用扩展型表示的动态博弈的颤抖手均衡,如图 3-25 所示。

用逆向归纳法进行分析,可以发现该博弈有两条子博弈完美纳什均衡路径:其一是参与者 1 在第一阶段选择 L,博弈结束;其二是 $R—N—T—V$。但是第二条不是颤抖手均衡路径,因为只要参与者 1 考虑到参与者 2 在后续阶段有偏离子博弈完美均衡路径的可能性,第一阶段就不会选择 R。因此,第二条路径对应的子博弈完美纳什均衡是不稳定的。

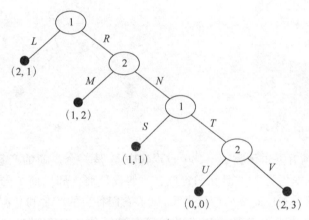

图 3-25　扩展型动态博弈的颤抖手均衡

用扩展型表示的博弈允许参与者在实际选择行动中犯错误。如果参与者在每个信息集上犯错误的概率是独立的,则无论过去的行动怎样,参与者应继续使用逆向归纳法预测从现在开始的子博弈的行动(既往不咎)。

回到图 3-25 中的动态博弈问题。按照颤抖手均衡的思想,该博弈有唯一的子博弈完美纳什均衡,同时也是唯一的颤抖手均衡,即参与者 1 第一阶段选择 L,博弈结束。如果在实际进行这个博弈时,参与者 1 在第一阶段选择了 R 而不是 L,那么参与者 2 在第二阶段还是会选择 N 而不是 M。因为在从第二阶段开始的子博弈中,$N—T—V$ 既是子博弈完美纳什均衡路径,也是颤抖手均衡路径。

习　题

1. 动态博弈分析中为什么要引进子博弈完美纳什均衡? 它与纳什均衡是什么关系?
2. 参与者的理性对动态博弈分析的影响是否比对静态博弈分析的影响更大? 为

什么？

3. 什么是逆向归纳法？

4. 在一个由三寡头操纵的垄断市场中，逆需求函数为 $p=a-q_1-q_2-q_3$，这里 q_i 是企业 i 的产量。每一企业生产的单位成本为常数 c。三企业决定各自产量的顺序如下：①企业1选择 $q_1 \geqslant 0$；②企业2和企业3观察到 q_1，然后同时分别选择 q_2 和 q_3。试解出该博弈的子博弈完美纳什均衡。

5. 设一四阶段两参与者之间的动态博弈如图3-26所示。试找出全部子博弈，讨论该博弈中的可信性问题，求子博弈完美纳什均衡策略组合和博弈的结果。

6. 设一两阶段两参与者之间的动态博弈如图3-27所示。试找出所有的纳什均衡和子博弈完美纳什均衡。

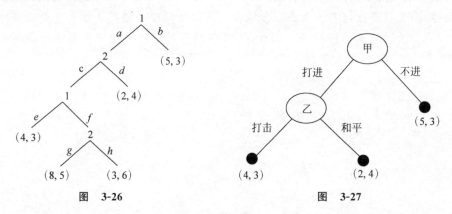

图 **3-26**　　　　　　　　　图 **3-27**

7. 三寡头市场有需求函数 $P=100-Q$，其中 Q 是三个厂商的产量之和。已知三个厂商的生产边际成本均为2，并且无固定成本。假设厂商1和厂商2先同时决定产量，然后厂商3根据厂商1和厂商2的产量决策，试求它们各自的产量和利润。

8. 在寡占的斯塔克伯格模型中，先决定产量的厂商1具有"先行优势"。实际上，如果两个厂商的决策不是产量而是价格，就不再是"先行优势"而是"后动优势"。假设厂商1先决定自己的价格，厂商2后决定自己的价格。厂商1的得益函数是

$$u_1 = -(p-aq+c)^2 + q$$

厂商2的得益函数是

$$u_2 = -(q-b)^2 + p$$

其中，p 是厂商1的价格，q 是厂商2的价格。试求该博弈的子博弈完美纳什均衡，以及是否存在某些参数值 (a,b,c) 使得每一个厂商都希望自己先决策。

9. 乙向甲索要1000元，并且威胁甲，如果不给就与他同归于尽。当然甲不一定会相信乙的威胁。请用扩展型表示该博弈，并找出纯策略纳什均衡和子博弈完美纳什均衡。

10. 考虑电力设备和一个发电厂之间的两阶段博弈，在第一阶段，设备厂决定是否投资以及投资多少；在第二阶段，双方决定是否交易以及以什么价格交易。在此以 c 代表设备的生产成本，v 代表设备对电厂的价值，x 代表投资额。假定 c 是 x 的递减凸函数，v 和 x 无关，$v \geqslant c(0)$ 并且 x 是专用性投资，对于其他发电厂而言没有任何价值，求下述情况下的精炼纳什均衡时的投资水平。

（1）没有事前合同，双方根据纳什讨价还价决定成交价格。

（2）事前签订合同，规定设备厂有权单方面决定价格，发电厂只有接受或者拒绝的选择。

（3）事前签订合同，规定发电厂有权单方面决定价格，设备厂只有接受或者拒绝的选择。

———————— 即测即练 ————————

第 **4** 章

完全但不完美信息博弈

本章导读

生活中常有这样的情形：参与纸牌游戏的玩家可能记不清对方是否走过某一步，博彩者常常不知道其他人手中的底牌，商品交易中买家不知道卖家是否做过"手脚"……实际上，在相当多的博弈情景中，部分（或全部）参与者并不清楚别人曾如何行动，因此博弈将变得复杂起来。结构完备但过程不完美的博弈被称作完全但不完美信息博弈。它比完全且完美信息博弈更为常见，在非标准化的商业交易中尤为明显。

在 Airbnb 掀起房屋共享浪潮之前，即使房东"有图有真相"、租客"有证有背书"，仅凭在线沟通也很难达成一段为期数天的旅行短租。尽管房源照片和信息可供租客网上浏览，但实际状况是否和图片一致，租客不得而知。同样，尽管租客到达后会出示身份证件，但能否保持屋内的整洁干净，房东也不得而知。租客不知房源信息是否真实，房东不知租客品性好坏，那么双方合作是否愉快尚未可知。若房源真实、租客规矩，说不定交个朋友；若房源不实、租客邋遢，弄不好大打出手……这样潜在的麻烦没人愿意遇到，担心房源不够理想的租客选择住酒店，提防房子受到损害的房东也不愿出租。劣币驱逐良币，短租市场供需难配。那么，Airbnb 的策略触动了哪些根本因素呢？

更为普遍的例子是，卖家可能通过一定的手段掩盖商品所存在的问题，使买家在不能认清商品真实价值的情况下遭受欺骗。在美国俚语中，这样就意味着买到了"柠檬"（代表次品）。那么，买卖双方应该如何行动才能最大化收益？在读完本章后，希望你能够找到自己的答案。

此前各章所介绍的博弈模型都是完全且完美信息的。在这些博弈中参与者具有共同知识，双方对于博弈所了解的信息是充分和对称的。但在现实决策中，参与者所能获取的信息并不总是充分和对称的。譬如，企业难以深入了解员工的业务素质和努力程度、家电买家缺乏对商品质量的足够了解、拍卖中的出价一方无法确知其他出价者对商品的真实估价、专家提供的建议是否可信等。

请回顾第 1 章内容，可依据信息是否完全和是否完美对博弈进行分类：参与者完全知晓所有参与者在各种情况下的策略和得益即为信息完全，而所有参与者对博弈的进程（历史）信息完全知晓即为信息完美。在一个完全且完美信息博弈中，逆向归纳法可剔除不可信威胁。但是在不完美信息博弈中，问题就不那么简单了——因为在这种博弈中某个（或多个）参与者不知自己身在何处，进而无法像第 3 章的情形一样使用逆向归纳法作出理性预测。关于这个问题将在以后的小节中详细讲解。

那么,当某一参与者受条件限制无法知晓他人所拥有的信息时,就形成了信息不对称。掌握信息充分的参与者往往处于有利地位,而信息匮乏者则处于不利地位。换言之,占有信息多的一方存在不当获利的机会,即凭借自己所占有信息的优势来误导、欺骗另一方,使自己获利而使他人受损。这种信息不对称的现象在现实生活中大量存在,并造成一系列不应有的经济后果——效率损失。而信息经济学的主要内容就是研究如何通过机制设计来克服这种效率损失。

可见,实际问题远比前几章所遇见的模型要复杂,因而对不充分信息(包括不完全和不完美)的研究是博弈论在现实中广泛应用的前提。接下来你将会看到,信息的不充分会增加决策的难度,从而影响博弈的结果和效率。当然,与此相关的理论分析比完全且完美信息下的分析更难、更复杂。从博弈论发展史来看,有些理论逐渐成为研究信息价值的常规方法,有些则慢慢淡出。

本章将首先介绍信息是否充分,接着讲述完美贝叶斯均衡的概念和分析方法,然后通过案例加以巩固,最后是关于信息不对称的讨论,用于衔接第 5 章不完全信息博弈。

4.1　基 本 概 念

4.1.1　何谓信息不完美

人人都抱怨自己的记忆力,却不曾听到有人抱怨自己的判断力。

——拉罗什富科(La Rochefoucauld)

上文简单回顾了何谓信息不完美,本小节将继续深入描述。

在动态博弈中,各个参与者的行动是存在先后次序的。如果一个参与者在作出行动时掌握了该时刻之前所有的博弈进程(即所有参与者行动的历史信息),则该参与者被称作"拥有完美信息的参与者",或称"是信息完美的"。相反,如果一个参与者无法掌握所有的进程信息,则他被称作"拥有不完美信息的参与者"。进一步,如果所有参与者都是"拥有完美信息的参与者",则该博弈为"完美信息动态博弈"。反之,则是"不完美信息动态博弈"。例如第 3 章所提到的"讨价还价"是完美信息动态博弈,而第 1 章的"猜硬币"则是不完美信息博弈。

定义 4.1(不完美信息博弈)　如果存在某一个(些)参与者在需要作出决策时无法完全知晓此前的博弈历史,这类博弈被称作不完美信息博弈。

注意,只要存在任意一方不具有完美信息,该博弈就是不完美信息博弈。另外,这层"信息不完美"的约束,要求参与者的行动存在先后次序。这点不同于完全且完美信息下的静态和动态两种分类。因此,我们主要讨论"不完美信息动态博弈",简称"不完美信息博弈"。

让我们回顾"猜硬币"博弈。此博弈中有两个参与者:盖硬币方和猜硬币方。尽管我们曾将"猜硬币"博弈视作静态博弈。但严格来讲,各参与者的行动是有先后的。接下来依照动态博弈来考察。盖硬币方先行动,在作出"正面向上"或"反面向上"的行动后,由对方来猜。由于无法知晓盖硬币方的决定,因此猜硬币方的判断只能靠"猜"! 仍沿用扩展型来表示该博弈。但是请注意,这是不完美信息博弈,扩展型是否适用仍存疑。暂且画出扩展型试试,如图4-1所示。

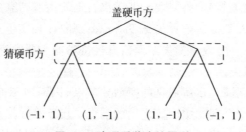

图 4-1   猜硬币游戏扩展型

在图4-1的扩展型描述中,最上方的第1层节点代表盖硬币方,他有"正""反"两种选择。第2层的两个节点都代表猜硬币方。盖硬币方盖定"正"或"反"后,轮到猜硬币方来猜。由于后者不知道前者的行动,因此他不清楚自己处于图4-1中的哪个节点。换句话讲,猜硬币方不能区分自己所处的左右两个节点——它们具有相同的历史信息。在信息经济学中,称这两个节点具有相同的"信息集",因此,将它们用椭圆圈起来。所谓信息集,是指轮到某个参与者行动时所具有的历史信息。在完美信息博弈中它的意义非常明确,由于从一个节点上溯至起点的路径是唯一的,因此该点所对应的信息集只需用这个节点来表示。然而,图4-1中猜硬币方的信息集却包含两个节点,我们把这种包含两个或两个以上节点的信息集称作"多节点信息集"。在多节点信息集中,由于其包含多种状态,所以参与者无法明确地知道自己究竟处于哪个节点,也就无法进行针对性的选择。

概念解读:"信息集"是什么

一般而言,信息集是指参与者尽其所察而形成的所有已发生行动的集合。在博弈的扩展型表示中,信息集是指参与者无法区分的决策节点的集合。如果博弈是完美信息的,一个信息集对应一个节点,则每个信息集内只有一个参与者,并显示博弈所处的阶段。反之,在不完美信息下一个信息集却可能包含多个节点。在多节点信息集中,参与者不能完美记忆自己究竟处于哪个节点上,也就无法准确地知道曾经发生的事和当前的情况与趋势。

例如,在一个不完美的信息集中:

(1)每个节点只描述一个参与者;

(2)参与者无法区分信息集里的多个节点,意即参与者无法确定自己是沿着一条路径走到了 A 点,还是沿着另一条路径走到了 B 点。

4.1.2   不完美信息博弈的表示

4.1.1节通过"猜硬币"博弈介绍了不完美信息博弈的基本概念。既然参与者不知道应该往哪个节点移动,那么逆向归纳法是否适用值得存疑。要想使用逆向归纳法,必须在建模时做一些数学处理。因此,本小节将介绍不完美信息博弈的表示。

请读者试着理解这样一个二手车交易市场。市场内存在两类决策主体:二手车的卖家和买家。不妨设卖家是一个拥有待售二手车的车商,并且对于车的状况十分清楚。二手车既有好车也有差车。任意考察一辆汽车,它是好车还是差车的可能性是既定的,并不受买卖双方行动的影响。或者说,任一辆汽车状况的好坏并非人为决定的。因此,不妨引入一个虚拟局中人"自然",并假设这一概率由"自然"所决定。(此处的"自然"实际上大有学问,我们将在下文详细介绍,现在读者不妨就把"自然"当作能够决定某些概率的普通局中人。)

差车进入市场销售前必须维修改装,假设改装费用为 1 万元。[①] 一般来讲,买家不具备鉴别车辆状况的专业能力或信息,只能依赖于车辆的外观作出判断。假设差车经改装后与好车无异,能够在市场上以 2 万元的价格售出。卖家从出售差车中获得 1 万元的利润,从出售好车中获利 2 万元。但是,若差车无法售出则卖家损失 1 万元。由于好车并无改装费用,因此卖家的损失计为 0 元。买家若买到好车,则得到 1 万元当量的消费价值;若买到差车,则损失 2 万元。

首先,车商决定是否出售车辆;其次,买家决定是否买入。这是双方的行动。至此,参与者、得益、可能行动以及行动的次序都很清楚了,读者不妨尝试自己建立模型。

在建模过程中你也许发现,它不同于第 3 章的扩展型博弈,因为好车和差车将对应不同的得益组合。实际上,买家是看不到车辆状况的,但是卖家能看到。因此,车辆的好坏对买家来讲是一个随机事件。如前所述,将之视为"自然"决定的。那么,考虑"自然"后,博弈的行动次序如何呢?

(1)"自然"选择车况(好或差)。

(2) 车商决定是否在二手市场上卖车。

(3) ①若车商选择不卖,博弈结束;②若车商选择卖车,买家选择买或不买,博弈结束。

不同行动所对应的结果分别如下。

(1) 若车商选择不卖车,市场上没有发生交易,双方得益为(0,0)。上述括号中第 1 个 0 表示先行动者即车商的得益,第二个 0 表示后行动者即买家的得益,下同。

(2) 若车商在车况好时决定卖车,而买家买下,市场交易是双赢的,双方得益为(2,1)。

(3) 若车商在车况好时决定卖车,而买家不买,得益为(0,0)。

(4) 若车商在车况差时决定卖车,而买家买下,得益为(1,−2)。

(5) 若车商在车况差时决定卖车,而买家不买,得益为(−1,0)。

根据上述描述,不难得到该博弈的扩展型,如图 4-2 所示。

扩展阅读:为何由"自然"来决定概率

相信读者对上文开启上帝视角的"自然"充满了疑惑,为了帮助读者理解"自然"这一概念,我们将介绍心理学家斯金纳的一个经典实验。

实验方法:将一只很饿的小白鼠放入一个有按钮的箱中,设定其获得奖励是带有随机性的,即小白鼠按按钮的情况下,有一定概率会获得食物。

---

① 本书没有考虑车辆的购入成本。

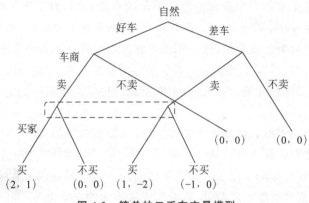

图 4-2　简单的二手车交易模型

实验结果：小白鼠不停地按按钮。当不再掉落食物时,小白鼠的反应耐人寻味：出现了作揖、反复跳跃等行为。它发展出一套行为模式,以期望引发食物掉落。然而,食物的掉落其实完全是由外部环境的设定而随机出现的。

就像赌徒在翻硬币前总会祈祷,实验中"花式求食"的小白鼠也希图用自身的"努力祷告"增进得益。但赌徒的祈祷不会改变硬币的正反,小白鼠的祷告也不会影响投食的多少。在诸如二手车市场等不完美信息博弈中,参与者对车辆的改装、拣选等行为看似左右着车况,实际上并未对其发生概率造成显著影响。决定这些的,是上帝一般的"自然"。"自然"如同看不见的手一般,是设定好的外部环境,完全地置身于博弈之外。它不受参与者行为的影响,随机决定着"正或反""有或无""好或坏"的概率。接下来的章节里,我们将经常引入"自然"作为参与者赋予博弈外部设定的概率。

让我们尝试操作,来看电影《教父》中的一个情节。

迈克尔"一夫当关"

美国本部黑手党领袖、教父维托·柯里昂(Vito Corleone)尽管是黑道头领,却坚守准则决不参与贩毒。为此他拒绝了毒枭素洛佐(Sollozo)的联盟要求,使两家结仇。圣诞前夕,教父维托遭到仇家素洛佐的暗算,中枪后侥幸活命,送医抢救。维托的小儿子迈克尔(Michael)去医院探望父亲,却发现守卫已被收买,自己与重伤的父亲孤立无援……

深夜,迈克尔察觉医院楼下出现异动。他猜测是仇家素洛佐的手下企图乘虚而入,悄然加害父亲。本是探病的迈克尔并没有持枪,但为了保护父亲,他急中生智,伙同一位临时探望者守在医院门口,并且同时将手放在外衣口袋里佯装有枪。为了不暴露身份,杀手只身前来。杀手本以为医院守卫全被收买,一路畅行无阻,却没想到门口有迈克尔守卫。杀手无法判断他到底有没有枪,更重要的是无法确定他身后是否有埋

视频4:《教父》之医院刺杀

伏。如果迈克尔没有枪,杀手可以干净利落地杀掉迈克尔并成功完成刺杀教父的任务。但如果迈克尔有枪,杀手开枪会引发枪战,不仅自身势单力薄,而且会导致素洛佐刺杀教父的行径昭于天下。经过短暂的对峙,杀手放弃贸然行动,只得悄然离开。迈克尔通过镇定自若的伪装成功守护了父亲和家族的荣誉。

这是一个博弈,它有两个参与者:迈克尔和杀手。迈克尔先行动,接着杀手行动。试想一下,在迈克尔发现医院无人守卫时,他有多种可能的选择:演空城计,躲入密室,报告医院,大声呼救等。他在迅速作出权衡之后选择了上演空城计。不妨假设迈克尔在剔除严格下策后还剩下"演空城计"和"躲入密室"两种可能的行动。请注意,"演空城计"意味着必须考虑真假两种信息:持枪戒备,赤手空拳。尽管这两种信息对迈克尔来讲不言自明,但是杀手并不清楚。如果信息透明,那么持枪或不持枪时不同行动所对应的后果对双方来讲都是共同知识。问题就在于信息不透明:杀手不知道迈克尔是否持枪。对杀手而言,迈克尔到底有没有持枪完全是个随机事件,是二人行动前的既定事实。仿照上文的做法,假设在二人行动前"自然"已经决定了迈克尔是否持枪,那么这个博弈可视为信息完全但不完美的。

既然这是不完美信息博弈,将"是否持枪"视作"自然选择",那么迈克尔的可能行动可重述为:"门口把守"或者"暗处躲避"。而杀手必须决定是"执行刺杀行动,杀掉迈克尔和维托"(刺杀)或"放弃刺杀行动,离开医院"(离开)。对于杀手而言,他并不能确定迈克尔是否持枪。进一步讲,"迈克尔持枪把守"和"迈克尔空手把守"这两种行动于他而言并无二致,"迈克尔持枪躲避"和"迈克尔空手躲避"也一样。[1] 我们用图 4-3 表示该博弈,并为每种结果设定了具体得益。

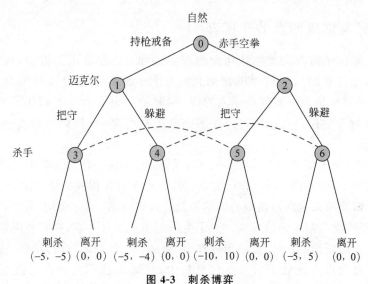

图 4-3　刺杀博弈

(1) 无论迈克尔持枪还是空手、把守还是躲避,只要杀手离开,我们都认为双方得益均为 0。

(2) 当迈克尔空手把守时,若遇杀手刺杀,无异于螳臂当车,自己和父亲都会被杀,暂且将其损失设为非常大的 10;而杀手则赚得迈克尔父子两条命,得到收益为 10。因而双

---

① 当然,如果迈克尔持枪躲藏,常会在杀手出现时拔枪抵抗,此时需将模型进一步细化才能完整描述。有兴趣的读者可在读完本书后重建新模型。

方得益组合为$(-10,10)$。

(3) 当迈克尔空手躲避时,若遇杀手刺杀,他自己可能侥幸逃脱,但是父亲被杀几无悬念,设其损失为5;而杀手则达到目的,得到收益5。因而双方得益组合为$(-5,5)$。

(4) 当迈克尔持枪把守时,杀手若刺杀,有可能遭遇伏击,双方激战。由于迈克尔更为主动和强势,因此损失较小,杀手则可能丧命。因此双方得益为$(-5,-5)$。

(5) 当迈克尔持枪躲避时,杀手若刺杀,则能够顺利进入医院走近教父、实施计划;当然,迈克尔也可能绝境还击,致杀手受伤。无论如何,从期望意义上讲,迈克尔躲避时略显被动。因此双方得益为$(-5,-4)$。

对于上述情形,传统的逆向归纳法失灵了。譬如在图 4-3 的节点 3 上轮到杀手选择时,如果按照传统的逆向归纳法,他会选择离开,对应得益组合$(0,0)$;逆推至节点 1 迈克尔行动时,他也预测到如果自己持枪把守则对方会离开,因此只需将上述得益组合$(0,0)$中自己的得益 0 与其他选择时所对应的得益进行比较即可。但是此处的杀手并不知道对方是否持枪,即不知道自己到底处于节点 3 还是节点 5。在节点 3 和节点 5 时杀手的理性选择将截然不同。因此,他将不知自己如何选择。当然,逆推至节点 1 迈克尔行动时,他将无法预测杀手的理性行为,因而无法预测持枪把守时自己的得益,更无从与其他行为下的得益进行比较。鉴于此,我们将重新定义子博弈的概念,并发展出完美贝叶斯均衡的概念,以便利用简单、高效的逆向归纳思想来分析问题。

4.1.3　不完美信息博弈的子博弈

回忆第 3 章的子博弈完美纳什均衡的求解过程:先划分出子博弈,接着使用逆向归纳法求解。子博弈的概念使得问题简化:每个子博弈都可以被压缩为一个单人博弈,原博弈可逆序转化为一系列的单人博弈,亦即轮到每个参与者做决策时,他只需在转化后的单人博弈中作出选择即可。在不完美信息博弈中,我们也需要一个类似于子博弈的概念。

但是,与完全完美信息动态博弈中的子博弈不同,不完美信息博弈中出现了多节点信息集。例如图 4-3 中轮到杀手行动时,节点 3 和节点 5 具有相同的信息集,因此若把它们视为不同的子博弈用来逆向归纳则将引起混乱。这点在第 3 章介绍子博弈的划分时已经强调过,子博弈不能分割任何信息集。为了更深刻地理解这一点,我们利用猜硬币游戏做进一步解释。在猜硬币游戏中,盖硬币方作出"正面"或者"反面"的行动后,轮到猜硬币方来行动。显然猜硬币方正处于多节点信息集中,忽略信息不完美将会出现图 4-4 所示结果。

图 4-4 中虚线部分是两个子博弈,为何不能据此仿照第 3 章来逆向归纳呢?因为猜硬币方在该节点作出的决定毫无意义!在这个博弈进程中,盖硬币方先做了一个决策,再轮到猜硬币方。事实上,猜硬币方在作出选择时,还不知道自己处于哪个节点。既然不知道处于哪个节点,单独分析该节点的得益就没有价值。例如,猜硬币方针对子博弈 1 而猜"正",实际上他既可能处于子博弈 1 中,也可能处于子博弈 2 中。一旦处于子博弈 2 中,显然"正"并不是理性选择。因此,猜硬币方所做的决定应该建立在权衡两种可能性的基础之上,而不应该针对某个单一节点。

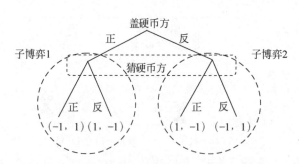

图 4-4　使用子博弈划分方法划分猜硬币游戏

为了避免混乱,我们仍沿用第 3 章子博弈的概念,例如图 4-4 中的子博弈 1 和子博弈 2。但是只有子博弈是不够的,此处需要一个满足更高要求的概念,即不能分割任何信息集。我们把不完美信息博弈中没有分割信息集的子博弈称为"标准子博弈"(normal subgame)。可见,标准子博弈是符合特定条件的一类子博弈。那么,如何获取一个不完美信息博弈的标准子博弈呢?

事实上,标准子博弈是子博弈的子集,子博弈和标准子博弈之间是包含与被包含的关系。因此,沿用子博弈的划分方法,去掉非标准子博弈,就剩下了标准子博弈。所以,按照"找出子博弈—去掉非标准子博弈"的思路即可找出标准子博弈。我们仍然采用猜硬币游戏来分析。

(1) 找出所有子博弈,如图 4-5 所示。

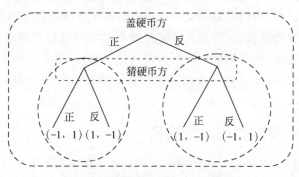

图 4-5　猜硬币游戏的三个子博弈

(2) 标记出分割了信息集的子博弈。如图 4-6 中被叉状标记的两个子博弈。

(3) 去掉被标记的子博弈。剩余所得即为标准子博弈。如图 4-6 被钩状标记的子博弈。

总结如下。欲寻找一个博弈的标准子博弈,可分为三步。

(1) 利用第 3 章的方法,找出一个博弈所有的子博弈,并在图上画圈来表示。

(2) 标记出被分割了信息集的子博弈。

如果两个子博弈并非隶属关系,但是至少存在一对分属不同子博弈的节点拥有完全相同的信息集,则称它们为被分割了信息集的子博弈。

(3) 去掉被标记的子博弈,剩下的子博弈即不完美信息博弈中的标准子博弈。

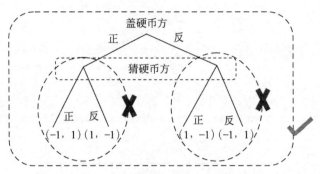

图 4-6   猜硬币游戏的标准子博弈

思考与练习

找出图 4-3 刺杀博弈中的所有标准子博弈。

4.2   完美贝叶斯均衡

4.1 节探讨了不完美信息博弈的基本概念,引入"自然"这一虚拟参与者,同时指出子博弈的概念需要更新为标准子博弈。那么,第 3 章的子博弈完美纳什均衡在不完美信息博弈中还具有很好的分析性质吗? 由于不完美信息下的扩展型包含至少一个多节点信息集,这导致子博弈完美纳什均衡无法适用,至少对部分阶段如此。这一点在 4.1 节介绍子博弈时已经涉及。因此,我们需要定义一个新的均衡用以解决这个问题。实际上,在博弈理论中存在着多个均衡的概念,都在尝试解释博弈参与者的行为理性。本书将主要介绍常见的完美贝叶斯均衡,又名精炼贝叶斯均衡,它是子博弈完美纳什均衡在贝叶斯法则下的精炼。当然,有兴趣的读者也可查阅其他均衡概念的资料,例如序贯均衡和颤抖手均衡等。

4.2.1   完美贝叶斯均衡的四个要求

由于纳什均衡和子博弈完美纳什均衡在不完美信息中都不能很好地预测参与者的行为,因此需要一个新的均衡概念来解释参与者的行为理性。

回到上文的刺杀博弈(图 4-3),让我们分析迈克尔和杀手应该如何行动才是理性的,亦即应如何描述他们之间的策略均衡。

(1) 从博弈的起点开始,自然选择和参与者的判断。如前所述,"自然"决定是否持枪,这是一个随机事件。尽管本书强调是否持枪的可能性不受个人行为的影响,是客观存在的概率,但是这种概率并非清楚、明白地写在纸上。实际上它表现为一种主观感知——杀手对客观概率的主观认识。假如杀手在途中被告知将同迈克尔有场博弈,那么他会快速形成关于迈克尔是否持枪的经验性认识。尽管杀手无法说出迈克尔持枪可能性的具体值,但是他会有一些基本的判断:几乎不持枪还是很可能持枪? 若与某些类似经历比较,这次持枪的可能性大一些抑或相反? 等等。在博弈分析中,需要将上述判断清晰化,因此,要求杀手知道所有可能结果的概率分布(即持枪和不持枪这两种结果的概率)。上述

"判断"(亦称"信念")是先验的,意即建立在经验、数据或逻辑分析之上。但同时,杀手的判断不能脱离实际,这是博弈参与者的理性要求。因此,理性要求参与者根据他人行为对是否持枪作出事后推断,使得自己的信念与双方的策略保持一致。一般来讲,这种推断是后验的。例如,"当迈克尔把守时迈克尔持枪"的可能性与"当迈克尔躲藏时迈克尔持枪"的可能性,二者都是杀手的信念。一般来讲二者并不相等,而且与"自然"所决定的"迈克尔持枪"的可能性有所差异。

概念解读:先验概率和后验概率

先验概率(prior probability)是指根据以往的经验数据或逻辑分析而得到的概率;而后验概率(posterior probability)则可被理解为条件概率,是指借由某一事件的发生而推断另一事件发生的可能性。

例如,某人打算购买一注双色球福利彩票。根据概率论可算得中奖概率为 6.7%,那么他据此推断自己中奖的概率也是 6.7% 左右。这个结果来自逻辑分析,是事前的、先验的。但是,如果此人在一天内连续看到 20 人中奖,那么他将调高自己的预期,意即自己的中奖概率。这个被调高了的中奖概率即后验概率,是他在某些事件发生后对中奖概率的感知。

又如,某手机厂商有一批同型号不同车间的手机存在质量缺陷,需要召回。东海、北原、西山三个车间的产量分别占总产量的 25%、35%、40%,故障率分别为 5%、4%、2%。现从该厂生产的手机中随机抽取一部,检查是否有故障。设 B_e:"手机来自东海车间";B_n:"手机来自北原车间";B_w:"手机来自西山车间"。那么任取一部手机,问来自哪个车间,则 $P(B_1)=0.25,P(B_2)=0.35,P(B_3)=0.4$。这些都是根据数据统计出的结果,是既定的、先验的,因此被称作先验概率。同时,令 A 表示"所取产品为故障品"。那么,$\dfrac{B_i}{A}$ 表示"任选一部手机,在有故障的条件下它来自第 i 车间"($i=e,n,w$)。根据全概率公式和贝叶斯法则,计算可知 $P(B_e|A)=0.3623,P(B_n|A)=0.4058,P(B_w|A)=0.2319$。这些便是后验概率,是在所取产品被认定为次品后评估它来自第 i 车间的概率。

比较先验概率和后验概率,可见二者是不同的概念。如果你朋友拿了一部该型号的新手机找到你,问是哪家车间生产的,那么西山生产的可能性最大,40%。过了半年他又来找你,发现手机有故障,问它可能是哪个车间生产的,你应该告诉他,最可能是北原!

在图 4-3 中,自然以概率 $\dfrac{1}{2}$ 选择持枪戒备,以概率 $\dfrac{1}{2}$ 选择赤手空拳,可记作

$$P(持枪)=\frac{1}{2};\quad P(空手)=\frac{1}{2}$$

这是先验的。当杀手走到节点 3 或节点 5 时,需对迈克尔是否持枪作出判断,即推断"在看到迈克尔把守时他持枪"的概率和"在看到迈克尔把守时他空手"的可能性,分别记作 $P(持枪/把守)$、$P(空手|把守)$;走到节点 4 或节点 6 时亦然,杀手的判断分别记作 $P(持枪|躲避)$、$P(空手|躲避)$。不妨假设

$$P(持枪 \mid 把守)=\frac{2}{3}; \quad P(空手 \mid 把守)=\frac{1}{3}; \quad P(持枪 \mid 躲避)=0; \quad P(空手 \mid 躲避)=1$$

它们表示杀手在观察到把守或躲避时对迈克尔是否持枪的信念水平,如图 4-7 所示。

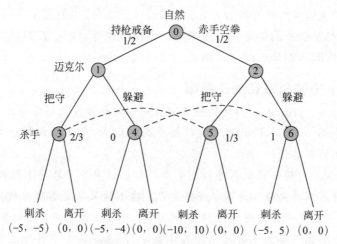

图 4-7　刺杀博弈中的信念

综上,新的均衡概念需满足第一个要求。

要求 1:在各个信息集,参与者必须具有一个关于博弈达到该信息集中每个节点可能性的"判断",也称信念。对非单节点信息集,一个信念就是博弈达到该信息集中各个节点可能性的概率分布,对单节点信息集则可理解为"判断达到该节点的概率为 1"。

(2)关于参与者的理性要求。尽管杀手不清楚迈克尔是否持枪,但是二人的行动是动态的,这点毋庸置疑。与第 3 章所遇到的问题一样,二人的行动是相机选择的,任何承诺和威胁都不一定可信。所以,序贯理性的要求在不完美信息博弈的均衡处仍然适用。换言之,不管历史行动如何,在以后的任何节点,轮到行动的参与者的占优策略都应使自己的"得益最大化"。这点是共同知识。轮到迈克尔行动时,他的策略应该是最大化自身得益;杀手亦如此,而且迈克尔也知道杀手将如此。因此,无论迈克尔如何行动,杀手都会在看到行动后作出最大化自身得益的反应。当然,在不完美信息博弈中参与者的"得益最大化"应准确表述为"期望得益最大化"。

假设有以下策略组合,让我们来验证它是否满足序贯理性。

迈克尔:若持枪戒备,则始终把守;若赤手空拳,则以 0.5 的概率把守,0.5 的概率躲避。

杀手:若遇把守,则以 0.5 的概率刺杀,0.5 的概率离开;若遇躲避,则始终刺杀。

杀手的信念:$P(持枪 \mid 把守)=\frac{2}{3}$;$P(空手 \mid 把守)=\frac{1}{3}$;$P(持枪 \mid 躲避)=0$;$P(空手 \mid 躲避)=1$。

① 从最后的阶段开始,考察杀手的理性选择。

当迈克尔把守时,若杀手刺杀,则他的期望得益为 $\frac{2}{3}\times(-5)+\frac{1}{3}\times10=0$;若杀手离

开则期望得益为 0。两种行动对于杀手而言得益相同,因此杀手的策略(0.5,0.5)也是一个弱占优策略。

当迈克尔躲避时,杀手推断他一定没持枪。所以,杀手选择刺杀时的得益为 $0 \times (-4) + 1 \times 5 = 5$。将之与离开时的得益 0 相比较,可知杀手一定选择刺杀。

所以,杀手的策略满足序贯理性的约束。

② 考虑上一阶段迈克尔的选择。由于迈克尔知道自己是否持枪,因此将分两种情况讨论,而不是计算期望收益。

当迈克尔持枪且把守时,杀手将采取混合策略(0.5,0.5),此时边克尔的期望得益为 $0.5 \times (-5) + 0.5 \times 0 = -2.5$。当迈克尔持枪且躲避时,杀手将采取刺杀策略,迈克尔的得益为 -5。比较可知迈克尔将始终选择把守。

当迈克尔空手且把守时,杀手依然采取混合策略(0.5,0.5),此时迈克尔的期望得益为 $0.5 \times (-10) + 0.5 \times 0 = -5$。当迈克尔持枪且躲避时,杀手将采取刺杀策略。此时迈克尔的得益为 -5,与空手把守时相同!因此,迈克尔的混合策略(0.5,0.5)是一个弱占优策略。

所以,迈克尔的策略满足序贯理性的要求。

可以设想,如果两人中有一人的策略不是占优的,他将调整自己的策略使之满足序贯理性的要求。综上,新的均衡概念需要满足第二个要求。

要求 2:给定参与者的信念,均衡策略必须是"序贯理性"的。换言之,无论历史行动如何,当轮到一个参与者行动时,他的均衡策略在以后任何阶段都是占优的。

(3)关于杀手的信念所需满足的要求。要求 1 和要求 2 只是保证了杀手持有信念,并在给定信念下选择占优策略。既然杀手和迈克尔会调整各自的策略使之满足序贯理性,那么杀手关于迈克尔是否持枪的信念也将随之变化。但是前文并没有涉及信念是如何形成的,并检验信念是否合乎理性。实际上,杀手的信念是后验概率,应满足常见的贝叶斯法则。例如,由双方的策略可知

$$P(把守 \mid 持枪) = 1;\ P(躲避 \mid 持枪) = 0;\ P(把守 \mid 空手) = 0.5;\ P(躲避 \mid 空手) = 0.5$$

又由自然选择可知

$$P(持枪) = 0.5;\ P(空手) = 0.5$$

根据贝叶斯法则,在迈克尔把守时杀手推断他持枪的概率为

$$
P(持枪 \mid 把守) = \frac{P(持枪)P(把守 \mid 持枪)}{P(持枪)P(把守 \mid 持枪) + P(空手)P(把守 \mid 空手)}
$$

$$
= \frac{0.5 \times 1}{0.5 \times 1 + 0.5 \times 0.5} = \frac{2}{3} \tag{4-1}
$$

而这正好与策略组合 C 中杀手的信念一致。同理可计算杀手关于迈克尔的其他判断,不难检验它们都与杀手的信念一致。

不妨假设策略组合 C 是一个均衡。注意到策略组合包含双方的混合策略,因此无论是躲避还是把守、刺杀还是离开,只要有可能实施,都应该在均衡的考虑范围内。简言之,任何概率大于 0 的行动都有可能被选择,都应在均衡路径之上;而概率为 0 的行动都不可能被选择,因此不在均衡路径之上。如图 4-8 所示,双实线路径 0—1—3—7,0—1—3—

8、0—2—5—11、0—2—5—12 和 0—2—6—13 等都在均衡路径上。余者皆不在均衡路径上，如双虚线路径 0—1—4—9，等等。正如式(4-1)的计算一样，在均衡路径上的所有信念都必须满足贝叶斯法则，同时受制于双方的策略(亦即选择所有可能行动的概率)。

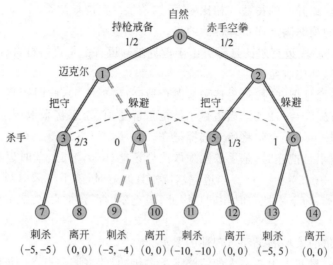

图 4-8　均衡路径和非均衡路径示意图

综上，新的均衡概念需满足第三个要求。

要求 3：在均衡路径上的信念由贝叶斯法则和各参与者的均衡策略决定。

在均衡路径上的策略必须是理性的、占优的，因此对信念的要求也应与序贯理性保持一致。一般来讲，对非均衡路径上的信念可置之不理。但是，在某些情况下这样做将会给分析带来麻烦。为了说明这一点，考虑路径 0—1—4—9 所对应的策略组合及信念 P(持枪/躲避)=0。这条路径所对应的策略满足要求 1 和要求 2，而且满足贝叶斯法则。除了不在均衡路径上，它与均衡路径上的策略并无二致。因此，如果有人质疑为何不将这条路径也纳入均衡，将会难以解释。但实际上迈克尔绝无可能在持枪时选择躲避。所以，为了剔除这类策略，需要对非均衡路径上的策略也作出要求。

要求 4：在非均衡路径上的信念由贝叶斯法则和各参与者在此处可能有的均衡策略决定。

在这种要求下，杀手的信念虽然满足贝叶斯法则，但是并不满足"由各参与者在此处的可能均衡策略决定"。譬如，假如迈克尔在持枪时选择了躲避，则杀手的信念必须更新为 P(持枪|躲避)>0。既然如此，杀手和迈克尔的策略也必须做相应的改变。那么改变后的可能均衡就不再是路径 0—1—4—9。所以该路径不能同时满足要求 1～4，得以排除。

综上可知，新均衡的定义需要满足上文四个要求。这四个要求不仅适用于刺杀博弈的均衡，也适用于一般的不完美信息博弈中的均衡。同时满足上述四个要求的均衡被称为完美贝叶斯均衡。

4.2.2　完美贝叶斯均衡的定义

4.2.1节结合案例对完美贝叶斯均衡提出了四个要求。相对严谨的表述可见如下内容。

要求 1：在各个信息集,轮到选择的参与者必须拥有一个关于博弈达到该信息集中每个节点可能性的信念。对多节点信息集,一个信念就是博弈达到该信息集中各个节点可能性的概率分布;对单节点信息集,则可理解为"判断达到该节点的概率为1"。

要求 2：给定各参与者的信念,参与者的策略必须是"序贯理性"的,意即在各个信息集,给定参与者的信念和其他参与者的"后续策略",该参与者的行动及其后阶段的"后续策略",必须使自己的得益或期望得益最大。所谓"后续策略"即参与者策略中自该信息集之后的部分所构成的策略。

要求 3：在均衡路径上的信息集处,"判断"由贝叶斯法则和各参与者的均衡策略决定。

要求 4：在不处于均衡路径上的信息集处,"判断"由贝叶斯法则和各参与者在此处可能有的均衡策略决定。

补充说明：对于给定扩展型博弈中的给定均衡,如果博弈根据均衡策略进行时将以正的概率到达某信息集,则称此信息集处于均衡路径之上;相反,如果博弈根据均衡策略进行时肯定不会到达某信息集,则称之为处于均衡路径之外的信息集。

在完全但不完美信息博弈中,满足上述四个要求的策略组合连同相应信念被称为完美贝叶斯均衡。

要求1~3不仅包括贝叶斯博弈的主要思想,而且也构成完美贝叶斯均衡的定义。与前几章的纳什均衡和子博弈完美纳什均衡不同,在完美贝叶斯均衡中信念被提到了与策略同等重要的地位。具体而言,一个均衡不再只是由每个参与者的策略所构成,还包括参与者在轮到他行动时对自己位置的推断。就上述四个要求而言,不同的学者或教材曾使用过不同的完美贝叶斯均衡定义。但是所有的定义都包括要求1~3,同时大多数定义也包含要求4,甚至有些定义包含更进一步的要求。

为何有这四个要求?这点在上文的刺杀博弈中已经做了简单分析。要求1的作用是保证参与者拥有判断,将信息不完美的博弈转化为可分析的扩展型表示;要求2的作用是保证参与者的序贯理性,消除动态行动中的不可置信承诺(或威胁);要求3是为信念的赋予和更新提供一般准则,使之与均衡策略保持一致变动;要求4则意在排除某些不可能达到的所谓"均衡"。

同时,必须强调完美贝叶斯均衡所体现的一致性。一致性,要求各种信念之间必须一致,而且信念与参与者的策略一致。关于各种信念之间的一致性,一般要求信念是参与者的共同知识。例如,在刺杀博弈中杀手清楚自己的信念,迈克尔也知道杀手的信念,杀手也知道迈克尔知道自己的信念……只有这样才能保证双方对均衡预测的一致性。而关于信念与策略之间的一致性,在任一个与参与者策略相一致的信息集合中关于已发生历史的信念应该源自这些使用贝叶斯法则的策略。简言之,当策略变化时,信念也应该随之变化。在贝叶斯法则下,信念的赋予和更新依赖于参与者的策略,而策略又是在给定参与者信念下的最优反应。这种循环性使得人们不能仅仅依靠逆向归纳来确定均衡,同时信念的更新也无法与策略调整同步实现,只能是后验的。

为了更深刻地理解完美贝叶斯均衡,请看接下来的实例。

4.3　应用实例:旧货不完美

引语故事:古玩市场中的信息不完美

1994 年,一名专家在北京潘家园旧货交易市场闲逛时,发现了一批北魏陶俑。它们的形态从未现世。所见者几乎一致认为:这是北魏时期的珍贵文物,而且很可能是前不久被媒体披露的被盗的北魏墓里的陪葬品。

专家们使用了考古中常用的年代测定手段——碳 14 断代法进行检测,发现这批陶俑在年代上与北魏完全吻合。某博物馆还邀请了当时北京几乎所有的顶级考古学家、鉴定专家"过眼",他们一致认可为真品。于是,专家申请拨专款、专项抢救性收购古玩市场上的"北魏珍贵陶俑"。

不料,类似的"出土文物"竟源源不断地出现在北京的文物市场。国家文物局为此事成立了专案组,后经调查发现:这批文物实为赝品,是一位"民间艺术家"所制作的高仿艺术品。而报纸上所刊登的北魏大墓被盗的消息,也是倒卖这些作品的古董商故意释放的。

实际上,有专家指出在古玩市场中有九成以上是赝品,甚至更高。正如一位收藏专家感叹:"现在市面上赝品、仿制品很普遍,很少能像前几年那样'捡漏',花小价钱买到真宝贝了。"

在古玩旧货市场,卖家对"藏品"的真伪非常清楚,而买家则不知底细,只能凭借自身推断或所谓的专家鉴定。与买家相比,卖家占据着显著的信息优势。那么,在这种信息不对称时双方应该如何理性行动呢?这种信息不对称对古玩旧货市场的发展又有什么影响呢?接下来我们将通过不完美信息博弈来分析藏品市场上买卖双方的策略,并进一步分析其对市场发展的影响。

对于购买藏品的买家而言,藏品是否为真完全是个随机事件,大致由市场中流通真品的比例决定。仿照前例,引入虚拟参与者"自然",由"自然"决定买家遇到赝品的概率。

简单起见,我们仅关注"古币"这一类别的藏品。由于"古币"是标准化商品,流通数量多,因此有相对客观的定价参照。假设买卖双方都没有定价权,交易价格由市场决定,这是双方的共同知识。同时,依照旧货市场的"潜规则",交易完成后不能退换货,意即行动后不能反悔。双方的行动分别是买和不买、卖和不卖。仿照前文,构建如下博弈:首先由"自然"决定真品的概率;卖家决定是否将收购到的"藏品"拿到市场上出售;买家看到"藏品"后决定是否购买。另外,如果"古币"是赝品且卖家决定出售,那么他需要花钱去伪装,如设局、做旧等。这些花费统称为伪装成本。

4.3.1　单一价格交易

假设真品对于买家的价值为 v_t,赝品的价值为 v_f。由于买家的"淘宝"心态,所以无论是真品还是赝品,卖家都想标以真品出售。假设伪装成本为 c,真品价格为 p。如上文提及,这是一个不完美信息博弈:在买卖双方的交易中,卖家知道自己的商品是否为赝品,而买家却不知道。买卖双方的博弈可用图 4-9 的扩展型表示。

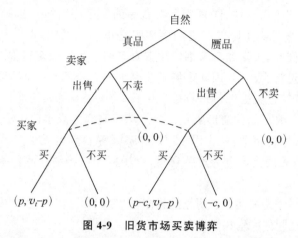

图 4-9　旧货市场买卖博弈

若"古币"是真品且买卖成交,则卖家和买家的得益分别为 p,v_t-p。若"古币"是赝品且买卖成交,则卖家和买家的得益分别为 $p-c,v_f-p$。否则,若有任何一方不同意则无法成交,双方的得益都为 0——除了一种情况:卖家出售赝品但买家不买时卖家损失 c。

显然,有 $p>c>0$,否则商人将没有动机仿冒。若买家淘到了真品,自是觉得赚了一笔;若买到赝品,则顿觉不值。这意味着 $v_t>p>v_f>0$。只有如此,双方才有参与的动机,形成活跃的市场。在这种条件下,无论谁单方面选择积极策略(亦即卖家始终选择出售或买家始终选择买)对自身都有一定的风险,而选择保守策略(亦即卖家始终选择不卖或买家始终选择不买)又有可能丧失潜在的获利机会。不难理解,该博弈如果存在策略均衡,那么它应是完美贝叶斯均衡。接下来的工作便是求解完美贝叶斯均衡,亦即结合买家的信念,对给定的策略组合进行分析,检验它是否满足完美贝叶斯均衡的四个要求。不过在此之前,先介绍四种市场类型。

1. 四种市场类型

为给多个均衡做铺垫,我们先介绍四种市场类型,实际上也是导致不同均衡的代表性条件。它们是市场完全成功、市场部分成功、市场接近失败、市场完全失败。

(1) 市场完全成功。此种情形能够充分实现市场的效率,在不损失任何一方利益的前提下总体利润最大化。它要求只有拥有真品的卖家将"古币"放入市场,而拥有赝品的卖家不会将"古币"放入市场。由于市场所有的"古币"都是真品,买家始终选择买下。此时市场中的所有交易都为优质交易,因此市场获得最大的总体利润。我们称这种情况为"市场完全成功"。

(2) 市场部分成功。此种情形能获得仅次于类型(1)的市场总利润。它要求所有真品卖家将"古币"放入市场,同时所有赝品卖家也都会将所谓的"古币"放入市场。而买家的决定仍然是始终买下。买卖赝品的交易被称作不良交易。不良交易中的买家将蒙受损失,市场所获得的利润将低于类型(1)。此时市场上同时存在优质交易和不良交易,因此市场能够获得较大的贸易利润。我们称这种情况为"市场部分成功"。

(3)市场接近失败。此种情形所获得的市场总利润比类型(2)还要低。它要求所有真品的卖家将"古币"放入市场,同时拥有次赝品的卖家将"古币"以一定的概率(大于0,小于100%)放入市场。买家则以一定的概率买进市场上的"古币"。此时市场上同时存在优质交易和不良交易,买家和卖家都使用混合策略。由于买家以混合策略买下"古币",市场上的总体成交量将会减少,因此市场贸易利润将比类型(1)和类型(2)都要低。我们称这种情况为"市场接近失败"。"市场接近失败"容易转化为接下来的"市场完全失败"。

(4)市场完全失败。此种情形所获得的市场总利润为最小。由于担心"古币"卖不出去,市场上所有的卖家都不敢将"古币"投放市场,买家自然也无法获得"古币"。市场内没有交易发生,因而也无法获得市场贸易利润,市场将无以为继。我们称这种情况为"市场完全失败"。

虽然这四种市场类型之间存在明显的界限,但它们相互之间也可以进行转换。图 4-10 可直观地表现四者之间的区别和联系。

$$(v_g - P) \times P(g \mid A) + (v_b - P) \times P(b \mid A)$$

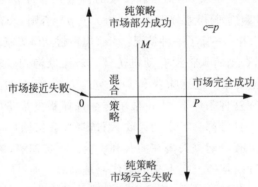

图 4-10　市场交易的四种类型及其关系

令 t:"'古币'为真品";f:"'古币'为赝品";s:"卖家出售'古币'"。则 $P(t)$ 表示"古币"为真品的概率,$P(f)$ 表示"古币"为赝品的概率,$P(s)$ 表示卖家出售"古币"的概率,$P(t \mid s)$ 表示当卖家出售"古币"时"古币"为真的概率,$P(f \mid s)$ 表示当卖家出售"古币"时"古币"为假的概率,$P(s \mid t)$ 表示当"古币"为真品时卖家出售的概率,$P(s \mid f)$ 表示当"古币"是赝品时卖家出售的概率。

在图 4-10 中,横轴为卖家的伪装成本 c。纵轴表示买家对市场上"古币"交易的期望得益 E,即 $P(t \mid s)(v_t - p) + P(f \mid s)(v_t - p)$。使用 $c = p$ 和 $e = 0$ 两条直线将整个平面划分为四个部分,并用是否"有利可图"来判别。

(1)如果策略组合(卖出,买入)是一定有利可图的,那么卖家/买家一定会进行交易,选择策略为纯策略。

(2)如果策略组合(卖出,买入)是一定无利可图的,那么卖家/买家一定不会进行交易,选择策略为纯策略。

（3）如果策略组合（卖出，买入）不一定有利可图，那么卖家/买家会以一定的概率进行交易，选择策略为混合策略。

为了解市场互相转换的原理，不妨在横轴的上方绘制一点 M，代表此时市场的状态，同时将价格 p 在图中用一条纵线标出（注：在图中 p 是不变量）。

假设一开始 M 点处于市场部分成功处。显然，此时的 $c<p,e>0$。这意味着伪装成本较低，收购赝品出售是有利可图的。同时，卖出真"古币"也是有利可图的。因此，古董商人会将所有的"古币"都放入市场。当然，这基于卖家对买家策略的预测：他全都买下。实际上，头家的策略的确如此。此时，买家的期望得益应该满足 $e=P(t|s)\times(v_t-p)+P(f|s)\times(v_t-p)>0$，意即买家有利可图。这是市场部分成功时的情况。

假如伪装成本 c 逐渐增大，即 M 点水平右移。当 $c\geqslant p$ 时，转换为市场完全成功。由于伪装成本非常高，赝品以价格 p 出售无利可图，因此卖家再无动机伪装。市场上流通的"古币"都是真品，赝品退出市场。注意，买家的信念也应与双方策略一致，即 $P(t|s)=1,P(f|s)=0$。显然，买家的期望得益为正，买家一定买入"古币"。这是市场完全成功时的情况。

再回到 M 的起点。当市场部分成功时，买家的预期得益显然低于购买真品时的预期。一般而言，在封闭市场内双方都不愿打破这种均衡。但是在开放市场内，常常存在赝品涌入、真品惜售，这些将会改变买家的信念，进而降低买家的期望得益。所以，当买家的期望得益足够低直至为 0 时，他将采取混合策略。对于卖家，所有真品都会被投入市场；而赝品则有卖不出的可能，因此赝品也会以混合策略投入市场。这是市场接近失败的情况，而市场接近失败很容易转换成为市场完全失败，转换可参见 4.4.1 节二手车市场的逆向选择示例。当市场处于完全失败时，双方均无利可图，市场停滞。此时 M 点移至最下方的箭头处。

2. 三类均衡

回看四种市场类型，显然第一种情形更利于买家判断的形成，其余情形都令买家猜不透。即便如此，类型（2）、（3）、（4）之间也有不同。为了对四种市场类型的均衡有所区别，现引入三个概念：分离均衡（separating equilibrium）、合并均衡（pooling equilibrium）和混同均衡（hybrid equilibrium）。

（1）分离均衡。不同类型的完美信息参与者（此例指"古币"的卖家，下同）采取完全不同行动的市场均衡，称为"分离均衡"。分离均衡可以出现在市场完全成功模型中。在分离均衡下，卖家将会以"古币"的质量为区分，赝品不投入市场，真品投入市场。此时买家很容易通过卖家的行为将它们区别开来。

（2）合并均衡。不同类型的完美信息参与者采取完全相同行动的市场均衡，称为"合并均衡"。在合并均衡下，买家完全无法区别卖家的真实信息，因此可忽略卖家的行动，直接从市场的基本情况中寻找行动的依据。

（3）混同均衡。不同类型的完美信息参与者采取混合策略的市场均衡，称为"混同均衡"。在混同均衡下，不同类型卖家的行动既不是全部相同，也不是全部不同，而是既有相同也有不同。因此，买家无法通过卖家的行动将其分开，也无法视作一类，买家只能依靠概率分布来判断。

概念解读：三类均衡的通俗解释

假设世界上的人分为好人和坏人两种，事情也分好事和坏事。一个人是好人还是坏人，这是他的私有信息，人们不知道。但是，人们可以通过观察他做了好事还是坏事，来判断这个人是好人还是坏人。

假如好人只做好事，坏人只做坏事，不同类型的人无法模仿对方的行为。好人要模仿坏人，就必须做坏事，但是他做坏事的心理成本太高，他也就模仿不了坏人。同样地，坏人想模仿好人，就必须做好事，但是他做好事简直是折磨，所以他也模仿不了好人。结果，外界就能从他们所做的事情来推断他们的类型。无论是做好事还是做坏事，都传递了参与者类型的有效信号，这种情况被称为分离均衡，如图 4-11(a) 所示。

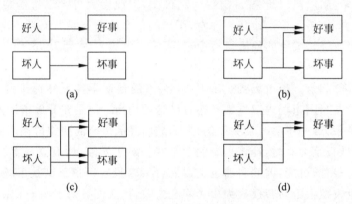

图 4-11　三类均衡的关系
(a) 分离均衡；(b) 半分离均衡；(c) 混同均衡；(d) 合并均衡

然而，在现实生活中，这种完全的信号并不多，更多时候信号只是部分有效。比如，在同一个例子中，好人做坏事的心理代价很高，所以好人都不做坏事；但是，坏人在某些时候做好事的代价却很低，所以他也可能会做一些好事。这时，通过观察某个人的行为，我们得出的结论是：如果观察到一个人做好事，我们不能肯定他是好人；但是如果观察到一个人做坏事，我们可以肯定他是坏人。此时，做好事并没有传递有效的信号，而做坏事则传递了有效的信号，这种情况被称为半分离均衡或半合并均衡，如图 4-11(b) 所示。

当然，也存在这样的情况，无论是好人还是坏人，他们都是既做好事又做坏事。这时做好事或做坏事就都不能成为有效信号。这种情况被称为混同均衡。此时，观察到一个人做好事或做坏事，或许有助于人们改善关于一个人属于好人或坏人的信念，但并不能借此推断出其类型，如图 4-11(c) 所示。

还有大家都做好事，或者大家都做坏事的情况，这是合并均衡。此时观察到做好事或做坏事将得不到任何进一步信息，如图 4-11(d) 所示。

3. 古玩旧货市场的均衡

根据上述四种市场类型和三类均衡的定义，本节讨论"古币"市场中的完美贝叶斯均衡。

(1) 市场完全成功(存在条件：$c \geqslant p$)。此时存在一个纯策略的分离均衡：

① 真品卖家选择出售,赝品卖家放弃出售;

② 买家始终买入"古币";

③ 买家的信念为 $P(t|s)=1, P(f|s)=0$。

分析:在检验上述策略组合时,只需验证它是否满足要求 2、要求 3 即可。给定买家的信念,他选择买的期望得益为 $(v_t-p)\times1+(v_f-p)\times0=v_t-p>0$。不买则得益为 0。所以买家一定买入。逆推至卖家,他对"古币"是否为真拥有完全信息。当"古币"为真品时,他出售时得益为 $p>0$,所以选择出售;当"古币"为赝品时,他出售时得益为 $p-c\leqslant0$,所以选择不卖。这与双方的策略一致。显然,根据买卖双方的策略可知 $P(s|t)=1$,$P(s|f)=0$,则在贝叶斯法则下买家的信念为 $P(t|s)=\dfrac{P(t)P(s|t)}{[P(t)P(s|t)+P(f)P(s|f)]}=1$,$P(f|s)=1-P(t|s)=0$。这与策略组合中的信念一致。所以买家推断只要市场上出售的"古币"都是真品,显然这是一个分离均衡。

(2) 市场部分成功[存在条件:$p>c$,$P(f)$ 充分小]。此时存在一个纯策略的合并均衡:

① 无论"古币"是真还是假,卖家均出售;

② 买家始终买下"古币";

③ 买家的信念为 $P(t|s)=P(t), P(f|s)=P(f)$。

分析:当买家选择时,选买的期望得益为 $(v_t-p)\times P(t|s)+(v_f-p)\times P(f|s)$。根据先前假设,$P(f)$ 充分小,即赝品比例足够小。此时 $(v_t-p)\times P(t)+(v_f-p)\times P(f)>0$。买家始终选择买下。回推至卖家,真品卖家的得益为 p,赝品卖家的得益为 $p-c$,二者均大于 0。因此,无论是真品还是赝品卖家都会选择出售。同时根据双方的策略可知 $P(s|t)=1, P(s|f)=1$。根据贝叶斯法则可知 $P(t|s)=\dfrac{P(t)P(s|t)}{[P(t)P(s|t)+P(f)P(s|f)]}=P(t)$,$P(f|s)=1-P(t|s)=P(f)$,这与买家的信念一致。

(3) 市场完全失败[$p>c$,$P(t)$ 充分小时]。此时存在一个纯策略的合并均衡:

① 无论是真品还是赝品卖家都选择不卖;

② 买家始终不买;

③ 买家的信念为 $P(t|s)=0, P(f|s)=1$。

分析:当买家行动时,买家选买下时的期望得益为 $(v_t-p)\times0+(v_f-p)\times1<0$,因此买家选择不买。至于卖家,真品出售时的得益为 0;赝品出售时的得益为 $-c$。所以卖家选择不卖。这与卖家的策略一致。同时,根据双方的策略可知 $P(s|t)=0, P(s|f)=0$。根据贝叶斯法则可知 $P(t|s)=\dfrac{P(t)P(s|t)}{[P(t)P(s|t)+P(f)P(s|f)]}=0$,$P(f|s)=1-P(t|s)=1$,这与买家的信念一致。实际上,由于 $P(t|s)=0$,它意味着市场上真品的概率为 0,因此"真品出售,买家不买"不在均衡路径上。但是它可以被这样理解:它是在 $P(t)$ 充分小时的极端结果,买家推断只要是出售的"古币"就一定是赝品。假如卖家由于失误进入市场,真品的可能性足够小,因此买家的极端推断就是 $P(t|s)=0$,选择不买是可能的均衡策略。所以该均衡满足要求 2~4。

(4) 市场接近失败(存在条件：$p>c,e=0$)。此时存在一个混合策略所构成的混合均衡。为使讨论简便，我们使用数值例子来说明。假设 $v_t=3$ 万元，$v_f=0$ 万元，$p=2$ 万元，$c=1$ 万元。市场上真品和赝品各占一半，即 $P(t)=P(f)=0.5$。此时存在混合均衡：

① 若"古币"是真品，卖家始终出售，若是赝品，以 50% 的概率出售；

② 买家以 50% 的概率选择买下；

③ 买家对市场的判断为 $P(t|s)=\dfrac{2}{3}$，$P(f|s)=\dfrac{1}{3}$。

分析：根据双方的策略可知 $P(s|t)=1$，$P(s|f)=0.5$。由贝叶斯法则，买家在看到卖家的出售时对"古币是真品"的后验判断为

$$P(t\mid s)=\frac{P(t)P(s\mid t)}{P(t)P(s\mid t)+P(f)P(s\mid f)}=\frac{0.5\times 1}{0.5\times 1+0.5\times 0.5}=2/3$$

所以，$P(t|s)=\dfrac{2}{3}$，$P(f|s)=1-P(t|s)=\dfrac{1}{3}$，与买家的信念一致。

思考与练习

请根据上述市场接近失败时的数值例子，证明所给出的混合策略均衡满足序贯理性要求。

不难得出结论，在买家尚未对卖家完全丧失信心的市场里(接近失败市场)，伪装成本无疑成为决定市场走向的关键：伪装成本越高，越容易传递自身的信息，真品的卖家和赝品的卖家具有完全不同的行为，买家一眼便识；伪装成本越低，越难传递自身的信息，市场内真伪难辨，反倒是具有真品的卖家被赝品的暴利挤出市场。所以，从市场管理的角度考虑，我们应提高低品质商家的伪装门槛，加大监管的力度，别让"卑鄙成为卑鄙者的通行证"。

4.3.2　双价市场模型 *

基于 4.3.1 节讨论的单一价格"古币"交易，本节介绍稍微复杂的双价交易。在单一价格交易中，卖家只有两个选择：卖或者不卖。事实上，卖家可以有多个定价。而双价交易便是指卖家可自己为"古币"标高价或低价的交易。在单一价格交易的基础上，双价交易做了部分添加和修改：

(1) 卖家的可能行动是标"高价"和"低价"；

(2) 真品可以标高价或者标低价；

(3) 赝品可以标低价，也可以伪装后标高价。

事实上，双价交易市场排除了不准备出售"古币"的卖家，这样所有的卖家在市场上都是可见的，更利于分析不同均衡之间的转换。常言道"一分价钱一分货"，意即商品质量的好坏取决于商品价格的高低。实际上它隐含了一种假设：市场能够通过价格分离不同质量的商品。这显然是分离均衡的结果，但是在合并均衡或混合均衡下，这句话还有意义吗？

同上文，真品和赝品对买家的价值分别为 v_t 和 v_f，赝品的伪装成本依然为 c。高价和低价分别记作 p_h 和 p_l。显然，需满足 $v_t>v_f$，$p_h>p_l$，$c\geqslant 0$。仿照图 4-7，双价交易的扩展型如图 4-12 所示。

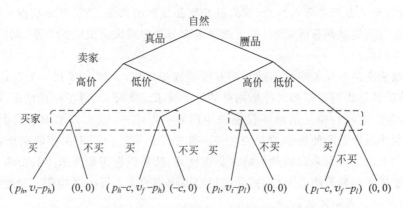

图 4-12 双价交易市场模型

结合实际情况,做如下假设。

假设 1 对于买家而言,真品的价值大于卖家所出的高价,赝品的价值介于高价和低价之间,即 $v_t > p_h$、$p_h > v_f > p_l$。

假设 2 买家更倾向于用高价买真品,而不是用低价买赝品,即 $v_t - p_h > v_f - p_l$。

此外,变量还需满足如下关系:

$$v_t - p_h > v_f - p_l > 0 > v_f - p_h$$

这与实际观察是基本一致的:对买家而言即使真品价高也是值得的,优于赝品价低。

在单一价格交易中,低品质产品伪装成高品质产品的费用(即伪装成本 c)扮演了相当重要的角色。双价交易亦然。因此依据成本变化可考虑三种情形:$c = 0$,$c > p_h - p_l$,$0 < c \leqslant p_h - p_l$。

1. 当 $c = 0$ 时

$c = 0$ 代表赝品伪装成本非常低,几乎为 0。此时所有赝品都会冒充真品,并标以高价,同时真品也是标高价。当然,这建立在一种信念上:买家认为低价一定是赝品。因此,依据买家的期望得益 e 是大于 0、等于 0 或小于 0,可判断市场是部分成功、部分失败或完全失败的。

2. 当 $c > p_h - p_l$ 时

由于伪装费用已经超过了标高价的增益,因此赝品将不再冒充真品,同时标以低价。但是 c 的大小对拥有真品的卖家并无影响,真品仍将标以高价。而买家完全可通过价格区分"古币"的真伪:高价者真品,低价者赝品。买家的选择是买入。因此,这是一个分离均衡,市场属于完全成功的类型。

3. 当 $0 < c \leqslant p_h - p_l$ 时

相对于前两种情况,这种情况最为常见。在单一价格交易中曾讨论过类似情形。由于将赝品伪装后既有可能卖不出去而亏本,又有可能高价卖出而赢利。所以只有部分拥有赝品的卖家愿意伪装。此时,市场中将同时存在赝品和真品,买家必须根据对方的策略

（取决于得益和己方策略等）、信念（对真品和赝品比例的感知）及贝叶斯法则来作出判断。此时市场既有可能是部分成功的，也可能属于部分失败或完全失败的类型，而均衡则是合并均衡或混同均衡。

求解双价交易市场策略均衡的常用方法是逐步试探，关键是找到一个合理的策略组合，然后检验其是否满足完美贝叶斯均衡的四个要求。实际上，对于一般的不完美信息博弈，信念与策略之间的相互依赖不仅使得均衡解不再唯一，也大大增加了均衡的求解难度。因此逐步试探是简便易学的方法之一。首先讨论第二阶段中买家的信念，接着根据买家的信念来确定买家采取何种策略才是理性的，然后根据买家所采用的策略，讨论第一阶段中卖家采用哪种策略是可信的，最后得出该模型的完美贝叶斯均衡。对此，本书不再详述，有兴趣的读者可深入讨论。

值得注意的是，在价格可变时，不完美信息对市场的破坏作用产生了新的表现形式。若交易价格可变，卖家为了出清将允许讨价还价，那么理性买家所愿意支付的最高价将不高于"古币"的"期望价值"[即上文的 $P(t|s) \times v_t + P(f|s) \times v_f$]，并以此逐渐形成市场价格。由于该价格低于真品的价值，真品将逐渐退出市场。它导致真品在市场中的比例下降，买家的期望价值降低，其所愿支付的价格也将更低，又再度把真品挤出市场。这一恶性循环的最终结果是市场上只剩下低品质的赝品，而不会有高价值的真品，买家也不再愿意购买。这是一个完全失败的市场，其直接原因是信息不完美和伪装成本过低。换言之，由于参与双方信息不对称，买家不能识别商品的质量，因而不愿付高价购买商品，最终引起优质品逐渐被劣质品挤出市场。这种过程通常被称为"逆向选择"（adverse selection），这样的市场则被称为"柠檬市场"①。关于逆向选择的故事，4.4 节将继续说明。

4.4   浅说信息不对称 *

📡 引语故事：大额保单

大额保单曾是很多私人银行的重要产品。为了刺激保单的销售，银行往往给客户经理高额的销售提成。这些不同类型的大额保单对于客户来说并非没有帮助，比方说：一个 30 多岁的 IT（信息技术）新贵，可以用 500 万美元的保费，买到差不多 3 000 万美元身故赔偿金的大额保单。而这 500 万美元的保费，又可以通过银行贷款拿到差不多 70%。也就是说，他只需要付 150 万美元的保费，就可以享受到 3 000 万美元的身故赔偿金。如此高的杠杆率，而又不需要面对市场起伏的风险，对于这张保单的受益人来说，的确是不错的选择。

一年前，客户经理萨姆·戴维斯曾销售给某一客户一张 500 万美元的大额寿险保单。该客户本人正是这张保单的被保险人，而持有人亦即受益人是他的妻子。但是这周刚一上班，他就看到这个客户在焦急地等待他。戴维斯永远不会忘记见面时客户脸上的恐惧。

---

① "柠檬"在美国俚语中表示"次品"或"不中用的东西"。

原来,这位客户与妻子正办理离婚,而妻子为了断绝一切瓜葛就将这张保单转给了他的岳母……

客户为什么会充满恐惧?有些读者可能已经猜到了。大额寿险赔偿金的偿付条件是被保险人的死亡。当保险公司兑付这 3 000 万美元的死亡赔偿金的时候,那个被保险的人已经不存在了。因此它隐含着极大的风险。如果客户很爱自己的妻子和孩子,又确信妻子很爱他,那么他就可以买这样一份大额保单,以确保在自己意外死亡后他们衣食无忧。但是客户并不确信自己的岳母是什么想法、会不会加害自己,所以客户才有了深深的恐惧。

这种信息不对称在现实中比比皆是。例如,在雇佣关系中,雇员的能力、品德等信息,雇主一般无法完全知道。员工每天做些什么,工作是否尽心尽力,老板通常也不完全清楚。在商业借贷中,对于借贷人的诚信度、项目的盈利前景等,银行也并不完全了解。信贷资金的使用是否符合合同规定,银行也不可能完全掌握。在医患关系中,医生拥有比病人更多的有关病理、医药方面的知识。医生开给患者某种药,究竟是真的为了治病还是为了拿药商的回扣,患者不容易判断。总之,只要有信息,就难免有信息获取程度的差异,生活中处处存在着潜在的信息不对称。

在博弈信息类型中存在信息完全和不完全、信息完美和不完美两类情况。在这些博弈中,完全且完美信息博弈的参与者对于信息的获取能力都是相同的,这被称为"信息对称"。可事实并非完全如此。由于自然因素或者人为因素,参与各方对信息的了解是有差异的,这种真实信息多寡不一致的现象就称为"信息不对称"。信息不对称会导致掌握信息比较充分的一方在市场活动中常常处于优势地位;而掌握信息比较匮乏的一方则处于劣势地位。

"信息不对称理论"是由三位美国经济学家——斯蒂格利茨、阿克洛夫和斯宾塞提出的。该理论认为:①市场中卖家比买家更了解有关商品的各种真实信息;②信息较多的一方可以通过向信息较少的一方传递可靠信息而在市场中获益;③买卖双方中拥有信息较少的一方会努力从信息较多的一方获取信息。阿克洛夫认为,市场上卖家之所以能向买家推销低质量的商品,就是因为市场双方各自所掌握的信息不对称。斯宾塞则揭示了应如何利用所掌握的信息来谋取更大得益。而斯蒂格利茨提出了掌握信息较少的一方应如何进行市场调整的理论。阿克洛夫、斯宾塞和斯蒂格利茨关于信息不对称的理论用途广泛,构成了现代信息经济的核心。它不仅适用于对传统农业市场的分析,也适用于对现代金融市场的研究。

信息不对称将会造成市场效率低下,甚至是市场完全失败。从时间角度上划分,不对称信息可以表现在与当事人签约(交易)之前,也可以表现在签约(交易)之后。这两种情况分别被称为"事前不对称信息"和"事后不对称信息"。一般而言,"事前不对称信息"所造成的结果被称为逆向选择,而"事后不对称信息"所造成的结果则被称为道德风险(moral hazard)。

4.4.1　逆向选择

在拍卖市场中,尽管参加拍卖的商品可供竞标者检查,但是拍卖商和众多竞标者所能够辨别的信息却不尽相同：拍卖商深知拍卖品的真实价值，而竞拍者可能无法完全认清拍卖品的内在品质。例如，在二手车拍卖中有一辆待拍卖的精致跑车存在着噪声问题。竞拍者1通过试驾发现了噪声的来源，知道大致的修理成本，那么他算摸清了车的底细。而竞拍者2不知问题所在，他只得赌一赌运气：好运的话是低价淘到了有微小问题的好车，背运的话只得为残次品支付较高的修理费用。同样的一辆跑车，不同竞拍者所能甄别的信息就存在着差异。那么，若所拍车辆只存在微小的问题，只有了解车辆问题的竞拍者才会更准确地为车辆定价。而其他不了解车辆问题的竞拍者就会给出错误的较低竞价。这样可能会导致拍卖商对拍卖丧失信心，进而拥有"良品"的拍卖商逐渐退出拍卖市场，剩下的拍卖品质量也将逐渐下降。下面通过数值例子具体来说明他们的互动结果。

1. 卖家与买家对车的评价相同，价格离散分布

假设存在这样一个二手汽车市场，有100人希望出售他们的汽车，同时又有100人想买二手汽车。买主和卖主都知道这些旧汽车中汽车质量 θ 分为高质量与低质量且各占50%。同时，拥有高质量和低质量汽车的卖主的预期售价分别为2000美元和1000美元，而潜在买主的预期支付也分别为2000美元和1000美元。

如果信息对称且充分，买主不难确定二手汽车的质量，该市场不存在什么问题。低质量汽车将按1000美元的价格出售，高质量汽车将按2000美元的价格交易。

但是在信息不对称时，买主无法了解每辆汽车的质量，只能进行推测。因此，典型的买主将以预期值购买旧汽车，即愿意支付 $1/2 \times 1000 + 1/2 \times 2000 = 1500$ 美元。这样，拥有高质量汽车的卖主将不愿意出售汽车，会退出市场。

假定高质量的汽车退出市场后，二手汽车市场上高质量与低质量汽车的比例变为3：7。买主也会感觉到二手车市场质量分布的变化，他们将不会再以1500美元为预期价格，而是以 $7/10 \times 1000 + 3/10 \times 2000 = 1300$ 美元为预期价格。实际上，7/10 和 3/10 即买家的信念。结果，又会有部分次高质量的二手汽车退出市场。这一过程不断发生，最后市场上将只剩下最低质量的汽车，高质量汽车被排挤出市场，如图4-13所示。

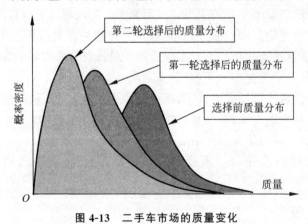

图4-13 二手车市场的质量变化

2. 卖家与买家对车的评价相同,价格连续分布

在上例中,车的质量只有两种类型(高质量和低质量)。现在考虑车的质量为连续分布的情况。假定 θ 在 $[1\,000,2\,000]$ 区间上均匀分布,密度函数为 $f(\theta)=\dfrac{1}{1\,000}$。那么,如果所有的车都在市场上,买者预期的质量为 $\bar{\theta}=1\,500$,愿意支付的价格也是 $1\,500$。但此时,只有 $\theta\leqslant1\,500$ 的卖者才愿意出售,所有 $\theta>1\,500$ 的卖者都将退出市场。结果,市场上车的平均质量由 $1\,500$ 降到 $1\,300$,买者愿意付的价格也由 $1\,500$ 降到 $1\,300$。但在价格为 $1\,300$ 时,只有 $\theta\leqslant1\,300$ 的卖者愿意出售,所有 $\theta>1\,300$ 的卖者都退出市场。留在市场上的车的平均质量进一步下降到 $1\,200$,如此等等。最终,市场的价格将下降到 $1\,000$ 美元,此价格亦即该市场的均衡价格。此时,只有质量 $\theta=1\,000$ 的车成交,所有质量 $\theta>1\,000$ 的车都退出市场了。又因为 θ 是连续分布的,$\theta=1\,000$ 的概率为 0,此时市场将消失。

若用需求曲线表示买者愿意支付的最高价格与市场上车的平均质量的关系,供给曲线表示市场上车的平均质量与价格的关系,上述结论可以用供求曲线来说明。此时,需求曲线为 $P=\bar{\theta}$,供给曲线为

$$\bar{\theta}=\frac{\dfrac{1}{1\,500}\displaystyle\int_{1\,000}^{P}\theta\,\mathrm{d}\theta}{\dfrac{1}{1\,500}\displaystyle\int_{1\,000}^{P}\mathrm{d}\theta}=\frac{P}{2}+500,\quad \theta\in[1\,000,2\,000]$$

这意味着,尽管市场上出售的车的平均质量随着价格的上升而上升,但平均质量上升的幅度小于价格上升的幅度(这里等于 $1/2$),因为均衡意味着价格等于平均质量,均衡价格一定在过原点的 $45°$ 线上,即 $P=\bar{\theta}$,如图 4-14 所示。

上述供求曲线也可转化为供给量和需求量与价格的关系。如通常情况下一样,供给曲线是向上倾斜的,因为价格越高,愿意出售的卖者越多。但与通常情况不同,需求曲线可能向上倾斜而不是向下倾斜。这是因为,给定效用函数,较高的价格诱导出较高的质

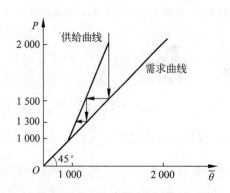

图 4-14 卖家与买家评价相同(市场将消失)

量,从而诱导出较多的买者。这一点并不意味着传统微观经济学的需求理论是错误的。传统需求理论假定产品质量是给定的,但在此处质量与价格有关。当然,需求曲线的准确形状一般依赖两种因素的共同作用,可能向上倾斜,也可能向下倾斜。

3. 买家对车的评价高于卖家

一般来说,交易之所以发生,是因为买者对同一物品的评价高于卖者。如果我们假定买者对旧车的评价高于卖者,旧车的交易就会出现,尽管较高质量的车仍然不会进入市场。这一点很容易证明。假定 $V(\theta)=b\theta>U(\theta)=\theta$,即对于给定质量的车,买者的评价

是卖者的 b 倍($b \geqslant 1$)。如果交易成功,买者的效用为 $\pi_\theta = b\theta - P$,卖者的效用为 $\pi_\theta = P - \theta$;否则,双方效用均为零。

当买者的评价高于卖者时,交易带来的净剩余为 $(b-1)\theta$,买卖双方的讨价还价决定这个净剩余的分配。简化起见,首先假定买者的人数多于卖者,从而卖者占有全部剩余。此时,卖者的供给曲线与图 4-14 相同,仍为 $\bar{\theta}(P) = \dfrac{P}{2} + 500$,但买者的需求曲线为 $P(\bar{\theta}) = b\bar{\theta}$,而不是 $P = \bar{\theta}$。将上面两式联立,可求得均衡价格和均衡质量分别为

$$P = \frac{1\,000b}{2-b}, \quad 其中\, b \leqslant \frac{4}{3}$$

$$\bar{\theta} = \min\left\{\frac{1\,000}{2-b}, 2\,000\right\}$$

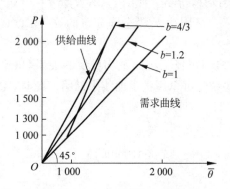

图 4-15　买家的评价高于卖家(市场部分存在)

如果 $b=1$,我们回到上例的情况。对于所有的 $b>1$,均衡价格和均衡质量均高于上例中的均衡价格和均衡质量。进一步,均衡价格和均衡质量都是 b 的增函数(或非递减函数);就是说,买者与卖者的评价差距越大,均衡价格越高,交易量越大。比如,当 $b=1.2$ 时,均衡价格等于 1 500,所有 $\bar{\theta} \leqslant$ 1 500 的车都进入交易。所有 $\theta > 1\,500$ 的车都退出交易,市场上出售的车的平均质量为 $\bar{\theta} = 1\,300$。极端地,当 $b \geqslant \dfrac{4}{3}$ 时,所有的车都成交,平均质量为 $\bar{\theta} = 1\,500$。均衡价格为 $P = 1\,500b$。图 4-15 给出了对应不同 b 值的均衡点的几何解释。

尽管在买者的评价高于卖者时市场会部分地存在,除非 b 足够大$\left(本例中\, b \geqslant \dfrac{4}{3}\right)$,否则,交易的数量不是最有效的。对称信息下所有的车都应该从卖者手中转到买者手中,但在非对称信息下,逆向选择使得所有 $\theta > \dfrac{2\,000b}{2-b}$ 的车留在卖者手中。

细心的读者可能会发现,上述例子正是前文双价交易中提及的逆向选择现象。在市场上逆向选择有着明确的定义。

定义 4.2(逆向选择)　逆向选择是指由于市场上交易双方信息不对称所产生的市场流通商品质量下降的过程。

阿克洛夫于 1970 年提出的逆向选择理论揭示了看似简单但实际上非常深刻的经济学道理:来自买卖双方关于产品质量的信息不对称将导致"劣币驱逐良币"现象。这种现象广泛存在。

在保险市场中,一般年龄超过 65 岁的人买不到保单。65 岁以上老人的定期保费如此之高,只有那些最悲观(或健康状况最差)的投保人才会认为这样的保费是有吸引力的。不妨来分析一下保险公司这样设定保费背后的原因。保险市场内存在两方:投保人和保

险商。投保人比保险商更清楚自身的健康状况,其中一部分投保人还会主动隐瞒自身的健康状况,使保险公司难以获取真实信息。假如保险商无法有效甄别投保人的信息,而是采用简单粗暴的方法。例如,对于所有投保人的健康状况进行一次平均评估(而不是单独对每个投保人评估)以设定风险程度,那么高风险人群(健康状况较差)倾向于购买保险,因为购买保险可能使自己获得可观的保险收入;而低风险人群(健康状况较好)则倾向于不购买保险,因为即使购买了保险,保险赔付概率和保险赔付力度也不够有作用。结果,保险公司将会面临较大的赔付概率,甚至亏损。这就是一种逆向选择,投保人的健康状况会因为保费的上升而下降,同时保费也会由于投保人的健康状况而上升——最后市场上将不会存在保险交易。

此外,这种信息不对称也体现在股票发行市场中,其中上市公司与投资者之间明显具有信息不对称。上市公司期望通过新股上市来筹措资金。一般来讲,上市公司是资金的具体使用者,对于投资项目的未来收益、风险以及筹措资金的运用等具有内部信息,知道公司的可能利润。而投资者一般不参与资金的使用,只能通过财务报告或其他渠道来了解上市公司的经营状况。投资者所掌握的信息可能不充分也不准确。因此,如果没有强制性的信息公开要求,上市公司的许多信息是其所不愿披露的。同时,上市公司总是倾向揭示于己有利的信息,而不愿将于己不利的信息及时、准确、完整地披露。因此在相关信息占有方面,投资者处于劣势,而上市公司处于优势。投资者不能对上市公司的未来收益和风险作出准确判断,只能根据平均质量确定上市公司的价值。如此一来,优质公司股票的市场价值将被低估,相反,劣质公司的股票价值却被高估。那么,劣质公司更有积极性通过股权融资来扩大经营规模。显然,信息不对称削弱了证券发行市场对资本资源优化配置的功能。同时,劣质公司在最大限度利用股权融资时可能会积极"粉饰"和隐藏自己的真实信息,从而形成逆向选择。在极端情况下,交易双方将无法从事交易。

🔍 思考与练习

选定一个二手车在线交易平台,考察该平台的二手车交易机制,并分析是否出现了"劣币驱逐良币"。

4.4.2 道德风险

曾获 2001 年诺贝尔经济学奖的斯蒂格利茨在研究保险市场时,发现了一个有趣的现象:曾经有几位美国大学生尝试过为校园自行车开设保险,然而在开设保险项目之后,自行车丢失率反而提高了不少,从原来的 10% 上升到了 15%。究其原因是有了保险,车主的防范意识会下降。由于车主自身不用承担全部风险,也就不会积极防范车辆丢失,因此提供保险方就会面临被投保人转嫁的风险。由投保人在投保后的不负责行为所造成的风险被称为"道德风险"。

同样,在健康保险市场,在投保人购买了全额保险而保险公司又不能严格监督投保人行为的情况下,投保人可能会乐于参与高风险的行动。保险公司可以在签订保险协议前,通过调查了解投保人的历史行为来确认保险条款(消除逆向选择),但是却不能预测签订协议后投保人是否会作出行为改变——因为信息还是不对称。因此,信息不对称仍然会导致市场出问题,这就是道德风险。

定义 4.3(道德风险) 在信息不对称的市场上,拥有较多信息的一方利用所拥有的信息增加自身利益,而损害其他信息较少者利益的风险,称作道德风险。

此时,拥有较多信息的一方被称为"风险制造者",拥有较少信息的一方被称为"风险承担者"。道德风险一般具有以下三个特征。

(1) 内生性:风险形成于经济行为者对利益与成本的暗自思量,即源于行为主体之间的互动行为。

(2) 牵引性:凡是风险制造者,都存在受到利益诱惑而以逐利为目的的特征。

(3) 损人利己:风险制造者的风险收益都是对风险承担者利益的不当攫取。

道德风险是基于经济人假设下的必然现象,具有普遍意义。例如,在市场交易中,除了保险公司与投保人之间,所有存在委托-代理关系的行为主体之间都可能演绎出道德风险。那么,什么是委托-代理关系呢?通俗地说,如果某个人或组织向其他个人或组织提出一项"委托",以便完成某项任务或工作,这种关系即为"委托-代理关系"。委托的提出者通常被称为"委托人",而委托承担者常被称为"代理人"。在这样的关系之中,道德风险随处可见。例如,人们在购买了汽车保险后,不会像以前那样细心地驾驶汽车;人们在购买了火灾保险后,不会像从前那样谨慎地防范火灾;在实行公费医疗制度以后,药品的浪费将会增加。换言之,只要代理人持有他人资产或被赋予权力,他就有着天然的动机巧取豪夺或消极怠工,正如斯密在他的著作《国民财富的性质和原因的研究》(以下简称《国富论》)中描述的:

无论如何,由于这些公司的董事们是他人钱财而非自己钱财的管理者,因此,很难想象他们会像照看自己的钱财一样警觉,所以在这类公司的管理中,疏忽和浪费总是或多或少地存在。

委托-代理是信息经济学中的一项重要内容,还将涉及后续章节的内容,因此本书仅浅显提及,不再深入介绍。

总之,尽管人们已经对信息不对称下的逆向选择和道德风险有了充分认识并想方设法地避免,但是由于技术进步和精细分工的影响,这些现象不会消失。譬如,普通大米、转基因大米和有机大米三者之间价格差距很大,普通消费者很难鉴别其经济性。又如,在医疗药物等专业化程度极高的行业或管理咨询等难以量化的行业内,高昂的收费背后是否尽到勤勉义务,复杂结构、华丽设计的背后究竟存在多少价值犹未可知。人们能做的就是不断释放更多信息,在市场化体制中依靠激励相容(incentive compatibility)来增加外部约束,在非市场化体制中加大监管力度和强化行业自律。既有的成功经验包括:市场化运行中的品牌效应、声誉机制等;非市场化运行中的第三方认证、行业协会、行业准入、强制抽检和内容标识等。当然,此中仍有挑战,例如,第三方机构是否因信息优势而产生道德风险、政府是否有能力胜任监管和规制等。

实际上,本节所介绍的逆向选择和道德风险并不限于不完美信息博弈,在不完全信息博弈中也广泛存在。而在不完全信息下还有更多有趣的话题,请读者继续阅读第 5 章。

思考与练习

同为信息不对称，逆向选择与道德风险的主要区别体现在哪些方面？

习　　题

1. 完美贝叶斯均衡必须满足哪些要求？

2. 什么是"完全但不完美信息动态博弈"？

3. 用逆向选择的思想解释老年人投保困难的原因。

4. 用完全但不完美信息动态博弈的思想，讨论治理假冒伪劣现象很困难的原因。

5. 若你正在考虑收购一家公司的 1 万股股票，卖方的开价是 2 元/股。根据经营情况的好坏，该公司股票的价值对于你来说有 1 元/股和 5 元/股两种可能，但只有卖方知道经营的真实情况，你所知的只是两种情况各占 50% 的可能性。如果在公司经营情况不好时，卖方做到使你无法识别真实情况的"包装"费用是 5 万元，你是否会接受卖方的价格买下这家公司的 1 万股股票？ 如果上述"包装"费用只有 5 000 元，你会怎样选择？

6. 在下面的静态贝叶斯博弈中，求出所有的纯策略贝叶斯纳什均衡：

(1) 自然决定收益情况是由博弈 1 给出，还是由博弈 2 给出，选择每一博弈的概率相等；

(2) 参与者 1 了解到"自然"是选择了博弈 1，还是选择了博弈 2，但参与者 2 不知道；

(3) 参与者 1 选择相等 T 或 B，同时参与者 2 选择 L 或 R；

(4) 根据"自然"选择的博弈，两参与者得到相应的收益（图 4-16、图 4-17）。

	L	R
T	(1, 1)	(0, 0)
B	(0, 0)	(0, 0)

图　4-16

	L	R
T	(0, 0)	(0, 0)
B	(0, 0)	(2, 2)

图　4-17

7. 为什么说"在完全但不完美信息博弈中，若不存在混合策略，并且各参与者都是主动选择且行为理性，则不完美信息从本质上来说是假的"？

8. 根据效率差异可以将市场均衡分为哪几种类型？

9. 什么是逆向选择？举出现实中逆向选择发挥作用的例子。

10. 如果一种商品的质量很难在购买时正确判断，出售这种商品的卖方又可以"售出商品，概不退换"，这种商品的市场最终会趋向于怎样的情况？

11. 考察保险公司在政策制定和运营实践中是如何避免逆向选择和道德风险的。

―――――――― 即测即练 ――――――――

第 5 章

不完全信息静态博弈

📢 本章导读

决策需要信息,信息越精确越好。但是决策者往往无法获知决策所需要的全部信息,而是仅掌握有限信息。例如,在开战前夕交战双方不能悉知对方的军事实力和行动计划;在竞选中候选者不能确定对手的选民支持率;在购物中消费者无法断定产品质量优劣……总之,自然的和人为的因素所带来的不确定性,以及确定但难以获取的私有信息,使得几乎所有的决策都面临信息不完全的困境。在这样的环境中,人们应该如何形成自己的判断,又该如何决策才能显得足够理性?

本章将继续围绕信息不对称来展开讨论,重点介绍不完全信息静态博弈中所用到的推理分析方法,同时通过实例引领读者进入不完全信息理论的美妙应用。

前几章所介绍的情景之所以能够通过浅易的模型来描述,一个重要原因是:对所有参与者而言,博弈是"共同知识"。换言之,每个参与者都知道谁是博弈参与者、各自的策略集以及每个策略组合所对应的结果,因而称为"完全信息博弈"。接下来,本书将介绍一种比完全信息博弈更为复杂的博弈理论:不完全信息博弈。

首先,给出不完全信息与完全信息的区别:如果每个参与者对博弈的规则、其他参与者的特征[①]和得益等要素都是事先知晓的,就称该博弈具有完全信息;而如果至少存在一个参与者对博弈要素不完全知晓,该博弈就具有不完全信息,亦称不完全信息博弈。

定义 5.1(不完全信息博弈) 如果在一个博弈中至少存在一个参与者不知道其他参与者的得益,则该博弈具有不完全信息。[②] 由于信息不完全,参与者对博弈中相关事件发生可能性大小的推断(信念)是建立在贝叶斯法则基础上的,因此不完全信息博弈有时亦称作"贝叶斯博弈"。

但对于多数情景而言,"共同知识"与现实之间尚有距离。在此,我们必须强调博弈的艺术性。归根结底,博弈论中的模型是客观现实的近似,任何近似都与现实之间存在一定距离。因此,从简单模型开始,大多数理论研究都着眼于如何更接近现实。纵观科学发展史,任何一个理论都是由简到繁、逐渐成形的——博弈论亦是如此。在纳什均衡概念建立之后,研究逐渐向不完全信息下的情形扩展。

---

① 参与者的特征包括他们的可能策略、优先选择甚至他们的信念等。

② 除了得益函数作为判别标准,还应包括对规则、参与者、偏好等要素的判别。但是对于后者未知时的分析相对较难,因此本书仍然以前者为主,主要考察得益是否为他人所知。

然而,正如琼·罗宾逊(Joan Robinson)所言:"比例尺是 1∶1 的地图是没有用的。"一般而言,近似更易使人把握事物的本质、厘清要素的联系,但过于简单的近似又可能使建模脱离实际。仅就方法论来讲,模型越接近真实,所用到的分析方法往往越复杂。本章便是如此。本书将尽可能降低理论难度,结合实例讲解,指引读者深入阅读。

5.1 信息不对称:知己不知彼

我拒绝加入任何收我为会员的俱乐部。

——格劳乔·马可斯(Graujo Marcus)

5.1.1 何谓信息不对称

在日常生活中存在许多这样的商品:包装精美却品质难辨。例如,瓶装的美酒、盒装的香烟等。消费者无法从商品包装辨识质量优劣——精美包装既可能意味着"败絮其中",也可能意味着"物超所值"。显然,消费者和商家对产品质量所掌握的信息是不一样的。邀请会员的俱乐部,一定是掌握了客户资料,而客户却对俱乐部一无所知。俱乐部自然占领信息高地,客户难免心存疑虑。这种不同主体所拥有信息多寡的差异就是信息不对称。

所谓信息不对称,是指博弈的各个参与者所掌握的信息并不一致,至少有一方拥有私有信息。拥有私有信息的一方处于优势;反之则处于劣势。"信息不对称"理论的提出,为人们探究答案提供了一种系统分析方法。在现实中,信息不对称的例子比比皆是。

此处所说的信息是广义的,一切与博弈有关的消息都是我们要关心的信息。如果某些信息是所有博弈参与者都可以自由获得的,则将其称作"公共信息"(public information);如果某些信息只有一方参与者拥有而其他参与者无法获得,就称作"私有信息"(private information)。在二手车市场,如果商家没有披露有关商品质量的信息,则消费者处于劣势地位,无从得知这些信息。此时,有关商品质量的信息就是商家的私有信息。又如影视剧中的"梭哈"游戏,其中各家互不知晓对家的底牌,不知对家拿到"同花顺"的概率,每家的底牌就是各自的私有信息。正是由于私有信息的存在,才出现了信息不对称现象。

信息不对称现象广泛存在,而信息不对称理论则产生较晚,于 20 世纪六七十年代由阿克洛夫、斯宾塞和斯蒂格利茨发展起来。他们主要研究了不对称信息条件下的市场运行机制。信息不对称理论认为:市场中卖方通常比买方更了解有关商品的各种信息;交易双方中拥有较少信息的一方会努力从另一方获取信息;掌握较多信息的一方可以通过向信息缺乏者传递可靠消息而在市场中获益;市场中的信号显示机制会在一定程度上弥补信息不对称所带来的问题;等等。目前,与信息不对称理论紧密相关的信息经济学已经成为经济学的一个主要分支(也有观点认为属于信息科学分支),从微观角度研究信息的成本、价格以及信息不完全条件下的机制设计等问题。

在桌面游戏中,你可能会被一再提醒游戏规则、对手实力、积分排名等信息。这些信息都由系统真实展现——如果想知道自己和对手的状况,可谓易如反掌。但在现实生活中,往往需要人们主动获取信息。获取信息的过程,不仅取决于一个人的能力与外界条件,还取决于获取信息的成本。即使信息可获取,参与者也会对获取信息的成本进行权衡。一般来讲,在博弈中所要获取的信息越多,所需成本就越大,且呈非线性增长。换个角度理解,信息是有价的,获取信息需要支付相应的价格。[①]

需要说明的是,信息不对称并不一定对应着信息不完全。例如,参与一方可能不知道另一方的历史行动,而非得益函数。此时的信息不对称主要体现在对历史行动的记忆上,亦即博弈进程信息。回忆第4章内容,你会发现这种博弈属于完全但不完美信息。与此不同,本章将介绍至少存在一方不知晓他人得益时的情况。此时的博弈要素是不完全的,意即不完全信息博弈。幸运的是,这种信息不完全在一定条件下可转化为信息不完美,二者具有很强的内在联系。

5.1.2　信息不完全时的新难题

📡 引语故事：叔詹的空城计

春秋时期,楚文王死后,因楚成王年幼,由令尹子元辅政。子元不图霸业,却觊觎文王夫人——当时的美女息妫。于是借故在王宫旁建造馆舍,摇铃铎跳万舞,欲以蛊惑文王夫人。夫人不为所动,反责其不图中原。话传到子元耳内,他开始想建功立业,以求夫人青睐。公元前666年秋季,子元亲率六百乘战车进攻郑国。当时郑国弱小,无法与楚国匹敌,很快失守桔柣之门。

郑国危在旦夕,郑文公急召百官商议。有人主张纳款请和,有人主张背城一战,也有人主张固守待援。郑国三贤之一叔詹则认为:请和与决战均非上策,固守待援倒是可取,且不久楚兵自退。但是空谈固守何其容易。即使盟国齐国出兵援助,也不能解燃眉之急。郑文公仍然忧虑,"令尹亲自挂帅,怎肯退兵?"叔詹答道:"自楚国征伐以来,未有用六百乘的先例。公子元心怀必胜之心,实际是想取悦文王夫人。急于求胜者,也一定害怕失败。楚兵来了,我自有退兵之计。"旋即楚兵攻破外城,郑文公采纳叔詹的计策,命令士兵全部埋伏在城内,大开城门,放下吊桥,摆出完全没有防备的样子。同时,店铺照常营业,百姓往来如常,不露一丝慌乱之色。楚军先锋部队到达郑都城下,见此情景,又见城上毫无动静,所以不敢妄动,驻军等待令尹子元。子元赶到城下,亲自登高远眺城内,见城中确实空虚,但又隐约看到旌旗整肃、甲士林立。觉得其中有诈,担心"万一失利,何面目见文王夫人乎?"遂按兵不动,探听虚实。

视频5:《三国演义》之空城计

这时齐国也已接到郑国的求援,联合鲁、宋发兵救郑。子元闻报援兵将至,害怕楚军腹背受敌,断难取胜,于是暗令全军连夜撤退。撤退时人衔枚、马裹蹄,不出一点声响。同时,令所有营寨都不拆走,旌旗依旧飘扬。此时郑国正在计议后撤桐丘的事。待到天亮叔詹登城一望,说道:"楚军已经撤走。"众人不解,都言楚军旌旗、营寨肃

---

① 尽管几乎所有人都承认信息是有价的,但是如何对信息进行定价并不简单,本书不再介绍这一方面的内容。

然。叔詹说："如果营中有人,怎会有乌鸦盘旋呢? 楚兵也用空城计欺骗我们,急忙撤兵了。"

《孙子兵法·谋攻篇》曾说过:"知彼知己,百战不殆;不知彼而知己,一胜一负;不知彼不知己,每战必殆。"关于"知己知彼"的注解,历史上有许多生动鲜活的事例。空城计虽然不为兵家常用,却因《三国演义》的精彩演绎而众所周知,其中诸葛亮城头抚琴、司马懿狐疑不进的场景跃然纸上。但真实的记载其实最早见于《左传》,即上文叔詹知己知彼、智退楚兵的故事。

郑楚交兵,尽管两军阵前双方都在探听对方的消息,但是仍然无法悉数尽知。"知己知彼,百战不殆"因此成为军事战争的理想境界。除军事领域外,它在政治经济生活中也有着广泛的应用,几乎成为博弈中的普遍追求。对于参与者来讲,知己是理性分析的前提,一个连自己拥有何种信息都不清楚的参与者,很难说他是理性的。因此第 2 章的理性人假设,要求参与者"知己"。但是要做到"知彼"何其难也。像郑文公的大多数臣僚一样,现实中人们往往不知道对手的信息,属于"知己不知彼"。在不知对方准确信息的情况下,如何分析对手的反应? 如何通过观察形成自己的判断? 如何行动才是理性的? 这是本章和第 6 章将要讨论的主要内容。

通过前几章学习可知,矩阵和博弈树是建立模型和分析问题时非常有效的方法。前 3 章所讨论的博弈情景,都可以通过矩阵或博弈树来表示。现在,尝试用矩阵的方法对楚国兵临城下时的博弈建立模型。根据故事情节,楚国的先锋部队赶到时见到城上毫无动静,城内一如往常。此时可简单处理,假设楚国有两种选择:(攻城,扎营);郑国也有两种可能选择:(后撤,坚守)。

(1) 如果楚国扎营、郑国后撤,则叔詹的计划失败,楚国立即就能辨明郑国意图转而进攻。此时双方得益分别为(3,-3)。

(2) 如果楚国扎营而郑国坚守,则无论郑国实力如何,双方都没有交兵,可假定得益为(0,0)。

(3) 如果楚国进攻而郑国后撤,则楚国得胜,郑国溃败。得益分别为(5,-5)。

(4) 如果楚国意图攻城而郑国坚守,情况将变得复杂。郑国的军队是想诱敌深入还是已经撤离? 楚军完全不清楚。假设郑军是一支多谋善战的军队,那么他们会想诱敌深入。若郑军是一支不堪一击的军队,则可能人去城空。因此,如果双方采取的策略组合为(攻城,坚守),则楚军无法判断双方的得益。

显然,这是一个不完整的博弈矩阵,对应(攻城,坚守)策略组合时的得益是不清楚的,如图 5-1 所示。面对一个不完整的矩阵,该如何分析?

这是本章所面临的新难题:博弈矩阵的某些部分已经被对手事先滴上了墨汁,参与者看不到某些关键的得益信息,因此信息是不完全的。当然,向矩阵滴墨汁的人可以是任意一方。这种要素信息的不对称性是不完全信息博弈的重要特征。接下来,让我们尝试依照既有的方法进行建模。

	郑国	
	后撤	坚守
攻城	5, -5	?, ?
扎营	3, -3	0, 0

图 5-1　楚国兵临城下时的博弈

假设郑国多谋善战,楚国若攻城,必然落入郑国的圈套。双方得益分别为(−2,2)。[①]利用划线法可知均衡策略是(扎营,坚守)。相反,如果郑国不堪一击,其坚守只能带来楚国的猛烈攻击,因此假设双方得益分别对应于(4,−6)。同样方法可知均衡策略为(攻城,后撤)。两种类型的郑国所对应的矩阵分别如图 5-2、图 5-3 所示。很显然,无论郑国是哪种类型,都存在唯一均衡策略。只要楚国和郑国足够理性,双方就会趋向于一个明确的均衡。既然如此,楚国为何还犹豫不决呢?答案就在于楚国所掌握的信息不完全——不知道郑国属于何种类型。换言之,楚国不知道自己处于图 5-2 和图 5-3 中的哪个矩阵中。由于不同矩阵有着不同的均衡,而两个均衡所对应的行动又显著不同。无论楚国选择哪个矩阵,都有可能使自己犯错。因此,既有的分析方法无从分析双方的理性选择。20 世纪 60 年代,"天才数学家"海萨尼在这方面取得了重大的突破,使得对不完全信息博弈的分析有了得心应手的工具。海萨尼提出一种转换方法,将不完全信息博弈转换为第 4 章中的完全但不完美信息博弈。这种转换被称作"海萨尼转换",已经成为分析不完全信息博弈的常用方法。

		郑国	
		后撤	坚守
楚国	攻城	5, −5	−2, 2
	扎营	3, −3	0, 0

图 5-2　郑国多谋善战时的得益矩阵

		郑国	
		后撤	坚守
楚国	攻城	5, −5	4, −6
	扎营	3, −3	0, 0

图 5-3　郑国不堪一击时的得益矩阵

为方便学习,我们提示几个即将出现的概念。结合信息的完全性和行动的时序,可将博弈粗略地分为四种类别:完全信息静态博弈、不完全信息静态博弈、完全信息动态博弈和不完全信息动态博弈。由于不完全信息静态博弈涉及参与者对他人类型的判断,而这些判断是基于贝叶斯法则(或言贝叶斯理性)所形成的信念,因而又称为静态贝叶斯博弈,同时因其是静态的,又称为策略式贝叶斯博弈,在不致混淆的情况下可简称贝叶斯博弈;而不完全信息动态博弈又称序贯贝叶斯博弈。与这四种类别的博弈相对应,存在四种常用的均衡概念:纳什均衡、贝叶斯纳什均衡、子博弈完美纳什均衡和完美贝叶斯纳什均衡。后两者又分别简称为子博弈完美均衡和完美贝叶斯均衡,其中完美贝叶斯均衡是贝叶斯纳什均衡和子博弈完美均衡这两种概念的一个精炼。策略式贝叶斯博弈的一个常见例子是密封报价拍卖(见 5.3 节):每一报价方都知道自己对所售商品的估价,但不知道任何其他报价方对商品的估价;各方的报价放在密封的信封里上交,可视作参与者同时行动。不过,意义深远的贝叶斯博弈大多是动态的。正如后文将要看到的,私有信息的存在十分自然地导致私有信息的拥有者试图去沟通(或者误导),同时也使得没有私有信息的一方试图去探测和甄别。这些都是博弈中固有的动态因素。但是,由于不完全信息动

[①]　有一点必须清楚,如何得出矩阵中得益的具体水平并非关注的重点。重点在于不同策略所对应的得益之间的序关系。例如,假设郑国坚守,楚国攻城所对应的得益为−2、−2.5,抑或再少一点可能都不会改变问题的本质——只要在适度范围内即可。所谓适度范围内,即指不会影响到与其他得益相比时的序关系。例如楚国在假定郑国坚守时自己更愿意扎营,那么在不改变这种序关系的前提下,−2 变为−2.3 并无本质影响。当然,这种变更仍然具有相对性。举例来说,如果有人将−2 置为−1 000,那么它将蕴含一层新的意思:楚国非常强烈地偏爱扎营。

态博弈及其所对应的均衡概念①比较深奥,需要一定的数学、经济知识和逻辑推理能力,因此本书仅在第 6 章做浅显介绍。本章将重点介绍静态贝叶斯博弈,以使读者掌握不完全信息博弈中的均衡概念与信息显示原理(revelation principle)。

5.2　构建贝叶斯博弈：海萨尼转换

引语故事：郭靖与瑛姑对峙

　　郭靖踏上一步,拦在黄蓉身前,朗声道:"我二人是九指神丐洪帮主的弟子。我师妹为铁掌帮裘千仞所伤,避难来此,前辈(注:瑛姑)若是与铁掌帮有甚瓜葛,不肯收留,我们就此告辞。"说着一揖到地,转身扶起黄蓉。……郭靖心道:"说不得,只好硬闯。"叫道:"前辈,恕在下无礼了。"身形一沉,举臂划个圆圈,一招"亢龙有悔",当门直冲出去。这是他得心应手的厉害招术,只怕瑛姑抵挡不住,劲道只使了三成,惟求夺门而出,并无伤人之意。眼见掌风袭到瑛姑身前,郭靖要瞧她如何出手,而定续发掌力或立即回收,哪知她身子微侧,左手前臂斜推轻送,竟将郭靖的掌力化在一旁。郭靖料想不到她的身手如此高强,被她这么一带,竟然立足不住,向前抢了半步。……

　　资料来源：金庸.黑沼隐女[M]//金庸.射雕英雄传(三).北京：生活・读书・新知三联书店,1994：1058-1059.

　　武林中人在过招之前,往往要对敌手有些许的试探。设想这样一个场景：武林盟主与一名深山隐士在客栈偶遇,情势所致,马上就要刀兵相见。深山隐士并没有透漏自己的身份,武林盟主完全不知站在自己面前的是一名"绝世高手"还是"江湖术士"。然而,作为武林盟主的他却声名远播,性情禀赋、武功门派等尽人皆知。因此,武林盟主的信息是公开的,深山隐士的信息是私有的,或称对于武林盟主是不完全的。这样的博弈应该如何分析?让我们引入一种新的方法：海萨尼转换。

5.2.1　海萨尼转换的基本思路

　　本节将借助武林盟主和深山隐士之间的武林大战来介绍海萨尼转换。先从简单情景开始。假设二人几乎同时出手,在自己行动时看不到对手的招式,或者即使看到也来不及作出反应,而只能顺着自己的招数走。如果只考察一个回合的话,二人对战相当于一个静态博弈,其中的博弈要素如下。

　　博弈的情景：武林大战

　　博弈的参与者：(武林盟主,深山隐士)。

　　参与者的策略：

　　武林盟主可能采取的策略。

　　进攻：强势出招,以求一招制敌；

　　防守：保守招架,待看出对方破绽后再行动。

───────────

　　①　除了完美贝叶斯均衡,在不完全信息博弈中还存在着其他均衡概念,如序贯均衡、颤抖手均衡等。

深山隐士可能采取的策略。

进攻：主动出招大胆挑战盟主；

防守：等待寻求对方的破绽。

博弈的得益：

深山隐士有两种可能的类型：

(1) 绝世高手，其武功能与盟主一较高下；

(2) 江湖术士，会被盟主轻易击败，但也可能乘人不备、投机取巧。

如果深山隐士是类型(1)，博弈矩阵参见图5-4，具体如下。

(1) 武林盟主进攻，而深山隐士也进攻，双方都得不到任何好处；虽然双方都战胜不了对方，但都提升了声誉。得益组合为(2,2)。

(2) 武林盟主强势出招，而深山隐士选择防守，双方势均力敌，守势一方甘拜下风。得益组合为(3,1)。

(3) 武林盟主选择防守，而深山隐士强势进攻，则武林盟主处于下风。得益组合为(1,3)。

(4) 武林盟主保守出招，而深山隐士也保守等待；双方都见好就收、伺机再战。得益组合为(0,0)。

如果深山隐士是类型(2)，博弈矩阵参见图5-5，具体如下。

		隐士					隐士	
		进攻	防守				进攻	防守
盟主	进攻	(2, 2)	(3, 1)		盟主	进攻	(0, −3)	(−2, −1)
	防守	(1, 3)	(0, 0)			防守	(1, 0)	(0, 1)

图 5-4　与绝世高手对战时的矩阵　　　　**图 5-5　与江湖术士对战时的矩阵**

(1) 武林盟主强势出招，而深山隐士也强势出招。深山隐士必然瞬间倒地。得益组合为(0,−3)。

(2) 武林盟主强势出招，而深山隐士保守等待。虽然武林盟主轻而易举地击败了深山隐士，但是击败毫无防守的弱者会损害他的声誉。深山隐士也因处于防御姿态而免受重伤。得益组合为(−2,−1)。

(3) 武林盟主保守出招，而深山隐士强势进攻。武林盟主虽不甘心，但仍好过伤及弱者。深山隐士则空耗功力，赚得些许声誉，相当于一无所获。得益组合为(1,0)。

(4) 武林盟主保守观战，而深山隐士也保守等待，双方都见好就收。此时深山隐士赚得声誉，被认为他可与武林盟主过招，而武林盟主则无得无失。得益组合为(0,1)。

不难得知，深山隐士为类型(1)时的纳什均衡为(进攻，进攻)。双方将会兵戎相见，毫不退让。而深山隐士为类型(2)时的均衡则是(防守，防守)。请读者回忆第4章内容，一个完全信息静态博弈在本质上等同于一个二阶段完全但不完美信息的动态博弈。因此，深山隐士身份不同时所对应的静态博弈可分别用图5-6中的两个不完美动态博弈来表示。显然，此时均衡仍然同静态博弈的均衡对应一致。

如果武林盟主已知对手是绝世高手，自然不会小觑，那么他必然选择英勇反击；相

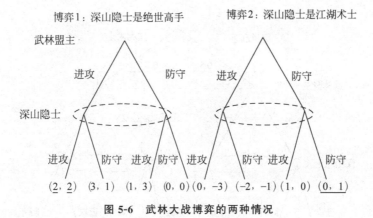

图 5-6　武林大战博弈的两种情况

反,对手若是江湖术士,发起挑战实为投机取巧或无端生事,那么他选择防守则是上策。问题在于,深山隐士是绝世高手还是江湖术士只有他自己知道,是他的私有信息。武林盟主在作出选择时并不知道对手的真实身份,当然也无法确定自己身处何种博弈中。武林盟主可认为自己处在图 5-6 的两个博弈中,处在左时选择进攻,处在右时选择防守。好像又有哪里不对! 事实上这是一个博弈,因为二人只有一次对阵机会,所以这两次截然不同的选择是矛盾的,不可调和。回顾第 3 章,在完美信息博弈中起始点只有一个,可以非常顺畅地使用逆向归纳法,但在这里不行。使用逆向归纳法递推时,我们不清楚将回到哪个起始点。这意味着武林盟主想要到达某一个结局时,将不知道从何处开始! 或者说,武林盟主不知道采用什么样的策略才能达成他所希望的结果。显然,无法直接使用逆向归纳法。那么,能否创造条件使用逆向归纳法呢?

对这类问题最直观的解决办法就是判断自己到底身处哪种博弈之中。而这对于每个信息不完全的参与者或博弈分析者来讲,都是十分困难的。幸运的是海萨尼于 1967 年前后提出了一种可操作的、易于掌握的分析方法——海萨尼转换。仿照第 4 章的思路,可以认为武林盟主不知道自己身处哪个分支,意即两个博弈的起点所具有的信息完全一致。此时可用虚线将博弈 1 和博弈 2 的起点连起来,表示他们处于同一个信息集(图 5-7),从而组成一个更大的博弈。而且,从起始点出发走向博弈 1 还是博弈 2 完全由不得参与者,而是由“自然”所确定的概率事件。至此,完成了从不完全信息博弈到完全但不完美信息博弈的转换。这个过程即为海萨尼转换。

定义 5.2(海萨尼转换)　海萨尼转换通过引入“自然”这一虚拟局中人,对无法确定的参与者类型——他的私有信息——交由“自然”来确定。

在此基础上,人们才能采用既有的均衡分析方法来研究。让我们回到武林大战,一步步梳理这种转换。

(1) 在转换之前,先确认问题的根源。如上所述,问题根源在于武林盟主无法确定自己身在何种博弈之中。换言之,武林盟主同时面临两个博弈树,或者说面临对手两种身份的不确定性。这种不确定性的特征有哪些呢? 首先,对可能的身份类型有所认知,但不能确定具体是哪种身份类型。一般来讲,武林盟主遇见一个陌生对手时会快速形成自己的认知——哪怕是最朴素的二元区分(高手,菜鸟),然后再确定如何出招。但是,他无法

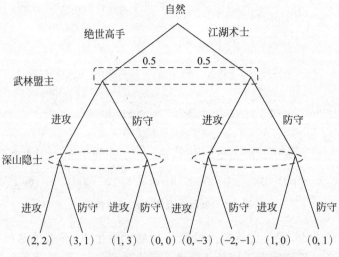

图 5-7　"自然"决定隐士类型时的武林大战博弈

确切知道对方的具体类型。其次,每次博弈有且只有一种类型出现。例如,在此博弈中对手不可能既是绝世高手又是江湖术士。最后,作为武林盟主,他能够从一次次的重复或类似事件中获取经验,对不同类型发生的可能性具有认识或判断。上述三点基本对应于随机现象的三个特征。目前可能存在的问题是,所有类型的发生可能性是否为武林盟主尽知。如果它是事前感知的,就可以利用随机事件来描述了。换言之,如果利用随机事件描述这种不确定性,前提是武林盟主知道对手类型发生的可能性分布。而且这种可能性不是由参与者所能决定的。每个类型的发生概率是一个相对客观的值。它取决于武林盟主的过往经验与周遭环境,是一个能够被主观感知的客观存在。[①] 既然是客观存在,不妨假定"自然"决定了对手身份类型的概率分布。

思考与练习

当对手身份类型的概率分布未知时,能够采用海萨尼转换吗?

（2）引入"自然"完成转换。如第 4 章所述,"自然"是博弈树的虚拟参与者。在博弈的第一阶段,"自然"选择绝世高手或者江湖术士。这一步骤将以一定概率赋予深山隐士身份:一定的概率是绝世高手,一定的概率是江湖术士。必须指出,武林盟主看不到"自然"的选择,深山隐士却不然,意即深山隐士的身份类型是其私有信息。

简单起见,假设深山隐士为"绝世高手"的概率 $p_1 = 0.5$,为"江湖术士"的概率 $p_2 = 1 - p_1 = 0.5$。于是,武林大战可表示为如图 5-7 所示的扩展型。这是一个完全但不完美信息博弈,其中"自然"的选择对武林盟主而言是不完美的。至此,我们完成了海萨尼转换:将不知对手得益的不完全信息博弈转换为可分析的完全但不完美信息博弈。

（3）讨论所遇到的不确定性。关于两种可能类型的概率分布,在此被视为共同知识,这点十分重要,特别当双方都拥有私有信息时更是如此。它表明:所有参与者关于"自

---

① 关于概率是否客观存在、如何为决策者所感知,以及是否完全依赖于个人主观等问题,请读者参阅梅尔森的《博弈论:矛盾冲突分析》第 1 章 3～9 页。

然"行动的信念是相同的。同时,它也意味着每个人都能够换位思考、付诸理性。如果不是共同知识,双方可能会对某些事件所发生的概率存在分歧,进而导致双方对未来的预测不一致,自然无法保证均衡的一致预测性。虽然"共同知识"这一要求对于诸如"天气变化"等客观事件比"个人喜好"等主观事件更为合理,但是在经过一些数学处理和逻辑证明后,人们发现在不完全信息中将参与者类型的概率分布视为共同知识并不需要严苛的条件。它具有普遍的适用情景,因此常被视为海萨尼转换的公理性要求。总之,武林盟主知道深山隐士的类型分布,深山隐士也知道武林盟主知道自己的类型分布。

(4) 基于上述准备,使用逆向归纳法。在深山隐士是类型 1 的情况下均衡为(进攻,进攻),武林盟主选择进攻,得益为(2,2);深山隐士是类型 2 的情况下均衡为(防守,防守),武林盟主选择防守,得益为(0,1)。显然,独立于类型的最优策略是不存在的。利用自然选择,计算出每个策略的期望得益。

① 如果武林盟主选择进攻,那么他的期望得益是:$0.5 \times 2 + 0.5 \times (-2) = 0$。

② 如果武林盟主选择防守,那么他的期望得益是:$0.5 \times 1 + 0.5 \times 0 = 0.5$。

如果武林盟主是理智的,他会选择防守策略。从博弈的扩展型可以看出,如果深山隐士是绝世高手,则会选择进攻;否则选择防守。因此,分析结果如下。

① 武林盟主选择防守策略,他的期望得益为 0.5;而实际得益可能为 1 或 0。具体为何值要视深山隐士的类型而定,武林盟主并不能确知。

② 如果深山隐士是高手,进攻得益为 3;防守得益为 1。而且,深山隐士十分清楚自己的位置。

(5) 将海萨尼转换推广到一般情景。如前所述,在 1967 年以前,人们尚未找到很好的方法来处理不完全信息博弈。现在,海萨尼转换已经被普遍认同。跳出武林大战的具体情景,回到更一般的情景中来,海萨尼转换可归结如下。

① 引入一个虚拟的参与者"自然",由其首先决定参与者的类型。

②"自然"将私有信息拥有者的类型告知该参与者,但对其他参与者保密。

③ 针对不同类型建立子博弈,分别对应于"自然"的选择。

④ 博弈结束,各方看到博弈结果,得到各自的得益。

🔍 概念解读:"自然"的引入与海萨尼转换的作用

"自然"这一角色的引入,并非生硬牵强。回忆前文,在武林大战的分析中曾多次涉及逆向归纳法。在建模和转换的初始阶段,我们先找到问题的结尾(而不是源头),从结尾处寻找一个最优行动,再向前归纳,得到前一步的解,如此反复。而"自然"的引入,是整个环节的"最后一步"。

关于"自然"这一虚拟参与者的引入,可做如下想象。最初建立这个模型的人十分清楚不完全信息将会带来的困难,并且对这个问题手足无措,他在给出答案之初只是简单地求解了问题的后半段,并未给出"自然"这一奇异的参与者。在一段时间的冥思苦想之后,他确知很难利用既有方法给出答案。这时他转过头来问自己,在日常生活中人们是如何作出判断的? 然后他发现判断基于经验。试想一个国王正在审视一个流亡本国的人。根据言谈举止、衣着穿戴和其他线索,国王判断这个人或许是外国的勇士、落难的学者,甚或普通的农民。一切都只是猜测,一种源于经验的猜测！基于这个思想,假定所有理性人的猜测都几乎一致——这样就相当于引入"自然",它赋予了每人一个共同知识。值得一提的是,这个假定类似公理是不可或缺的,它建基于每个参与者尽可能完全地想象所有可能情况从而形成的一个信念。尽管这个信念与实际的信念并非完全一致,但它越接近实际的信念,参与者的行为就越符合理性、偏离越少。

通过引入"自然",海萨尼转换将无法分析的不完全信息博弈转化为大家所熟悉的不完美信息博弈。此时,信息优势得以在均衡求解(而非建模)过程中体现。可见,海萨尼转换相当于换个角度看问题。

举一个简单的例子来说明海萨尼转换的作用。参与者 A 和参与者 B 是村里有名的挑担工。这一天他们想看看谁挑担时更加平稳,于是决定比赛挑水。赛前,A 分到了一个正常的木桶,而 B 的木桶缺失一块木条。B 举手示意比赛不公平,他自己的木桶完全盛不下一滴水(假设只允许木桶直立)。裁判看了看,就改了比赛规则,让他们两个人把木桶扣过来,用木桶底托大米,看谁托得多。

原本由于木桶的不同(信息不对称)而无法看出谁挑担时更加稳定,裁判却在此做了个巧妙的转换。在更改比赛规则之后,两个木桶虽然仍不相同(仍然信息不对称),但是却可以利用新的比赛加以评判。

每个参与者在行动时拥有对自己所处位置的预期,海萨尼转换就是在这种假设下完成的。不过,这种预期(期望)不同于在此之前所遇到的期望。首先,它不同于混合策略中的期望——它不单单派生于参与者的均衡行动,还可能面对与那个行动不一致的情形;其次,它有别于不完美信息博弈中的期望——它不单单是从均衡行动和关于机会行动的外部信息推断而来;最后,它更不像完全信息扩展博弈中的期望——它不仅仅与过去的事情有关,还关涉未来。

当然,即便对博弈做了海萨尼转换,不确定性(即对类型的判断)仍然存在。但是,对类型的判断已经从形式上变成了对博弈进程——自然选择——的判断,其概率分布仍然与参与者类型的分布相一致。显然,海萨尼转换实际上将不完全信息的博弈(包括动态和静态)转化为完全但不完美信息的动态博弈。这里的不完美,是指"自然"虽然作出了它的选择,但其他参与者并不知其详,而仅知其概率分布。可见,海萨尼转换使得逆向归纳法和数学工具的使用成为可能,这也是它能够被广为接受的主要原因。

🔍 思考与练习

如果盟主是一位新人,隐士不知道他将使用"降龙十八掌"还是"伏虎六十四拳"。若二人同时出招,又该如何建立模型并进行海萨尼转换？

5.2.2　贝叶斯纳什均衡

如前所述,将不完全信息静态博弈称为贝叶斯博弈。在贝叶斯博弈中参与者对于其他人的收益函数、策略集合以及特征信息等了解得不够完备。而本章主要讨论收益函数不完全时的情况,即至少有一个参与者无法确知其他参与者的收益。在对不完全信息博弈给出策略式描述之前,请回忆一个策略式博弈所应具有的三个要素:参与者集合 $N =$

$\{1,2,\cdots,n\}$，每个参与者 i 的可能行动集合 A_i，以及他的得益函数 u_i，$i=1,2,\cdots,n$。如同第 2 章的静态博弈，在策略式贝叶斯博弈中所有参与者同时行动。但不同的是，任一参与者 i 的行动集合 A_i 依赖于他的类型 θ_i，简称为类型依存的（type-contingent）。同时，对应于不同行动组合的得益 u_i 也是类型依存的。尽管这与前几章的概念一脉相承，但是仍有新意，因此需要事先明确类型、策略和得益函数等概念。

（1）参与者的类型。我们在武林大战中已经使用过这个概念，只是并未详述。一个参与者的类型，指他的私有信息，包括自己知晓而别人不知的偏好特征、内部信息、决策数据等。通常来讲，一个参与者的类型可能是与其决策相关的任何非共同知识的信息。这些私有信息往往影响他的得益函数，以及其他人对他的判断。在武林大战中，盟主不知道隐士到底是高手还是术士，因此（高手，术士）就是隐士的类型。如果古诺模型中的企业互不知晓对方的生产成本，则企业的类型是其生产成本。为分析方便，参与者类型常简记为数字。例如，武林大战中隐士的类型（"高手""术士"）可简记为（1,2）。进一步，用 θ_i 表示参与者的类型，用 Θ_i 表示参与者 i 的类型集合。显然，须有 $\theta_i\in\Theta_i$。

显然，对于没有私有信息的参与者而言，其类型退化为只有一个，可忽略不谈。进一步讲，如果所有参与者的类型集合只包含一个元素，则不完全信息静态博弈将退化为完全信息静态博弈。换言之，完全信息静态博弈可以理解为不完全信息静态博弈的一个特例。因此，仅考虑具有私有信息的参与者，即可能类型不止一个的参与者。另外，如果参与者的类型是完全相关的，那么当一个参与者观测到自己的类型时也就推出了其他参与者的类型，因此该博弈实则为完全信息的，为此假定参与者的类型是相互独立的。[①]

（2）参与者的行动和策略。在完全信息静态博弈中，所有参与者同时行动，任一参与者 i 的策略集合 S_i 等同于他的行动集合 A_i。但是在不完全信息下，参与者 i 的行动集合 A_i 可能依赖于他的类型 θ_i。策略同样如此，因而不再简单地等同于行动。例如，在武林大战中，盟主没有私有信息，因此行动集合是（进攻，防守）。至于隐士，尽管在本章中对应于"高手"和"术士"的行动集合都是（进攻，防守），但是大多情况下并非如此，而是随着类型变化的。例如，当隐士是"高手"时的行动集合为（进攻，防守），而为"术士"时则可能变为（陷害，求饶）。用 $A_i(\theta_i)$ 表示参与者 i 在类型为 θ_i 时的行动集合，$a_i(\theta_i)\in A_i(\theta_i)$ 表示其中的某个具体行动。例如，"防守"和"进攻"是对应于"高手"的两个具体行动，"陷害"和"求饶"是对应于"术士"的两个行动。

参与者 i 的一个策略则是指一个从类型集合到行动集合的函数，记作 $s_i(\theta_i)$。所有策略构成了参与者的策略集合，它是一个关于函数的集合，不再深入讨论。相对于扩展型博弈来说，贝叶斯博弈中参与者的行动表示了这样一个计划：他在确知自己的类型之后，为自己认为可能的每个偶然事件所确定的一个动作。显然，此时的"行动"既有别于扩展型博弈中的行动，也不同于其中的策略——但更接近前者。因此，我们把贝叶斯模型中参与者的选择对象称作一个"行动"，而不是一个"策略"。然而，他的一个"策略"则被定义为：从他的类型集合到行动集合的一个函数、一个对应关系。譬如，将武林大战中"术士"

---

① 虽然在概率论中"不相关"和"独立"是两个不同的概念，但是在你熟悉了二者的区别和联系之后会发现这样假设并无不妥。

的行动集合变更为(陷害,求饶),则当隐士为"术士"时,"求饶"是他的一个行动。而{(高手,进攻),(术士,陷害)}则是隐士的一个策略,意即当隐士为高手时选择进攻;反之则陷害对方。进一步讲,动态贝叶斯博弈的行动限于参与者在既定类型下某个阶段时的一个动作,而策略则指对应于所有可能类型和所有阶段中的多个动作组合的一种函数关系。

（3）参与者的得益函数。显然,参与者的得益函数也是类型依存的,可用 $u_i(a_i, a_{-i}, \theta_i)$ 表示当参与者 i 在类型 θ_i 时的得益函数,其中 a_{-i} 表示对手的行动。例如,类型为"术士"的隐士选择进攻而盟主防守时,隐士的得益为 u_2(进攻,防守,术士)$=0$(参见图 5-5)。

（4）对参与者类型的判断。从数学上讲,需引入一个(多个)随机变量表示"自然"的选择状态。这个随机变量的可能取值对应于参与者的可能类型,并且明确了任一可能类型的发生概率。请注意这种转换允许所有参与者拥有不同的先验概率。进一步,这些概率也可能是相关的,因此参与者将在知道自己类型的条件下对其他参与者的类型进行推断。显然,这是一个条件概率,称为参与者的信念(或推断),记作 $p_i(\theta_{-i}|\theta_i)$。为简单起见,可将参与者的信念视为同分布的[①],并与一个"客观的"测度相一致。同时,在参与者类型相互独立的情况下,参与者的信念可视作先验的。一般情况下,参与者会通过观察信号来进行推断,因此,在进行贝叶斯推断时已知事件包括但不限于参与者的类型。例如,盟主可以从隐士的衣着举止来判断他更像高手抑或术士。

在介绍完上述四个要素之后,现在给出贝叶斯博弈的策略式描述。

定义 5.3(策略式贝叶斯博弈)   一个 n 人贝叶斯博弈的策略式描述包括:参与者的类型空间 $\Theta_1, \Theta_2, \cdots, \Theta_n$,行动空间 $A_1, A_2, \cdots, A_n$,收益函数 $u_1, u_2, \cdots, u_n$,以及他们对他人类型(组合)的判断 $p_1, p_2, \cdots, p_n$,其中后三者都是类型依存的。具备上述四个要素,且参与者同时行动的博弈称作静态贝叶斯博弈,又称策略式贝叶斯博弈,用 $G = \{\Theta_1, \Theta_2, \cdots, \Theta_n, A_1, A_2, \cdots, A_n, u_1, u_2, \cdots, u_n, p_1, p_2, \cdots, p_n\}$ 表示。

🔍 思考与练习

你能利用上述符号来描述海萨尼转换吗?

截至目前,博弈分析集中在对参与者的理性讨论和均衡求解上。这点对于贝叶斯博弈也不例外。现在我们来谈如何定义贝叶斯博弈中的均衡。前文有关行动和策略的定义,是将纳什均衡的概念扩展到此处的基础。其基本思想与完全信息中的纳什均衡是一样的:每个参与者的策略必须是对其他参与者策略(或策略组合)的最佳反应,都没有动机单方面偏离。但是此处仍然存在一个问题:不完全信息下策略是类型依存的,这点应如何体现?因此,定义一个策略组合是贝叶斯博弈的均衡,需解决两个重要问题:①类型对策略的影响;②如何推断一个参与者的类型。

（1）类型对策略的影响。在任何给定的博弈中,每个参与者都知道自然所赋予自己的类型,并且他无须考虑在其他类型下自己将怎样做。因此,每个参与者可能会想到仅仅针对自己的类型来定义均衡就足够了。现实并非如此。他必须考虑别人的应对策略:在

---

①   此处的同分布是指遍历不同的统计样本,而非遍历博弈的参与者。

所有可能类型下别人将分别做何反应。其主要原因在于：别人不了解参与者的类型，会针对参与者的所有可能类型来评估自己将要如何应对。所以，又回到起点，这个参与者在任一给定类型下的行动，将依赖于自己在其他类型下的行动。换言之，参与者要想针对他人的策略作出最优决策，必须预测他人将如何行动，而他人的行动又依赖于自己在其他类型下的最优行动。因此，参与者不仅需要考虑自己在当前类型下的最优行动，还要考虑在其他可能类型下的最优行动。所以，仅针对参与者的当前类型来定义均衡是不符合理性的，还需要考虑自己在其他可能类型下的行动。回头看策略和行动的定义，你会发现策略之所以考虑所有的可能类型，是因为定义均衡的需要。

（2）如何推断一个参与者的类型。此处借助符号说明可能更易理解。在贝叶斯均衡中，参与者 i 只知道类型为 θ_j 的参与者 j 将选择 $a_j(\theta_j)$，但却不知道 θ_j 的具体值。因此，即使纯策略选择，也必须计算支付函数的期望值。但如同纳什均衡一样，贝叶斯均衡在本质上是个一致性预测，即每个参与者 i 都能正确地预测参与者 j 在类型 θ_j 下的最优选择是 $a_j^*(\theta_j)$。因此，参与者 i 对其他参与者的具体类型会形成一个推断，即参与者 i 的信念 $p_i(\theta_{-i}|\theta_i)$。但是参与者 i 对于参与者 j 的信念 p_j 的信念不宜再进入均衡的定义。在均衡中，唯一重要的是参与者 i 自己的信念 p_i 和其他参与者的行动 $a_{-i}(\theta_{-i})$。不过，这也仅限于静态贝叶斯博弈。在不完全信息动态博弈中，参与者有关其他参与者信念的信念是重要的，因为此时一个参与者可以通过观测其他参与者的行动来修正信念或他者的类型。更多内容可参见 5.2.3 节中有关信念的讨论。

至此，我们已经能够利用文字对贝叶斯纳什均衡给出粗略的描述。

定义 5.4（贝叶斯纳什均衡）　在策略式贝叶斯博弈中，如果一个策略组合满足以下条件，则称该策略组合为贝叶斯纳什均衡。

（1）假定其他人的策略不变，任给一个参与者的类型，在该策略组合中与此类型所对应的行动是他的最优行动——评判准则是使每个参与者在其信念下的期望效用最大化。

（2）对于任意参与者的所有可能类型，都满足条件（1）。

欲使所有参与者的策略组合构成一个贝叶斯纳什均衡，可对每个参与者的策略进行考察。对任一参与者的所有类型来讲，他的策略都必须是最优策略。换言之，对于参与者的每个类型来说，他所采取的行动都是最优行动。因此，想要判断一个参与者的策略是否最优，就必须对他的所有类型进行检验。

📚 进阶阅读：贝叶斯纳什均衡的正式定义

在贝叶斯博弈 G 中，策略组合 $s^* = (s_1^*, \cdots, s_n^*)$ 是贝叶斯纳什均衡的条件为：如果对任何参与者 i 和他的每一种可能的类型 θ_i，该策略下所选择的行动 a_i 都能满足

$$\max_{a_i \in A_i} \sum_{\theta_{-i}} \{u_i[s_1^*(\theta_1), \cdots, s_{i-1}^*(\theta_{i-1}), a_i, s_{i+1}^*(\theta_{i+1}), \cdots, s_n^*(\theta_n); \theta_i] p_i(\theta_{-i} \mid \theta_i)\}^{①}$$

亦即，在给定其他参与者策略的情况下，没有参与者愿意改变自己的策略，即使这种改变只涉及一种类型下的一种行动。

---

①　在类型 θ_i 下的策略 $s_i^*(\theta_i)$ 就是行动 a_i。

5.2.3　关于均衡的补充 *

对不完全信息博弈的分析可能是个新鲜而有趣的过程。它既承接了之前的均衡概念与分析方法,又在此基础上派生出更多内容。在对不完全信息的分析过程中,海萨尼转换是将不完全信息转化成完全信息的关键一步。为了更深入地理解海萨尼转换和贝叶斯博弈,本小节继续围绕贝叶斯博弈的基础问题进行补充说明。对于初学者,本小节有一定难度,笔者将尽量使用浅显易懂的语言进行阐释。首先讨论关于海萨尼转换的前提性假定;其次是信念的赋予。

1. 海萨尼转换的假设

回顾前几章,具有完全信息的参与者知道所有那些未完全被博弈规则排除在外的信息。实际上,关于暗含在完全信息纳什均衡中的理性,有五个主要的假定:①参与者完全了解博弈规则;②参与者完全了解每个参与者的特征;③参与者按照贝叶斯法则行动,即所谓的"贝叶斯理性";④参与者能够复制别人的推理,即"我知道,你知道我知道,我知道你知道我知道……";⑤参与者的理性是共同知识。根据海萨尼的观点,最根本的假定是第二个,因为博弈规则的不确定性实际上可以表述为得益的不确定性。于是,不完全信息博弈着重探讨的是第二个假定缺失时的情境。换言之,贝叶斯博弈不仅可用于每个参与者不确知别人得益的情形,还可应用于每个参与者不确知别人特征的情形。实际上,大多数关于贝叶斯博弈的建模和均衡求解都是在拓展纳什均衡,以及为扩展提供便利的条件。

上文已经提及,信息的不完全可以表述为事件的不确定。但是,仅在所有不确定事件都被赋予概率值的条件下,才能够定义和计算参与者的期望效用。无疑,这种精确性便利了均衡求解,但它是否也限制了海萨尼转换的适用范围,意即海萨尼转换只适用于概率分布已知的情况? 实际上,弗兰克·拉姆齐(Frank Ramsey)和莱纳德·萨维奇(Leonard Savage)已经证明,即使某些事件不能被指定客观概率值,一个理性的决策者也应该能够确定其主观概率值,以便计算期望值。因此,在更为宽泛的条件下,主观感知也可以进入概率测度。这大大提高了海萨尼转换的普适性。同时它也可能会导致新的问题:如果各个参与者对同一事件的主观感知概率不同,那么各个参与者对别人的行为预测就会出现偏差,此时该如何保证均衡预测的一致性呢?

海萨尼转换假定每个参与者的先验概率都是一样的。它认为参与者拥有知识的不同都可由参与者所处的外在客观机制导出,而不是来源于参与者初始信念的差异。换言之,它假定这种分布是所有参与者的共同知识,因而对参与者特征的茫然无知便可解析地获得。

2. 信念的赋予

在介绍武林大战和海萨尼转换时,也许读者会有如此疑问:这个信念是怎么来的? 换言之,凭什么推断类型 1 和类型 2 的概率均为 0.5,而不是分别为 0.6 和 0.4? 要回答这个问题,必须回顾概率论中的两个重要概念——先验概率和后验概率。先验概率是指根据以往的经验数据或逻辑分析而得到的概率;而后验概率则可被理解为条件概率,是指借由某一事件的发生而推断另一事件发生的可能性。

此处讨论先验和后验,是因为某些行动的信息可能会影响参与者的信念——这点将在后文的模型中看到。在参与者类型相互独立时,"自然"所赋予的概率一般是先验的——这个概率主要基于以往的生活经验或数据。但是当参与者类型相关或有其他信号影响时,参与者的信念将是后验的,需满足贝叶斯理性。

关于信念的赋予,有两个问题需要回答:①所赋予的信念包含哪些内容? ②信念是怎样被赋予的?

回顾本节开头,在对武林大战做海萨尼转换时,是否只有盟主知道类型1、2的概率分布? 答案是否定的。这个信息是共同知识。不仅盟主,隐士也知道盟主对自己类型分布的信念——请注意隐士还知道自己的准确类型。此处所说的信念主要指某一参与者对其他参与者类型的概率分布所持有的推断。关于信念是如何被赋予参与者的,一种简单的解释是"由自然决定的",参与者通过客观一致的渠道获得这种信念。如在第2章中的混合策略均衡中,当足球守门员面对姆巴佩的点球时,他的团队可以告诉他姆巴佩点球的历史数据——这种统计通常由专业数据提供商提供。然而,并不是所有的信念都能以这种方式赋予参与者。在缺乏客观数据时自然选择更多地依赖于参与者的主观感知和学习。那么,当参与者对类型分布的感知主要来自经验习得而非客观事实时,这种信念是如何形成的呢? 仍以武林大战为例。假如盟主佩戴着"007"的高科技眼镜,镜片显示会告诉他:请注意,高手概率是50%! 事实上,武侠小说中的盟主却没有类似装备,推断全凭直觉。一个曾接连五次遇到高手的盟主与一个接连五次遇见术士的盟主更有可能拥有不同的信念——即便二者遇到高手的概率在客观上是一样的。因此,让我们换种思路来理解信念的赋予过程。

假定隐士心里另有一杆秤,他认为盟主对自己类型的推断为:类型1的概率是0.4,类型2的概率是0.6。一般情况下,前文所得到的策略在此时不是最优的。换言之,隐士能够通过改变自己的行动获取更多得益。但是请读者注意,此时的问题出在隐士的信念上,而非他的理性上。正如本章开始提及的空城计,子元输在自己的信念与实际不符,而非自己的推理错误或完全没想到。因此,隐士需要修正自己的信念以便与实际相符。作为反应,盟主也会调整自己的策略。这样经过多次反复之后,双方对于隐士类型的信念将会逐渐统一,成为共同知识。此时,双方的策略都将达到最优。在给定对方策略不变的情况下,双方都没有动机偏离,此时的策略组合即是均衡。同时,随着博弈经历的增加,参与者的信念将会动态更新。关于信念的更新,参见6.4.3节和8.3.2节。

5.3　密封拍卖:赢者的诅咒和真实出价

在前文所介绍的博弈中,只有一个参与者拥有私人信息。例如,在武林大战博弈中只有隐士具有私有信息,而盟主则不然。接下来将介绍更一般的情景:每个参与者都拥有私人信息。关于这种情景,一个典型的例子是拍卖。

拍卖,作为一种资源分配机制,应用十分广泛。同时,拍卖也是博弈论在机制设计方面的一个重要领地。通常被拍卖的物品既包括收藏品、房屋、二手商品、农产品等有形资产,也包括诸如土地使用权、工程建设标的、矿产开采权、通信频谱等无形资产。而关于拍卖的研究则主要针对估价的私密性、拍卖的公平和效率等问题进行细化和必要的假设,建立不完全信息博弈模型,并据此分析参与者的出价策略以及给定的拍卖机制。

简言之,拍卖有多种形式(或称机制),不同的拍卖形式对应着不同的博弈模型和结果。常用的拍卖可简单归结为四种基本形式:首价密封拍卖(first-price-sealed bid auction)、二价密封拍卖(second price sealed bid auction)、公开增价拍卖、公开降价拍卖。本节主要通过首价密封拍卖和二价密封拍卖来介绍不完全信息博弈的相关概念。有一点需要向读者作出说明。在接下来的分析中,我们首先侧重介绍均衡。在读者掌握了如何分析均衡之后,再慢慢地介绍如何建立和更新信念。

5.3.1　首价密封拍卖

🛰️引语故事:"地王"的诞生

2015 年 9 月 23 日上海的土地拍卖现场,金地(集团)股份有限公司以 20.133 6 亿元竞得上海市嘉定区嘉定新城 E26-1 地块,溢价率 96.63%,成交楼板价 1.86 万元/平方米。

该价格刷新了上述区域地价,值得一提的是该地块也成为上海首宗以"暗标"形式诞生的总价地王。在土地竞拍现场,每家开发商只能以书面表格的形式进行一次报价,据悉"金地"比第二高开发商报价高出 7 000 多万元。从以往的历史情况看,通过"暗标"拍卖很少出现如此高溢价的情况。

根据开标结果,16 家竞标企业的报价如表 5-1 所示。

表 5-1　参与拍卖的 16 家房企报价单　　　　　　　　　　万元

房企编号	报　　价	房企编号	报　　价
1	173 049	9	167 200
2	108 000	10	178 899
3	167 000	11	167 393
4	151 000	12	121 393
5	161 888	13(金地)	201 336
6	149 600	14	172 600
7	173 593	15	146 033
8	177 009	16	194 100

资料来源:上海出现"暗标"地王 金地拿地溢价率 96.63%[EB/OL].(2015-09-24). https://www.chinanews.com.cn/house/2015/09-24/7541077.shtml;"暗标"地王在嘉定梅开二度 地价的飙升与形式无关[EB/OL].(2015-09-23).https://sh.news.fang.com/2015-09-23/17472916.htm.

引语故事中的"暗标",意即密封投标,出价最高者将以最高出价获得标的。这种拍卖形式就是本小节所要介绍的首价密封拍卖。它是一种常见的拍卖形式,而且可能会带来一种典型现象:赢者的诅咒。在首价密封拍卖中,所有竞价参与者都将各自所愿意出的交易价格写进一个密封的"信封"(称作出价或叫价)。信封泛指一切能够对所传递内容进行封闭的载体。例如,在线拍卖时附有数字签名和非对称加密的数据包。当所有人把信封上交后,拍卖发起者便当众打开所有密封的信封,将商品出售给出价最高的人。出价最高的竞价者以最高出价购买该标的。

一般来讲,参与拍卖的每个买家对拍卖品都有自己的估价。这种估价依赖于每个参与者的自身特征,进而影响参与者的出价。卖方不知道买方的估价,每个买方也不知道其他买方的估价。这作为私有信息存在于每一个参与者心中。这类估价有如下两个特点:①估价因人而异,即"千人千价";②唯一知道该估价的人只有自己。

提请读者注意,这里的估价是竞价者对拍卖品真正价值的一个估计。它既不是物品的真正价值,也不是竞价者的出价。显然,竞价者的出价一定不会超过他的估价,即他所愿意付出的最高价。但是仍然存在一个问题:在此上限之内,应该出价高一点儿还是低一点儿呢? 若出价高一点儿,更有可能赢得标的,但对应获利更少;反之,赢得标的的可能性低,但对应获利更多。所以,竞价者需要在高低之间权衡。由于不知道其他投标者的估价,竞价者需要建立自己的判断。如果没有信息不对称,那么结论非常简单。例如,在两人竞价时若一方已知另一方的估价为 5 元钱,那么他出价 5.1 元即可中标。问题恰恰在于竞价者之间的信息不对称。它使得竞价者必须对其他竞价者的估价进行推断,并由此形成相对复杂的策略。否则,竞价者的出价将会脱节,可能导致中标者出价奇高。例如,在 1996 年中央电视台广告时段的招标中,山东秦池酒厂以 3.2 亿元的报价夺得"标王"。但是次高的出价只有 1.6 亿元,是秦池出价的一半。试想一下,如果秦池事先知晓对手的估价和出价策略,那么它只需出价比 1.6 亿元多一点即可。因此,当各个参与者都拥有自己的私人信息时,博弈的难度也加大了。那么,该从哪里入手加以分析? 接下来将结合拍卖实例讲解。

考虑到读者数学基础的差别,本书先采用具体数字来分析,然后引入符号推理。

1. 当物品是私有价值时

为简单起见,假设拍卖物品具有独立私有价值。[①] 在此类拍卖中,拍卖品的价值对于所有竞价者都是私有的。每个竞价者都对该物品有着自己的估价,但是却不能从其他竞价者的估价中得到对自己估价有用的信息。如果将估价视为竞价者的类型,则竞价者的类型在统计意义上是独立的。总之,竞价人关于拍卖品的估价是其私有信息,但是"拍卖品具有独立私有价值"这一点却是共同知识。

如前所述,每个竞价者所拥有的估价都是私有信息。因此,竞价者之间可用各自的估价来加以区别,也就是竞价者的类型。为简单起见,假设只有两人竞价,存在两种可能类型:(a, b)。进一步,令

a:估价 50 元,概率为 0.6;

b:估价 100 元,概率为 0.4。

---

① 与独立私有价值相对的另一个常见假设是共同价值(common value)。在共同价值模型中,拍卖品的真正价值对所有投标人都是相同的,但投标人都不知道其真正价值的大小,即在投标时共同价值是未知的。然而,每个人都有自己对拍卖品的估价,并且这个估价只有他自己知道。一般来讲,收藏品、艺术品拍卖适用于独立私有价值模型,而工程建设、矿产开发等更适用于共同价值模型。详见杜黎和胡奇英等翻译的《拍卖理论与实务》等。

不难推知,竞价者的最终获利与是否赢得标的有关。如果胜出,则获利是他的估价减去他的出价;反之则获利为零。虽然如此,问题还不够简化。为了避免引入连续变量以及随之而来的微积分知识,本书将出价也离散化。特别规定每隔10元作为一个可能出价,也就是说每个参与者的策略是离散的,分别为:10,20,30,…

将博弈模型明确如下。

博弈参与者:索斯比,佳士得。

自然赋予的类型:(a,b),其中

a:估价50元,概率为0.6;b:估价100元,概率为0.4。

行动:

出价10,20,30,…;递增幅度为10。

得益:如果中标,得益$u=$估价$-$出价;否则,得益$u=0$。

附加判定:若出价相同,则抛硬币决定谁来购买(即有一半的机会中标)。

此博弈的贝叶斯纳什均衡求解过程比较复杂。我们不妨换一种思路:证明一个给定的策略组合是贝叶斯纳什均衡。现在考察如下的策略:

{如果估价50元就出价40元;如果估价100元就出价60元}

进一步讲,考虑由该策略所构成的一个对称策略组合,即双方都采用该策略。那么它是一个贝叶斯纳什均衡吗?现利用贝叶斯纳什均衡所应满足的条件进行证明。不妨以索斯比的视角进行分析。假定索斯比认为佳士得的出价可能是40元和60元,发生概率分别为60%和40%。现在分析索斯比的策略。

(1) 如果索斯比估价50元,则出价40元。此时若佳士得也出价40元,抛硬币可知索斯比有50%的可能性获中。若佳士得出价60元,则索斯比不能赢得标的。因此,索斯比的期望得益为:$0.6\times0.5\times(50-40)+0.4\times0=3$。式中的因子0.5代表猜硬币获胜的概率。假设索斯比在估价50元的情况下调整出价,让我们来看它是否能增加自身的期望得益。其他出价所对应的期望得益见表5-2。

表5-2　索斯比估价50元时的出价和得益　　　　　　　　　　　　　　　　元

出价	10	20	30	40	50	60	70	80	…
得益	0	0	0	3	0	-8	-20	-30	…

显然对于索斯比来讲,出价40元是在估价50元时的最优策略,这符合贝叶斯纳什策略的条件。直观地思考,这个结果也是很显然的。因为当出价小于40元时,根本不可能胜出,得益为0;当出价高于40元时,至少出价50元,而本身对商品的估价仅有50元,所以大于50元的策略的得益总会小于0。因此,对这一部分的检验正确。

(2) 如果索斯比估价100元,则出价60元。相应地,佳士得也有60%的概率出价40元和40%的概率出价60元。此时期望得益为:$0.6\times(100-60)+0.4\times0.5\times(100-60)=32$。

同理,在索斯比估价100元的条件下,其他出价所对应的期望得益如表5-3所示。

表 5-3 索斯比估价 100 元时的出价和得益   元

出价	…	30	40	50	60	70	80	90	100
得益	…	0	18	30	32	30	20	10	0

可见,出价 60 元的策略同样为最优策略,因此这一部分检验正确。

由于博弈的对称性,上述推理同样适用于佳士得。

因此,双方均采取"如果估价 50 元就出价 40 元;如果估价 100 元就出价 60 元"这样一个策略组合是贝叶斯纳什均衡。事实上,一个贝叶斯博弈可能存在多个贝叶斯纳什均衡。因此,针对一般情况而讨论如何求解均衡非常困难,甚至是不可能的。因此,我们聚焦于对给定均衡的验证而非求解均衡。

🔍 思考与练习

为什么此处的不完全信息博弈是对称博弈?你能仿照前文画出此博弈的博弈树吗?

无论你对数字是否敏感,这种均衡的定性结论都是非常直观的。当竞价者估价较低时,他会选择仅次于估价的价格作为出价,意即他尽可能花更大的价钱;而当竞价者估价较高时,他反而会隐藏出价,选择较为保守的价格。这是一种很奇特的现象。对于这样两种行为,都可统一归因于得益和胜出概率之间的矛盾关系:想要获得更高的得益,就必须面临更大的可能性失去商品。为了更明显地展示这一对矛盾,表 5-4 给出了索斯比的胜出概率和胜出时的得益。

表 5-4 索斯比估价 100 元时的胜出概率和胜出得益

出价/元	…	30	40	50	60	70	80	90	100
概率	…	0	0.3	0.6	0.8	1	1	1	1
得益/元	…	70	60	50	40	30	20	10	0

🔍 思考与练习

为了给出对比,将之前出价 40 元的概率由 0.6 改为 0.5,随之变动的是出价 60 元的概率改为 0.5,作为练习,完成表 5-5,并体会概率与得益两种因素相互制约的现象。

表 5-5 索斯比估价 100 元时的中标概率和中标得益

出价/元	30	40	50	60	70	80	90	100
概率								
得益/元								

2. 当物品是共同价值时

从资源配置的效率来讲,首价密封拍卖还有提升的空间,因为估价较高者隐藏出价,反而是估价较低者更愿意真实出价。当然,上述结论建立在私有价值假设基础之上。实际上,私有价值拍卖大多应用于拍卖艺术品、收藏品等,而诸如土地竞拍等情境则更宜采用共同价值拍卖来分析。如果竞价者的估价包含共同价值因素,则他们之间不对称性的影响将会显著得多。具体而言,在具有共同价值的物品拍卖中,具有较高估价优势的竞价者将会出价更大胆。而这也会更突出"赢者的诅咒"所带来的影响。接下来,本书将通过分析指出共同价值拍卖下的"赢者的诅咒"问题。

📖 扩展阅读：赢者的诅咒

有时,你并不能完全确定拍卖品的价值,很有可能高估了它的价值。虽然你赢得了拍卖品,但后来发现所支付价格超出了物品的价值。此时,你已陷入"赢者的诅咒"。

关于"赢者的诅咒"的来历,据信出自古罗马帝国。传说在 193 年,当时的罗马皇帝佩尔提纳克斯(Pertinax)被他的禁卫军杀害,而想捞一把的禁卫军士兵对皇冠(即皇位)进行拍卖。一个叫狄第乌斯·尤利安努斯(Didius Julianus)的富翁拍得皇位并承诺支付给每名近卫军士兵 25 000 赛特策(sesterces,罗马货币单位)。然而皇帝的位置还没有坐多久,这位赢家便被远方赶回的罗马军队赶下了台,并得到了"赢者的诅咒"——被砍头。从而"赢者的诅咒"这个概念被用来指拍卖的赢家成功获得物品后发现其价值低于竞拍出价。

在其他参与者对物品拥有更加完备的信息时,对一个信息不够灵通的竞价者而言,赢得拍卖就是一件更糟糕的事情。

现有一块待开发的住宅用地,土地的可利用价值是一个确定的值,记为 λ。由于住宅用地的价值更多依赖于地块的位置、周边设施和市场预期,而非个人偏好,因此其对所有竞价者而言可谓共同价值。目前有红城和蓝海两家公司有意去开采这块土地。在公开竞标之前,两家公司以各种渠道搜索关于未来住宅售价总值 λ 的信息(如预期地价、房价等)。但是作为事前预测,两者都不能准确地估计 λ 的真实值,而是或多或少有些偏差。为了简化模型,假设估价仅有两种可能:

$$v_i = \begin{cases} \lambda + \delta, & \text{概率为 } 0.5 \\ \lambda - \delta, & \text{概率为 } 0.5 \end{cases} \quad (i = 1, 2)$$

假定两种估价分别发生在两家公司身上,其中 δ 为一给定常量。读者可换种方式来理解这种现象。当竞争对手较多时,估价高低不一。乐观的估价相对较高,悲观的反之。而土地的价值应该居于市场估价的平均水平。所以就某个竞价者而言,其估价有可能高了,也有可能低了,而对手的则相反。总之,不会出现所有的出价都高于平均值的情况。利用海萨尼转换,建立博弈如下。

博弈参与者:红城,蓝海。

自然等可能地赋予参与者两种类型:

(红城估价较高,蓝海估价较低;红城估价较低,蓝海估价较高)。

两种类型的概率分别为 0.5。

行动:参与者的出价 b;简单计,以任一自然数为出价。

得益:如果中标,得益 $u =$ 价值 $\lambda -$ 出价 b;否则,得益 $u = 0$。

提请读者注意,此时中标的得益为物品的共同价值减去出价,而估价 $v_i(i = 1, 2)$ 只是中间量。估价既是中间量,那么此处引入估价的作用是什么呢? 它是公司出价的重要参照,常由代理机构作出! 公司将依照自己的估价制定出价策略。一般来讲,每个竞价者的出价是其估价的函数。当然,一个简单易行的策略就是常见的线性出价策略,意即出价是估价的线性函数。仍然考虑对称策略组合"出价 $b_i = v_i - 1, i = 1, 2$"。不妨令 $\delta = 2$，$v_1 = 20$，并设参与者 1 为红城。

(1) 任何大于估价 v_1 的出价 b_1 都不是占优的。因为即使赢得标的，其得益仍然为负。与其这样，不如出价为 v_1。在给定 $v_1 = 20$ 时，乐观估价和悲观估价的概率分别为 1/2，意即土地价值 λ 为 18 和 22 的可能性各占一半。因此在对称策略组合下，红城的得益为：
$$\frac{1}{2} \times (18 - 20) + \frac{1}{2} \times (0) = -1。$$

(2) 出价 $v_1 - 1$。如果红城的估价偏高，即 $v_1 = \lambda + \delta$，易知 $\lambda = 18$。此时蓝海的估价较低，则 $v_2 = \lambda - \delta = 16$。所以蓝海的出价为 $b_2 = 15$。那么，红城将会得到标的。但是中标之后它将发现物品价值为 $\lambda = 18$。同理可证，实则亏损 0.5 元！

同理，出价 $v_1 - 2$ 时，红城的得益为：$\frac{1}{2} \times (18 - 18) + \frac{1}{2} \times (0) = 0$。

可见，当出价策略为 v_1 或 $v_1 - 1$ 时，即使赢得比赛，得益也可能为负，这便是"赢者的诅咒"。

注意，此处的出价策略组合并不是一个贝叶斯均衡。在类似拍卖中，人们往往无法给出均衡策略应该是多少，但是知道它不应该是多少。在现实社会中，企业的出价大多不会紧贴估价，往往比估价低很多，如 1/3 处。这样才能避免"赢者的诅咒"。

"赢者的诅咒"是竞争环境中多方博弈的结果，在现实中屡见不鲜。例如，1996 年 5 月，美国联邦通信委员会决定拍卖一部分无线频谱。显然，这些频谱的未来市场价值在拍卖前是不能确知的，各竞拍者只能依赖自己所掌握的信息进行评估。但是它的真实价值确实存在，属于共同价值拍卖。最大投标人 NextWave 个人通信公司最终胜出，以 47 亿美元获得 63 个经营许可证。但是两年后，该公司经营困难，申请破产。NextWave 公司赢得了拍卖，却输掉了市场。另外，经济学家曾收集大量真实的数据，验证了"赢者的诅咒"这一现象的广泛存在性。而且竞价者越多、竞争越激烈，其发生的概率也越大。"赢者的诅咒"不仅伤害买方，对卖方也会造成不利的影响。当买方无法确认物品的价值时，他们会担心付出太多，"赢者的诅咒"会使所有的竞买者都压低出价，从而减少卖方的收入。要破除"赢者的诅咒"，卖方必须提供物品的相关信息，使买方了解物品的价值。这就减小了"赢者的诅咒"对拍卖收入的负面影响，从而提高了竞买者的出价。

但是也提请读者注意，"赢者的诅咒"可能只是多重均衡中的某一个所导致的结果，因此并非不能消除。实践发现，通过建立适当的拍卖机制，可以避免"赢者的诅咒"。仍举无线频谱拍卖的例子。经过 20 年的拍卖实践，今天的频谱拍卖在规则设计中出现重大问题的概率已经很小。例如，2012 年 11 月 12 日，英国通信办公室公布了 4G（第四代移动通信技术）频谱拍卖的规则，包括具体的拍卖日程安排、参与拍卖的资格、拍卖保留价格、拍卖模式等。关于 4G 频谱拍卖的拍卖模式，英国通信办公室选择了"组合时钟"拍卖，该模式共包括六个阶段：组合块，选择加入阶段，时钟阶段，补充拍卖，第二价格规则，分配阶段。每个阶段都有具体的规则，总体类似于常见拍卖的组合。据英国政府公布，拍卖 4G 频谱的收入仅为 23.4 亿英镑，较此前预期的 35 亿英镑低了 1/3。尽管对此收入争论不断，但有一点非常明确：此次拍卖没有带来传说中的"赢者的诅咒"。

进阶阅读：一般竞价策略分析

假设有两个竞价者，$i=1,2$。竞价者 i 对商品的估价为 v_i——如果投标人 i 以竞拍价格 b 得到商品，则 i 的得益为 v_i-b。两个竞价者的估价相互独立，并服从 $[0,1]$ 区间上的均匀分布。双方同时给出自己的出价，不能为负。出价较高的一方得到商品，并支付他所报的价格；另一方则得益为 0。竞价者是风险中性的，且上述内容都是共同知识。

为把这一问题转化为静态贝叶斯博弈，必须先确定行动、类型及得益函数。竞价者 i 的行动是他的非负出价 b_i，其类型是他的估价 v_i。由于估价是相互独立的，竞价者 i 推断 v_j 服从 $[0,1]$ 区间上的均匀分布——独立于 v_i 的取值，$j\neq i$。最后，竞价者 i 的得益函数为

$$u_i(b_1,b_2;v_1,v_2)=\begin{cases} v_i-b_i & \text{当 } b_i>b_j \\ (v_i-b_i)/2 & \text{当 } b_i=b_j \\ 0 & \text{当 } b_i<b_j \end{cases}$$

为推导贝叶斯纳什均衡，首先建立参与者的策略集合。回忆 5.2 节的内容，在静态贝叶斯博弈中，策略是一个由类型到行动的函数。竞价者 i 的一个策略为函数 $b_i(v_i)$，据此可以决定 i 在任一给定类型 v_i 下所选择的出价 b_i。若策略组合 $\{b_1(v_1),b_2(v_2)\}$ 是一个贝叶斯纳什均衡，那么对于任给类型 $v_i\in[0,1]$，$b_i(v_i)$ 应满足

$$\max_{b_i}\left[(v_i-b_i)P\{b_i>b_j\}+\frac{1}{2}(v_i-b_i)P\{b_i=b_j\}\right], \quad i=1,2$$

上式中 $P(\cdot)$ 表示所求事件的概率。为简单起见，仍考虑一组线性策略组合，即假设 $b_1(v_1)$ 和 $b_2(v_2)$ 都是线性函数。[①] 设

$$b_1(v_1)=a_1+c_1v_1, \quad b_2(v_2)=a_2+c_2v_2$$

现求解该均衡，亦即上述函数的参数。

对于竞价者 i，$i=1,2$，给定对手所采取的策略 $b_j(v_j)=a_j+c_jv_j$ 以及自己的估价 v_i，他的最优反应实为下式的解：

$$\max_{b_i}[(v_i-b_i)P(b_i>a_j+c_jv_j)+\frac{1}{2}(v_i-b_i)P(b_i=b_j)]$$

因为 v_j 服从均匀分布，所以 $b_j(v_j)=a_j+c_j(v_j)$ 服从均匀分布，进而 $P\{b_i=b_j\}=0$。因此，实为求解

$$\max_{b_i}\left[(v_i-b_i)P\left(v_j<\frac{b_i-a_j}{c_j}\right)\right]$$

由于估价 $v_i\in[0,1]$，因此出价 b_i 应满足 $a_i\leqslant b_i\leqslant a_i+c_i$。考虑到策略的对称性，因此出价 b_i 也应在对手的上下限内，即 $a_j\leqslant b_i\leqslant a_j+c_j$。否则，如果出价 b_i 超越了对手的上下界限，竞价者 j 也会调整自身的上下限以利于自己。如此反复，二者的上下界仍会趋于相等。

在上述条件下，如何出价问题转换为求解下式：

---

① 值得注意的是，此处不是限制了参与者的策略空间以使之仅包含线性策略，而是允许参与者任意地选择但是仅关注是否存在线性均衡解。

$$\max_{b_i}\left[(v_i-b_i)P\left\{v_j<\frac{b_i-a_j}{c_j}\right\}\right]=\frac{\max\limits_{b_i}(v_i-b_i)(b_i-a_j)}{c_j}$$

不难计算,最优解为 $b_i=\dfrac{(v_i+a_j)}{2}$。注意,在 $v_i<a_j$ 时 $b_i=\dfrac{(v_i+a_j)}{2}<a_j$,此时不可能中标,因此令出价 $b_i=a_j$。综上,参与者 i 的占优策略为

$$b_i(v_i)=\begin{cases}(v_i+a_j)/2,&\text{当 }v_i\geqslant a_j\\a_j&\text{当 }v_i<a_j\end{cases}$$

(1) 如果 $0<a_j<1$,则一定存在某些 v_i 使得 $v_i<a_j$。此时与 $b_i(v_i)$ 的线性假设矛盾,排除。

(2) 如果 $a_j\geqslant1$,则不可能发生。然而出价 $b_i=a_j$ 又使其得益为负。因此,排除该情形。

(3) 如果 $a_j\leqslant0$,则 $b_i(v_i)=\dfrac{v_i+a_j}{2}=a_i+c_iv_i$。于是可得 $a_i=\dfrac{a_j}{2}$ 及 $c_i=\dfrac{1}{2}$。同样对竞价者 j 重复上面的分析,得到类似的结果 $a_j=\dfrac{a_i}{2}$ 及 $c_i=\dfrac{1}{2}$。联立求解可得 $a_i=a_j=0$ 及 $c_i=\dfrac{1}{2}$。

因此线性的出价策略均衡为 $b_i(v_i)=\dfrac{v_i}{2}$。

5.3.2　二价密封拍卖

引语故事:1990 年新西兰无线频谱拍卖

1990 年,新西兰举办了第一场使用频谱权利的拍卖。根据咨询公司 NERA Economic Consulting 的建议,新西兰政府决定最初的四场拍卖均采用二价密封拍卖,其规则与维克瑞最早所描述的一样。与首价密封拍卖相比,虽然同是报价最高者得到标的,但是成交价格却为次高报价。表 5-6 列出了新西兰第一场拍卖的实际结果。竞价者 Sky Network TV 的报价都很高,为获得许可证所支付的价格比其他竞价人要高出很多。竞价者 Totalisator Agency Board 向六份许可证投标,每份许可证的报价都是 40.1 万新西兰元,但它最终只得到了一份许可证,成交价格为 10 万新西兰元。竞价者 BCL 只给一份许可证投标,报价为 25.5 万新西兰元,它最终以 20 万新西兰元获得了该份许可证。由于不知道不同数量的许可证对于竞价者的价值,因此也不可能确定许可证的最终分配是否有效。但是,结果确实证明了竞价者无法推测其他竞价者的投标行为。如果你再看一遍表 5-6,也许能够理解 Sky Network TV,BCL 或者 United Christian Broadcasters 在报价公布后的心情……

表 5-6　超高频频谱(8 兆赫)拍卖的最高价和次高价　　　　万新西兰元

编号	赢者	最高报价	次高报价
1	Sky Network TV	237.1	40.1
2	Sky Network TV	227.3	40.1
3	Sky Network TV	227.3	40.1

续表

编号	赢　　者	最高报价	次高报价
4	BCL	25.5	20.0
5	Sky Network TV	112.1	40.1
6	Totalisator Agency Board	40.1	10.0
7	United Christian Broadcasters	68.5	40.1

资料来源：米格罗姆．拍卖理论与实务[M]．杜黎，胡奇英，等译．北京：清华大学出版社，2006.

二价密封拍卖，又称维克瑞拍卖，是诺贝尔经济学奖获得者维克瑞所提出的。在二价密封拍卖中，出价最高者赢得拍卖品，但是只需支付所有出价中的第二高价格，其他部分则与首价密封拍卖相同。由于在二价密封拍卖中胜出者的出价独立于最后成交价，因此二价密封拍卖被认为是鼓励竞价者依照估价而真实出价的拍卖机制，从而避免了"赢者的诅咒"。换言之，在没有串通的情况下，每个投标者的最优策略就是依照自己对拍卖品的估价而据实出价。这种看似奇怪的拍卖机制是如何引导竞价者出价的？

先让我们看一个相对直观的解释。如引例所示，由于交易价格独立于竞价者的出价，因此当竞价者压低出价使之低于自己的估价时，并不能增加自身的得益，反而会降低赢取标的的概率。相反，竞价者抬高出价到大于自己的估价时，尽管提高了胜出概率，但是得益为负。因此，无论是低报还是高报，都不如按照自己的估价真实出价好。这样，在二价密封拍卖中，每个人都会说真话，可以有效地解决"赢者的诅咒"问题。但是，深至具体决策，果真如此吗？

为方便讨论，仍沿用5.3.1节房地产开发的例子，并将出价离散化。设定出价递增幅度为10（此例中的价格为系数，无单位），意即每个参与者的策略是离散的，分别为：10，20，30，…因此，可将博弈模型明确如下。

博弈参与者：红城，蓝海。

自然赋予的类型：(a,b)，其中

a：估价50，概率为0.6；

b：估价100，概率为0.4。

行动：报价（10，20，30，…），递增幅度为10。

得益：得益＝估价－次高出价。

附加判定：若出价相同，则抛硬币决定谁来购买（即50%概率可以得到）。

在首价密封拍卖中，双方都采取"如果估价50，就出价40；如果估价100，就出价60"是一个贝叶斯纳什均衡。现讨论该均衡在二价密封拍卖中是否仍然成立。鉴于对称性，不妨从红城着手分析。

(1) 如果红城的估价是50，考虑到蓝海的出价有60%的可能性是40，另有40%的可能性为60，则在出价40时红城的期望得益为：$0.6 \times 0.5 \times (50-40) + 0.4 \times 0 = 3$。

上式中的因子0.5仍代表猜硬币获胜的概率。类似地，依照二价密封拍卖规则，可计算其他出价所对应的期望得益如表5-7所示。显然出价40不是在估价50时的占优策略，此时的占优策略是50（按照自己的真实估价报价）。

表 5-7　红城估价 50 时的报价与得益

报价	10	20	30	40	50	60	70	80	…
得益	0	0	0	3	6	4	2	2	…

（2）如果红城的估价为 100，在出价 60 时，它的期望得益为：$0.6 \times (100-40) + 0.4 \times 0.5 \times (100-60) = 44$。

同理，其他出价方式所对应的期望得益如表 5-8 所示。可见，出价 60 不是占优策略，而出价 100（按照自己真实估价报价）是一个弱占优策略。

表 5-8　红城估价 100 时的报价与得益

报价	…	30	40	50	60	70	80	90	100
得益	…	0	18	36	44	52	52	52	52

现考虑新的策略组合：（红城真实出价，蓝海仍采取原策略）。显然，此时仍不是贝叶斯纳什均衡。

继续考虑另一新策略组合：两公司均采取"估价 50 就出价 50，估价 100 就出价 100"的策略。再次从红城入手分析。

（1）如果红城估价 50，在出价 50 时的期望得益为：$0.6 \times 0.5 \times (50-50) + 0.4 \times 0 = 0$。

同理，其他出价所对应的期望得益如表 5-9 所示。

表 5-9　出价为估价的情况

出价	10	20	30	40	50	60	70	80	…
得益	0	0	0	0	0	0	0	0	…

（2）如果红城估价 100，在出价 100 时的期望得益为

$$0.6 \times (100-50) + 0.4 \times 0.5 \times (100-100) = 30$$

同理，在其他出价下所对应的期望得益如表 5-10 所示。可见，按照自己的真实估价进行出价是一个弱占优策略。

表 5-10　估价 100 且真实出价时的出价和得益

出价	…	30	40	50	60	70	80	90	100
得益	…	0	0	15	30	30	30	30	30

可见，在二价密封拍卖中，每个人都会说真话。而且，上述讨论中并没有假定每个人都是说真话的。这也就意味着，无论别人是否真实出价，对每个竞价者而言依照自己估价而真实出价都是最好的选择。这就是二价密封拍卖机制的一个基本特点。同时，它也揭示了一个道理：要让拥有私有信息的人真实地披露自己的信息，就应该给他足够的激励，而赢得拍卖时的净得益（即真实价值减去出价）就是诱使他说真话的"信息租金"。显然，依照次高价格支付减少了卖方的收入，这是他对"信息租金"的支付。

✍ **扩展阅读：拍卖网站的交易规则**

维克瑞是最先引入二价拍卖（ascending auction）的学者，并将它作为增价拍卖（亦即英式拍卖）的一个模型，现在拍卖网站上普遍使用的也是这一模型。图 5-8 和图 5-9 所示是淘宝网站拍卖示意图。

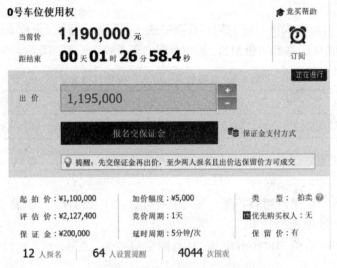

图 5-8　淘宝网站某车位使用权的拍卖界面

竞买记录

状态	竞买号	价格	时间
领先	K1285	1,210,000	2016年04月30日 08:35:09
出局	F2046	1,200,000	2016年04月30日 08:33:13
出局	R8285	1,190,000	2016年04月30日 07:49:40
出局	L8770	1,185,000	2016年04月30日 06:47:15
出局	U6599	1,180,000	2016年04月29日 21:12:54
出局	U6599	1,140,000	2016年04月29日 21:12:16

图 5-9　淘宝网站某车位拍卖的部分竞买记录

为了说明这一点，请读者参阅图 5-8 和图 5-9 所示的网站拍卖界面和竞买记录。图中的交易价格是第一价格还是第二价格？答案是第一！那么，它又为何被称为二价拍卖？提请读者注意，诸如易趣（eBay）和亚马逊（Amazon）等许多网站都鼓励竞价人使用投标代理（proxy bidding）。竞价人告诉他的代理所愿意支付的最高价，即他的最高出价。投标代理替他保守这个秘密,并代替他在增价拍卖中出价。倘若这一出价没有超过别人的出价而成为最高竞价(亦即网站上的当前价),则只要不超过竞价人的最高价,投标代理就将报价提高一个增量(亦即网站上的加价幅度)。如果每个竞价人都使用投标代理,那么结果就是:愿意支付的"最高价"最高的那位竞价人也将出价最高,获得拍卖品。胜出者所支付的价格等于所有最高价中的次高价。如果用"出价"代替"最高价"这一术语,则上述规则正好与二价密封拍卖的规则相同。用博弈论的术语来说就是,含投标代理的英式拍卖(亦即公开增价拍卖)和密封二价拍卖是策略等价的。两者的策略集合之间存在着一一对应的关系,使得相对应的策略组合产生同一结果。实际上,每个网站的向上叫价拍卖规则可能会稍有不同,而且会随着时间的推移逐步修改,趋向完善。上述内容只是简述了拍卖机制的要点。

　　那么,二价密封拍卖就是完美的吗?答案当然是否定的。世界上本就没有十全十美的事物,真实报价问题只是在一定条件下成立,同时二价密封拍卖也会遇到其他问题。在新西兰政府 1990 年所举行的四场拍卖中,政府虽然避免了"赢者的诅咒",但也出现了对拍卖方不利的情况。例如,麦克米兰(McMillan)曾这样描述:"一种极端的情况,公司报价为 10 万新西兰元,但最终以次高报价 6 万新西兰元成交。另一种极端的情况,最高报价是 700 万新西兰元,次高报价是 0.5 万新西兰元。"政府的咨询顾问预计通过拍卖获得的总收入会达到 2.5 亿新西兰元,但事实上仅获得了 3 600 万新西兰元。在开展频谱拍卖两年后,新西兰政府认为二价密封拍卖未能体现频谱的真实价值,故在 1991 年至 1994 年,将拍卖方式改为首价密封拍卖。从 1995 年起,新西兰政府决定采用与美国相同的同步增价拍卖模式。而 2012 年英国政府的 4G 频谱拍卖则采用了时钟拍卖和二价密封拍卖相结合的组合规则——前文已经提及。除上述情况外,由于卖家是清楚物品真实价格的,所以可能委托他人混入竞拍者中以提高交易价格。这样做会使交易价格接近物品的真实价格,以获得更高的利益。这就是卖方的"托价"行为。

　　从理论上讲,一个收入最大化的拍卖机制应当把标的物卖给具有最高边际收入而不是最高价值(即最高估价者)的买方。换言之,为了追求收入最大化,拍卖方通常会区别对待不同的竞价者,特别是偏向于来自"弱"分布[①]的竞价者一方。在首价密封拍卖中,弱势(即来自弱分布)的竞价者受到强势竞价者的竞争压迫,通常会比强势竞价者出价更凶猛,即出价更接近真实值。因此,首价密封拍卖是有利于弱势竞价者的。相比之下,在二价密封拍卖中,标的物在符合私有价值条件下总是卖给估价最高的竞价者。因此,从期望收入角度看首价密封拍卖一般会比二价密封拍卖要好,但是它的资源配置效率却相对要差。

📚 进阶阅读:二价拍卖的贝叶斯均衡分析

　　设有 n 个竞价人竞拍一个物品。竞价者 $i(i=1,\cdots,n)$ 对拍卖品的真实估价为 v_i,独立于其他竞价者的估价 $v_j,j\neq i$。不妨对竞价者的估价进行排序,即 $v_1>v_2>\cdots>v_{n-1}>v_n>0$。竞拍规则为上述二价密封拍卖的规则。若竞价者 i 赢得标的,则其得益为 $u_i=v_i-b_j$,其中 b_j 为次高出价;否则为 0。

---

① 所谓分布的强和弱,粗略地讲是指前者的分布一阶随机优于后者。

另外，如有两个以上的竞价人出价相同，则按竞价人的序号决定胜者。例如，若 $b_1(v_1)=b_2(v_2)$，则判定竞价人1胜出。但由于"次高价"与最高价相同，所以交易价格仍等于自身出价 $b_1(v_1)$。于是其得益为：$v_1-b_1(v_1)$。

这个博弈存在多个均衡，但此处只介绍其中三个：①诚实出价策略组合，意即每个竞价人都按照自己的估价进行出价，没有低报或高报；②防守出价策略组合，指竞价人在胜算不大时采取防守策略，出价为0——只有估价最高、胜算最大的竞价人1诚实出价；③交错出价策略组合，即在胜算较高的两人中间相互以对方的估价为出价，而其他人仍然采取防守策略。

（1）真实出价策略组合。此时 $(b_1,b_2,\cdots,b_n)=(v_1,v_2,\cdots,v_n)$，即每个竞价人 i 都按自己的估价 v_i 而真实出价。竞价的结果当然是竞价人1胜出，因为 $v_1>v_2>\cdots>v_{n-1}>v_n$。他的得益为 $u_1>v_1-b_2$，而其他竞价人得益为0。

下证真实出价策略组合是一个贝叶斯纳什均衡。

①竞价人1对于真实出价是不会产生背离动机的。当 $b_1=v_1$ 时，$u_1=v_1-b_2=v_1-v_2>0$。否则，若出价 $b_1>v_1$ 固然能赢得标的，但不会改变得益水平 $u_1=v_1-b_2$。因此真实出价至少不会劣于虚高报价。若出价 $b_1<v_1$，则可能会发生 $b_1<b_2<v_1$ 的不幸事件。竞价人输掉标的，得益为0。因此，真实出价优于压低出价。所以，真实出价是一个弱占优策略。

②别的竞价人 j（$j=2,3,\cdots,n$）也不会有改变自己真实出价的动机。当 $b_j=v_j$ 时，由于不能中标，得益为0。如果 $b_j\neq v_j$，一种可能是 $b_j\leqslant b_1=v_1$，则竞价人 j 仍然不能中标，得益仍是0；另一种可能是 $b_j>b_1=v_1$。这时 j 会赢得标的物，但得益却为负，即 $u_j=v_j-b_1=v_j-v_1<0$。显然，这劣于真实出价。因此，竞价人 j 也无动机偏离。

（2）垄断出价策略组合，即 $(b_1,b_2,\cdots,b_n)=(v_1,0,\cdots,0)$。此时除竞价人1以外的所有其他竞价人都报价为0，从而 $u_1=v_1-0=v_1$。为什么这也是一个贝叶斯纳什均衡？

①竞价人1没有背离动机。不妨假设 $b_1\neq v_1$。鉴于 $b_1\geqslant 0$，因此即使他出价 $b_1=0$ 也会赢——所有出价相同时依照身份序号选胜。此时得益为 $u_1=v_1-0=v_1$。所以，真实出价是一个弱占优策略。

②别的竞价人 j 也没有动机改变自己的零出价策略。假设 $b_j>0$，只要 $b_j<b_1=v_1$，那么竞价人 j 仍输，得益同样为0；当 $b_j>b_1=v_1$ 时，尽管竞价人 j 会赢得标的，但 $u_j=v_j-v_1<0$，反倒不如 $u_j=0$。

（3）交互垄断策略组合，可表示为 $(b_1,b_2,\cdots,b_n)=(v_2,v_1,0,\cdots,0)$。此时估价最高的两位竞价人互相揣测对方，以对方的估价为出价，而其他竞价人则出价为0。换言之，竞价人1出价 $b_1=v_2$，而竞价人2出价 $b_2=v_1$，使得 $b_2=b_1$。显然，$u_1=0$，但 u_2 也等于零，因为 $u_2=v_2-b_1=v_2-b_2=0$。

这也是一个纳什均衡吗？回答是肯定的。

①竞价人1没有动机背离 $b_1=v_2$。否则，假设 $b_1\geqslant v_1$，则竞价人1胜出（因为 $b_2=v_1$）。但此时 $u_1=v_1-b_2=v_1-v_1=0$，并不比出价 $b_1=v_2$ 时有任何改善。如果 $b_1<v_1$，则竞价人1仍输掉拍卖品，仍得益为0。因此，当前策略是一个弱占优策略。

②竞价人2也没有动机背离 $b_2=v_1$。否则，假设 $b_2>v_2$，则竞价人2仍然胜出——

因为 $b_1 = v_2$。此时仍有 $u_2 = v_2 - b_1 = 0$,并无增益。假设 $b_2 \leqslant v_2$,则竞价人 2 输掉拍卖,使 $u_2 = 0$。因此,当前策略也是一个弱占优策略。

③ 其他任何竞价人 $j(=3,4,\cdots,n)$ 的策略 $b_j = 0$ 也是弱占优策略。请读者自行证之。

在上述三个均衡中,前两个均衡是竞价人 1 获胜,而第三个均衡则是竞价人 2 获胜。同样地,读者可以依次举出让竞价人 $3,4,\cdots,n$ 获胜的策略组合,并且证明它们是均衡的。

思考与练习

请读者通过查阅资料或者结合自己已经学过的博弈模型找出别的均衡。

由(3)可见出价 $(b_1 = v_2, b_2 = v_1)$ 也可以成为纳什均衡,似乎与二价拍卖引导真实出价的说法相冲突。但实际上这两处并不矛盾。从前面的学习我们知道,当存在多个纳什均衡时,某些均衡经过精炼是可以被排除的。这里,我们只要运用"剔除弱劣策略"这一准则,就可以排除第三个例子中那个纳什均衡。接下来将证明每个人诚实出价即 $(b_1, b_2, \cdots, b_n) = (v_1, v_2, \cdots, v_n)$ 是一个弱占优策略。

如果 $b_i \neq v_i (i = 1, 2, \cdots, n)$,则有下述两种情形。

(1) 出价 $b_i < v_i$,又分三种可能。

① 若 $b_j < b_i < v_i$,竞价人 i 仍会赢得拍卖,得益为 $u_i = v_i - \max\limits_{j \neq i}\{b_j\}$。显然,此时并不比出价 $b_i = v_i$ 时更好。

② 若 $b_i < v_i < b_j$,竞价人 i 输掉拍卖,得益 $u_i = 0$。不难推知,即使 $b_i = v_i$,竞价人 i 仍会输,因此得益 $u_i = 0$。从而出价 $b_i = v_i$ 不差于 $b_i < v_i$。

③ 若 $b_i < \max\limits_{j \neq i}\{b_j\} < v_i$,则竞价人 i 输掉拍卖,其得益 $u_i = 0$;而如果出价 $b_i = v_i$,竞价人 i 的得益为 $u_i = v_i - \max\limits_{j \neq i}\{b_j\} > 0$。所以,出价 $b_i = v_i$ 优于出价 $b_i < v_i$。

(2) 出价 $b_i > v_i$,同样可分为三种可能。

① 若 $v_i < \max\limits_{j \neq i}\{b_j\} < b_i$,竞价人 i 胜出,但得益为负:$u_i = v_i - \max\limits_{j \neq i}\{b_j\} < 0$。因此,不如诚实出价(即 $b_i = v_i$)。

② 若 $\max\limits_{j \neq i}\{b_j\} < v_i < b_i$,则 $u_i = v_i - \max\limits_{j \neq i}\{b_j\}$。这也不比出价 $b_i = v_i$ 更好。

③ 如果 $\max\limits_{j \neq i}\{b_j\} > b_i > v_i$,则 $u_i = 0$,仍然没有优于出价 $b_i = v_i$。

由此可见,无论对手 $j(\neq i)$ 如何出价,$b_i = v_i$ 至少与 $b_i \neq v_i$ 一样好。因此,依照自己对拍卖品的估价而真实出价是一个弱占优策略。

5.4　多人投票:诚实投票 vs 策略投票

在一个共和国里,保护社会成员不受统治者的压迫固然重要,保护某一部分社会成员不受其他成员的不正当对待,同样重要。在不同的社会成员之间一定存在不同的利益,如果大部分成员联合起来,那么少数群体的权利就会得不到保障。

——詹姆斯·麦迪逊(James Madison,美国政治家)

5.3 节将仅一人拥有私人信息的情景延伸至双方都拥有私人信息。本节将讨论更一般的情景,使参与者数多于两个,进而探讨另一些更有现实意义的模型。

人类社会一经出现便存在着选择的问题,如重要职位的人选、政策的制定甚至是国家政治体制的确定等。一般来说,这些问题的解决主要有四种方式,即社会传统习惯、个人或集团的专制独裁、投票表决和被称之"看不见的手"的市场机制。

就制度而言,社会选择的主要方式是投票制度与市场机制。在德国、法国以及北欧诸国,投票制度使用范围极其广泛,常常直接或间接地通过投票做决策而较少采用市场机制。实际上,市场机制也是投票的一种特殊形式——在市场机制中选票就是货币。

在政治经济生活中存在着多种类别的投票,既有选举投票,又有表决投票;既有匿名投票,又有实名投票;既有排序制投票,又有积分制投票。在纷繁复杂的投票现象中,投票机制如何影响参与者行为和投票结果?回答这一问题还需要从投票者的行为互动说起。本节将选取两种投票机制,让读者在学习贝叶斯均衡的同时又能理解投票机制的作用方式。第一种投票机制是多人同时投票,而第二种是议程表决。

游戏与实验

目前,全国各大城市正在进行历史名人评选,被选出的名人将用于该市的形象宣传。假设你作为北京市的一员,也有义务投出自己的一票。当你到达现场后,看到候选名单上列有:庄子,范仲淹,伍子胥,霍去病,梅兰芳,僧一行,李林甫,徐阶,孙思邈,韩非子,班昭,崔瑗。无论对名人了解与否,都到此为止,不允许再搜索查询。要求有二:

(1) 请选出至多 3 名在北京出生或成长的历史名人;

(2) 知名度高,形象佳,形象不佳者将被强制删去。

若你选中的名人符合要求且最终当选,则你将得到实验成绩 100 分;若你选中的名人不符合要求但最终当选,则你得－100 分;其他情况得 0 分。

5.4.1 弃权票策略

让我们翻开著名奇幻小说《冰与火之歌》,管中窥豹,领略列王纷争。

七国之王劳勃·拜拉席恩意外亡故,临终所留遗嘱"吾之合法继承人乔弗里"引发王室剧变。王子乔弗里看似应该合情合理继承王位,却爆身世丑闻:王子实则王后私生子并非先王所生,但先王已逝,血脉已无法盖棺定论。王弟史坦尼斯骁勇善战,若王子身世丑闻成真,他身为死去的七国之王劳勃的长弟,是铁王座合理合法的第一顺位继承人。

先王亡故,七国的暗流涌动变成惊涛骇浪,列王的纷争就此拉开序幕。谁将问鼎王位,不仅在于各方势力的靠拢,更取决于议会元老的斡旋。因此首相奈德、财政大臣贝里席、情报总管瓦里斯,此三人之选择至关重要。

先王在时,乔弗里一直贵为王子,虽性情骄横但行为并无不端,身世之谜也从未有所泄露,值此关头的身世攻击似乎也无法印证,所以乔弗里处于守势;而挑战他的叔父史坦尼斯,寡言沉闷,勇猛刚毅,绝不会作出任何让步,因此势必力取。但过往历史不能说明问题,到底谁能成为"七国之王"还要看日后能否造福七国民众。

在表明立场的关头,假设首相奈德、财政大臣贝里席、情报总管瓦里斯三位元老拥有绝对权威。三个人需要几乎同时作出决定——这类似于现代的委员会投票,每人匿名作出自己的表决,最后公布投票结果。如果元老议会选出了最能胜任的国王,则每人得益为

1,否则,得益为 0。

　　私生子丑闻爆出之前,国王的不二人选是王子乔弗里。至于史坦尼斯,议会元老中有些人对其以往表现有所了解,而有些人却知之甚少。因此,对于不知情的元老们而言,史坦尼斯是否更能胜任国王显然是未知的(不完全信息)。同时,对于每个元老而言,其他元老是否了解史坦尼斯也是未知的(不完全信息)。在这里,可以看到没有绝对的正确与否,或者谁应该胜出的问题。在选定继承人的过程中,既有投票人对接近事实真相的努力,又有投票人之间相互作用的结果。实际上,在大多数投票机制中,投票人的相互作用都不容小觑。通过梳理,你会发现该博弈中存在两种类别的不确定性:史坦尼斯是否更能胜任,其他元老是否了解史坦尼斯。

　　因此,每位元老都存在两种可能类型:了解史坦尼斯和不了解史坦尼斯。对于任意一位元老,他的类型既可能是了解史坦尼斯,也可能是不了解史坦尼斯。但这是他的私有信息,其他元老并不知晓。不妨假设,他了解史坦尼斯的概率为 q,不了解史坦尼斯的概率为 $1-q$。三位元老均是如此。

　　如果某一位元老不了解,他就无法准确地断定史坦尼斯是否胜任。假设他认为王子乔弗里更能胜任的概率为 p。既然乔弗里能被国王选中,不妨假设 $\frac{1}{2}<p<1$。相反,史坦尼斯更能胜任的概率则为 $1-p$。毫无疑问,如果该元老了解史坦尼斯,他就会知道选谁更好;如果不了解,则选择王子乔弗里,因为此时的期望得益为 $p\times1+(1-p)\times0=p$,大于选史坦尼斯时的得益 $p\times0+(1-p)\times1=1-p$。还有一点尚需说明,我们仅考虑"谁能胜任存在着客观标准"的情形。换言之,假设有两个元老都了解史坦尼斯,那么关于"谁能胜任",他们二人之间不存在主观分歧。

　　类似海萨尼转换,我们将不确定性都交由"自然"来选择。首先,"自然"决定谁更能胜任,意即王子胜任的概率为 p,史坦尼斯则为 $1-p$;其次,"自然"选择每位元老的类型。

　　在"自然"决定了上述四项之后,这三位元老同时投票。至此,就完成了海萨尼转换。读者可以自行尝试画出所对应的博弈树。很显然,我们已经将不完全信息静态博弈转换为不完美信息动态博弈。该博弈的一个特点是分支多:不仅"自然"所要决定的分支多,而且参与者数量与可能行动不止两个。元老们的可能行动包括"选择乔弗里""选择史坦尼斯"和"弃权"。

　　为了分析方便,我们姑且把列王的纷争表达为一个投票推举模型。

　　博弈参与者:议会三元老{奈德、贝里席、瓦里斯}。

　　自然赋予的概率:

　　乔弗里更好的概率为 p;

　　史坦尼斯更好的概率为 $1-p$;

　　元老了解史坦尼斯的概率为 q;

　　元老不了解史坦尼斯的概率为 $1-q$。

　　行动:{选择乔弗里,选择史坦尼斯,投弃权票}。

　　得益:根据投票结果,选对正确的国王则得益为 1,否则得益为 0。

　　补充:在两个候选人中,得票最多者获胜;暂不讨论混合策略均衡——即使有混合均衡,我们也认为投票时不能写为"50%选乔弗里,50%选史坦尼斯"。

在这个贝叶斯博弈中,可能存在多个均衡。为了降低难度,我们仍然只是验证某一给定策略组合是否为贝叶斯纳什均衡。假设议会元老志虑忠纯,一心造福七国民众,不存私心,那么模型就是对称的。鉴于此,仅考察对称策略组合。

(1) 如果元老了解史坦尼斯,那么他认为谁能胜任,就选谁当国王。例如,若奈德认为史坦尼斯能够胜任,则推举他;否则,推举王子。这是一个弱占优策略,原因如下。

① 当贝里席与瓦里斯的投票相同时,投票结果已经确定。因此,无论奈德选择谁,都不影响选举结果。所以,选择自己认为能胜任的人。

② 当贝里席与瓦里斯的选择不同时,奈德的投票决定谁能赢得王位。此时,作出正确的选择得益为1,而作出错误的选择则得益为0。所以,奈德应该果断地把票投给他认为能够胜任的那个人。

(2) 如果元老不了解史坦尼斯,则弃权是占优策略。这是一个非常有意思的策略,它违背我们的直观。但细细分析,你会发现它符合参与者的理性要求。考察下述三种策略。

① 元老选择王子。根据第一种情况的分析,可知此时的策略组合为"如果了解史坦尼斯,就选择自己认为更能胜任的人选;如果不了解,则选择乔弗里"。不妨从首相奈德的视角展开分析。这看似一个理性选择——如前所述,在自己不了解史坦尼斯的时候选择乔弗里的期望得益为 $p > \dfrac{1}{2}$。但加入参与者的互动之后结果将有变化。如果另两位元老的选票一致,则首相的选择并不能改变最后结果。因而此时的策略是弱占优策略。然而,如果另两位元老的选票不一致,则一定是一位元老了解史坦尼斯而另一位不了解。[①] 不妨假设财政大臣贝里席了解史坦尼斯。由于贝里席知情,因而他能够作出正确的选择。那么,情报总管瓦里斯一定是错误的。由于瓦里斯和奈德一样,所采取的也是同样策略。因此,在此情形下该策略是一个劣策略。上述推理说明,此时"选择王子"不是贝叶斯均衡所对应的策略。

② 元老选择史坦尼斯。可以证明,此时所对应的策略组合也不是贝叶斯均衡。证明过程与①类似,读者可自行完成。

③ 元老选择弃权。不妨假设奈德选择弃权。如果其他两位元老都了解史坦尼斯,则会据实选择更能胜任的人选。此时奈德的选择不影响投票结果。如果只有贝里席一人了解史坦尼斯,则贝里席会根据自己的认识进行投票,而奈德和瓦里斯会选择弃权。此时更能胜任的人当选。如果三个人都不了解史坦尼斯,三人都将采取弃权策略。此时无人支持史坦尼斯,因而王子乔弗里作为先王的指定人选继承王位。此时,由于乔弗里胜任的概率大于0.5,因此期望得益仍然是最优的。由此可知,该策略是一个弱占优策略,而由该策略所组成的对称策略组合是一个贝叶斯纳什均衡。

上述推理过程给出了弃权票策略在委员会投票中的合理性。也许读者已经注意到,弃权票只是在一定条件下才出现的结果,它不具有普遍意义。因此,读者在实际运用中不仅

---

① 实际上,如果贝里席和瓦里斯都了解,则投票一致;如果贝里席和瓦里斯都不了解,仍然投票一致——前者是客观标准所致,后者是对称策略所致。

应关注自己对表决事项的科学认识,而且应关注投票者之间的策略互动,关注别人的行为。

让我们回到现实中的投票,大多数投票人在投票前并不清楚两种选项孰优孰劣。这种情况下,最好不要盲目投票。在某些条件下,弃权也许是一种理性的选择。仅此而论,我国在联合国大会上多次选择弃权也是有一定理由的。撇开政治见解不谈,如果不能完全确信自己对一个政策有足够的了解,弃权乃是中庸之选。

此外,再从信息的角度回顾这个博弈。请问仅了解乔弗里的信息对于元老们的行为有任何影响吗?答案是没有。此时,一个有用的信息应该包含两点:①对史坦尼斯充分了解;②对乔弗里充分了解。两点信息整合在一起才能给投票人以正确指导。从这个角度审视民选:如果一个候选人只顾展现自己宏大的政治抱负和政治才能是没有意义的——他还应该关注对手,证明自己比别人强。通过将自己和他人对比或者对其他候选人提出批评,候选人才可以向选民传播有决定意义的信息(这个信息并不一定是正确的)。这也是政坛上产生各类政治攻击的原因所在。

5.4.2　诚实投票还是策略投票

引语故事:班委的困惑

眼看"五一"假期将至,社会学专业一年级(1)班的班委愈加焦虑起来。他们还在为春游的事情犹豫不决。为了给同学们提供全体参与、愉悦美好的集体活动,班委每年都会就活动形式和地点举行投票,以求让尽可能多的人感到满意。去年,班委曾就活动地点举行投票,请每位同学写上自己的中意地点。而投票结果却非常分散,如某些地点只有两三票,甚至1票,而有些地点却有10多票。即便如此,最高得票数也不超过全班人数的1/3。最后临近假期才匆匆选定了得票最高的地点。虽然活动非常成功,但是一部分同学的"欲言又止"却让班委心有不甘。

为了使支持者过半,今年班委改革了投票程序。首先班委口头征询民意,列选6个"最想去的地点"。然后根据学校的出游要求淘汰3个。目前只剩黄山、丽江古城和故宫3个地点进行两两角逐。班委制定了一个投票日程。首先就黄山和丽江古城进行投票,结果黄山胜;然后就黄山和故宫进行投票,结果故宫胜。最后,班委一致决定去故宫。可是临近投票结束时文体委员还不甘心,坚持让大家就故宫和丽江古城再投票一次,以检验集体决策的正确性。结果却让人大跌眼镜——丽江古城胜出!这次投票,又一次令春游陷入僵局。

让班委不明白的是,明明投票得出的结果是"故宫胜于黄山,黄山胜于丽江古城",为何最后一轮却是"丽江古城胜于故宫"呢?有谁中途变卦了吗?同学们到底有没有诚实投票?

在就某一事项进行表决时,常见的机制是简单多数制,意即获取多数人支持的候选事项胜出。在有多个候选人参加竞选时也可用这种投票机制,此时投票人只需对其中的一个人进行投票。至于弃权或者废票是否应计算在内,则需要另行规定。此时得票最多的候选项(人)获胜。然而,简单多数投票机制具有似是而非的特征。反对这一制度的人士认为,当存在多个候选人时,个人只能排列出对不同候选人的偏好顺序,但无法反映出偏好的强度。例如,在一个有六七位候选人的选区,投票支持后面几位候选人的选民的声音被完全忽视了。他们还批评说,根据这一制度选举产生的议会议员之中甚至有2/3的人没有得到半数以上支持。这是对民主的嘲弄！这可能会导致所谓的"投票悖论"，以及投票交易行为。

首先发现这一现象的是 200 多年前的法国大革命英雄马奎斯·孔多塞（Marquis de Condorcet）侯爵。在很多状况下，所投票表决的事项并没有客观评价标准，而是依赖于不同投票人的个人偏好——这与 5.4.1 节的情景不同。相比之下，排序复选制似乎能让每个投票者的意愿都在最后的选举结果中有所体现。循此思路，孔多塞法则是最早的排序式投票制度。所谓排序式投票制度，就是指投票人需在投票时表达出对各候选人的偏好次序。在 200 多年前的那个时代，孔多塞能提出这样的方法显然是一种富有创造力的制度创新。排序式投票制度发展到现在，最常见的形式是议程表决（agenda）。

	类型 1	类型 2	类型 3
最中意	A	B	C
次中意	B	C	A
不中意	C	A	B

图 5-10 委员们的偏好次序类型

考虑一个具有 n 个委员的投票委员会。每个委员对三个候选人 A、B、C 都有自己的排序。假设偏好次序是图 5-10 三种情形中的任意一种。对于任意一个委员，他属于某一类型的概率为 $p_i, i=1,2,3$。尽管每个委员的类型不为他人所知，但是他自己非常清楚。此外，对于每个委员来说，如果自己最中意的候选人获胜，自己得益为 1；不中意的人获胜，自己得益为 0；否则得益为 $v(0 < v < 1)$。

让我们考察这样一个表决议程：第一轮就 A 和 B 进行投票；第二轮就上轮胜出者与 C 进行投票。接下来，我们要向读者证明一个重要事实：诸如引语中班委所困惑甚至怀疑的事情并非那么直观。具体而言，即使委员们的偏好相当一致而使得孔多塞胜者[1]显而易见，这个胜者也不一定能够毫无悬念地当选——只要这个委员会足够大。

根据逆向归纳思想，在最后一轮，每个委员都会诚实投票，意即依照自己的偏好次序进行投票。无论前面如何行动，在最后一轮所对应的得益已经不再包含下阶段的预期，是历史行动的结果加上本轮的得益。既然历史结果无法改变，能够改变的只有这一轮的得益。因此，最后一轮的行动只影响本轮得益。既然如此，在最后一轮，每个委员都将依照自己的偏好诚实投票——无论第一轮投票结果如何。因此，第一轮应该如何投票是我们讨论的重点。

类型 2 的行动：鉴于每人都在最后一轮诚实投票，因此偏好的不确定性意味着——在第一轮如果 A 胜出则进入 A 与 C 的对决，如果 B 胜出则进入 B 与 C 的对决。这种对决的结果依赖于投票委员是某一类型或其他类型的概率。然而，撇开这些概率不谈，具有偏好次序 B>C>A 的类型 2 一定会在 B 与 C 之间选择，而非 A 和 C 之间。因此，作为共同知识，每个人都知道类型 2 的占优行动：在第一轮会选择 B。

类型 3 的行动：对类型 3 的分析有些许复杂。但是，仍然能够证明存在一个对所有的类型 3 一致的策略，它是均衡的一部分。对于 n 个委员，有两种互斥的情况。

（1）至少有 $\frac{n+1}{2}$（含）的投票人不是类型 3。

---

[1] 将所有的候选人两两进行 PK（对决），如果存在一个候选人，能够在"少数服从多数"的原则下 PK 掉其他所有候选人，那么他就是孔多塞胜者。

(2) 至少有 $\dfrac{n+1}{2}$（含）的投票人属于类型 3。

任何一个委员都不能确知委员会到底是上述哪种可能。如果情况 (2) 成立，则无论第一轮如何投票，C 最终获胜。相反，如果情况 (1) 成立，那么又存在两种情况：若 B 在第一轮胜出，则进入与 C 的 PK，有一半机会在第二轮胜出；若 A 在第一轮胜出，则 A 也有一半机会胜出。既然 B 是类型 3 的最后选择，那么第一轮投给 A 是所有类型 3 的占优行动——至少 A 在第二轮有机会胜出。

类型 1 的行动：既然类型 2 和类型 3 的委员都有自己的占优行动，而类型 1 仍待进一步分析，那么不妨针对类型 1 将可能的策略简化为如下两类。

S_1：如是类型 1，则诚实投票给 A；

如是类型 2，则选 B；

如是类型 3，则选 A。

S_2：如是类型 1，则策略投票给 B；

如是类型 2，则选 B；

如是类型 3，则选 A。

所谓策略投票，是指委员们的投票依赖于最后的得失权衡，而非自己的偏好次序。如此算来，3 个委员共有 8 种策略组合。重申一下本节的宗旨，我们只是想证明有些事情看似不可思议却有着内在的逻辑，而非穷尽所有均衡。因此，仅考虑两种可能性。

(1) 所有委员在第一轮都选择 S_1，即所有类型 1 的委员都诚实投票。

(2) 所有委员在第一轮都选择 S_2，即所有类型 1 的委员在第一轮选择策略投票，而在第二轮诚实投票。

显然，这两种可能性都是对称的策略组合。

(1) 检验第一种策略组合 $(S_1, S_1, \cdots, S_1)$ 是否构成一个贝叶斯均衡，亦即是否有人存在单方面偏离的动机。由于类型 2 和类型 3 的委员都选择了自己的占优行动，因此没有动机偏离。唯一的可能是类型 1 的委员转变为策略投票，从支持 A 转为投给 B。当然，还有一个重要事实是：只有在 A 和 B 的支持者势均力敌时偏离，才可能获得正的得益；否则，偏离没有任何得益。因此在 A 和 B 的势力失衡时类型 1 的委员不会偏离。例如，若有明显超出半数的委员都支持 A，则任何一个类型 1 都没有动机单方面偏离——撇开"故意"不谈。

既然如此，暂且考虑一个类型为 1 的摇摆委员。类型 1 有动机偏离 A 的条件是恰有个对方阵营成员是类型 2——如果其他委员都遵守 S_1 策略，那么投给 B 的委员也只能是类型 2。在这种情况下，一个委员必须权衡如下两个选择。

选择 1：如果摇摆委员转向投 B，则需要该委员连同 $\dfrac{n-1}{2}$ 个类型 2 的委员在第二轮投票中联合确保 B 胜出。

选择 2：如果摇摆委员坚持投 A，则结果是 A 和 C 进一步 PK。在接下来的 PK 中，如果在第一轮投向 A 的支持者中至少存在 1 个类型 3，则 C 胜出；否则，A 胜出。当然，既然其他委员的策略不变，那么其他 $\dfrac{n-1}{2}$ 个 A 的初始支持者不可能是类型 2。根据贝叶斯法则,对于任一 A 的初始支持者,他属于类型 3 的(条件)概率为 $\dfrac{p_3}{p_1+p_3}$,而属于类型 1 的概率则为 $\dfrac{p_1}{p_1+p_3}$。不难推知,A 的所有其他支持者都是类型 1 的概率为

$$p(t_1 \mid \sim t_2) = \left[\frac{p_1}{p_1+p_3}\right]^{\frac{n-1}{2}}$$

而至少有 1 个是类型 3 的概率为

$$p(t_3 \mid \sim t_2) = 1 - \left[\frac{p_1}{p_1+p_3}\right]^{\frac{n-1}{2}}$$

因此,只要摇摆委员是双方胜负的决定性一票,那么选择 B 将得到 v,而选择 A 将得到一个期望收益,等于 1 乘以 $p(t_1 \mid \sim t_2)$ 加上 0 乘以 $p(t_3 \mid \sim t_2)$。当

$$v > \left[\frac{p_1}{p_1+p_3}\right]^{\frac{n-1}{2}}$$

时,摇摆委员才有动机从诚实投票单方面偏离,即由投 A 转向投 B。因为

$$\frac{p_1}{p_1+p_3} < 1, \frac{n-1}{2} \xrightarrow{n \to \infty} \infty, \quad \left[\frac{p_1}{p_1+p_3}\right]^{\frac{n-1}{2}} \to 0$$

所以只要 n 足够大,$0 < v < 1$ 就会成立。换言之,当委员会足够大时,"所有类型 1 的委员都诚实投票"将不再构成一个均衡。

(2) 考虑第二种策略组合 $(S_2, S_2, \cdots, S_2)$ 是否构成一个贝叶斯均衡,其中类型 1 的委员采取策略投票。和前文分析类似,摇摆委员成为决定性一票的条件是一定存在个其他委员是类型 3。同上,让我们来比较类型 1 在单方面偏离时的两个选择。

选择 1:如果摇摆委员坚持投 B,则 B 将胜出——因为在第二轮投 C 的类型 3 只有 $\dfrac{n-1}{2}$ 个,而支持 B 的则包括摇摆委员和 $\dfrac{n-1}{2}$ 个类型 1 和类型 2。

选择 2:如果摇摆委员转向投 A,则又是一场 A 和 C 的 PK。在第二轮 PK 中,如果初始支持 B 的都是类型 1,则 A 获胜;相反,B 的初始支持者中只要有 1 个类型 2,就会出现 C 胜出——因为他会加入类型 3 而支持 C。对于 B 的支持者,既知不是类型 3,则他是类型 1 的(条件)概率为 $\dfrac{p_1}{p_1+p_2}$。所以,所有 B 的初始支持者都是类型 1 的概率为

$$p(t_1 \mid \sim t_3) = \left[\frac{p_1}{p_1+p_2}\right]^{\frac{n-1}{2}}$$

而至少存在 1 个类型 2 的概率是 $1 - \left[\dfrac{p_1}{p_1+p_2}\right]^{\frac{n-1}{2}}$。

显然,选择 B 将得到 v,而选择 A 的期望得益是 1 乘以 $\left[\dfrac{p_1}{p_1+p_2}\right]^{\frac{n-1}{2}}$。比较可知,当

$$v > \left[\frac{p_1}{p_1+p_3}\right]^{\frac{n-1}{2}}$$

时,摇摆委员将坚持策略投票,即选 B。当 n 足够大时,上述不等式成立。这与第一个策略的结果一样:当委员会足够大时,"所有类型 1 的委员都诚实投票"将不再是一个均衡。

可见,当委员会的规模足够大时,策略投票就有可能成为一种均衡结果。通过上面的案例不难得出,分散化的理性行为有可能导致拥有"决定性一票"的投票人背离诚实投票,转而采取策略投票。这是一个违反直观的结果!

扩展阅读:阿罗悖论

2000 年 5 月,维基百科的撰稿人发起了一次使用排序式(孔多塞制)的投票,投票的主题为是否要在人物词条里使用特定头衔,如是否把伊丽莎白二世称为"殿下"。在这次活动中,孔多塞投票制暴露了它的一个致命缺点:无法摆脱"阿罗悖论"。当时,维基百科委员会给出了五个方案作为候选项(鉴于篇幅,此处不列举五个方案的具体内容)让选民们投票,结果方案 1 打败了方案 4,方案 4 打败了方案 3,而方案 3 又打败了方案 1,没有任何一个方案能成为孔多塞赢家。孔多塞早在 1785 年就已经发现两两对决的投票制可能产生无法选出最终胜者的循环,因而人们也把"阿罗悖论"叫作"孔多塞悖论"。虽然这种循环现象出现的概率不大,但它的存在也着实让使用孔多塞投票制的人头疼。对此,孔多塞给出了自己的解决方案,但由于论述实在太过晦涩,几乎没有几个人能理解,更谈不上运用了。真正用在实际生活中的悖论消解法主要是考虑到既然在投票悖论里每个候选者都有被击败的记录,那么被最少的票数击败的那个候选者就是最终的赢家。

习　题

1. 什么是不完全信息静态博弈?

2. 静态贝叶斯博弈中参与者的策略有什么特点?为什么?

3. 举出不完全信息静态博弈的现实例子并进行分析。

4. 海萨尼转换的具体方法是什么?

5. 从不完全信息博弈的角度,从高到低叫价的荷兰式拍卖和暗标拍卖之间是否有相似性?

6. 假设在一个经济案件中,原告清楚上法庭自己是否能赢,而且这一点是原被告双方的共同知识,而被告不清楚谁会赢,只知道原告赢的可能性是 1/3。再假设原告胜诉时净利益为 3,被告净利益为 -4,原告败诉时净利益为 -1,被告净利益为 0。如果原告在起诉之前可以先要求被告赔偿 $M=1$ 或 $M=2$ 和解,被告接受就不上法庭,拒绝则上法庭。请用扩展型表示该博弈,并找出该博弈的均衡。

———————— 即测即练 ————————

第 **6** 章

不完全信息动态博弈*

📡 本章导读

二手车市场中的讨价还价、恋爱中的欲拒还迎、就业市场中的委托-代理等,这些实际场景中的行动都是有先后次序的。那么,当行动有先后次序,即后行者知道先行者采取的行动并可以随之更改自己的信念时,再应用第5章的贝叶斯纳什均衡来分析会不会出现问题。在这样的情况下,参与者应该如何进行策略选择才能符合所谓的理性呢? 本章将继续围绕不完全信息博弈展开讨论,重点介绍不完全信息动态博弈中的信号、空谈和声誉是如何影响人们行动的。

第5章介绍的是不完全信息静态博弈,其主要特征是:参与者同时行动,至少有一个参与者具有私有信息。但是,当参与者不再同时行动时,静态纳什均衡在解释参与者策略时同样面临可置信性与相机选择问题。

定义 6.1(不完全信息动态博弈) 在不完全信息条件下,博弈的每一个参与者知道其他参与者的类型空间及其分布,但是无法确知其类型;同时,参与者的行动有先后次序,后行动者可通过观察历史行动来获取信息,从而证实或修正自己的判断并作出应对。这样的博弈称作不完全信息动态博弈。

6.1 动态不完全:逼对手亮出底牌

6.1.1 案例:海湾战争中的对弈

📡 引语故事:萨达姆的威胁

20世纪90年代初,美苏之间结束了40多年的冷战状态,旧格局的瓦解引起国际政治力量的失调,造成局部地区力量真空和失衡,一些地区性强国跃跃欲试。伊拉克为了解决与科威特的边界纠纷和石油争端,于1990年8月2日出动10万大军侵入仅1.78万平方公里的"弹丸小国"科威特。经过约14小时的城市战斗,伊军完全占领科威特首都。之后,伊拉克领导人萨达姆·侯赛因宣布吞并科威特,将其划为伊拉克的"第19个省",并称它永远是伊拉克不可分割的一部分。

伊拉克企图吞并科威特,建立中东霸权,这是美国所不能接受的——美国石油进口总量的20%都来自海湾地区。美国总统布什谴责伊拉克的行动是"赤裸裸的侵略",并很快制订了防止伊拉克继续扩张的"沙漠盾牌"行动计划。但是,伊拉克对美国的行动置之不理,萨达姆还强硬地宣称:"如果美国进攻伊拉克,伊拉克将会使用令美国无法承受的大规模杀伤性武器。"而此时,美国已知伊拉克拥有苏联的"飞毛腿"导弹并改进为"侯赛因"导弹,但无法判断伊拉克是否在"侯赛因"导弹上装载了生化武器。

1991 年 1 月 17 日,美国开始实施"沙漠风暴"行动。美国首先使用 F-117 隐身轰炸机和阿帕奇武装直升机对伊拉克首都关键通信基础设施和边境雷达站进行了第一波打击。此时,伊拉克并未使用"侯赛因"导弹还击。接着美国动用号称"同温层堡垒"的 B-52战略轰炸机和中东附近海域的巡洋舰分别发射了大量常规巡航导弹及"战斧"巡航导弹,对伊拉克首都和主要城市进行了更大规模的轰炸。但萨达姆仍未使用"大规模杀伤性武器"。之后,美国开始从陆上对科威特和伊拉克中部发起进攻,对伊拉克主力形成合围之势。此时,伊拉克终于坐不住了,使用"侯赛因"导弹射向美国在中东的铁杆盟友以色列。但伊拉克发射的"侯赛因"导弹全部是常规弹头,导弹的杀伤范围只有 300 米,而误差半径却达到了 2 000～3 000 米,以致很多导弹落入无人之地。这更加证明了伊拉克的科技水平还不足以制造出"大规模杀伤性武器"。由此,美国便知道了萨达姆所谓的"令美国无法承受的大规模杀伤性武器",其实只是一种恐吓。

故事的主角是美国和伊拉克,来看它们是如何行动的。

首先,战争中的常规军力对比与大规模杀伤性武器的威慑评估。常规军力自不必说,双方都清楚各自实力,重点在于大规模杀伤性武器的威慑作用。美国是知道伊拉克没有核武器的,因为核武器的研制很难保密,但是生化武器的保密性更好,技术门槛也低。美国不知道伊拉克的导弹里是否装有生化武器弹头,以及这款导弹的制导性能如何。因此,美国无法确知伊拉克是否真正拥有大规模杀伤性武器,信息是不完全的。同时,鉴于美国所标榜的国际警察形象,伊拉克知道它是不会轻易使用核武器和生化武器的。

其次,面对萨达姆的恐吓,美国选择了逐步试探。它先是发动空袭,未见对方使用生化武器,美国得出了伊拉克没有大规模杀伤性武器的推断,便开始发动地面进攻。面对美国的步步紧逼,伊拉克使用了改进的"侯赛因"导弹,结果杀伤力有限,不足为惧。于是,美国在清楚对方并无更多底牌后,便毫无顾忌地采取军事行动了。可见,美国既没有贸然发动地面进攻,也没有被萨达姆的恐吓吓退,而是采取不停探底的策略,不断通过地空打击来试探萨达姆的底牌。

所以,如果美国确信萨达姆的底牌足够强,则不进攻伊拉克,否则将会遇到负隅顽抗,面临大规模伤亡。相反,如果美国确信伊拉克没有生化武器,则进攻伊拉克,伤亡有限。

对于前者,假设美国损失惨重,设为 10,即得益为－10;同样,伊拉克也会遭受一定损失,得益为－1,双方得益组合为(－10,－1)。对于后者,美国得以重新巩固其在中东地区的利益,得益为 1,而伊拉克步步后退,得益为－10,双方得益组合为(1,－10)。

此外,如果美国选择不进攻,则科威特的石油被伊拉克控制,美国的得益为－2,伊拉克的得益为 0,双方得益组合为(－2,0)。

至此,可建立不完全信息动态博弈模型并完成海萨尼转换。

参与者:美国,伊拉克,自然(虚拟参与者)。

伊拉克的类型:拥有大规模杀伤性武器,没有大规模杀伤性武器。

动态行动及对应得益:如图 6-1 所示。

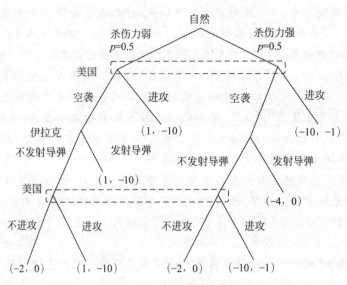

图 6-1   海湾战争博弈模型

利用逆向归纳法来分析这个博弈中各个参与者的行动。

假设美国认为伊拉克武器杀伤力强的概率是 0.5，则杀伤力弱的概率也是 0.5。该概率可视为外在的，不受参与者当前行动左右，属于先验概率。此时若美国进攻伊拉克，则其期望收益 $=0.5\times(-10)+0.5\times1=-4.5$，进攻的期望收益小于不进攻的期望收益，因此美国不会贸然进攻。美国会选择不断用飞机轰炸进行试探。如果萨达姆拥有装有生化武器的飞毛腿导弹，则其会回敬美国一或两枚飞毛腿导弹。如果萨达姆拥有的导弹杀伤力弱，则其一定不会因为美国的轰炸而使用飞毛腿导弹。因为一旦使用，则会暴露其导弹的实力，失去威胁作用。

经过第一轮博弈之后，萨达姆没有使用飞毛腿导弹，此时美国对伊拉克拥有的导弹杀伤力弱的概率更新了。

$$p(不发射导弹)=p(不发射导弹 \mid 杀伤力弱)+p(不发射导弹 \mid 杀伤力强)$$
$$=0.5\times1+0.5\times0.5=0.75$$

根据贝叶斯公式，可计算出伊拉克拥有的导弹杀伤力弱的概率：

$$p(杀伤力弱 \mid 不发射导弹)=\frac{p(不发射导弹 \mid 杀伤力弱)p(杀伤力弱)}{p(不发射导弹)}$$
$$=\frac{1\times0.5}{0.75}\approx0.667$$

这时美国对伊拉克导弹杀伤力弱的信念概率，从原先的 0.5 变成了 0.667。美国进攻伊拉克的期望收益由原先的 -4.5 变为 $0.334\times(-10)+0.667\times1=-2.673$。经过一轮博弈之后，美国对伊拉克导弹杀伤力强弱的信念和进攻的期望收益都发生了更新。以此类推，当美国收到其他信号时，信念会随之继续更新。

这是一个典型的不完全信息动态博弈模型。美国通过不断试探萨达姆的反应，最终获得了伊拉克所拥有导弹类型的准确信息。在一个回合结束之后，美国得出伊拉克拥有的是杀伤力弱的导弹的概率为 0.667；相应地，伊拉克拥有的是杀伤力强的导弹的概率仅为 0.334。此时美国进攻伊拉克的期望收益小于不进攻，美国没有理由进攻伊拉克。而伊拉克面对美国的空袭，最好的策略就是选择不发射导弹，而是口头威胁。否则美国就会立刻知道伊拉克的底牌而立即进攻，这对伊拉克是不利的。因此，在整个博弈中，博弈双方每一回合的选择都是其最优策略。

6.1.2　完美贝叶斯均衡

不完美信息动态博弈的均衡呈现出多样性，本书主要采用完美贝叶斯均衡的概念，其已在第 4 章不完美信息博弈中有介绍，下面对均衡的多样性稍做解释。

通过案例可以发现美国采取的策略是不停地试探，通过萨达姆的行为来更新自己的后验信念。我们已经知道，即使在每一阶段结束时参与者都能观察到别人的行动，子博弈完美在此处仍然是不起作用的。由于参与者可能不知道别人的类型，所以从某一阶段开始之后的"子博弈"并不能构成一个完整意义的子博弈——除非已经给定了参与者的后验信念。因此，在博弈进行到某一阶段时，我们无法检验后续的策略组合是否为子博弈完美的。事实上，不完全信息的适当子博弈就是整个博弈，所以任何纳什均衡都是子博弈完美的。因而，如果直接采用纳什均衡，将会出现多重均衡，其中不乏那些经不起实践检验的均衡。关于这一点，在第 3 章曾有提及，不再赘述。

由于均衡多样性是贝叶斯博弈的一个显著特征，为了去除那些不合理的均衡，仍需对它们进行精炼，即重复剔除弱占优策略。这是一个非常具有挑战性的问题，因为在不完全信息下，子博弈完美的概念毫不适用。在均衡的精炼过程中，逆向归纳和正向归纳是在不同规范背景下出现的两种伟大的"策略稳定性"原则——兼以使用"重复剔除弱占优"方法。一个均衡，不仅要和对手们面向未来时所做的推断相一致（逆向归纳），而且要和对手们在过去事实基础上所做的推断相一致（正向归纳）。后者表示参与者可以通过不断调整自己的行动来达到一个均衡——它反映了不具备足够远见的主体在多次重复博弈中的学习纠偏（事后的），而不是参与者之间的交叉预期（事前的）。但是从理论分析的角度来讲，兼顾两种方向相反的原则确实存在很大难度——至少就目前的知识来看确实如此。逆向归纳已被反复提及，正向归纳的思想将在第 9 章"演化博弈"中介绍。

为了对动态贝叶斯博弈中存在的所谓"均衡"进行精炼，研究者已尝试不同的精炼思路，并提出了多种均衡概念，其中包括完美贝叶斯均衡、序贯均衡和颤抖手完美均衡等。人们曾将子博弈完美、贝叶斯纳什均衡以及贝叶斯推理的思想综合起来，形成了完美贝叶斯均衡的概念。这个概念最早见于 Fudenberg 和 Tirole(1991)，比序贯均衡的提出稍晚，但在数学上比序贯均衡简单，因而广为使用。弗登伯格和梯若尔定义完美贝叶斯均衡的信念更新规则如下：Beliefs are updated from period to period in accordance with Bayes rule whenever possible, and satisfy a "no-signaling-what-you-don't-know" condition. 吉本斯将他们的定义整理为第 4 章 4.2 节的要求 1~4。如第 4 章所述，完美贝叶斯均衡相比单独的贝叶斯法则有了更多的限制，例如，它对零概率事件的信念施加了一些限制（要求 4）。特别是当初始信念认为类型互相独立时，完美贝叶斯均衡要求后验信念也认为类型是互相独立的，任何两个参与者对于第三方的类型拥有相同的信念。同时，如果一个参与者偏离而另一个参与者不偏离,则后者的信念需依照贝叶斯法则来更新。[①]

6.2 信号博弈:你的眼睛背叛了你的心

在不完全信息博弈中,一个参与者如何推断另一个参与者的类型,主要依赖于他所观察到的信息。因而,作为私有信息的拥有者,可能会通过发送某些信号向其他人传递自己的类型信息——这种信号既可能出于隐瞒自己的类型,也可能为了显示自己的类型。进一步而言,这种信号传递既可能是主动的,也可能是被动的。正如郑中基的一首歌所唱:你的眼睛背叛了你的心!

战争中的交战双方并不希望对手知晓自己的底细,因此会做局隐瞒自己的作战计划或军事实力;拍卖中的竞价者也许不想让对手知晓自己的估价及至出价,因此可能向对手透露虚假出价。这些情景中的参与者希望通过信号来隐藏自己的类型,从而引导局势向自己所希望的方向发展,或言借此提升自己的期望利益。

相反,隐士可能希望通过肢体语言向盟主暗示自己并非高手;投票者也许会借助某些行为传递自己对候选人的意向;恋爱中的男女会通过赠送礼物或邀约来探测对方是否爱自己。此时,拥有私有信息的参与者想借由信号传递自己的类型。

恋爱中的男女为何通过邀约与应约与否来辨别对方是否爱自己,而不是通过诸如身高、发型、班级等信号?一个简单的回答是:后者不能有效分离爱与不爱这两种类型。"此地无银三百两"为何没有隐瞒"此地埋银"的事实?因为这样一句声明没能成功地将"埋银"和"无银"混淆。

在介绍本节的信号博弈时,需要你慢慢体会如下两点:①私有信息拥有者是出于自利才通过信号传递自己的类型信息,即便这种信号传递可能更有利于对方。②对于给定的信号,其他类型的参与者没有必要模仿发送。换言之,该信号的发送者能够借此将自身类型与其他类型有效分离,或者有效掩盖自身类型,而其他类型参与者则没有动机这样做。

6.2.1 信号博弈

知彼知己,百战不殆。

——《孙子兵法·谋攻篇》

在动物界,雄性动物为了求偶往往不遗余力地表现自己。孔雀通过开屏来展现自己羽毛的美丽;在蛙鸣比赛中,叫声响亮的青蛙能得到更多的交配机会;华美极乐鸟往往通过优美的舞姿获得异性的青睐。细细观察,你会发现动物界的许多求偶行为与繁殖能力或强壮程度并无直接关系,但它们确实是动物决定谁将被青睐的信号。

人类社会中也存在类似的现象。奢侈品虽然"奢侈",却经久不衰;青年男女在聚会中喜欢高谈阔论或附庸风雅;互赠礼物看似无关紧要,却是人际交往中非常重要的一个环节;大学生在就业前忙于考各种证;等等。这些看似无用的行为,却有着非常一致的

[①] 序贯均衡也是类似的思想,但它对于参与者信念的更新方式施加了更多的限制。

内在动机：利用信号传递自己的类型。

简单而言，男生向女生表白说"我喜欢你"，这就是一个信号传递的过程。然而，只有表白并不等同于真爱。女生并不确定男生是真心喜欢还是逢场作戏。处于恋爱中的人是敏感的，也是需要理性注入的。这里不仅有两性吸引，还有所谓的博弈，即通过信号传递自己的类型以及甄别对方的真实类型、信念甚或策略等。

除了信号传递，还有信息甄别(information screening)，即通过对方发送的信号来识别他的类型(详见 6.2.3 节)。周瑜需要识别蔡瑁、张允是否真投降，曹操也同样需要明察黄盖何以临阵变节；君主需要从各种互相攻讦的奏章中明辨是非；年轻人更需要从热烈表白中探明对方是否真爱自己。这些都属于信息甄别的范围。

无论信号传递，还是信息甄别，都是信号博弈的一部分。信号博弈作为一种特殊的不完全信息动态博弈，在经济学应用中受到了广泛关注。它的基本特征是：参与者分为信号发出方和信号接收方两类，先行方为信号发出方，后行者为信号接收方；同时，先行的信号发出方的类型是私有信息，而后行的信号接收方的类型是共同信息。显然，尽管后行的信号接收方具有不完全信息，但他可以从先行的信号发出方的行为中获得部分信息，信号发出方的行为对信号接收方来说具有传递信息的作用。在这种博弈中，后行者主要关心的是先行者的类型可能是什么，而先行者也知道这一点。因此，对于某些类型的先行者而言，他可能有动机告诉后行者他的真实类型，此时"亮明身份"也许会更好。或者相反，他也可能会试图欺骗后行者，努力发布信息隐匿自己的类型。也许有人会问，先行者为何不直接告诉对方自己的类型？举个例子你就明白了。在法庭上一个被告始终坚称自己无罪，但这不足以为信。因为无论他是否有罪，都不能排除这样做的可能。因此，还需要更多的信息来判断。例如，不在场证据、无犯罪记录甚至不经意的眼神或动作等。言语声明的确是一种信号传递的过程，但除此之外还有很多，这是一个很有意思的话题。

接着这一话题讨论。既然"听其言"的可信性不足，那么可尝试"观其行"。具体而言，先行者需要做出某些行动上的努力，这种努力会使他承担一定的成本。仅当他是某些类型时，这种成本才会发生。否则，他将不会承担这种成本。当然，收益也会不同。我们称这种成本支付是一种信号，通过它，先行者能告诉后行者他的真实类型。例如在招研究生时，有些高校难以辨别学生的真实水平，就选择让所有候选者参加夏令营。这样能够通过学生完成指定任务的表现来加以判断。当然，说谎者也可以发出信号，并让接收方难以准确判断其真实类型——如果这样做对先行者有利可图的话。譬如，为了挤进高能力群体，有些人就不惜文凭造假。原因在于，文凭是一种需要支付高昂成本的信号。不同能力的人对这种成本的承受力不同。所以，雇主就可通过文凭来判断雇员的能力并据此支付不同的薪水。那么，有些人就会采用文凭造假来隐藏自己的真实类型。

一旦信息不完全，或者人们只能获得有限信息，博弈就变得扑朔迷离，也更加有趣。主要原因在于：有限信息对人们的理性推理提出了更高的要求；人们也总会不断地操纵信息以谋取更多好处；而就在人们操纵信息的行为中，往往又蕴含着某些信息，使得他们的对手可以根据这些新增的信息更新其信念；对手信念更新导致的策略变化反过来又会影响人们的信息操纵行为……最终，参与者的行为不仅需要满足策略的均衡，还需要满足信念的均衡。完全信息博弈，只需要浅层的策略互动；不完全信息博弈，则涉及策略和信念双重互动的深层谋略。概而论之,可将不完全信息博弈归纳为以下几类。

(1)与自然博弈。此即个人面临不确定环境时的决策,亦即第1章中所提及的单人博弈。这本属于"决策论"的内容,但由于不确定环境可以看作自然确定地选择某个结果而另一参与者没有观察到自然的选择,从而决策问题可以转化为自然先行的不完美信息动态博弈来加以分析。

(2)信号传递(显示)和信号阻止。在某些状况下,信息优势方发现披露其类型有利可图,于是他就会尝试发送某些信号以求对方察觉。如果信息弱势方也能获利,那么他就会欣然接收信号;否则,信息弱势方就会尽力阻碍对方的信号传递。

(3)信号甄别和信号干扰。在某些信息非对称情形中,信息弱势方有动机设法提取信息优势方的私有信息,这就是信息甄别。如果此事对信息优势方不利,那么他极有可能进行信号干扰和信息隐藏,使得对方难以提取有效的信息。

(4)逆向选择和道德风险。这两个概念在第4章中已经介绍过。如何避免这两种现象所带来的不利影响是经济学家致力解决的一个主要问题。由此所带来的激励相容机制设计也是人们所感兴趣的一个方向。

(5)拍卖和竞赛。这是不完全信息博弈的一个重要领地。拍卖和竞赛理论刻画了这样的现实:人们常常为共同的目标而展开竞争,那么他们最佳的出价策略是什么?拍卖或竞赛的组织者又如何通过设计拍卖制度或竞赛程序来获得最高效率或保障公平?

上述五种情况中,前三种属于隐藏信息。博弈的问题主要来源于不了解对手的类型。我们只能通过信号来修正对对方类型的推断,而很难得到准确的推断——因为信号可能是一种欺骗的结果。后两种属于隐藏行动,博弈的主要问题在于不能观察到对手的行动。此时参与者不能通过观察对手的行动来应对,只能在决策之后通过结果来推断对手的类型。

✐ 扩展阅读:阿克洛夫、斯宾塞与斯蒂格利茨

就信息经济学而言,阿克洛夫最早提出"信息不对称"这一现象。1970年,他在哈佛大学经济学期刊上发表了著名的《柠檬市场:质量的不确定性和市场机制》一文,首次提出了"信息市场"的概念。如果说阿克洛夫研究的是产品市场上的信息不对称,斯宾塞研究的则是劳动力市场的信息不对称,而斯蒂格利茨进一步把信息不对称引入保险市场和信贷市场,并且在诸多领域都有建树。在信息不对称市场中,不具备信息的一方建立何种机制来筛选私有信息的拥有者,从而实现市场效率,这是斯蒂格利茨研究的重点。

斯蒂格利茨和斯宾塞二人的研究不同之处在于:斯宾塞研究的是不同类型的信息私有者如何通过信号传递把自己与竞争者分离出来。这里的重点是信号传递。而斯蒂格利茨研究的是没有私有信息的人如何设计机制来进行信息甄别,使信息私有者不再隐瞒信息和行为。换言之,他研究了如何设计一个分离不同类型参与者的机制,以便提高市场效率。

6.2.2 信号传递

至此,我们已经对信号在博弈中的作用有所了解。但仅有信号的概念并不足够,信号

传递才是博弈过程的内核。在生活中,我们经常会见到各种各样的信息传递。比如许多大学都会披露其有几个院士;教授们会公布自己曾在重要期刊上发表过多少学术论文;公司会公布对其有利的排名结果……为什么会出现这样的情况呢? 接下来,本节将通过两个信号传递的例子帮助读者理解。

1. 就业市场博弈

信号传递理论最早是由经济学家斯宾塞提出的,他对这个问题的思考起点是 MBA (工商管理硕士)的就业。他在哈佛大学读博士时,发现那些 MBA 学生在进入哈佛大学之前也没什么了不起,但是毕业出去之后就能比教授多挣几倍甚至十几倍的钱,他就开始思考这究竟是为什么。最终他研究的结论是教育具有信号传递的作用,受教育者能够将其信息"信号"可信地传递给在信息上具有劣势的用人单位。

斯宾塞认为教育(如文凭及证书)是劳动力市场上典型的信号之一。一般而言,在相同的周期内,就读于更好的学校,获得了更高的学历,拿到了更高的学位,这些拥有更多资格证书的学生,会比其他人具备更强的能力。所以,教育信号显著的人,具备高生产率、低信号成本的特征。具体来说,在劳动力市场,用人单位总是希望能够预先获得求职者的实际工作能力方面的信息,从而可以避免逆向选择。而求职者的某些特征,如教育、工作经验等都可以看成一种信号。

劳动力就业市场是一个典型的信息不对称市场,对于求职者能力的识别比一般商品更加困难。用人单位实际上永远不可能完全弄清楚任何一位求职者的实际生产能力。然而,如果按照平均劳动生产率来支付薪水,则会导致高生产能力的求职者退出市场,最终形成一个"柠檬市场"。

假设在就业市场上有 1 个求职的毕业生和 1 个招聘的雇主。毕业生的能力有高低,能力高的人往往也具有更高的生产能力,给雇主带来更多的价值。如果信息完全,则一切问题迎刃而解,雇主只需依照毕业生的生产能力支付工资即可。例如在完全竞争市场下,高、低能力的应聘者生产能力分别对应 2、1 个产量单位。那么,雇主给高能力者 2 万元、低能力者 1 万元;高、低能力的毕业生分别得到 2 万元和 1 万元的工资,这是一个稳定的均衡。

但事实上信息是不完全的。一般来讲,雇主可以通过应聘者的衣着、谈吐等信息来识别其能力高低。但是这些信号可能不够精准和强烈,不能有效分离两类应聘者。可以想象,一个人的受教育水平是不能随便编造的。因此,暂且让我们考察教育水平的信号作用。假设一个人的生产能力是既定的,不受教育年限的影响。此时学历或文凭仅是传递能力的信号。高能力者为了表明自己是高能力的,可以取得高水平教育的证书。但是,接受教育是有成本的,例如,入学考试及其准备成本、入学后的学习成本等。对于给定的教育水平(可简单理解为教育年限)y,假定低能力者成本为 y,高能力者生产成本为 $\dfrac{y}{2}$。

假设毕业生的能力 θ 有高、低两种类型,记作 $\theta \in \{H, L\}$。毕业生知道自己能力的高低,而雇主不知道。但是雇主知道整个人群中应聘者能力高低的分布,这是共同知识。假设 $P\{\theta = L\} = p, P\{\theta = H\} = q$。

思考与练习

在完全信息下,雇主为什么会给高能力者2万元、低能力者1万元?分别少于2万元和1万元岂不是更好吗?而在不完全信息且没有信号传递的情况下,雇主又该支付给每个工人多少?

博弈的次序如下:首先,毕业生作为信号发送者选择受教育水平;其次,雇主观察到信号并形成自己的信念,依据应聘者能力的高低来支付工资;最后,毕业生得到自己的工资。当然,在进行海萨尼转换时,需要在第一阶段之前加入自然的选择,即自然选择毕业生的类型,概率分别为 p 和 q。

在接触均衡之前,让我们先讨论雇主的信念与策略。假设雇主相信存在某一水平的教育 y^*,当应聘者的受教育水平 $y \geqslant y^*$ 时,毕业生一定是高能力者;当 $y < y^*$ 时,毕业生一定是低能力者。如果雇主持有这一信念,则他的最优策略应该是给高能力者支付工资2万元,给低能力者支付工资1万元——市场是完全竞争的,否则可能招聘不到工人。

(1)如果毕业生把教育水平设为 $y < y^*$,则被雇主认为是低能力者。此时 $y=0$ 是最优行动——因为任何大于0但不超过 y^* 的教育水平不仅不能改变雇主的信念,反而会增加成本。换言之,如果一个毕业生不愿意表现为高能力者,那么他干脆不接受任何教育。这有点儿类似于"破罐子破摔"。

(2)同理,当教育水平 $y \geqslant y^*$ 时,$y=y^*$ 是他的最优行动。

(3)如果毕业生依据自己的类型诚实行动,那么,低能力者必定选择 $y=0$,高能力者一定选择 $y=y^*$。但是若毕业生并不诚实,而是采取策略行动呢?

如图6-2所示,给定信念 y^*。对于低能力的毕业生,如果想被雇主认定为高学历以得到高工资,必须满足受教育年限不低于 y^*。所以,低能力者选择 $y=y^*$,得益为 $2-y^*$(即图中 L)。相反,若低能力者满足于低工资,则选择 $y=0$,此时得益 L' 最大。显然,高能力者选择 $y=y^*$,此时得益为 $2-\dfrac{y^*}{2}$(即图中 H)。对于就业市场

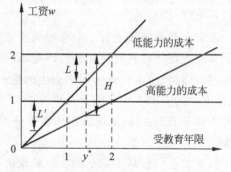

图6-2 受教育水平的信号作用(分离均衡)

而言,一个理想的结果是低能力者得到低工资、高能力者得到高工资。换言之,雇主能够通过信号(即文凭)来区分两种类型的毕业生。但这是市场经济,每个主体都有自己的行为动机。若想有效地分离两种类型的毕业生,必须使得所有参与者都愿意,亦即

$$\begin{cases} 2-y^* < 1 \\ 2-\dfrac{y^*}{2} > 1 \end{cases}$$

这就是激励相容约束。

因此,当 $1 < y^* < 2$ 时,该博弈存在分离均衡,同时雇主的信念也与市场一致。后者意味着双方都会依照雇主的信念行动;进一步而言,如果外在条件不变,雇主无须更新自

己的信念。注意这是在教育不改变毕业生能力的前提下得到的结果。它表明即使所学知识无用，只要条件得当，学历也能够成为筛选应聘者的一个信号。由此延伸，大家可以思考古代科举制度在人才选拔方面的积极作用。另请读者注意，雇主的信念为无限多个，因此均衡也有无限多个。而且，当雇主的信念超出此范围时，存在合并均衡和半分离均衡等。本书对此不再深入讨论。作为总结，让我们整理一下该分离均衡。

（1）雇主的信念：存在某一水平的教育 $1 < y^* < 2$，当应聘者的受教育水平 $y \geqslant y^*$ 时，毕业生一定是高能力者；当 $y < y^*$ 时，毕业生一定是低能力者。

（2）如果雇主认为毕业生是高能力者，则支付工资 2 万元；否则，支付 1 万元。

（3）如果毕业生是低能力者，则选择不接受教育；如果毕业生是高能力者，则选择接受教育水平为 y^*。

🔍 思考与练习

在上述就业市场模型中，假定个人的生产能力是不受教育水平影响的。如果教育能够改变个人生产能力，博弈以及分离均衡又会是怎样的？

✒ 扩展阅读：游说

简·波特（Jan Potter）和弗兰斯·范·文顿（Frans van Winden）受到政治游说理论的启发，研究了一个高成本的信号传递博弈。发送者可观察到他们的类型，类型 1（t_1）或类型 2（t_2）（其发生的概率分别是 $1-p$ 和 p）。然后他们选择是否发送一个成本为 c 的信号。接收者观察到信号（但观察不到发送者类型）并在行动 x_1 和 x_2 中选择其一。各种行动所对应的结果和得益如图 6-3 所示。（假设 $0 < c < a_1 < a_2$ 且 $b_1, b_2 > 0$）

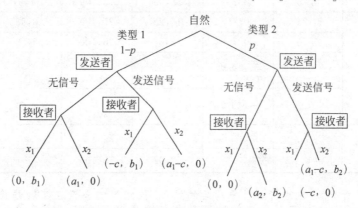

图 6-3　游说模型

该博弈模拟了一个想让一位政治家（接收者）采取行动 x_2 的游说团体（发送者）。该政治家想得知该团体是否具备实力。对应类型 i，该政治家偏好采取行动 x_i。

定义 $\beta = \dfrac{pb_2}{1-pb_1}$，其中 β 为接收者只知道类型的先验概率时，相对于选 x_1，选择 x_2 的相对期望支付。假定 $\beta < 1$，这里存在两个序贯均衡。在其中一个均衡里，发送者认为昂贵的信号即使发送出去也将被忽视因而不发送，并且由于 $\beta < 1$，接收者将选择 x_1。虽然发送者并不满意（收益 0），但如果他们的信号被忽视，至少他们发信号不用任何花费，

因而他们对此也无可奈何。这个均衡是直觉的（因为两种类型都可能从叛离中获益）和神性的，但不是绝对神性的。在另一个均衡里，类型 2 的发送者总是购买昂贵的信号。类型 1 将企图采取混同，否则他们的类型就将暴露，继而得到 0 收益。在均衡里，接收者在无信号后选择 x_1，并且在接收到信号后选择混合策略，即以 $\dfrac{a_1-c}{a_1}$ 的概率选择 x_1，以 $\dfrac{c}{a_1}$ 的概率选择 x_2。这种混合策略使类型 1 发信号的期望收益为 0，因此类型 1 通过以 β 的概率发信号来进行混合策略。

波特和范·文顿认为对于提供政策建议，只要对政治变量的变化可以在正确的方向上影响行为这一点有信心就足够了。为了检验比较静态的预测，他们变化参量以使 β 和 $\dfrac{c}{a_1}$ 发生变化，目的是考察类型 1 发信号的概率以及接收者收到信号后选择 x_2 的概率是否像预测的那样对这些变化做回应。表 6-1 总结了两种类型发信号的相对频率，以及接收者在无信号和收到信号后选择 x_2 的相对频率。

表 6-1　游说信号传递博弈的实验结果　　　　　　　　　　　　　　　　%

实验方法	β	$\dfrac{c}{a_1}$	类型1、类型2的信号发送概率		无信号和收到信号后接收者选择 x_2 的概率	
			实际	预测	实际	预测
1	0.25	0.25	38,76	25,100	2,5	0,25
$2(a_2=2c)$	0.75	0.25	46,100	75,100	3,79	0,25
$2a(a_2=6c)$	0.75	0.25	83,93	75,100	11,54	0,25
3	0.25	0.75	16,85	25,100	0,53	0,75
4	0.75	0.75	22,83	25,100	5,80	0,75
跨 β 平均		$\dfrac{c}{a_1}=0.25$			5,46	0,25
		$\dfrac{c}{a_1}=0.75$			2,66	0,75
跨 $\dfrac{c}{a_1}$ 平均	$\beta=0.25$		27,81	25,100		
	$\beta=0.75$		50,92	75,100		

数据是对所有 20 期进行加总平均后的结果，虽然跨回合存在某种趋势（通常是朝向均衡方向的）。先看一下信号发送的频率。绝对神性均衡预测类型 1 应以 β 的比率发信号，而类型 2 应总是发信号。类型 2 事实上确实在多数情况下都发送了信号。类型 1 发信号的频率当 $\beta=0.25$ 时平均为 27%，当 $\beta=0.75$ 时平均为 50%，所以结果确实如预测那样随 β 变化。虽然不是那么完全地等比例。正如预测的一样，接收者当没收到信号时很少选择 x_2。收到信号后，他们以 46% 和 66% 的频率选择 x_2，而对应的预测值分别为 25% 和 75%。该结果再次在正确方向上回应了 $\dfrac{c}{a_1}$，只是变化过于微小。

2. 恋爱博弈

当一个女生无法确认追求者是否真正钟情于她时,就需要追求者的其他信息来判断。现如今一句"我爱你"略显苍白,行动才是检验真爱的唯一标准。而对于一个男生而言,若他情深似海却不善表达,就有可能弄巧成拙,最终"友达以上,恋人未满"。一见钟情可遇不可求,但怦然心动总在发生。然而,内心的暗流汹涌只是自己无用的假想。将自己的感受传递给对方,才能让感情不断升温。本节将从信号传递的角度,分析亲密关系的构建过程。也许,它会带给你一些启示。

引语故事:少年维特初识夏绿蒂

我们跳起了小步舞,一对对旋转着,我一个个请姑娘们跳。不过没有一个姑娘跳得令人满意,你跟她跳了一曲握手道别后就不想再请她跳了。绿蒂和她的舞伴开始跳英国舞了。轮到她来跟我们一起跳出图形时,我心里那份惬意呀,你是会感觉到的。你一定得看看她的舞姿!你看,她跳得多么投入,她的全部身心都融入舞蹈,她的整个身体非常和谐,她是那么逍遥自在、那么飘逸潇洒,仿佛跳舞就是一切,除此之外她别无所想、别无所感;此刻,在她眼前,其他一切都消失了。

我请她跳第二轮对舞,她答应同我跳第三轮,她以世界上最真诚的态度对我说,她最喜欢跳德国舞。——"跳德国舞时,原来的每对舞伴都要在一起跳,这是这里的习惯,"她接着说,"我的舞伴华尔兹跳得不好,倘若我免去他跳华尔兹,他会感谢我的。与您配对的那位姑娘也不会跳,而且也不喜欢,我看见您跳英国舞时旋转得很好,要是您愿意同我跳德国舞,您就到我的舞伴那儿去征得他的同意,我也去跟您的舞伴打个招呼。"——我随即握住她的手,我们商定,跳华尔兹的时候让她的舞伴去同我的舞伴聊天。……

资料来源:歌德.六月十六日[M]//歌德.少年维特之烦恼.上海:立信会计出版社,2012:50-51.

在两性关系中,即便是青少年,也会涉足一些仪式性、发展关系的行为,甚至比成年人更甚。他们狂欢、约会、送礼物、表白等。当然,也有一些人只是相互"勾搭"①。两性关系是如何建立和发展的?例如,如何互生爱慕、增强信任、表白承诺等?这是一个社会学问题,也是博弈互动问题。尽管很多人已经认识到这是青春期的两性文化,但是鲜有社会学研究关注这些所谓的"恋爱行为",意即性伴侣确立之前的"发展关系"行为。即便在有关恋爱行为的社会学研究中,大多关注性经验史、地点、情感体验等实证因素,而很少关注青少年是如何发展恋爱关系的。鉴于本书的主要读者群体是在校大学生,正处于青春期,因此本书特别改编了安东尼·派克(Anthony Paik)和弗农·伍德利(Vernon Woodley)(2012)的论文 *Symbols and investments as signals:Courtship behaviors in adolescent sexual relationships*,以此为信号传递的讲解案例。

实际上,恋爱行为是两性关系发展走向的一个重要信号:甜蜜恩爱、逢场作戏甚或直接冷场。而且,这种信号是有成本的。相信这一点并不难理解。之所以能够实现有效的

---

① "勾搭"一词译自英文"hook up"。在美国文化中,"hook up"指青少年之间并非情侣的亲密关系。它是个含混不清却意义丰富的词,既可以指亲吻或调情,也可以暗含性行为等。

信号传递,其原因在于不同类型的参与者所能够承受的代价是不一样的。如果这种差异足够大,就可以据此推断信号发送者的类型。这就实现了所谓的分离均衡。

1) 无信号传递时

图 6-4 是在没有信号传递时两个年轻人的约会模型。在二者的相处中,无论男性或女性都有可能先行动,借机发展两人的关系。不妨假设男性先行动,继而女性作出反应。让我们以少年维特与夏绿蒂的恋情为例进行分析。尽管他们的相爱有可能是无法自拔的,但是一般而言他们有很多机会改变自己的恋爱路径。因此,请给他们机会,允许他们在相识初期重新选择。维特发现自己对夏绿蒂有好感以后,决定要不要投入成本(精力)与之建立恋爱关系。此处所讲的"投入成本"相对宽泛,包括金钱、时间、地位、资源、激情甚至贞洁和名声。如果维特没有投入,则双方都得 0。如果维特投入成本开始追求夏绿蒂,则夏绿蒂需要作出回应。在很多情境中,沉默也是一种回应。夏绿蒂可以选择投入精力开始约会,也可以选择拒绝。

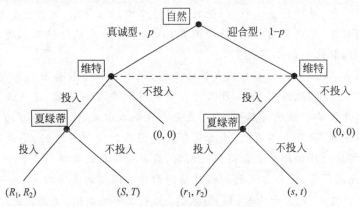

图 6-4　无信号传递时的约会模型

但是,即便夏绿蒂答应约会,也不能排除她不爱维特。因此,维特除了纠结于夏绿蒂是否接受,还需要揣度夏绿蒂的类型是真诚型人格还是迎合型人格。如果夏绿蒂是真诚的,她会朝向甜蜜的婚姻关系努力。如果夏绿蒂是迎合型的,她仍有可能投入成本与维特恋爱。但她是不爱维特的,可能会利用维特或者只是排遣寂寞。此时,只有祝愿他们渐行渐远!假定真诚型人格的概率是 p,迎合型人格的概率是 $1-p$。这是共同知识,在两人的朋友圈里都有相对统一的认知。

那么,二人的关系依赖于各自的选择,以及夏绿蒂的类型。各种行动所对应的结果以及对应得益可参见图 6-4。总之,可将约会模型明确如下。

参与者:维特,夏绿蒂。

夏绿蒂的类型:{真诚型(H),迎合型(I)},其中自然选择 H 的概率为 p,选择 I 的概率为 $1-p$。

行动:

第 1 阶段,自然决定夏绿蒂的类型;

第 2 阶段,维特决定是否投入;

第 3 阶段,夏绿蒂决定是否投入。

得益:如图 6-4 所示。

下面先举两个例子方便读者理解。

(1) 当 $p=0.5$ 时,得益如图 6-5 所示。

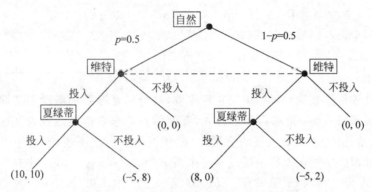

图 6-5　$p=0.5$ 时的约会模型及双方得益

此时,维特投入时的期望得益大于不投入时的期望得益,即 $0.5\times10+0.5\times(-5)=2.5>0$,所以理智的维特愿意投入。从博弈的扩展型可以看出,如果夏绿蒂是真诚型人格,则会选择投入;否则,会选择不投入。因此,夏绿蒂是真诚型人格的情况下均衡为(投入,投入),得益为(10,10);夏绿蒂是迎合型人格的情况下均衡为(投入,不投入),得益为(-5,2)。

(2) 当 $p=0.1$ 时,得益如图 6-6 所示。

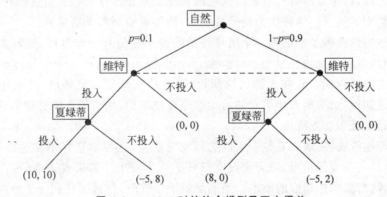

图 6-6　$p=0.1$ 时的约会模型及双方得益

此时,维特投入时的期望得益小于不投入时的期望得益,即 $0.1\times10+0.9\times(-5)=-3.5<0$,所以理智的维特不愿意投入,双方得益为(0,0)。

让我们来考虑夏绿蒂的激励约束。首先,对于真诚型的年轻人而言,谈恋爱总是优于单身,单身又好过被利用。无论如何,被利用或被发"好人卡"都不是一件令人愉悦的事情,总有负面情绪萦绕其间。其次,对于迎合型的年轻人而言,可能仅仅为了得到对方的金钱、地位等利益,但是并不想发展美好的婚姻关系。因此,利用对方或逢场作戏好过相爱结婚。针对上述两点可给出夏绿蒂选择投入时所对应的条件:

$$\begin{cases} R_2 > T > 0 > S, s \\ t > r_2 > 0 \end{cases}$$

而对于维特而言，欲使其愿意投入成本进行约会，至少需要满足投入时的期望得益大于不投入时的期望得益，亦即

$$p \times R_1 + (1-p) \times s > p \times 0 + (1-p) \times 0$$

若上述两个条件同时成立，则有

$$\begin{cases} R_2 > T \\ p > |s|/(R_1 - s) \end{cases}$$

上述条件被称作激励相容约束。它意味着，维特和夏绿蒂的激励需要同时满足才能使得二人达成理想均衡：追求者愿意投入，真诚的被追求者也愿意投入。这是一个完美贝叶斯均衡，姑且称为"有情人终成眷属"。抛却策略和信念不谈，现集中讨论第二个条件。只有当真诚的姑娘在人群中超过一定比例 $p' = |s|/(R_1 - s)$ 时，才有年轻人愿意主动邀约，投入恋爱。否则，宁愿单身。反过来，若女生先追求男生，结论一样适用。

所以，$p > p'$ 并不是总能发生的，特别是当被利用者的损失 s 特别大时。当 $p < p'$ 时，信号传递将是非常重要的一步。当校园中既有逢场作戏者和慕名求利者，又有感情真挚者和孤芳自赏者时，真诚型人格的年轻人应如何传递有关自己类型的信号呢？我们又该如何建模分析呢？

2) 有信号传递时

尽管在实际中青年男女双方都存在信息私有和信号的发送与接收。但是正如我们所看到的，本节只简单讨论了被追求者一方是信息私有的情况，追求者的信息是公开的。仍然继续这一思路，讨论夏绿蒂拥有私有信息的状况。夏绿蒂作为私有信息拥有者，需要发送有关自己类型的信号。维特作为信号接收者，能够观察到相关信息。

可在前述的约会模型中加入一个信号传递阶段。在信号传递阶段，年轻人可预先观察到相关信号，然后才是约会模型，如图 6-7 所示。简单来说，可认为信号传递发生在确定情侣关系前的试探期。有些人的试探期很长，有些人则是一见钟情，甚至还有些人是"闪婚"。无论如何，试探期青年男女的活动也是有成本的，相信读者能够理解这一点。试探期之后才是求爱和恋爱阶段。

在信号传递阶段，发送者夏绿蒂可以选择发送信号，也可以选择不发送信号，分别记作 C^+ 和 C^-。若不发送信号，双方都没有额外的成本发生。如果发送信号，无论是发送者还是接收者，都要承担相应的成本。当满足以下条件时，该博弈存在一个分离均衡。

$$\begin{cases} R_1 > C_1 \\ R_2 > C_2 > t \end{cases}$$

在均衡状态下，即便有成本发生，追求者仍然愿意形成恋爱关系。而迎合型人格的年轻人则避免发送信号，因为此番做法无利可图。所以追求者能够根据他（她）是否愿意花时间以相互了解来识别其类型。相反，如果试探期成本很低则会出现混同均衡，无法识别被追求者的类型。下面举两个例子帮助读者理解。

当 $C_1 = 5, C_2 = 5$ 时，维特可以根据夏绿蒂是否发送信号来判断她是否真诚，如图 6-8 所示。

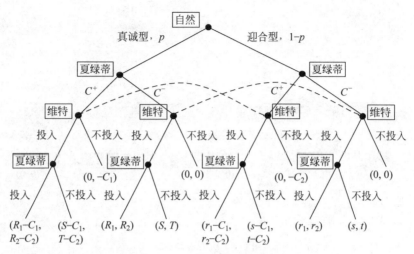

图 6-7　加入信号的约会模型

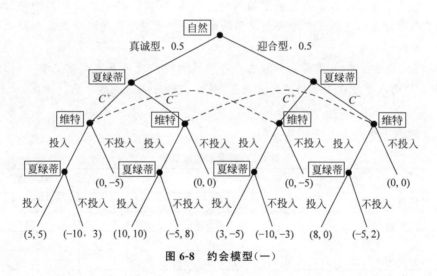

图 6-8　约会模型(一)

当 C_1、C_2 都很低为 1 的时候,会出现混同均衡,此时维特不能够根据夏绿蒂是否发送信号来判断她是否真诚,如图 6-9 所示。

至此,读者应该理解了不完全信息博弈中信号的传递过程。至于该博弈的均衡求解及相关分析,由于存在一定难度,故暂且略去不谈。

扩展阅读

在针对青少年恋爱行为所建立的约会模型中(图 6-4、图 6-7),存在着几个可被实证检验的性质。Paik 和 Woodley(2012)在上述约会模型的基础上,利用美国全国青少年健康研究(National Longitudinal Study of Adolescent Health)数据进行实证考察,得出以下主要结果。

(1)上述模型表明青少年是否愿意形成长期的两性关系与他们的恋爱行为之间存在着关联。特别是当恋爱成本非常高时,爱情中的欺骗和利用将会大大减少——这是由于

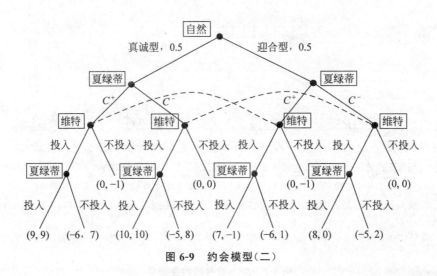

图 6-9　约会模型（二）

恋爱期间的信号传递分离了两种类型的人群。Paik 和 Woodley 主要从经济与社会的角度探讨了恋爱行为以及恋爱中迎合型群体的两个指征变量：理想约会关系中的性行为时机和既往性伴侣数量。

（2）通过表 6-2 可知，恋爱行为在青少年两性间的浪漫关系中司空见惯。同时，诸如"结伴出去""两人单独出去""公开恋爱关系"等社交行为又是最盛行的。相反，诸如告诉对方'我爱你'""交换礼物""少见其他朋友"之类的情感表达却屈居其次。在这些浪漫关系中，1/3 的青少年表示有性行为发生。

表 6-2　变量的描述统计

变　　量	均值/概率	标　准　差
恋爱行为		
结伴出去	0.68	
两人单独出去	0.62	
见对方父母	0.58	
公开恋爱关系	0.78	
少见其他朋友	0.37	
交换礼物	0.46	
告诉对方"我爱你"	0.51	
性交往	0.35	
性体验较晚（12～15 岁）	0.31	
性体验较早（11 岁以下）	0.10	
有过 1～2 个性伴侣	0.12	
有过 3 个以上性伴侣	0.06	
控制变量		
男性	0.46	
黑人	0.19	
西班牙裔	0.16	

变　　量	均值/概率	标　准　差
亚裔	0.05	
年龄	15.87	
父母受教育得分	13.34	2.38
单亲家庭	0.44	
抑郁得分	1.52	0.4
青春期发育	0.05	0.77
GPA(grade point average)	2.77	0.76
少年犯罪	0.03	0.54
父母监管	0.30	
与父母亲密度	4.22	0.55
父母放任度	1.80	0.87
宗教关怀	0.02	0.87
童贞宣誓	0.14	
一次浪漫恋情	0.45	
两次以上浪漫恋情	0.27	
浪漫约会兴趣度	3.59	1.07
伴侣年龄差异	1.04	2.13
不同种族间恋爱	0.20	
伴侣间先期社交连接	1.01	0.97
种族隔离指数(3 638 个样本)	0.26	0.19

资料来源：美国全国青少年健康研究，Waves Ⅰ-Ⅱ，1994—1996 年。

注：共选取样本 4 938 个。Waves Ⅰ 为 1994—1995 年在校问卷调查，样本容量为 90 118；Waves Ⅱ 为 1995—1996 年在家受访调查，容量等于 14 738。

　　进一步讲，Paik 和 Woodley 识别了四种恋爱关系类别：很少联系(minimal)、青涩发展 (going-with)、暧昧交往(social)和热恋(extensive)，见表 6-3。首先发现，热恋占据了所有两性浪漫关系的 38%，是占据主导地位的一个。同时，在所有恋爱行为中，每一种行为出现的条件概率都非常高，在 66%～100% 之间变动。调查显示，这一类别的青少年在性行为发生之前经历了许多的恋爱行为，意即，他们单独或与亲友共同参加社交活动、公开恋爱关系、表达爱慕，然后才是发生性行为。其次是暧昧交际型关系，占据了 22%，更多地表现为同龄认可(peer oriented)先于父母认可(parent oriented)。在这类人群的恋爱行为中，结伴出去、两人单独出去和公开恋爱关系三者具有较高的条件概率，而少见其他朋友、交换礼物、告诉对方"我爱你"的条件概率都很低。这表明在性关系发生之前具有较弱的情感交流。再次，有接近 1/4 的浪漫关系属于青涩型，其中结伴出去、公开恋爱关系和告诉对方"我爱你"的比例都很高。但是，诸如其他社会行为和情感表达却概率很小。标以"青涩"，足以表明这些年轻人缺乏经验，但正在成熟。最后是很少联系。这一类别约占所谓浪漫关系的 17%，但具体行为却显著不同于另三个。性行为之前的恋爱行为很少，在 2%～23% 之间变动。这类关系是不稳定的，实际上能够建立浪漫关系的概率并不高。同时，它也反映了一部分年轻人将"勾搭"作为建立浪漫关系的途径。可见，这些类别也正在与社会认知和道德范式相吻合。

表 6-3　四种恋爱类别的概率分布和具体恋爱行为的条件概率

恋爱行为	很少联系		青涩发展		暧昧交往		热恋	
	条件概率	标准误差	条件概率	标准误差	条件概率	标准误差	条件概率	标准误差
结伴出去	0.23	0.03	0.61	0.04	0.77	0.05	0.89	0.01
两人单独出去	0.08	0.03	0.27	0.05	0.8	0.06	0.92	0.02
见对方父母	0.15	0.03	0.43	0.04	0.51	0.05	0.89	0.02
公开恋爱关系	0.11	0.03	0.96	0.02	0.73	0.05	1	0
少见其他朋友	0.02	0.01	0.18	0.03	0.33	0.05	0.66	0.02
交换礼物	0.04	0.02	0.29	0.05	0.22	0.03	0.79	0.02
告诉对方"我爱你"	0.04	0.02	0.64	0.05	0.11	0.03	0.84	0.03
四种行为的概率	0.17		0.23		0.22		0.38	

资料来源：美国全国青少年健康研究，Waves Ⅱ，1995—1996 年。

注：选取样本 4 938 个。

（3）关于迎合型年轻人的特征，可通过考察其指征变量来实现。我们简单给出如下结果：①性行为越早、性伴侣越多，陷入热恋行为的可能性越低。②陷入热恋行为与同居概率上升之间正相关。③热恋行为与性行为之间的相关程度主要取决于进入热恋关系的可选择性。

概而论之，信号传递的均衡结果到底如何，主要取决于双方发送各种信号的成本。如果有个信号，一类参与者发送信号的成本很低，而另一类发送同样的信号的成本很高，那么就更容易形成分离均衡；如果双方发送信号的成本都很高，则可能都不发送信号；如果双方发送信号的成本很低，那么双方都可能会积极发送（因为不发送则境况会更差）。

关于信号传递理论，还有一个著名的格罗斯曼分离定理简要介绍给读者。这是由经济学家格罗斯曼（Grossman）所提出的。假设有三个工人，其生产能力分别为 60、80、100。假设机制能够准确地依据对工人能力的判断来支付报酬。那么，由于平均能力为 80，所以能力为 100 的人有动力以某种信号表明自己是比其他两人突出的。当能力为 100 的人被分离出来之后，剩下的两人平均能力仅为 70，此时能力为 80 的人又有动力将自己与能力为 60 的人区分开来，使别人相信他不是能力为 60 的人。因此，如果具有隐蔽特征的代理人能够提供有关隐蔽特征的信息，那么所有隐蔽特征在一段时间之后就会被人们了解。这被称为格罗斯曼分离定理。

理性的人是如此趋利避害，一旦发现可以从披露私有信息中获得好处，就会尽力去表达。而向对手披露私有信息的这种行为，就是信号传递或者信号显示。这种信号的显示可以用来表现自己的真实类型，从而改善自身的结果，避免柠檬市场的"逆向选择"。值得说明的是，信号传递是信息优势方先选择自己的行动以发送有关信息，从而展示自己的真实类型。而如果不具有私有信息的一方先行动，通过不同的得益情况来让不同类型的对手有着不同的行动，那就是信息甄别了。

但是，信号传递并非都是有效的。在股票市场中，投资者会根据上市公司的业绩以决定是否对公司进行投资，而公司的业绩一般以财务报表呈现。由于只有公司高管会对公司的真实业绩有所了解，外部投资者并不能了解足够的内部信息。因此，一个业绩差的公司高管有足够强的动机发布对公司有利的财务报表,以诱骗不明真相的散户投资。上市公司高管这样的举动,扭曲了真实信息的传递,使得投资者难以相信消息,进而失望,不再投资市场。

在体制健全的社会中,欺骗将会付出代价。面对"逆向选择"严重的股市,监管当局颁布了新的法案,严惩发布虚假消息的上市公司。其要求上市公司每年都必须经由外部进行独立审计,并且要求公司高管对其财务报表负责。这样一来,上市公司会忌惮发布虚假信息所要付出的巨大代价,进而保证年报的真实性。此法案一出,投资者都选择相信这些原本面目可憎的公司高管,市场的信心得到了恢复,逆向选择得以解决。

可见,只要有信号传递以及保证信号为真的手段作为担保,人与人之间的信任就能建立。而这个信号传递机制既可以是口头声明,也可以是一些制约自身得益的行动,如法律法规。例如,在二手车市场,只要卖方能够主动向买方展示车子的质量,买方可能愿意相应地提高出价,所谓的柠檬市场也就会消失;在网上购物时,只要店家承诺可以无条件退货,消费者就能打消顾虑,放心购买。

6.2.3 信息甄别 *

下面我们来看一下信号博弈的另一种:信息甄别。首先给出信息甄别的定义。

定义 6.2(信息甄别) 信息甄别又称信息筛选,是指没有私人信息的一方为了减弱非对称信息对自己的不利影响,以便能够区别不同类型的交易对象而提出的一种交易方式,比如契约、条件等。

通俗地说,信息甄别就是"如何让别人讲真话"的方法。和信号传递不同,在信息甄别中参与者是在合同提供之后再选择行动,并借此发送相关信号的。

在《圣经》之中有一场经典的审判。两个妇人争抢一个孩子,她们争执不下,于是将官司打到所罗门王那里。所罗门王不知道谁是孩子的母亲,但两个妇人自己知道,一个是亲妈,一个是冒充者。可是在没有亲子鉴定的情况下,亲妈无法自证身份,冒充者也不会自曝身份。

所罗门王看两个妇人争论不休,就命令道:"把孩子劈成两半,一半给这个妇人,一半给那个妇人。"

这时,一个妇人放声大哭:"我主啊,把那孩子给她吧,千万不可杀死他!"另一个妇人却无动于衷:"这孩子既不归我,也不归你,把他劈开吧!"所罗门王就此断言:"把孩子给第一个妇人,千万不可杀死孩子,这个妇人确实是他的母亲。"

所罗门王本来是处于信息劣势的,他完全不知道哪一个妇人才是孩子的亲生母亲。但是他知道,真正的母亲是不会让自己的孩子被劈成两半的,而冒充的母亲则有可能对此漠不关心。基于此,所罗门王设计了一个信息甄别机制,要求"将孩子一劈为二",从而让两个妇人自动作出不同的选择,有关机制设计详见第 4 章。设计者可以通过观察不同人的选择而推断各自的真实类型。这就是一种自我选择(self-selection)。

这种自我选择在消费市场常表现为价格歧视,又称差别定价。所谓差别定价,通常指商品或服务的提供者在向不同的接受者提供相同商品或服务时,在接受者之间实行不同的销售价格或收费标准。实际上,价格歧视是不了解消费者偏好的商家(信息劣势方),为区分不同层次的消费者而设计出来的一种策略。优惠券作为差别定价策略的一种,极好地区分了愿意付出时间成本来搜索优惠信息的"平民"和不在乎优惠信息而直接到门店购买的"富人"两类消费者,让他们都支付了他们愿意支付的最高价格。注意,这里的"平民"和"富人"并非单纯指经济境况,而是指消费者对待同等商品时购买意愿的高低。

商家定价的最理想情况是,价格在消费者能接受的程度下最大化,并且实现在这一价格下的销量最大化。换言之,商家应该尽可能按照每名消费者所愿意支付的最高价格进行销售。问题在于消费者并不会把这种价格表现出来。因此,差别定价策略能够使得消费者进行"自我选择",以此达到信息甄别的目的。

一个很简单的方法就是发放优惠券。由此商家就可以把具有不同购买意愿的消费者区别开来(甄别消费者类型),从而对不同的消费者收取不同的价格。假设一份快餐成本10元,定价20元时,1 000人会接受此价格;定价25元时,600人会接受此价格,前者利润为$(20-10)\times 1\,000=10\,000$元,后者利润为$(25-10)\times 600=9\,000$元。商家既想定价高一些,但又不愿放弃其中400个购买意愿较低的消费者。于是决定用5元优惠券来吸引他们,同时对剩下那600个高意愿消费者依然维持25元的原价销售。此时商家利润为$600\times 25+400\times 20-10\times 1\,000=13\,000$元,达到了最大化。

想必读者对信号传递和信息甄别已经有所理解,那么请思考一下:为什么一些餐厅频频推出促销政策,声明对集齐某几种星座的顾客给予一定优惠(例如,"集齐四个或以上白羊座"就可以享受5.8折的优惠)?为什么名牌产品的专卖店都设立在租金高昂的中心地段,宁愿门可罗雀也不进行降价销售?若用心观察,你会发现生活中有很多类似问题可用本节的理论加以解释。

✒ 扩展阅读:信号阻止

信号阻止,从信号发送方的角度,如果向别人披露信息对自己有好处,那么披露信息是自然的;但有时候,从信号接收方的角度,接收信号对自己并没有好处,这时候,想方法阻止接收信号反而对自己更有利。

截断联系,是人们常用的一种阻止接收信号的手段。在1965年,美国有一场监狱暴动,当时的监狱长就拒绝聆听犯人的要求,直到犯人释放所被挟持的警察为止。这种拒绝聆听,避免了接受犯人的要挟,反而使得犯人无法通过威胁来达到其目的,也使其明白了监狱长制止暴动的决心。

故作不知,也是阻止信号的手段。例如,有的公司员工总喜欢向老板传递种种信息:自己在业内受到多少重视……而一旦员工判断出老板获悉这些信息,就能以此提出加薪。此时老板就可以刻意去忽略这些信息,这样就可以避免员工利用这些信息作为威胁。

6.3 空谈博弈:专家未必专

空谈博弈类似于信号博弈,在空谈博弈中,发送者的信号只是口头声明,没有成本也没有约束作用,更不用承担责任,但声明者说出它是有目的的。听者要分析其话中的含义,以此来辨别"空口声明"是真还是假。本节我们就来分析不完全信息动态博弈的经典例子："空谈博弈"。显然,这类博弈模型主要研究在有私人信息并且信息不对称的情况下,人们通过口头或书面的声明传递信息的问题。

6.3.1　空谈博弈

空谈是我们日常活动中经常见到的一种行为,中央银行宣布加息政策,各国的外交声明,战争中或战争之前各方发布的真假策略(如在海湾战争中,伊拉克对美国说:如果你打我们的话,我们将向以色列发射导弹),企业表达对竞争对手某项营销策略的立场,以及国家之间在军事方面的威胁恐吓等,都是空谈博弈。

在本节的场景中,采取行动并不影响任何一个参与者的收益,采取行动对每一个参与者而言,成本都是一样的,都为零。

定义 6.3(空谈博弈)　一个零成本的行动被称为消息。以消息为载体的博弈被称为空谈博弈。

消息不仅仅靠语言传递,其他参与者能了解到的任何一个参与者所做的任何事都可以称为消息。

一个空谈博弈分为以下三步。

(1)"自然"选择信息发送者的类型。

(2)信息发送者了解他的类型并选择信息。

(3)信息接收者查看发送者的消息,在这条信息的基础上修正他对发送者的看法并采取某种行动。

消息能成为空谈博弈而不是其他类型的信号博弈,是因为由发送者选择的消息既不影响发送者的得益,也不影响接收者的得益。他们的得益只取决于发送者的类型和接收者的行动。当然,一条消息可以间接地影响得益,例如,通过改变接收者对发送者类型的判断来影响接收者的行动。一般而言,空谈对事物的发展及相关各方利益的影响,是通过影响空谈接收方的行动来实现的,其对各方利益的影响是间接的而不是直接的。因此,一个空谈博弈在实践中究竟能否产生影响,能够产生多大的影响及什么样的影响,取决于空谈接收者如何理解这些空谈、相信这些空谈,以及采取怎样的反应。在 6.3.2 节的例子中,我们将介绍这种现象。

6.3.2　天然气管道项目中的空谈博弈

引语故事:"北溪二号",一波三折

21世纪初,伴随着国际油价飙升和中东局势的动荡,能源的重要作用日益凸显,工业发达的德国对能源的需求更是极为迫切。于是德国与俄罗斯天然气企业签署一系列协议,营建一条天然气管道,从俄罗斯向欧洲各国供应天然气。跨国输气管道本身具有经济和政治的双重意义。一条跨国的输气管道一旦建成通气,便将买方、卖方与途经国家三方面的利益联系在了一起。而沿途各国更是具有了截流禁运、借机抬价的能力,可以随时对其他各方造成威胁。因此,买卖双方与途经国家的关系将成为管线正常运营中的最大不稳定因素。

　　自谋划之初,该管道就牵动了俄、欧、美多方利益。2021 年 9 月,天然气管道项目全面完成,同年年底进行了试运行,进入审批环节,即将正常运营。然而同年 11 月,德国有关监管部门宣布暂停该管道天然气项目的审批。德方表示,由于俄罗斯天然气公司在德国法律中资质存在问题,出于监管需要,故暂停对该天然气管道项目的审批程序。

　　俄方企业就审批暂停的事项去咨询该领域的专家。专家在考察实际情况后,表示按照以往经验来看,只有在按照德国法律以合法形式组织运营商的情况下,对该项目的运营商进行法律和技术认证,该项目才能顺利获批。

　　在这个案例中,专家要决定是否建议俄方天然气企业花费巨资进行昂贵的技术法律认证。如果他不建议,俄方企业就必须自己作出某种决定。俄方企业意识到这个认证对于审批通过可能很有必要,但同时又担心两国由于地缘政治因素,贸易情况恶化,新的行政管制措施出现,使得该认证最终白费功夫。对于专家而言,建议企业进行技术法律认证,也许是基于以往项目顺利实施的经验而作出的有效建议,但也存在专家是为了从中获得相应的中介提成费才推荐企业做这个认证的可能性。这样一来,即使企业做了认证,项目也不一定会顺利通过审批。同时,企业也意识到专家有采取中介提成行为的可能。

　　图 6-10 所示是该案例的贝叶斯博弈扩展型。“自然”先决定俄方企业进行技术法律认证的价值。有 1/3 的概率为该认证对俄方企业推进天然气输送项目是有用的;有 2/3 的概率是即便企业获得了认证,项目也无法成功通过审批。认证价值有多大,只有在企业获得认证之后才能知道。在知道对企业来说认证价值有多大之后,专家才决定是否建议企业进行该认证。如果他不建议做,那么由企业自行决定是否花钱进行认证。如果他建议做,那么由企业决定是否遵从专家的建议。

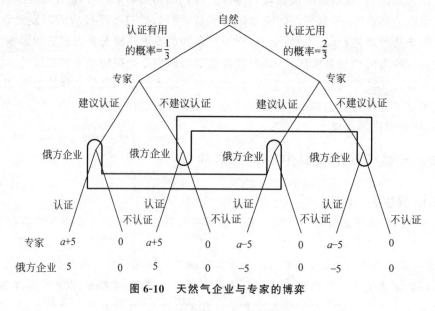

图 6-10　天然气企业与专家的博弈

　　首先,我们考察双方在认证中各自的得益情况。

　　如果俄方企业进行并获得认证,当认证对天然气项目审批推进有用时,企业得到的收益为 5,反之为 −5。如果它不进行认证,那么它的收益为 0。只有当认证对项目推进有用时,企业才会想要进行认证。想要弄清这一点,还需要核实专家建议的真实性。专家从企业认证中得到的收益为 $a+v(a\geqslant0)$。v 是企业从认证中得到的收益,即认证对于项目推进有助益作用(例如,官方认证机构的背书能够提升项目的专业质量和可信度)。如果认证对项目推进有用,$v=5$;如果没用,那么 $v=−5$。专家也会从企业认证中得到 v 的收益,例如,若企业认证后大大提高了项目成功通过审批的概率,那么专家指导项目的成功率也有所提升,有利于提升其在业界的知名度。a 是指专家从企业认证中得到的额外佣金(如中介提成费用等),如果 $a=0$,那么企业和专家的收益相同。所以,当且仅当认证对企业有用时,专家才会建议做这个认证。然而,如果 $a>0$,那么就存在利益争斗,因为即使当认证对企业无用时,专家也愿意建议企业做这个认证。最后,假设如果没有进行该认证,专家的收益为 0。

其次,讨论双方不同的策略与均衡情况。

一种情况是,信息发送者(专家)发送的消息没有信息含量。这里指的是专家的建议对于企业而言没有参考价值。这里存在一个合并的完美贝叶斯均衡,在这个均衡中,正因为建议没有价值,所以企业不应该相信专家。

(1) 专家的策略:不管是不是对企业有用,都建议做这个认证。

(2) 企业的策略:忽略专家的建议。

(3) 企业的信念:不论专家是否建议做认证,这个认证对它的项目推进有用的概率都只有 $\dfrac{1}{3}$。

这个均衡就是所谓的胡说均衡:这个专家的建议没有任何信息含量,不存在参考价值。在空谈博弈中,一个胡说均衡就是一个合并均衡。假设这个专家的策略使他作出相同的建议——"做这个认证",那么不管他的类型是什么,他的信息都是空洞无用的。那么企业会坚持一贯的信念,因为这并没有对其先前的信念产生任何影响。在所有这些信念的影响下,当企业被建议做认证时,其做认证的收益就为

$$\left(\dfrac{1}{3}\right)\times5+\left(\dfrac{2}{3}\right)\times(−5)=−\dfrac{5}{3}$$

这个收益低于他不进行认证的收益,所以企业本来就不打算做这个认证,进而不管专家是否建议做该认证,专家的收益都为 0。这个均衡没有产生令人激动的效果,是因为专家的建议是没有任何价值的(因为建议并不是建立在企业的真实情况之上)。当然,该建议就会被企业忽略。

实际上,每场空谈博弈都存在一个胡说均衡。如果接收信息的人认为发送者的消息和发送者的类型无关,那么他会忽略这条信息,只用自己的先验信念决定如何采取行动。但如果接收者忽略发送者的消息,那么发送者就会不在乎说什么,因为这并不影响接收者的行为(所有消息的信息成本都为 0)。

接下来,让我们来讨论另一种情况,信息发送者(专家)发送的消息实际上是包含信息量的。让我们接下来思考满足分离的完美贝叶斯均衡的条件。

(1) 专家的策略:当且仅当认证对企业有用时,建议企业做这个认证。

（2）企业的策略：遵从专家的建议。

（3）企业的信念：如果专家建议做认证，那么认证有用的概率为 1；如果专家不建议做认证，那么认证无用的概率为 1。

这个策略组合会达到一个令人满意的结果，因为专家总是为企业考虑，而企业也相信专家。我们需要评估的是，它什么时候能达到一个均衡状态。企业的信念是连贯的且应该是显性的。假设只有当认证对企业是有用的，专家才建议企业做认证，企业的策略明显就是最优的。这个结果就使我们评估专家策略的序贯理性。

假如，实际上这个认证是有用的，那么专家从建议企业做认证中得到的收益为 $a+5$，因为根据企业的策略，企业会遵从专家的建议。既然专家从不建议企业做认证中得到的收益为 0，当且仅当 $a+5\geqslant0$ 时（因为 $a\geqslant0$，所以 $a+5\geqslant0$），专家建议企业做认证的策略为最优策略。如果该认证对企业有用，且无医疗事故的发生，专家肯定会建议企业做测试。具有争议的是，认证对企业的项目最终顺利通过审批无用的情况。那么专家不建议做认证是最优策略，因为若不建议做认证，他的收益为 0，而建议做认证得到的收益为 5，所以当 $a-5\leqslant0$，即 $a\leqslant5$ 时，专家不建议企业做认证。

当 $a\leqslant5$ 时，存在一个有真实建议的均衡。相反，当 $a>5$ 时，只存在一个胡说均衡，此时专家的建议就是没有任何信息含量的。这里存在一个普遍的原则。当 $a=0$ 时，专家和企业的利益相吻合，因为只有当认证使企业情况变得更好时，专家才建议企业做认证。然而，当 a 逐步增大时，专家和企业的关注点就会有分歧，因为专家的建议越来越受到认证中介提成费的影响，而企业越来越关心认证的有效性。所以，当 a 比较小时（即 $a\leqslant5$），专家主要关心企业项目本身和他的建议是否有效。相反，当 a 比较大时（即 $a>5$），专家主要关心获得额外的中介提成费的问题。

一般来说，两方的利益越是一致，越有可能存在一个均衡，在这个均衡中，信息是有效的。当他们的利益完全一致时，对发送者有利的就对接收者有利。在这种情况下，发送者没有误导接收者的动机。当利益不是很一致时，只要没有太大的分歧，这种直觉就一直奏效。现在思考利益完全相反的情况，如在零和博弈的情况下，对发送者越有利的对接收者就越不利。发送者就试图误导信息接收者，在这种情况下，信息接收者就不应该相信发送者的消息。既然在均衡中没有人被误导，结果就是不应该相信信息。更直观地说，如果利益完全相反，那么信息发送者传递的消息就是没有任何信息量的。

总的来说，空谈博弈是一个可以表明意图的博弈，在其中信息发送者的选择是消息（即不直接影响参与者收益的无成本的行动）。尽管存在胡说均衡，是否存在一个消息有用的均衡取决于信息发送者和接收者之间有没有共同的利益。信息发送者和接收者的利益越一致，消息就越有可能是有信息量的。当利益足够接近时，存在一个均衡，在均衡中，消息是有信息量的。当他们的利益很不一致时，所有的均衡中消息都是没有信息量的。

6.4　博取声誉：真实还是伪装

声誉是宝贵的财富，正直善良的声誉会让人更愿意与你合作，而朋友反目的先例会让人对你敬而远之；有债必偿的声誉会帮你轻松借到钱款，而一次未还清的债务可能会使你努力维护的信用毁于一旦。墨子曾说过："名不徒生,而誉不自长,功成名遂,名誉不可虚设。"在社会生活和交往过程中,一个人会努力为自己树立良好的声誉,而且愈是名人愈加珍惜。有个成语叫"身败名裂",很多时候人们很难分清,到底是身败带来了名裂,还是名裂而招致身败。本节将从博弈论的角度讨论声誉问题。此外,第 8 章还会从重复博弈的角度再谈声誉,声誉问题的重要应用条件就是信息不完全和博弈重复。

囚徒困境是我们最早接触的博弈论模型之一。它简单通俗、易于理解,同时又非常具有典型意义。此处将以囚徒困境为例讲解信息不完全时声誉是如何建立的。假设两个囚犯 A 和 B 进行博弈的策略矩阵如图 6-11 所示。

		B	
		合作	背叛
A	合作	3, 3	-1, 4
	背叛	4, -1	0, 0

图 6-11　囚徒困境博弈

不难推断该博弈存在唯一均衡:(背叛,背叛)。如果囚徒困境被不断地重复,身处其中的囚徒会偏离均衡转而合作吗?对博弈论的研究发现,一般而言只要重复博弈的次数是有限的,就不会使局中人选择合作策略。但这似乎与现实中所观察到的合作现象相矛盾——常有身处困境的"囚徒"选择合作策略。难道是前提预设出现了问题?现实中遇到的重复博弈尽管都在有限次数终止,但在数学处理上仍有"无限"和"有限"的区别。这点将在第 8 章介绍。事实上,即使在有限重复博弈中,合作行为也是频繁出现的,特别是在距博弈结束仍比较远的阶段更是如此。阿克塞尔罗德(Axelord,1981 和 1984)的锦标赛实验结果表明:在 200 次重复囚徒博弈中,当离博弈结束比较远时,合作行为仍会频繁出现;而参与者所选取的策略也有偏好趋向,其中"针锋相对"策略是最稳定的。

博弈论的 4 位奠基人克雷普斯、米尔格罗姆、约翰·罗伯茨(John Roberts)和威尔逊发现:之所以认为在有限重复博弈中不会出现合作行为,原因是存在两个假定,即理性人是共同知识和信息完全假定。为此,他们构造了一个著名的"声誉模型",在有限重复博弈中引入理性人非共同知识和不完全信息的假定,发现存在合作型子博弈精炼均衡的解,从而解开了这个悖论。他们证明,信息是否完全,对均衡结果有着重要影响。具体而言,合作行为在有限重复博弈中有可能出现——只要重复次数足够多,但不必是无限次数的。例如,"坏人"可能在相当长的时间里表现得像"好人"一样。

不妨假设囚犯 A 了解囚犯 B 的所有特征,但囚犯 B 对囚犯 A 不甚了解。在 B 的认识中,A 有两种可能类型:理性的与非理性的。为简单起见,假设"非理性"的 A 只会使用"针锋相对"策略。"针锋相对"意指一个参与者首先选择合作,只要对方一直合作,就与对方合作下去;一旦对方背叛,就中止和对方的合作,直到对方再主动恢复合作。该策略非常简易实用,亦即常说的"以眼还眼,以牙还牙"。而理性的 A 则会选择对自己有利的策略。

先从重复 2 次的囚徒困境开始,再推及重复 3 次。

6.4.1 重复 2 次的囚徒困境

假设囚徒困境博弈重复 2 次,自然赋予 A 理性的概率为 p,非理性的概率为 $1-p$。可能行动如表 6-4 所示,其中 X 表示待定的某一行动。

表 6-4   信息不完全时重复两次的囚徒困境

参 与 者	第 1 阶段	第 2 阶段
A(理性的: p)	背叛	背叛
(非理性的: $1-p$)	合作	X
B(理性的)	X	背叛

由于 B 是理性的,所以第 2 阶段 B 一定会选择背叛。如果 A 是理性的,那么 A 也会选择背叛。但是如果 A 是非理性的,那么此时他既有可能背叛也有可能合作。它取决于第 1 阶段 B 的行为,此处用 X 表示。

接下来分析第 1 阶段。如果 A 是理性的,那么他在第 1 阶段也会选择背叛——因为 A 知道 B 是理性的,所以无论他在第 1 阶段选择什么,B 在第 2 阶段都会选择背叛。但如果 A 是非理性的,他会在第 2 阶段本能地选择合作——这依赖于第 1 阶段 B 的行动。

但是 B 不同。尽管 B 是理性的,但是他不知道 A 是否理性,所以在一开始就选择背叛并不一定是最好的。很显然,假如 A 是非理性的,那么他在第 1 阶段选择合作就能赢得第 2 次赚便宜的机会。因此,需要比较 B 的两个行动所带来的得益,才能找到占优策略。

(1) 如果 B 在第 1 阶段选择背叛,那么该阶段他的得益是 $p \times 0 + 4 \times (1-p) = 4 - 4p$,而在第 2 阶段的得益则是 $p \times 0 + (1-p) \times 0 = 0$。因此,总的期望得益是 $4 - 4p$。为简单起见,此处省略了对折现因子的考虑,下同。

(2) 如果 B 在第 1 阶段选择合作,那么该阶段他的得益是 $p \times (-1) + 3 \times (1-p) = 3 - 4p$,而在第 2 阶段的得益则是 $p \times 0 + 4 \times (1-p) = 4 - 4p$。因此,总得益是 $7 - 8p$。

当 $7 - 8p \geqslant 4 - 4p$ 即 $p \leqslant 0.75$ 时,B 会在第 1 阶段选择合作。换言之,当 B 认为 A 是理性的可能性不超过 75% 时,他会在第 1 阶段选择合作,而在第 2 阶段背叛。因为 B 不了解 A 的特征,所以 B 进行策略比较时所权衡的是眼前利益与长远利益:背叛得到眼前的得益但损失未来的得益。这与完全信息下的结果不同。

6.4.2 重复 3 次的囚徒困境

接下来我们分析重复 3 次的囚徒困境。与上述分析一样,在第 3 阶段,B 一定会选择背叛来最大化自己的得益——只要他是理性的。

(1) 分析 A 的行动。如果 A 是非理性的,那么在第 1 阶段他仍会选择合作以期得到友好回应。在第 2~3 阶段,A 采取"针锋相对"策略,分别取决于 B 在第 1、2 阶段的选择。分别用"X""Y"标记 B 在第 2、3 阶段的行动。另外,如果 A 是理性的,那么在第 2、3 阶段他一定会选择背叛,这与前面的两阶段博弈一样。但是,并不能惯性推及 A 在第 1 阶段也选择背叛。为什么呢? 因为在第 1 阶段 A 的背叛会立即暴露他的类型(意即他是理性的),反而招致 B 在第 2 阶段的背叛。即便如此,仍不能判定 A 应选择合作。暂以"?"记之。各方的行动如表 6-5 所示。

表 6-5　重复 3 次的囚徒困境

参 与 者	第 1 阶段	第 2 阶段	第 3 阶段
A(理性的;p)	?	背叛	背叛
(非理性的:$1-p$)	合作	X	Y
B(理性的)	X	Y	背叛

给定 B 在第 1 阶段选择合作。对于理性的 A 而言,又有两种情况。

如果 A 在一开始就背叛,那么到第 2 阶段 B 就知道 A 是理性的(因为非理性的 A 不会首先背叛),B 会在第 2、3 阶段都选择背叛。此时,A 的总期望得益为 $4+0+0=4$。

如果 A 在第 1 阶段选择合作来隐瞒自己的类型,那么 B 在第 2 阶段仍不能辨别 A 的类型。所以,自第 2 阶段之后的子博弈等同于重复 2 次的囚徒困境。此时,B 在第 2 阶段仍选择合作(前提仍旧为 $p \leqslant 0.75$)。换言之,只要 B 判断 A 是非理性的可能性高于 25%,那么他在第 2 阶段仍然选择合作。所以,A 在 3 个阶段中行动的总得益就是 $3+4+0=7>4$。因此,对于理性的 A 而言,只要 B 不在前两个阶段内背叛,A 在第 1 阶段选择合作总是最优的。至此,表 6-5 中的"?"变更为"合作"。

(2)分析 B 的行动。B 有四个行动组合:(合作,合作,背叛),(合作,背叛,背叛),(背叛,背叛,背叛),(背叛,合作,背叛)。将四种情况单独列表分析(表 6-6 至表 6-9)。

表 6-6　B 的行动组合为(合作,合作,背叛)时的得益矩阵

参 与 者	第 1 阶段	第 2 阶段	第 3 阶段
A(理性的:p)	合作	背叛	背叛
(非理性的:$1-p$)	合作	合作	合作
B(理性的)	合作	合作	背叛

表 6-7　B 的行动组合为(合作,背叛,背叛)时的得益矩阵

参 与 者	第 1 阶段	第 2 阶段	第 3 阶段
A(理性的:p)	合作	背叛	背叛
(非理性的:$1-p$)	合作	合作	背叛
B(理性的)	合作	背叛	背叛

表 6-8　B 的行动组合为(背叛,背叛,背叛)时的得益矩阵

参 与 者	第 1 阶段	第 2 阶段	第 3 阶段
A(理性的:p)	合作	背叛	背叛
(非理性的:$1-p$)	合作	背叛	背叛
B(理性的)	背叛	背叛	背叛

表 6-9　B 的行动组合为(背叛,合作,背叛)时的得益矩阵

参 与 者	第 1 阶段	第 2 阶段	第 3 阶段
A(理性的:p) 　(非理性的:$1-p$)	合作 合作	背叛 背叛	背叛 合作
B(理性的)	背叛	合作	背叛

如前分析,若 A 是理性的而且 B 在前两个阶段内没有背叛,那么 A 在第 1 阶段选择合作总是占优的。若 A 是非理性的,则他三次都会选择合作。此时,B 的总期望得益是
$$p \times (3-1+0) + (1-p) \times (3+3+4) = 10-8p。$$

同上分析,B 的总期望得益为 $p \times (3+0+0) + (1-p) \times (3+4+0) = 7-4p$。

同理,B 的总期望得益为 $p \times (4+0+0) + (1-p) \times (4+0+0) = 4$。

同理,B 的总期望得益为 $p \times (4-1+0) + (1-p) \times (4-1+4) = 7-4p$。

将四种期望得益表示在同一个图上(图 6-12),可以得到非常直观的结果。在图 6-12 中,横坐标表示 A 是理性的概率,纵坐标表示 B 的预期得益。

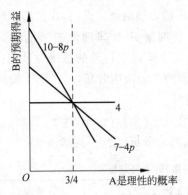

图 6-12　四种不同策略下 B 的得益曲线

从图 6-12 中得出,当 $p \leqslant \dfrac{3}{4}$ 时,选择(合作,合作,背叛)的得益最大。因此,只要 $p \leqslant \dfrac{3}{4}$,这样的策略组合是一个均衡:理性型 A 在第 1 阶段选择合作,第 2 阶段和第 3 阶段选择背叛;B 在第 1、2 阶段选择合作,但在第 3 阶段选择背叛。与 6.2 节的信号传递不同,此处的私有信息拥有者尽量回避有关自己类型的信号传递。理性的背叛者仍然表现出合作行为,使得自己与非理性的合作者混同起来。因此,从信息私有者的角度讲,分离均衡并不总是受欢迎的——总有一部分人更喜欢混同均衡。你能说出与此相关的一些成语吗?

为什么不完全信息下会出现这样的博弈结果呢? 不难想象,坏人可能在相当长的时间里表现得像好人一样。就像大灰狼扮成外婆是为了更好地蒙骗小红帽,声誉机制就是这样一个完美伪装。当信息不完全时,参与者都有动机树立一个良好的声誉,从而在未来获得长期得益。一般来讲,合作得益越大,双方便越有动力来树立一个良好声誉。因此,只要重复次数足够多,合作行为就会在有限重复博弈中出现。

至此,也许有读者会问:在模型中 B 的声誉到底是什么? 没错,就是他人推断自己义气的条件概率,亦即行动(合作或背叛)之后别人对自己义气或自私的判断。

显然,一个行为主体的声誉在长期内是与他人的互动行为密不可分的。而声誉的本质则在于可以使行为人获得长期的得益。当一个人的行为特征或行为类型不被他人所知晓,且在他们之间存在着重复互动时,具有信息优势的一方就有动机建立一个"好"的声誉以换取长期利益,从而避免那些短期甚至是一次性的得益。表 6-10 给出了关于声誉起

重要作用时的部分重复博弈的应用及其博弈信息。

表 6-10　声誉起重要作用时的部分重复博弈

博 弈 应 用	单边/双边	参 与 者	行 动 策 略
囚徒困境	双边	嫌疑人甲	抵赖/坦白
		嫌疑人乙	抵赖/坦白
双寡头垄断	双边	企业甲	高价格/低价格
		企业乙	高价格/低价格
员工管理	单边	雇主	发奖金/不发奖金
		雇员	工作/偷懒
产品质量	单边	消费者	购买/不购买
		卖者	高质量/低质量
进入威胁	单边	在位者企业	低价格/高价格
		进入者企业	进入/不进入

注：在某些博弈中，每个博弈中的策略组合都相同，博弈者之间的支付或得益对称，这种博弈称为双边博弈。而另一种与双边博弈很相似，但这种博弈并不对称，这就是单边博弈。常见的单边博弈有市场进入博弈、产品质量博弈、借贷博弈等。

 进阶阅读：KMRW 声誉模型

克雷普斯、米尔格罗姆、罗伯茨和威尔逊四人的思想后来被总结为 KMRW 声誉模型，也称为 KMRW 定理。它的主要内容是这样的：尽管每一个参与者在选择合作时可能面临被对手出卖的风险（从而可能得到一个较低的当前得益），但是如果他在面对一个合作型对手时选择不合作，就暴露了自己是非合作型的，从而失去获得长期合作得益的机会。只要博弈重复的次数足够多，未来得益的损失就超过短期被出卖的损失。因此，即使非合作类型的参与者也都想在初始时树立良好形象（使对方认为自己是喜欢合作的）。而只有在博弈快结束时，参与者一次性把自己过去所建立的良好声誉用尽，合作才会停止（因为此时的短期得益很大，而未来损失很小）。该模型具有出色的解释力。其主要原因在于：大量事实表明，大多数合作的发生都是基于对自身利益的考虑，而非对参与者合作偏好所做的假定。在一些长期交易关系中，交易各方出于对未来得益的考虑，都会致力于树立形象和维护声誉。虽然这些声誉在短期来看并非经济的，但是合作收入流的长期补偿表明建立良好声誉是最优选择。而且，良好的声誉价值是随着它被使用的次数而增加的。可以说，KMRW 声誉模型为认识企业的本质提供了强有力的分析方法和解释工具。

6.4.3　声誉的更新

实际上，无论是个人、企业还是国家，声誉都是一个宝贵的财富。然而，怎样才能树立良好的声誉呢？这是一个不断积累的过程，一个借助良好的言行给自己不断加分的过程。"始吾于人也，听其言而信其行；今吾于人也，听其言而观其行。"孔子的话恰好也反映了人们对他人声誉认识的过程。对一个人声誉的形成，不仅要听他怎么说，更要看他怎么做。一般来说,人们先是对某人的品性有个先验判断,然后随着不断了解,通过他的行为来不断修正自己的判断。贝叶斯法则已经在前文中提及,在此处解释声誉的积累时仍然适用。

为简单起见,假定囚徒有"义气"和"自私"之分,每个人有"合作"和"背叛"两种选择。当然,两类人群选择合作和背叛的概率是不一样的。假设讲义气的人选择合作的概率为0.8,而自私的人则为0.4。两类人群背叛的概率分别对应为0.2和0.6。那么,对于给定一人,人们如何判断他的性格呢?

假定A初始认为B讲义气的概率为0.5(即先验概率为50%),那么,A在看到B合作后而推断B讲义气的概率是一个条件概率,满足贝叶斯法则。具体而言,A认为B讲义气的概率等于

$$p^+ = \frac{0.8 \times 0.5}{0.8 \times 0.5 + 0.4 \times 0.5} \approx 0.67$$

接下来,如果B又做了一件合作的事,那么A认为B讲义气的概率就更新为

$$p^+ = \frac{0.8 \times 0.67}{0.8 \times 0.67 + 0.4 \times 0.33} \approx 0.80$$

接着,B又做了一件背叛的事,则A认为B讲义气的概率一下子降为

$$p^- = \frac{0.8 \times 0.2}{0.8 \times 0.2 + 0.2 \times 0.6} \approx 0.57$$

这便是声誉的积累,亦即A对B讲义气的信念的更新。一般来讲,p^+的上升特别慢,但是p^-下降起来却特别快。这有些类似于"一世英名,毁于一旦"。

之所以有A对B的信念的不断更新,是因为讲义气的人与自私的人做同一件事的可能性不同。如果两者都有同样的可能性选择合作,那么,无论B做了多少次合作的事,都不能改变A对他的信念。相反,如果有这么一件事,只有讲义气的人会做,自私的人绝对没有动机去做(或者说绝不愿承担这么做的后果),那么A认为B一定是讲义气的——只要B做了此事。

这有点儿类似于好人和好事。做一件好事并不意味着该人是好人,因为坏人也有可能做好事来伪装成好人,好事不一定传递信息,但坏事常常都是传递信息的,因为好人轻易不做坏事,但坏人也不会常做坏事自毁声誉。这与"好事不出门,恶事行千里"有异曲同工之妙。而第8章的重复博弈还将说明所有的善恶并非立即报,"人为善,福虽未至,祸已远离;人为恶,祸虽未至,福已远离"。

习　题

1. 不完全信息静态博弈与不完全信息动态博弈有什么区别和联系?
2. 为什么口头声明有时能有效传递信息,但另一些时候又不能了?
3. 能够传递信息的行为有怎样的特征?信号机制起作用的基本条件是什么?
4. 什么是完美贝叶斯均衡?其特点是什么?
5. 为什么信息不完全,或者人们只能获得有限信息,博弈就变得扑朔迷离?

6. "囚徒困境"的内在根源是什么？举出现实中囚徒困境的具体例子。

7. 假如某商品的确切价值是 100,这只有卖方知道,你作为买方知道该商品的价值标准分布于[80,100]上。由于压货和回笼资金,卖方对该商品的主观价值评价是客观价值上打七折,而且这一点你也知道。如果交易价格由卖方提出,你只能选择是否接受,该博弈中卖方和你的合理策略各是什么？

─────── 即测即练 ───────

第 7 章

机制设计与算法实现 *

本章导读

"两军交战"只为求输

2020 年 8 月 16 日,第 22 届 CUBA(中国大学生篮球联赛)一级联赛全国赛(男子组)在福建省泉州市的华侨大学开打。CUBA 一直以其远离商业化和充满青春、热血的氛围而受到球迷的喜爱。然而,前不久发生的两场比赛,却让整个联赛蒙羞……

按照赛程,来自全国四个赛区的 48 支球队先分成 8 个小组,每组球队进行单循环赛,每个小组前四名进入 32 强。由 32 强赛开始进行交叉单场淘汰角逐,直至决出本届比赛冠军。可是,赛事刚进行到小组单循环赛,就出现了风波。

在 8 月 20 日 E 组最后一轮比赛前,该组的广东工业大学队与江西师范大学队都是 2 胜 2 负。当天的比赛是两队角逐第三名。E 组第三名将对战 A 组第二名。根据当时的形势判断,A 组第二名很可能是实力强劲的东道主:华侨大学队。为了避开强劲对手,两队上演了一场拙劣的表演,争相输掉本场比赛,从而以小组第四名出线。例如,球员在场上如同散步,对方进攻时各种让路,争先恐后地失误……最令人愤怒的一幕出现在比赛第三节,领先的江西师范大学队多次投篮偏向,眼看"形势不对",广东工业大学队开始大摆乌龙,帮助对手得分。此举令裁判忍无可忍,叫停比赛,并对广东工业大学队的球员进行了警告。

视频 6:第 22 届 CUBA 全国赛之江西师大 vs 广东工大片段

整个下半场,两支球队各斩获不到 20 分,这显然不是两支球队该有的水平。最终,广东工业大学队如愿输掉比赛,E 组第四,成功避开华侨大学队。在 22 日的淘汰赛里,广东工业大学队如愿晋级 16 强。然而,惩罚第二天就来了:CUBA 联赛组委会认定两队消极比赛的情况属实,取消两队 20 日的小组赛成绩,并剥夺淘汰赛资格。

消极比赛,在体育赛事中屡见不鲜,相信读者对此不陌生。从小范围关注的巡回赛到举世瞩目的奥运会,任何级别的各项体育赛事都难以完全避免这类现象。很明显,这与体育精神相背离,但是却广泛存在。何以至此?实际上,参赛成员选择"消极比赛"并非不理智,相反,他们更注重"关键战役"的胜负,从而利用规则策略性地输掉某场比赛,以谋取更好名次。一般来说,当参与者与组织者的动机不一致时,就有可能产生偏离组织者预期的异化行为。在体育比赛中如此,在其他策略性竞争场景中亦如此。

在赛事规则设计时,组织者/设计者应预见参与者可能采取的策略,利用规则引导参与者行动,不宜强行要求参与者违背自身利益行事。换言之,参与者可以"各怀心事",但是设计者要通过规则来确保参与者的目标和整体目标一致。消极比赛的事例告诉我们:在一个由策略型参与者所组成的系统中,规则设计是至关重要的,未经有效设计的系统常会招致意想不到的结果。

通过前几章的学习,读者已经对策略型参与者之间的互动行为有了一定程度的理解,然而如何设计系统的博弈规则尚未涉及。博弈论是研究参与者之间互动行为的一门学科,而机制设计则是为了实现某种目标设计出一套制度或规则,考察如何设计博弈才能使他们产生合乎意愿的均衡行为。博弈论与机制设计相辅相成,管理者可以通过博弈论的分析方法和机制设计的实践应用来解决各种社会问题。

本章将通过四个小节简要介绍机制设计和算法实现,以便读者形成框架性认识:7.1节通过简单直接的例子引入机制设计话题;7.2节讨论社会选择函数(social choice function)、直接机制(direct mechanism)和间接机制(indirect mechanism)等基本概念;7.3节结合拍卖机制来介绍激励相容与显示原理;7.4节通过背包问题来介绍机制设计和均衡求解的算法实现。

7.1　导　　论

7.1.1　机制设计初探

机制设计追求"好制度带来好结果"。机制设计的核心在于向参与者引入博弈规则,使博弈的策略均衡达成基于系统视角的最佳效果,例如,社会福利最大化、成本最小化、某种形式的公平等。有鉴于此,机制设计有时也被称为反向博弈论,在本质上仍是博弈论的讨论范畴。与前几章不同的是,设计者必须通过机制让参与者收敛自利倾向,作出符合整体大局的行动。接下来将通过几个例子介绍机制设计的概念。

例 7.1　怎样分蛋糕

妈妈买来一块蛋糕,想把它分给两个孩子:爱丽丝和鲍勃。妈妈的目标是让每个孩子都对自己得到的那份满意:爱丽丝认为她至少得到一半,鲍勃认为他至少得到一半,这样两个孩子才会觉得蛋糕被公平分配。如果孩子们看蛋糕大小的眼光和妈妈一样,那么妈妈只要将蛋糕平分给每个孩子即可。但事实上,孩子们看待蛋糕大小的眼光和大人往往不一致。整个分配过程中,当孩子们行使利于保障自己公平的权利时,他们才会安心。

因此,妈妈想出一种最佳分配方式:让一个孩子负责切蛋糕,而另一个孩子优先选择。这种情境下,负责切蛋糕的孩子将会尽可能地把蛋糕切成(他认为)均等的两块,因为任何其他切法都无法保证自己得到一半蛋糕;而可以优先选择的孩子也很高兴,因为他有机会选择自己认为较大的那块蛋糕。所以,这个机制实现了孩子们均分蛋糕的理想结果,并且每个孩子都没有理由反对这个机制。

在该案例中,妈妈是机制设计者,爱丽丝和鲍勃是参与者。上述机制间接地实现了让参与者自己产生识别最佳结果所需的信息。妈妈的目标是通过设计有效的机制让两个孩子满意蛋糕分配的结果,而孩子们(参与者)并不关心妈妈(机制设计者)的目标,他们有自己的目标：得到较大块的蛋糕（每个孩子都有各自的偏好，是私有信息）。机制此时起到的作用是：协调设计者和参与者的目标——使妈妈和两个孩子都满意蛋糕分配的结果。

例 7.2 电信许可证花落谁家

20 世纪 90 年代中期，很多国家意识到政府不应继续垄断无线电频谱（使用效率低下），而应将无线电频谱用于移动电话、卫星电视等，造福社会。因此，政府计划将某些频段的使用许可转让给电信公司。显然，政府希望将许可证交到估值最高的公司手中，这样才能最大化许可证的使用价值，为社会创造最大的价值。但问题在于，政府并不知道哪家公司最珍惜这个机会，因此难以决定许可证的归属。先看以下两个机制。

机制 1：政府直接询问各公司对许可证的估价。如果公司认为将估价说得越多，越有可能获得许可证，那么必然口头上夸大估价。这样就无法保证能够识别实际估价最高的公司。

机制 2：每家公司对许可证出价，出价最高者赢得许可证。该机制的局限性是公司有合谋压价的动机，仍然无法保证中标者是对许可证估价最高的公司。

上述两个机制都无法令人满意。此时有人提出了第三个机制。

机制 3：政府首先让公司竞标，并将许可证授予出价最高的公司。但赢家不需要支付自己的出价，而是支付所有竞标者中的第二高出价。

这是一个二价密封拍卖。如此一来，公司就会准确按照真实估价投标。如果所有公司都完全按照各自对许可证的估价进行出价，那么最终的胜者就肯定会是能最大化许可证价值的公司。政府所面临的问题也得以顺利解决。

在该案例中，政府是机制设计者，电信公司是参与者。政府的目标是将许可证交到估值最高的那家公司手中，而电信公司的目标则是在自身估值下通过最少的支付来获得许可证，两者的目标是不一致的。同时，电信公司对许可证的估价是私有信息，政府不得而知。政府需要设计一定的机制，使电信公司按照自己的估价来真实报价，这样政府才能识别出哪家是最重视许可证的公司。读者可以回顾 5.3.2 节相关内容，以便更好地理解"二价密封拍卖"机制。在本章 7.3 节也会为读者介绍更多二价拍卖。

例 7.3 公共项目的决策

在公共项目（如学校、高速公路或体育场等）的建设中，新项目一般会给每个家庭带来一定的价值，同时也要每家支付一定的建设成本。一般有两种机制，一种是平均分担机制，一种是枢轴机制。

在平均分担机制下，投票决定是否启动某个公共项目，少数服从多数。如果多数人投了赞成票，那么项目启动，而且成本由所有家庭平均分摊。假设某公共项目给三个家庭带来的价值分别是 0、120 和 150，而公共项目的建设成本是 300。有效的结果是不启动该项目，因为总成本超过了总价值。然而，考虑到成本将均分，每个家庭分担 100。因此，有两个家庭将投票支持该项目。结果是项目启动——尽管这是一个低效的结果。价值为 0 的家庭将获得 −100 的回报，这个例子违反了自愿参与原则。

这种方式看似公平，实则是不公平的，因为在投票中可能出现多数人欺负少数人的情况。例如，上海在刚实施垃圾分类时，社区需要集中建设垃圾投放点。居民从个人利益出发，都不愿意把公共垃圾点建在自家门前。这时物业和居委会通过前期调研在小区选出一个公共垃圾点，并按照少数服从多数的原则进行全员投票。不出意外，该方案会被通过,因为除了垃圾点附近的居民不同意外,其他居民都会同意。但这个决策伤害了公共垃圾点附近的住户,因为他们不是自愿的。

在枢轴机制下,每个家庭都评估公共项目对自己的价值并提交给相应的管理者。如果估值总和超过项目成本,就启动该公共项目;否则就不启动。同时,某个家庭需要分担的成本等于项目成本减去其他家庭估值的总和。如果其他家庭的估值已经超过项目成本,这个家庭就不用支付任何费用。

例如,某公共项目给三个家庭带来的价值分别是 60、120、150,总成本是 300。这个公共项目应该启动,因为 60＋120＋150＞300。家庭 1 要分担 30,即总成本减去其他家庭的估值之和(300－270);同理,家庭 2、3 分别分担 90、120。因此,分担总成本为 30＋90＋120＝240,低于项目所需的建设成本,无法启动。

这种枢轴机制的好处是可以照顾到穷人,在公共项目中让利用率高、获得价值高的富人多出钱,让利用率低、获得价值低的穷人少出钱,满足了激励相容约束。同时,由于每个人最多支付该项目对自己的价值,因此效用非负。这个机制也满足另一个约束——自愿参与约束。这是机制设计中的两个常见约束。但是由前可知,枢轴机制不一定是预算平衡的。

事实上,这个机制已经相对不错了。对于公共项目的决策问题,任何机制都无法满足想要达到的所有标准。机制设计专家也不会去尝试为公共项目决策问题寻找一个"理想机制"——满足激励相容、个体理性、有效且预算平衡等多重标准的机制。事实上,根本不存在这样的机制。不能满足预算平衡条件,这个缺陷无法通过提高人们所分摊的项目成本来解决,因为那样做会使这个机制不再是激励相容的或个体理性的。若那样做,个体会有动机去撒谎,有些人可能会被要求为项目分摊超过其所得价值的成本。一种可能的解决方法是通过其他途径来弥补成本缺口,以便为项目提供额外资金。

在公共项目决策的案例中,机制设计者一般是政府或者某个系统的管理者,而参与者则是普通民众或者该系统内的经济人。以小区垃圾投放点选址为例,机制设计者是由居委会、业委会和物业等组成的工作小组,参与者是在该小区居住的居民。工作小组的目标是顺利建设垃圾投放点,尽量减少居民投诉,而小区居民则希望垃圾投放点能尽可能远离自己所在的楼宇。目前最多采用的缓解垃圾选址矛盾问题的办法是补偿机制,即为垃圾投放点所影响的一定范围内的居民提供补偿。

实际上,上述三个例子反映了一大类相似的问题。在这类问题中,存在一个机制设计者和一些参与者。参与者有着不同的偏好,且偏好是私人信息。机制设计者通过设计一套机制,根据参与者所报告的信息作出策略选择。在设计者给定的机制下,参与者的效用与个人偏好和决策结果之间存在对应关系,意即参与者能够根据自身偏好和个人信息作出选择且能够承担选择所带来的后果。

综上,所谓机制,就是一套规则。它与市场不同,是中心化的[①],而市场是去中心化的。[②] 机制设计理论,就是研究在这种信息不完全、个体基于自身理性进行资源选择的情

[①]　例如,存在一个妈妈、政府或工作组等角色根据参与者报告的信息进行决策。

[②]　例如,市场采用价格和信号作为调节机制,个体分散决策以使自身利益最大化。

形下,如何设计一套机制来达到某个既定目标的理论。机制设计者往往会遵循系统最优的考量,将多个参与者的已表偏好[①](announced preferences)加总为一个集体决策。在此过程中,参与者的实际偏好(actual preferences)往往不为他人所知,信息是不对称的。因此,机制设计者面临的是不完全信息下的决策或优化问题。

例如,在"消极比赛"案例中,赛事组委会是机制设计者,各球队是参与者。组委会的目标是希望每支球队在比赛中都能尽全力拼搏,而球队则是想要获得更好的名次。因此,组委会在设计规则时要考虑双方的目标。在目标既定的前提下,通过设计比赛规则诱导自愿选择、自主决策的参与者发出恰当信息,做出适当行为,使之最终实现既定的目标。

机制设计适用于各种组织,企业的利润、政府的税收、市场的效率、社会的公平等都可以作为设定目标。组织只需要设计一套博弈规则,使得每一个参与人在信息私有的情况下出于自身利益行事,其最终博弈结果能够达到该组织设定的目标。除了前文案例,机制设计的应用场景还包括垄断企业定价、政府税收政策的制定、政府对企业的规制、公共产品的供给、合作团队的管理等一系列经济活动和人类社会活动。总之,如何设计合适的机制,对促进经济社会发展与提高社会治理水平等至关重要。

7.1.2 机制设计的发展回顾

近几十年来,机制设计理论一直是现代经济学研究的核心主题之一。机制设计涉及两个基本问题:一个是信息效率问题,即所制定的机制是否只需较少的信息传递成本、较少的参与者信息;另一个是激励相容问题,即在所制定的机制下,每个参与者即使追求个体目标,其客观效果是否也能正好达到设计者所要实现的目标。激励相容和信息效率是任何机制设计,特别是经济制度设计所必须考虑的两个基本问题。人们把这两个因素作为判断一个经济机制优劣的标准。不同的机制会导致不同的信息成本、不同的激励和不同的配置结果。

赫维茨是机制设计领域的先驱,他于1960年发表了《资源配置中的最优化与信息效率》,并首次提出了机制设计理论。他在文中指出,经济机制是一个信息传递系统。在这个系统中:①所有的经济人都在不断地相互传递信息,这些信息可能真实反映经济人对公共物品的支付意愿,也可能不真实反映这一信息,但每个经济人都想尽量隐瞒自身信息,少支付,并努力谋求自身利益最大化,而且这些或真或假的信息最终都将决定均衡结果;②所有的经济人也都会将各自的信息传递给一个信息中心,而信息中心则按照预先设定的规则给每个接收到的信息集赋予一个相应的结果,即反馈信息。

其后,赫维茨针对萨缪尔森所提出的没有任何可行机制可以保证公共物品有效配置的论断,于1972年指出:如果丢掉完全竞争假定,私人物品配置也存在同样的激励问题。萨缪尔森认为,公共物品不存在可行的有效配置机制,是因为每个人据其所享用公共物品的得益买单时,都有激励隐瞒自己的真实获利。而赫维茨所提到的激励问题,则是指在有限多个参与者的情况下,没有机制可以实现帕累托有效配置。由此,赫维茨提出了激励相容的概念,从而顺利解决了机制设计中经济活动参与者的激励问题,基本确立了机制设计

---

① 已表偏好是相对于实际偏好来说的,是参与者向别人所展现的偏好,不一定是真实的偏好。

理论的分析框架。

继赫维茨之后,梅尔森和马斯金大大丰富并发展了机制设计理论。马斯金最具原创性的贡献之一是他提出了实施理论(implementation theory),证明了如果社会目标是可实施的,那么它们必须满足某种单调性,并且在一定条件(至少三个参与者以及不存在否决权)下单调性能保证机制的实施。而梅尔森则提出了显示性偏好(revealed preference)原理,推动了贝叶斯实施(Bayesian implementation)背景下显示原理的最具一般性的证明。显示性偏好原理指出:对于不完全信息博弈,在贝叶斯均衡状态下可找到一个三阶段信息诱导机制,使得所有代理人在第二阶段接受该机制,并在第三阶段如实报告其类型或说出私人信息(说真话)。

概括地说,机制设计理论所讨论的问题是,对于任意给定的一个经济或社会目标,在自由选择、自愿交换的分散化决策条件下,能否设计以及如何设计一个机制能够使得经济活动参与者的个人利益和设计者既定的目标一致。设计者可以大到整个经济社会的制度设计者,小到只具有两个参与者的经济组织管理的委托人。

7.2　基　本　概　念

社会中存在着许多不同参与者之间的策略性互动,其中每个参与者都有理性,来自不同的组织并具有自己的利益。就像前面章节所介绍的一样,参与者都依据实际环境选择有利于自身的策略并实现利益最大化,以最终达到一种相互制约的均衡状态。在所达到的各种均衡状态中,有些是机制设计者所希望看到的,有些则恰恰相反。博弈论研究这些均衡状态的特性以便有区别地选择策略,而机制设计者则通过制定参与者需遵守的交互机制,促使参与者在自身利益驱动下选择设计者所期望的策略,实现符合设计目标的系统总体均衡。

本节首先在 7.1 节的基础上继续介绍什么是机制设计,紧接着介绍机制设计中的几个重要概念:社会选择函数、直接机制与间接机制。社会选择函数是机制设计理论中的一个重要函数,用以反映社会选择(集体决策)与所有参与者个体偏好之间的关系。直接机制和间接机制是如何设计机制以激励参与者说真话时将要用到的两个概念。

7.2.1　机制设计的主体和过程

1. 机制设计的主体

如上所述,机制设计理论是研究当信息不完全且个体基于自身理性进行资源选择时如何设计一套机制来达到某个既定目标的理论。机制设计一般包含两类个体:机制设计者和参与者。前者设计游戏规则,后者展现信息及参与游戏。机制设计者不了解由参与者经济特征所构成世界的真实状态,此类信息分散在参与者之中,是私有信息。

机制设计者有多种类型,既可以是社会计划者,也可以是个人或个体组织,还可以是无利益关系的第三方。

(1) 机制设计者可以是代表社会行动的社会计划者(或政府),追求社会的整体利益最大。例如,①鼓励有序竞争,规范企业垄断行为;②解决气候问题,构建碳排放交易机制;③保护创新成果,建立专利/知识产权体系;④防范金融风险,设置社会信用积分及评级制度;⑤避免贸易摩擦,达成多边合作的一系列贸易协定,等等。

(2) 机制设计者还可以是追求自身利益最大化的个人或个体组织。例如,①卖方(机制设计者)在不知道买方支付意愿的情况下,需要设计一种拍卖机制,以确定谁购买该商品以及销售价格;②在二级价格歧视中,垄断者(机制设计者)对消费者的支付意愿无法完全了解,通过设计一个价格表,把消费者愿意支付的价格作为购买量的函数来确定;③保险公司(机制设计者)设计一个合同菜单来筛选客户,等等。

(3) 机制设计者又可以是无利益关系的第三方。例如在双边交换问题中,调解人在成本信息私有的卖方和估值信息私有的买方之间设计一种交易机制,以便达成交易。

机制的参与者与本书前几章的参与者类似,具有理性和智能,有时也称为代理人或智能体(agents)。假设有 n 个参与者,记作 $i = 1, 2, \cdots, n$。令 $N = \{1, 2, \cdots, n\}$ 为参与者的集合。

2. 机制设计的过程

机制设计通常是作为一个不完全信息三阶段博弈来研究的,其中主体的类型(如成本信息、支付意愿等)是私有信息,参与者发送无成本的消息,设计者根据接收到的消息选择结果或进行分配。

阶段 1:机制设计者设计一个"机制""合同"或"激励方案"。

阶段 2:参与者选择接受或拒绝该机制。

阶段 3:接受机制的参与者进入对应博弈。

为了获得最大的预期得益,机制设计者可限定每一个参与者都直接报告自己的类型。若所有参与者在阶段 2 都接受该机制,在阶段 3 同时报告各自的类型,则形成了一个静态的贝叶斯博弈。

在某些情况下,参与者必须参与,因此阶段 2 可省略。例如,设计者为政府时,参与者无法拒绝。而在另一些情况下,参与者可自由选择是否参与。例如,竞拍者可以选择是否参与拍卖,受监管的厂商可以拒绝生产等。大多经济活动属于后者。

总之,机制设计一般用来解决如下问题:给定机制设计者的目标,如何在个体参与者之间分散决策权,从而通过自由行使这种决策权,使参与者最终选择机制设计者所预期的理想结果。换言之,机制设计试图回答:机制设计者的特定目标是否可以根据某种规则(即制定什么样的形式、法则、政策条例、资源配置等规则)在一众自利的参与者中实现。

7.2.2 结果、偏好与社会选择函数

结果是指机制设计中将要实施的方案,是所有参与者作出选择之后所发生的后果。结果或方案一般不止一个,记 $x_j (j = 1, 2, \cdots, m)$ 表示第 j 个结果。那么,所有结果组成的集合称为结果集,又称备选方案集,记为 $X = \{x_1, x_2, \cdots, x_m\}$。结果与参与者的策略(行动)不同。例如,在例 7.3"公共项目的决策"中,若采用平均分担机制,参与者的策略是赞成或反对,而结果则是无法启动或成功启动。参与者在作出集体选择(collective choice)之后必须承担后果,意即,给定某一集体选择,在结果集 X 中必有一个且只有一个结果与之对应。

在作出集体选择之前,每个参与者知道自己对所有结果(即 X 内元素)的偏好,这可视为参与者 i 能够观察到影响其偏好的信号(或参数)。一般而言,影响其偏好的信息是私有的,只有参与者自己知道,因而表征着参与者 i 的类型,记为 $\theta_i(i=1,2,\cdots,n)$。换言之,任一参与者 i 仅知道自身 θ_i 的值,既不知道他人的类型,又不被他人窥知自己的类型。但其他参与者不知道 θ_i 的值,信息是不对称的。进而,参与者 i 的类型集合记为 Θ_i。由所有类型集合所构成的组合为 $\Theta=\Theta_1\times\Theta_2\times\cdots\times\Theta_n$。一个典型的类型组合可以记为 $\theta=(\theta_1,\theta_2,\cdots,\theta_n)$。再回到偏好的话题上来,参与者的偏好应如何描述呢?

如果参与者 i 对结果有偏好,他的偏好可用得益函数 $u_i:X\times\Theta_i\to R$ 来描述。给定可能结果 $x\in X$ 以及参与者类型 $\theta_i\in\Theta_i$,$u_i(x,\theta_i)$ 这个值表示当参与者 i 的类型为 $\theta_i\in\Theta_i$ 时,参与者 i 从结果 $x\in X$ 身上得到的收益(或效用)。实际上,参与者的偏好是一个序关系描述,意即对所有的可能结果与自身类型,参与者能够依据得益大小进行排序。简言之,参与者能够根据自身条件对备选结果进行比较。毫无疑问,得益越大,结果越受喜爱——前提是参与者要对自己的类型有客观认知。更多解释请见例 7.4。

本书假设参与者集 N、结果集 X、类型集 $\Theta_i(i=1,2,\cdots,n)$ 以及得益函数 $u_i(i=1,2,\cdots,n)$ 都是所有参与者的共同知识。需要注意的是,类型集 Θ_i 是共同知识与类型 θ_i 是参与者 i 的私有信息并不矛盾——参与者 i 的类型集合大家都知道,具体什么类型却只有他自己知道。

接下来介绍机制设计理论中的一个重要概念:社会选择函数。社会选择函数是反映社会选择(集体决策)与所有参与者个体偏好之间关系的函数,也是将个人偏好集结为社会性偏好的规则。由于参与者的偏好取决于类型组合 $\theta=(\theta_1,\theta_2,\cdots,\theta_n)$ 的实现,因此集体决策也取决于类型组合 θ。社会选择函数具体定义如下。

定义 7.1(社会选择函数) 假设 $N=\{1,2,\cdots,n\}$ 是一个参与者集合,这些参与者的类型集合分别为:$\Theta_1,\Theta_2,\cdots,\Theta_n$。给定结果集 X,社会选择函数是一个映射 $f:\Theta_1\times\Theta_2\times\cdots\times\Theta_n\to X$,这个映射对每个可能的类型组合 $(\theta_1,\theta_2,\cdots,\theta_n)$ 都指定了集合 X 中的一个结果。对应于某一类型组合的结果则称为该类型组合的社会选择,又称集体选择。

下面将通过两个例子具体来解释什么是社会选择函数。

例 7.4 供应商选择

比亚迪拟采购一批汽车轮胎,供应商有两个:供应商 1 和供应商 2。记供应商集合为 $N=\{1,2\}$。已知供应商 1 使用技术 G_1 生产,而供应商 2 使用高端技术 H_2 或低端技术 L_2。生产技术可视为供应商的类型,是私有信息,因而有 $\Theta_1=\{G_1\}$,$\Theta_2=\{H_2,L_2\}$。假设有三个采购方案(即结果)S_1,AVG,S_2,其中,S_1 表示这种商品全部来自供应商 1,AVG 表示来自供应商 1、2 各半,S_2 表示全部来自供应商 2。

假设买家与供应商 1 已有长期合作关系,它更偏好供应商 1。然而,技术 H_2 优于技术 G_1 和技术 L_2,因此当供应商 2 使用技术 H_2 时,或许能分得一杯羹,促成采购方案 AVG,甚至 S_2。此时,$\Theta=\{(G_1,H_2),(G_1,L_2)\}$,$X=\{S_1,\text{AVG},S_2\}$。得益函数实际上是从参与者自身类型与结果集合到自身得益的一个映射关系,亦即得益函数厘清了不同类型和结果组合所对应的收入状况。假如有如下的得益函数：

$u_1(S_1,G_1)=100$；$u_1(AVG,G_1)=50$；$u_1(S_2,G_1)=0$；

$u_2(S_1,H_2)=0$；$u_2(AVG,H_2)=50$；$u_2(S_2,H_2)=100$；

$u_2(S_1,L_2)=0$；$u_2(AVG,L_2)=50$；$u_2(S_2,L_2)=25$。

在图 7-1 中，结果 S_1、S_2 和 AVG 之间是没有大小顺序的，供应商的类型 G_1、H_2 和 L_2 之间也是没有大小顺序的。但是供应商 1 更喜欢结果 S_1，而采用高端技术 H_2 的供应商 2 更喜欢 S_2，这种偏好是如何得出的？正是供应商通过比较得益大小而得出的。因此，供应商的得益函数将无序的结果集和类型集转换为有序的得益大小。换言之，供应商通过比较自身得益大小来表达自己在已知某些信息时对采购方案的偏好。

现考察由 $\{f(G_1,H_2)=S_2,f(G_1,L_2)=S_1\}$ 所定义的社会选择函数。它意味着这样一种选择规则：当供应商 2 使用高技术 H_2 时，买家将向供应商 2 采购；当供应商 2 使用低技术 L_2 时，买家将只向供应商 1 采购。注意，供应商 2 使用何种技术是其私有信息，买家并不知道。实际上，该社会选择函数将状态 (G_1,H_2) 导向结果 S_2，将状态 (G_1,L_2) 导向结果 S_1，如图 7-2 所示。至于供应商是否有动机遵守这个规则，则是另一个问题，将在稍后讨论。不难理解，每种类型组合都有 3 种可能结果可对应，所以共有 9 种可能的社会选择函数。读者可结合实践理解这些社会选择函数的含义。

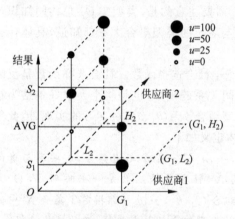

图 7-1　得益函数与偏好示意图

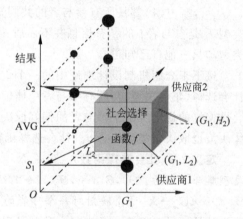

图 7-2　社会选择函数的示意图

例 7.5　双边交易

考虑某只股票的交易，有卖家和买家两个参与者，分别记作 1 和 2。每次交易以 100 股为基本单位，不可分割。交易结果可统一记为 $x=(y_1,y_2,t_1,t_2)$，其中，

$$y_i=\begin{cases}1, & \text{若参与者 }i\text{ 持有该股票}\\0, & \text{若参与者 }i\text{ 未持有该股票}\end{cases}\quad(i=1,2)$$

$t_i(i=1,2)$ 表示参与者 i 的交易收入（卖出股票时为交易额的相反数，负值）。结果集可以表示为

$$X=\{(y_1,y_2,t_1,t_2):y_1+y_2=1;\ y_1,y_2\in\{0,1\}\}$$

卖家的类型 θ_1 可视为他的出售意愿，意即他向交易系统提交的最低卖出价格。同理，买家的类型 θ_2 可视为他的支付意愿，意即他向交易系统提交的最高买入价格。如果

买家的支付意愿高于卖家的出售意愿,则系统进行交易,其成交价为申买与申卖的平均价[1],即买卖双方的支付分别为 $\dfrac{\theta_1+\theta_2}{2}$,$-\dfrac{\theta_1+\theta_2}{2}$。相反,买卖双方的交易收入则分别为 $-\dfrac{\theta_1+\theta_2}{2}$,$\dfrac{\theta_1+\theta_2}{2}$。

因此,参与者 i 的得益函数可表示为

$$u_i((y_1,y_2,t_1,t_2),\theta_i)=y_i\theta_i+t_i \quad (i=1,2)$$

进而,社会选择函数可以表示为 $f(\theta)=(y_1(\theta),y_2(\theta),t_1(\theta),t_2(\theta))$,其中,

$$y_1(\theta_1,\theta_2)=\begin{cases}1 & \text{若 }\theta_1>\theta_2\\0 & \text{若 }\theta_1\leqslant\theta_2\end{cases},\quad y_2(\theta_1,\theta_2)=\begin{cases}1 & \text{若 }\theta_1\leqslant\theta_2\\0 & \text{若 }\theta_1>\theta_2\end{cases}$$

$$t_1(\theta_1,\theta_2)=y_2(\theta_1,\theta_2)\left(\frac{\theta_1+\theta_2}{2}\right),\quad t_2(\theta_1,\theta_2)=-y_2(\theta_1,\theta_2)\left(\frac{\theta_1+\theta_2}{2}\right)$$

例如,卖家的出售意愿为 1 000,买家的支付意愿为 1 100,意即 $\theta_1=1\,000$,$\theta_2=1\,100$,则交易发生。此时,$y_1=0$,$y_2=1$,$t_1=1\,050$,$t_2=-1\,050$。进而,收益 $\mu_1=1\,050$,$\mu_2=50$。此时的社会选择函数主要负责交易匹配。

最后,注意并非所有的社会选择函数都可实施,即便如此,也不一定都是合意的。所谓合意,就是指机制设计者必须选择公平、效率、个体理性、防欺诈等诸多性质的最大子集,使得这个子集中的所有性质都能同时满足。给定一个机制,如果它能实施合意的社会选择函数 $f(\cdot)$,那么它可以作为偏好诱导(preference elicitation)问题和偏好加总(preference aggregation)问题的解。至于何为偏好诱导、何为偏好加总,请感兴趣的读者进入扩展阅读。

✍ 扩展阅读

为便于理解,此处补充两个与社会选择函数紧密相关的概念:偏好诱导和偏好加总。

定义 7.2(偏好诱导)　考虑社会选择函数 $f:\Theta_1\times\Theta_2\times\cdots\times\Theta_n\to X$。参与者的个体类型 $\theta_1,\cdots,\theta_n$ 是参与者自己的私人信息。因此,当参与者个体类型为 $\theta_1,\cdots,\theta_n$,机制设计者试图为其选择社会选择函数 $f(\theta_1,\theta_2,\cdots,\theta_n)$ 时,每个参与者应该向机制设计者报告自己的真实类型。然而,给定社会选择函数 f,给定的参与者可能发现如实报告自己的类型不符合自己的最大利益。因此,如何让参与者真实地报告自己的类型被称为偏好诱导问题或信息显示(information revelation)问题。

定义 7.3(偏好加总)　一旦所有参与者报告了他们的类型,那么所报告的类型组合必须经由社会选择函数转化为一个结果。令 θ_i 为参与者 i 的真实类型,$\hat{\theta}_i$ 为他的报告类型($i=1,2,\cdots,n$)。计算结果 $f(\hat{\theta}_1,\hat{\theta}_2,\cdots,\hat{\theta}_n)$ 的过程,被称为偏好加总问题。

顺便介绍社会选择函数的两个合意性质:事后效率和非独裁性。

定义 7.4(事后效率)　给定社会选择函数 $f:\Theta\to X$,如果对于参与者的每个类型组

---

[1]　为方便理解,本书简化了股票交易的撮合机制,实际上撮合的原则比这复杂,包括价格优先原则、时间优先原则、按比例分配原则、客户优先原则、做市商优先原则、经纪商优先原则等。

合 $\theta \in \Theta$，结果 $f(\theta)$ 是一个帕累托最优结果[①]，那么我们说 f 是事后效率[②]的或事后帕累托最优的（ex-post Paretian）。

现举例说明。考虑例 7.4 供应商选择的例子。考察某一社会选择函数 f：

$$\{f(G_1, H_2) = S_1, f(G_1, L_2) = S_1\}$$

该社会选择函数的意思非常直白，即无论供应商 2 采取何种技术，比亚迪都坚定地选择供应商 1。让我们来考察这个社会选择函数 f 是否为事后效率的。

在该例中共有两种类型组合 (G_1, H_2) 和 (G_1, L_2)，分别对应着结果 $f(G_1, H_2)$ 和 $f(G_1, L_2)$。尽管这两个结果的记号不同，实际上所指是一样的，都是方案 S_1。根据定义 7.4，只有先证 $f(G_1, H_2)$ 和 $f(G_1, L_2)$ 都是帕累托最优的，然后才能断定该社会选择函数 f 是事后效率的。

(1) 证明 $f(G_1, H_2) = S_1$ 是帕累托最优的。先看方案 AVG，不难得出 $u_1(\text{AVG}, G_1) < u_1(S_1, G_1), u_2(\text{AVG}, H_2) > u_2(S_1, H_2)$，所以方案 AVG 并不能使得所有人更好——至少不能使供应商 1 更好。再看方案 S_2，同样有 $u_1(S_2, G_1) < u_1(S_1, G_1), u_2(S_2, H_2) > u_2(S_1, H_2)$，也不能使所有人变得更好。所以 $f(G_1, H_2) = S_1$ 是帕累托最优结果。

(2) 证明 $f(G_1, L_2) = S_1$ 也是帕累托最优的。同理，分别将方案 AVG、方案 S_2 与方案 S_1 比较，可得二者都不比 S_1 更好。所以，$f(G_1, L_2) = S_1$ 也是帕累托最优结果。

至此可以得出，该社会选择函数是事后效率的。

定义 7.5（非独裁性） 给定社会选择函数 $f: \Theta \rightarrow X$，如果存在一个参与者 d，在任何状态 θ 下，该社会选择函数所确定的结果 $f(\theta)$ 于他而言都是最优的结果[③]，则称该社会选择函数 $f(\cdot)$ 是独裁的（dictatorial），并称参与者 d 为独裁者。相反，不存在独裁者的社会选择函数则称为非独裁的。

对于一个独裁者来说，无论什么状态下，自己所面临的选择结果都是最优的。换言之，社会选择函数的所有结果都是最受欢迎的。注意，一个给定的社会选择函数可能存在多个独裁者。同上文，继续通过供应商选择的例子来理解独裁者的概念。

考虑例 7.4 供应商选择的例子。考察社会选择函数 f：

$$\{f(G_1, H_2) = S_1, f(G_1, L_2) = S_1\}$$

容易看出供应商 1 是一个独裁者，因此这是一个独裁的社会选择函数。

而对于社会选择函数 f：

$$\{f(G_1, H_2) = S_1, f(G_1, L_2) = \text{AVG}\}$$

容易验证，这不是一个独裁的社会选择函数。

---

① 有关帕累托最优请参见 2.4.1 节。在此处的通俗解释是，任何一个异于 $f(\theta)$ 的结果都无法使所有参与者在当前状态 $\theta = (\theta_1, \theta_2, \cdots, \theta_n)$ 下更好。所谓更好，是指所有参与者的得益都不会变少且至少有一个人的得益是严格增加的。

② 事后效率是指当状态实现之后不能无成本地再谈判时所带来的效率问题，例如，合同缔结之后的行为是否是有效率的，等等。

③ 严格表述为：若存在参与者 $d \in N$，对于 $\forall \theta \in \Theta$，结果 $f(\theta)$ 于他都是最优的，其中"最优"意味着 $u_d(f(\theta), \theta_d) \geq u_d(x, \theta_d)$ 对所有 $x \in X$ 都成立。

7.2.3　直接机制与间接机制

机制设计问题可以视为求解非完全表达的最优化问题。设计者首先要诱导出这个表达,然后求解最优化问题或决策问题。为了能从参与者诱导出真实的类型信息,研究者设计了两类方法:直接机制和间接机制。在下述定义中,假设参与者集合 N、结果集 X、类型集 Θ_i 和得益函数 $u_i(i=1,2,\cdots,n)$ 都是给定的,且是所有参与者的共同知识。

定义 7.6(直接机制)　假设 $f:\Theta_1\times\Theta_2\times\cdots\times\Theta_n\rightarrow X$ 是一个社会选择函数。对应于 f 的直接机制是一个多元组 $(\Theta_1,\Theta_2,\cdots,\Theta_n,f(\cdot))$。

直接机制也称为直接显示机制,其思想是通过让参与者报告自己的真实类型,直接获得类型信息。在 7.1 节"电信许可证花落谁家"的例子中,机制设计者特别关心"真实报告"这一情况。参与者真实报告自己的类型是很重要的:社会选择函数根据参与者的类型进行决策,如果参与者有虚假报告的动机,那么最终结果就会与机制设计者所期待的结果不符。如果不能保证真实报告,那么精心设计的社会选择函数也就失去意义。

通过直接机制实施社会选择函数时应遵守的规则如下。

(1) 宣布社会选择函数 $f:\Theta_1\times\Theta_2\times\cdots\times\Theta_n\rightarrow X$。

(2) 让每个参与者报告自己的类型 θ_i。

(3) 给定报告类型 $(\hat{\theta}_1,\hat{\theta}_2,\cdots,\hat{\theta}_n)$,选择结果 $x=f(\hat{\theta}_1,\hat{\theta}_2,\cdots,\hat{\theta}_n)\in X$。

仍使用例 7.4 供应商选择来说明通过直接机制来实施社会选择函数的过程。

假设比亚迪(机制设计者)试图实施这样一个社会选择函数:$\{f(G_1,H_2)=\mathrm{AVG},f(G_1,L_2)=S_1\}$。将 f 作为社会选择函数后,比亚迪让两家供应商(参与者)报告自己的类型。供应商 1 不需要报告,因为他只有一个类型,其类型是共同知识。供应商 2 需要报告自己的类型,即所采用的技术是 H_2 还是 L_2。供应商 2 是否愿意如实报告自己的类型呢?

当 $\theta_2=H_2$ 时,如果他如实报告,则承担结果 AVG;如果谎报为 L_2,则承担结果 S_1。通过查询例 7.4 中的得益函数值可知,$u_2(\mathrm{AVG},H_2)>u_2(S_1,H_2)$。所以供应商 2 将如实报告自己的类型 H_2。

当 $\theta_2=L_2$ 时,如果他如实报告,则承担结果 S_1;如果谎报为 H_2,则承担结果 AVG。同理,易知 $u_2(\mathrm{AVG},L_2)>u_2(S_1,L_2)$。所以,供应商 2 将有动机撒谎,谎报自己的类型为 H_2。

可见,作为设计者的比亚迪无法实施上述社会选择函数 $f(\cdot)$,因为采用低技术的供应商 2 将谎报自己的类型。换言之,社会选择函数 $\{f(G_1,H_2)=\mathrm{AVG},f(G_1,L_2)=S_1\}$ 是不可实施的。

思考与练习

在例 7.4 中,假设社会选择函数为 $\{f(G_1,H_2)=S_2,f(G_1,L_2)=\mathrm{AVG}\}$。请指出该社会选择函数是否为可实施的。

定义 7.7(间接机制)　间接机制是一个多元组 $(S_1,S_2,\cdots,S_n,g(\cdot))$,其中 S_i 是参与者 $i(i=1,2,\cdots,n)$ 的一个可能行动集;$g:S_1\times S_2\times\cdots\times S_n\rightarrow X$ 是一个函数,它将每个行动组合映射到一个结果。

间接机制也称为间接显示机制,是为避免直接机制的弊端而采用的,它通过某个激励机制诱导出既定结果或目标。间接机制不像直接机制那样让参与者直接报告自己的类型,而是设计一个博弈场景,在场景中为每个参与者提供行动选项,同时通过社会选择函数为每个行动组合指定一个结果。尽管参与者没有报告自己的类型,但是参与者的行动将间接显示其自身类型——这取决于社会选择函数的实施。通过间接机制实施社会选择函数时,机制设计要能够使参与者所选择的行动总是取决于自己的私有信息,并且其策略均衡能够导出设计者所预期的结果。

典型的间接机制是英式拍卖(或称公开升价拍卖)。这种拍卖场景常在影视中出现,竞拍者齐聚一堂,公开喊价,经过多轮角逐,看谁的最终出价最高,最后竞得标的物;最高出价即是他的支付金额。在这种拍卖中,每个竞拍者都有一个弱占优策略:只要当前最高出价低于他的估值,则不停加价;只要当前最高出价高于他的估值,则退出拍卖,不再出价。如果所有竞拍者都使用这一策略,则形成一个占优策略均衡。在均衡状态下,对于任意的估值组合,英式拍卖和二价密封拍卖给卖者带来的期望收益是相等的。实际上,二价密封拍卖就是英式拍卖的一个直接显示机制。这一结果需要用到接下来将要介绍的两个概念:激励相容与显示原理。

思考与练习

你能利用上述介绍写出英式拍卖机制的社会选择函数吗?

7.3 激励相容与显示原理

7.3.1 激励相容

在机制设计中,激励相容是一个非常重要的概念。激励相容原理由赫维茨提出,是指每个经济人在追求个体利益最大化的目标时,恰好能够实现机制设计者所期望达到的目标,即个体目标与所要达成的社会目标是一致的。简而言之,激励相容是机制设计中的一个约束条件。在此条件下,个体理性与集体理性相容,参与者为自己考虑的同时,整体上又达到了最优或次优的目的,也就是常说的"动机为自己,顺带为他人"。

并不是所有的场景都能够满足激励相容条件。当然,最理想的状态是能够通过机制设计,使得所有的个体与集体达成激励相容的效果,拥有共同的目标并为之努力,最终实现共赢。下面将通过很常见的社会议题——公务员体系的廉政建设来解释"激励相容"这一概念。

引语故事:新加坡公务员体系的激励与约束机制

新加坡一直以政府的高效和廉洁闻名。新加坡在《2020年全球竞争力报告》中排的政府绩效排名中列第一位[①];在"全球清廉指数"历年榜单中居前五位[②]。那么,新加坡政

---

① 《2020年全球竞争力报告》出炉 新加坡第一、丹麦第二[EB/OL]. (2020-07-14). https://www.sohu.com/a/407313023_100269542.

② 全球年度廉洁排行 新加坡排第五[EB/OL]. (2023-01-31). https://www.zaobao.com/realtime/singapore/story20230131-1358390.

府是怎样获得如此成就的？

在介绍新加坡的制度之前，不妨先看问题的反面——为什么懒政和贪腐现象在全球范围内普遍存在？究其根本，是人民集体利益在官员追求个人利益时的缺位。一方面，政府体系内往往缺乏有效的激励机制。政府部门个人的工作绩效评估标准模糊，一般只能根据平均贡献确定报酬。官员面对相对固定的薪资和职位，轻则工作热情衰退，重则失意以权谋私。另一方面，即使有很好的激励机制，手握巨大权力的官员出于对自身名利的追求，也容易产生腐败，假公济私。这就需要强大的约束机制，防微杜渐，及时纠正其扭曲行为。此外，由于人民无法对官员的行为进行有效监督，信息不对称更加剧了腐败滋生的可能。这时候就需要设计一套既能科学评估业绩又能有力约束行为的赏罚机制，同时尽量公开透明便于监督，使得官员和人民的利益达成一致。

新加坡政府如何根据国情设计一系列机制来规避上述的利益冲突呢？这要归功于新加坡重视建立健全公务员的绩效考核和反腐制度，正是这一套兼具正向激励和负向激励的奖惩机制成就了高效务实又廉洁奉公的政府形象。

有效的激励机制至关重要。一来，新加坡公务员待遇优厚，高薪养廉。当公务员能获得几乎等同于私营部门的薪酬时，大概率能避免因内心不平衡而以权谋私。为吸引高素质的精英到政府任职，新加坡给予公务员的薪酬完全可以比肩同等优秀人市场化的薪酬水平。这让新加坡官员的薪酬在全球居于前列：高级公务员如政务部长级别的薪水在110 万新元左右，常任秘书为 60 万～70 万新元，中级公务员则为 10 多万新元。相比而言，新加坡就业人口年收入中位数仅为 5.6 万新元。二来，新加坡公务员的晋升遵循公开、公平的原则。政府通过多重评估指标体系对公务员进行每半年一次的考核，等级从高到低可分为 A、B、C、D、E 级。考核结果不仅直接与工资挂钩，还是晋升的重要依据。如果连续两次绩效评估为 E 级，则予以辞退。当官员个人的职业发展与其所做出的政绩紧密相连时，他将为了"自己好"而使"大家好"。

强大的约束机制必不可少。一来，新加坡对公务员的多层次、多角度的监督机制，保证把权力关进制度的笼子里。政府制定了严格、周密的公务员管理制度，对贪污渎职者绝不姑息。不仅制定了规范公务员行为的《公务员守则和纪律条例》《公务员指导手册》，包括严格的考录制度、财产申报制度、品德考核制度、监督制度等，还制定了专门用于惩治贪贿犯罪的《预防贪污贿赂法》和《没收贪污贿赂利益法》。二来，公务员每月扣缴 20% 的工资作为廉政"公积金"。一旦在职期间有贪污受贿等不法行为，不仅会被开除公职或判刑，还会被没收所有"公积金"，致使晚年生活失去保障。"背叛人民者"不仅在政治上身败名裂，而且在经济上倾家荡产。

这些制度充分体现了"激励相容"的要义：寻求个人与集体的共同利益，并且让双方的利益相互促进。官员在追求丰厚薪水和政治前途的同时，恰好能够实现斐然政绩和清风正气，即个人目标与所要达成的社会目标根本上是一致的。新加坡这套激励相容的赏罚机制，督促官员既渴望创造政绩也必须追求政绩，同时保证官员既不必腐败也不敢腐败，吸引大批精英人士在政府体系为社会贡献力量。

上例只是用来说明公务员制度设计中激励相容的重要性。实际上，任何制度都无法完全复制，国情、文化、价值观等都会影响参与者的偏好，进而影响社会选择，这需要机制设计者持续探索、不断优化。机制设计要想达到激励相容的状态,关键在于引导参与方利益与设计者目标趋同。无论是金融监管、环保减排、廉政建设,还是公司治理、医患关系、商品交易,在信息不对称时,机制都要保证拥有私人信息的参与者按照机制设计者的意愿行动,从而使双方都能趋向于效用最大化。简而言之,激励相容的状态下,没有人可以通过损害所在集体的利益而实现个体利益最大化。正因为个体利益与集体利益是一致的,每个人为实现自己的目标而努力工作,得到的结果就是集体利益的最大化。

如何利用激励相容原理进行决策是社会计划者需要考虑的一个重要议题。这就要求机制设计者能够提供正确的激励,使得参与者如实显示自己的类型,并且确保无论参与者是什么类型,机制都可以引导和约束其向着与集体一致的目标而努力,因为实现集体目标对个体而言也是最优的选择。换言之,一个机制设计,如果能使每个参与者只需按照个人的真实类型行动就可以实现集体最优,那么这个机制被认为是激励相容的。以下给出激励相容的定义。

定义 7.8(激励相容)　给定社会选择函数 $f:\Theta_1\times\cdots\times\Theta_n\to X$ 以及直接显示机制 $\mathcal{D}=((\Theta_i)_{i\in N},f(\,\cdot\,))$,如果 $\mathcal{D}$ 诱导出的贝叶斯博弈有纯策略均衡 $s^*(\,\cdot\,)=(s_1^*(\,\cdot\,),\cdots,s_n^*(\,\cdot\,))$,其中每个参与者的均衡策略都是如实报告自己类型,亦即 $s_i^*(\theta_i)=\theta_i$ 对 $\forall\theta_i\in\Theta_i,\forall i\in N$ 都成立,那么社会选择函数 f 是激励相容的(incentive compatible),或称可如实实施的(truthfully implementable)。

根据均衡的类型不同,激励相容又分为两种不同的等级:第一种较强的等级称为占优策略激励相容(dominant strategy incentive compatibility,DSIC);第二种较弱的等级称为贝叶斯激励相容(Bayesian incentive compatibility,BIC)。

定义 7.9(占优策略激励相容)　在占优策略激励相容的情形下,参与者如实报告自己类型是一种弱占优策略,意即,无论别人采取什么策略,参与者选择"说真话"这个策略的回报都大于或等于其他策略的回报。由于在占优策略激励相容的情形下,选择任何其他策略都无法获得比"说真话"更多的回报,因此,占优策略激励相容也被称作策略一致的或真实的。

定义 7.10(贝叶斯激励相容)　在贝叶斯激励相容的情形下,参与者如实报告自己的类型是最优策略,但这取决于其他参与者如何报告自己的类型。假定其他所有参与者都"说真话",那么该参与者的最优策略也是"说真话"。当所有参与者都如实报告自己的类型时,将会达到贝叶斯纳什均衡。

上述两种激励相容的区别与联系在于:占优策略激励相容是,参与者如实报告自己的类型是占优策略——无论其他参与者的报告是否真实;而贝叶斯激励相容则是,只有当别人都如实报告各自的类型时,参与者如实报告自己的类型才是占优策略。

相比占优策略均衡,贝叶斯纳什均衡是更弱的均衡。贝叶斯纳什均衡也能保证每个参与者都说真话,但是需要更强的条件,即"如果其他参与者都说真话,那么我也说真话"。如果每个参与者都能预测到这一点,那么每个参与者都会说真话。因此,所有占优策略激励相容都是贝叶斯激励相容的,但贝叶斯激励相容可以在没有达到占优策略激励相容的时候成立。下面仅就占优策略激励相容举例说明。

例 7.6　二价密封拍卖机制

考虑一个卖家和两个潜在买家(买家 1 和买家 2)。每个买家递交一个密封报价 $b_i \geq 0 (i = 1, 2)$。然后密封被打开,报价最高者获胜。若出现相同最高报价,则买家 1 获胜。获胜买家支付给卖家次高报价,获得竞拍标的。落败买家无须付钱。

假设 θ_i 是买家 $i (i = 1, 2)$ 对商品的估价,即买家 i 的类型。令 $\hat{\theta}_1, \hat{\theta}_2$ 分别表示买家 1 和买家 2 的报价。先依照买家 2 的报价区别两种情形:① $\theta_1 \geq \hat{\theta}_2$;② $\theta_1 < \hat{\theta}_2$。

情形 1:$\theta_1 \geq \hat{\theta}_2$。

(1) 如果 $\hat{\theta}_1 \geq \hat{\theta}_2$,那么买家 1 获胜,他的收益为 $\theta_1 - \hat{\theta}_2 \geq 0$。

(2) 如果 $\hat{\theta}_1 < \hat{\theta}_2$,那么买家 1 落败,他的收益为零。

因此,无论买家 1 如何报价,他的最大可能收益为 $\theta_1 - \hat{\theta}_2 \geq 0$。另外,若买家 1 真实报价(意即 $\hat{\theta}_1 = \theta_1$),则他的收益也是 $\theta_1 - \hat{\theta}_2$。因此,当 $\theta_1 \geq \hat{\theta}_2$ 时,真实报价是买家 1 的弱占优策略。

情形 2:$\theta_1 < \hat{\theta}_2$。

(1) 如果 $\hat{\theta}_1 \geq \hat{\theta}_2$,那么买家 1 获胜,他的收益为 $\theta_1 - \hat{\theta}_2 < 0$。

(2) 如果 $\hat{\theta}_1 < \hat{\theta}_2$,那么买家 1 落败,他的收益为零。

因此,无论买家 1 如何报价,最高收益为 0。同时,若买家 1 真实报价,其收益仍然是 0。因此,在 $\theta_1 < \hat{\theta}_2$ 时真实报价是他的弱占优策略。

因此,无论买家 2 如何报价,真实报价是买家 1 的弱占优策略。同理可知,买家 2 的最优策略也是真实报价。总之,根据自己的估价进行真实出价是每个买家的弱占优策略。进而,像二价密封拍卖这种直接显示机制所诱导出的博弈具有弱占优纯策略均衡,因而是占优策略激励相容的。

7.3.2　显示原理

读者不难从实际生活中发现,为了实现一个特定的目标可以进行很多巧妙的机制设计。但也难免心生疑问:面对无数的机制,应当如何评价其效果?许多经济学家都对这个问题进行了讨论,并作出了相应的回答。那么,究竟如何对很多机制进行评价和择优呢?这就要引入显示原理的概念。

显示原理最初由梅尔森提出,是指任意一个间接机制的任何一个均衡结果都能通过一个激励相容的直接机制来实施。因此,在寻找最优机制时无须全部遍历,只需找到其中真实显示私有信息的直接机制即可,将其还原为现实的机制就可以使"说真话"成为占优策略。简而言之,显示原理指出,在激励相容的约束条件下,通过机制设计可以使得参与者主动披露自己的信息,以达到消除信息不对称的效果。

显示原理告诉我们,那些间接机制所能够达到的结果都可以由一个直接机制来实现,而且通过一个"说真话"的直接机制来实现。换言之,"说真话"是所有参与者在这个机制下的最优选择。回顾定义 7.9,这样的机制被称为激励相容的直接机制。

从数学上讲,显示原理是指对于给定的社会选择函数 $f(\cdot)$,间接机制 $\mathcal{M}$ 和直接机制 $\mathcal{D}$ 之间的关系。按照激励相容的两种不同类型,也可将显示原理分为两类:占优策略均衡的显示原理和贝叶斯纳什均衡的显示原理。接下来将分别给出两类显示原理的定义。

定义 7.11(占优策略均衡的显示原理)　如果机制 $\mathcal{M}$ 中每个参与者都有一个占优策略,那么一定存在一个占优策略激励相容的直接机制 $\mathcal{D}$ 与间接机制 $\mathcal{M}$ 等价。[①]　换言之,给定社会选择函数 $f(\cdot)$,假设存在能在占优策略均衡中实施 $f(\cdot)$ 的间接机制 $\mathcal{M}=(S_1,\cdots,S_n,f(\cdot))$,那么 $f(\cdot)$ 是占优策略激励相容的。

图 7-3 表示占优策略均衡的显示原理,其中 DSI 表示由可以在占优策略中实施的所有社会选择函数所组成的集合,DSIC 代表由占优策略激励相容的社会选择函数所组成的集合。图 7-3 说明,DSIC 是 DSI 的一个子集。更重要的是,此图直观呈现了占优策略均衡的显示原理:因为 DSIC 与 DSI 的集合差是空集,因此 DSIC 一定是 DSI,此即定义 7.11 所要表达的内容。

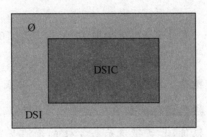

图 7-3　占优策略均衡的显示原理

DSI:可以在占优策略中实施;DSIC:占优策略激励相容;DSI\DSIC$=\varnothing$。

定义 7.12(贝叶斯纳什均衡的显示原理)　如果机制 $\mathcal{M}$ 中所有参与者都拥有贝叶斯纳什均衡策略,那么一定存在一个贝叶斯激励相容的直接机制 $\mathcal{D}$ 与间接机制 $\mathcal{M}$ 等价。换言之,给定社会选择函数 $f(\cdot)$,假设存在能在贝叶斯纳什均衡中实施 $f(\cdot)$ 的间接机制 $\mathcal{M}=(S_1,\cdots,S_n,f(\cdot))$,那么 $f(\cdot)$ 是占贝叶斯激励相容的。

图 7-4 表示贝叶斯纳什均衡的显示原理,其中 BNI 表示由可以在贝叶斯纳什均衡策略中实施的所有社会选择函数所组成的集合,BIC 表示由所有贝叶斯激励相容的社会选择函数构成的集合。图 7-4 说明,BIC 是 BNI 的一个子集。更重要的是,此图直观呈现了贝叶斯纳什均衡的显示原理:因为 BIC 与 BNI 的集合差是空集,因此 BIC 一定是 BNI,此即定义 7.12 所要表达的内容。

图 7-5 给出了占优策略均衡的显示原理与贝叶斯纳什均衡的显示原理之间的关系。可见,贝叶斯激励相容是比占优策略激励相容更弱的条件,其适用范围也更广一些。

---

①　此处所说的等价,是指对于任意一个类型组合 $\theta=(\theta_1,\theta_2,\cdots,\theta_n)$,直接机制 $\mathcal{D}$ 的结果都和间接机制 $\mathcal{M}$ 的结果相同。

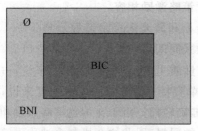
图 7-4 贝叶斯纳什均衡的显示原理

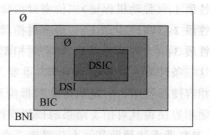
图 7-5 两个显示原理的综合

BNI：可以在贝叶斯纳什均衡策略中实施；BIC：贝

叶斯激励相容；BNI\BIC＝∅。

显示原理在机制设计中有着重要地位。正是因为有显示原理的存在，设计者在评价某个机制的结果时，完全可以把一个复杂的机制转化为一个简单的激励相容的直接机制，亦即"如实报告"。因此，显示原理的发现，极大降低了机制设计问题的复杂程度，把很多复杂的社会选择问题转化为博弈论可处理的不完全信息博弈，缩小了筛选的范围，也为深入探索铺平了道路。

7.3.3 应用实例：单物品拍卖

7.3.1 节和 7.3.2 节告诉我们：显示原理是通过机制设计在激励相容的约束下使得参与者主动披露自己的真实信息以消除信息不对称。那么，什么样的机制才能使参与者主动披露真实信息呢？

考虑一个卖家欲出售一件不可分割的物品，有 n 个买家参与竞拍。假设竞拍者 i 对物品的估值为 $v_i(v_i \geqslant 0, i = 0, 1, 2, \cdots, n)$，即他所能接受的最高价格。如果真实报价对每一个竞拍者而言都是一个占优策略且竞拍效用非负[①]，那么称这个拍卖是占优策略激励相容的。如果每个竞拍者都说真话，最终的拍卖结果将会使社会福利达到最大。那么，什么样的拍卖机制才能够达到如此效果呢？

1. 英式拍卖

古老而常见的英式拍卖是一个间接显示机制，不满足激励相容约束。无法满足激励相容约束的常见拍卖还有与英式拍卖相似的一价密封拍卖。

2. 二价密封拍卖

通过学习本书 5.3.2 节的二价密封拍卖与本章的电信许可证花落谁家，读者不难发现二价密封拍卖的巧妙之处在于存在唯一的纳什均衡点，即所有人都根据自己的估值如实出价。事实上，正是由于英式拍卖是间接机制，维克瑞才设计了一个与它等价的直接机制，即二价密封拍卖。这是激励相容与显示原理在现实中的一个应用。

二价密封拍卖是一个理想化的拍卖模型，因为它具有如下三条性质。

---

① 实际上，"竞拍效用非负"是一个自愿参与约束。由于自愿参与约束不是讲解的重点，因而合并到激励相容约束中。

性质 1：(强动机保证)二价密封拍卖是占优策略激励相容。

性质 2：(高性能保证)二价密封拍卖是社会福利最大化的。

性质 3：(计算高效性)二价密封拍卖是多项式时间可解的。[①]

这三条性质在机制设计中非常重要。首先,性质 1。从竞拍者的角度来说,占优策略激励相容使得竞拍者对竞拍物品的报价更为简单直接；而从拍卖者的角度来说,占优策略激励相容使得其对拍卖结果的预测变得更加准确轻松。由于在占优策略激励相容的情形下,参与者无法帮助其他人获得比说真话更多的回报,因此这个机制也被称作策略一致的或真实的。同时,占优策略激励相容所需的假设相当宽松。唯一的假设就是,如果一个竞拍者有明显的占优策略,他一定会选择这个策略。实际上这是对竞拍者个体理性的一个普通要求。其次,性质 2。仅有激励相容是不够的,还有诸如社会福利、效率和公平等合意性要求。从经济学的角度来说,广泛关注的是拍卖的社会福利最大化问题。例如,一个随机免费分发物品的活动是激励相容的,但是它并没有识别谁最需要标的物品,因而没有达成社会福利最大化。但是二价密封拍卖满足了福利最大化这个性质：即使事前不知道竞拍者的估值,但是"价高者得"保证了将物品分配给估值最高的人（即最需要的人）——前提是他根据自己的类型如实出价,这点已由性质 1 保证。最后,性质 3。计算是高效的也同样重要,多项式时间可解意味着所有二价密封拍卖问题都能在可接受的时间内找到最优解,这保证了拍卖品的分配和支付能够快速计算出结果。只有这样,二价密封拍卖机制才具有很强的应用价值。举例来说,如果买家在"淘宝拍卖"上竞拍一瓶红酒,网上提交出价后两年才收到支付通知和收货通知,恐怕早已失去耐心。这种计算高效性将在 7.4 节算法实现部分有更多展现。

3. 二价密封拍卖机制的扩展

如果存在多个竞拍物品,二价密封拍卖又如何保证社会福利最优呢？ VCG(Vickrey-Clarke-Groves)竞价机制便是二价密封拍卖机制在多物品竞拍下的推广。不同的竞价机制背后其实有不同的优化导向目标。VCG 机制设计的最初目的是最大化社会福利。在这种机制下,多轮物品竞拍中"说真话"就会使得社会福利最大化。

(1) 介绍 VCG 机制的分配规则。这种竞价机制从全部竞价者的整体利益出发。物品仍然是价高者得,但交易支付却是计算价高者参与时给其他竞拍者带来的总损失：先计算没有价高者参与时的总福利,然后计算价高者参与之后其他人的总福利。两项福利之差就是其他参与者的损失。VCG 机制的分配规则在本质上是按照一个参与者对其他参与者的替代得益进行支付。简而言之,某一位竞价者的加入对其他竞价者造成了损失,就需要为这个系统整体福利的减少而付出成本,以此保证整体福利的最大化。这个过程也可视为对参与者"征税",所征税额等于该参与者加入博弈对其他参与者造成的净损失,即克拉克税(Clarke tax)。与单物品二价密封拍卖机制一样,VCG 机制是一种激励参与者真实报价的机制设计方法。

[①] 多项式可解问题是数学和计算领域的一个名词。二价密封拍卖问题是多项式可解的,意指存在一个多项式时间算法来求解它,其中多项式时间算法是指随着问题规模扩大其计算时间呈现多项式级增长的算法。

（2）通过一个广告位拍卖的案例来说明 VCG 机制。Traveler 网站上有三个广告位：A、B、C，点击率分别是 0.5、0.2、0.1。一般来讲，在网站醒目位置或者搜索结果排名靠前的广告位的点击率会高一些。该网站有 4 家旅游广告主参与竞拍，分别为黄山、苗寨、西湖和故宫，其对应估价为 5 元、4.6 元、1.8 元和 1 元。假设 4 家广告主都"说真话"，则其报价与估价是一样的。依照 VCG 分配规则，黄山出价最高获得广告位 A，苗寨获得广告位 B，西湖获得广告位 C，故宫因出价最低没拿到广告位。

这样广告位就分配好了，之后曝光展现，用户开始点击。这时候应当如何向广告主收费呢？VCG 机制的交易方式是按照某一个广告主给其他广告主带来的整体福利损失进行支付，其中广告主的整体福利等于各自估值乘以点击率之和。例如，黄山获得了广告位 A，现在比较有无黄山参与时另几家的整体福利。当黄山参与时，另 3 家的整体福利是 $4.6 \times 0.2 + 1.8 \times 0.1 + 1 \times 0 = 1.1$ 元。当黄山不参与时，苗寨获得 A，西湖获得 B，故宫获得 C，则它们 3 家的整体福利为 $4.6 \times 0.5 + 1.8 \times 0.2 + 1 \times 0.1 = 2.76$ 元。可见黄山参与时另 3 家的整体福利损失是 $2.76 - 1.1 = 1.66$ 元。因为 A 的点击率为 0.5，所以黄山的实际支付是 $1.66 \div 0.5 = 3.32$ 元。这就是黄山为每次用户点击所应支付的费用。

思考与练习

仿照上述方法计算苗寨和西湖的支付。

如前所述，VCG 机制激励参与者真实报价，因此我们也假设广告主的报价与估价一致。回过头来看，若有一家广告主"说假话"，那么它的收益将会如何变化呢？假如苗寨的估价是 4.6 元，却出价 5.1 元，如表 7-1 所示。在"说真话"的时候，苗寨每次曝光展现的得益是获得广告位 B 的点击率 0.2 乘以其估价减去支付成本，计算可知 $0.2 \times (4.6 - 1.4) = 0.64$ 元。在"说假话"的时候，苗寨用 5.1 元报价拿到了广告位 A，但估价为 4.6 元。按照 VCG 机制（亦可模仿前文黄山点击支付的计算推导），它要支付 3.56 元，其得益是 $0.5 \times (4.6 - 3.56) = 0.52$ 元。可见，"说假话"并不能使得自身得益增加。因此，所有人都"说真话"才是均衡策略。VCG 机制也成功让每个参与者都选择真实报价，并且达到整体福利最大化。

表 7-1　苗寨虚假报价与真实报价比较　　　　　　　　　　　　　　　　　元

广告主	估价	真实报价	获得广告位	每次点击支付	虚假报价
黄山	5	5	A	3.32	5
苗寨	4.6	**4.6**	B	1.4	**5.1**
西湖	1.8	1.8	C	1	1.8
故宫	1	1	无	0	1

在没有串通的情况下，每个竞拍者的最优策略都是按照自己对竞拍物品的估值进行报价，这显然是一种符合激励相容原则的方式。当低于这个价格时，竞拍者赢得商品的概率会降低；而当高于这个价格时，虽然竞拍者赢得商品的概率增加，但是获胜所支付的费用却增加了。这种情况下，"说真话"是一种弱占优策略。总之，二价密封拍卖及其衍生机

制都是可以通过直接显示机制实现激励相容的间接机制；同时，二价密封拍卖也能够实现整体福利最优。

7.4 算法实现：以背包拍卖为例

通过前几章的学习，我们已经掌握了如何求解一个博弈的均衡，这对于简单的问题是容易实现的。但是随着参与者数量增多和问题复杂度增加，一个博弈的均衡是否可以由一种算法或者一个理性的参与者自己快速计算出来呢？例如，在"剪刀、石头、布"这样的零和博弈中，纳什均衡可以很快地计算出来或近似计算出来，但是在非零和双人博弈中，并不存在能计算纳什均衡的快速算法。因而，仅就双人博弈的纳什均衡而言，计算过程是一个少有的、自然的且展现出中等计算难度的问题。因此，我们在谈论均衡求解或机制设计时，并不是只停留于理论存在就行了。只有当一个均衡或机制的计算代价（计算时间、计算复杂度等）是可接受的，它才是可信的预测。本节仅以多物品拍卖中的背包拍卖为例介绍机制的算法实现。

7.4.1 背包拍卖的机制讨论

引语故事：广告位投放

世界杯中场休息期间，很多公司希望在这一时段投放广告，宣传产品。此时，这些公司需要竞争这一固定时长，并支付相应价格。举办方希望在中场休息时段接收公司投放广告并获得最大收益，由此设计了如下三种策略来选择广告公司：①依次选择愿意支付费用最高的公司的广告；②依次选择时间最短的广告；③每次都选择单位时间内价值最高的广告。

对于策略①，选择愿意支付费用最高的公司的广告，就会忽略广告的时长；对于策略②，若选择时间最短的广告，就会忽略投放广告获得的收益；而策略③总能让投放广告的总收益最大，因为广告时长可以分割，总能把中场休息的总时长填满，最后投放的广告时长相同，价值也相同。但是，对于很多年才有一次机会的举办方来讲，策略③真能如其所愿吗？会不会出现意想不到的坏结果？

在这个例子中，一个公司想要投放的广告时长可视为公司的投放规模；该公司愿意为播放广告所支付的价格可看作该公司的估值；中场休息期间可供播放广告的总时长可视为举办方接收广告投放的总容量。我们一般把具有上述特征的拍卖归纳为背包拍卖问题，是多物品拍卖的一种。

定义 7.13（背包拍卖问题） 在一个背包拍卖中，每一个竞拍者 i 都有一个公开的投放规模 w_i 和一个私有的估值 v_i。假设卖家有总容量 W。可行集合 X 是所有 0-1 向量 $(x_1, x_2, \cdots, x_n)$ 的集合，且满足 $\sum_{i=1}^{n} w_i x_i \leqslant W$，其中 $x_i = 1$ 表示竞拍者 i 赢得标的，$x_i = 0$ 表示竞拍者 i 输掉标的，$i = 1, 2, \cdots, n$。背包拍卖问题即是如何设计拍卖机制以使得拍卖的社会福利最大。

简单说来,背包拍卖是一个单参数环境[①]下的实际拍卖案例,给定一个容量既定的背包和一些大小、价值都不同的物品,只要装在背包里的物品,就属于自己的。此时需要考虑如何才能把背包的空间充分利用,使背包里面的物品价值总和最大。也就是说,当一个项目需要分配的资源总量既定时,即可视为一个背包问题。本节将利用机制设计理论为背包拍卖问题设计一个理想的算法机制。

回顾 7.3.3 节,一个理想化的拍卖模型应具有下述三条性质。

性质 1:(强动机保证)是占优策略激励相容的。

性质 2:(高性能保证)是社会福利最大化的。

性质 3:(计算高效性)是多项式时间可解的。

如果要设计一个理想化的拍卖模型,可通过下述两步实现。

步骤 1:假设所有的竞拍者都如实报价,那么如何确定分配规则以满足性质 2 和性质 3。

步骤 2:如何确定支付规则以满足性质 1。

这两步是有内在逻辑的。显示原理保证了步骤 2 的实现,而步骤 2 又保证了步骤 1 的假设。同时,在实际拍卖中还需要设计者收集所有参与者的出价。假设这些报价就是他们的真实估值,即可进入步骤 1。这一工作可视为准备阶段。如此一来,拍卖机制设计就变成了三步实现。

步骤 0:收集所有参与者的出价 $b = (b_1, b_2, \cdots, b_n)$。

步骤 1:假定 b 是如实报价,选择一个可行的分配规则,即选择一个方案 $x(b) \in X$。

步骤 2:选择一个支付规则,即确定物品价格 $p(b)$。

回到背包拍卖问题,假定所有参与者都已出价,则对于给定的出价 $b = (b_1, b_2, \cdots, b_n)$,可视为步骤 0 已完成。

现在考虑步骤 1,如何制定分配规则 $x(b)$ 并使之满足性质 2 和性质 3。实际上,这一步是一个给定约束下的优化问题,可将背包拍卖转化为算法理论中的 0-1 完全背包问题[②]:卖家的总容量 W 对应 0-1 完全背包问题中能放入的总容量;竞拍者 i 对应物品 i;竞拍者 i 的投放规模 w_i 和私有估值 v_i 对应 0-1 完全背包问题中物品 i 的体量和价值;社会福利最大化则对应于 0-1 完全背包问题中的总价值最大化。所以,对竞拍物品的分配规则可转化为对 0-1 完全背包问题求解,即

$$x(b) = \operatorname*{argmax}_{x} \sum_{i=1}^{n} b_i x_i \tag{7-1}$$

---

① 单参数环境是对机制设计问题进行泛化的一种方法。单参数环境中有 n 个参与者,每个参与者 i 都对单个物品有非负估值 v_i,是参与者 i 私人信息。每个方案 x 都是一个 n 维 0-1 向量 $(x_1, x_2, \cdots, x_n)$,其中 x_i 表示获得物品的数量。例如在 k 物品拍卖中,如果有 k 个相同物品以及 $n > k$ 个竞拍者进行拍卖,每个竞拍者最多拍得其中一个物品,那么 X 就是所有满足 $\sum_{i=1}^{n} x_i \leqslant k$ 的 0-1 向量 x 所组成的集合。

② KORTE B, VYGEN J. 组合最优化:理论与算法[M]. 越民义,林诒勋,姚恩瑜,等译. 北京:科学出版社,2014.

$$\text{s. t.} \quad \sum_{i=1}^{n} w_i x_i \leqslant W$$

$$x_i \in \{0,1\}, i = 1, 2, \cdots, n$$

当竞拍者都如实报价时，$x(b)$即为将要选择的分配规则。它使得社会福利最大化，保证了性质2，但遗留性质3尚待进一步讨论。

最后是进入步骤2，确定支付规则$p(b)$。梅尔森引理[①]保证了存在一个支付规则，使得拍卖机制$\langle x(b), p(b) \rangle$是激励相容的，满足性质1。同时，梅尔森引理还指出支付规则$p(b)$具有明确的表达式，即VCG机制中的Clarke机制，也称关键人机制。更多细节请参考蒂姆·拉夫加登（2021）、Y. 内拉哈里（2017）等。

回头再讨论性质3是否满足。答案是否定的。因为背包拍卖是一个NP难问题，性质2和性质3是不相容的。因此，与二价密封拍卖不同，不存在一个理想化的拍卖模型。因此，在设计拍卖机制时需放宽合意性要求，意即放宽理性化模型中的三条性质要求。但是放松哪一条呢？显然，放松性质1无济于事，因为后两条有冲突。

实际上，对于背包拍卖问题来说，放松性质3是比较合适的，因为拍卖的规模一般不会太大，不必过于纠结算法的收敛时间。利用动态规划，分配规则可以在伪多项式时间内实现。譬如，如果某个拍卖行的拍卖实例规模不大或者体系结构清晰，且有相对充足的时间与算力来完成分配和支付，那么就更容易实现社会福利最大化，而无须纠结算法是否为多项式时间可解的。因此，对于背包拍卖问题而言，只能通过近似算法来实现。

7.4.2 背包拍卖的贪婪算法

针对上述两步设计，步骤2的支付规则相对复杂，暂不讨论。仅就步骤1考虑如下分配规则。

给定竞拍者的报价$b = (b_1, \cdots, b_n)$，通过贪婪算法来决定胜出者集合S，且满足$\sum_{i \in S} w_i \leqslant W$。若有竞拍者$i$的规模$w_i > W$，将其移出$S$并无实质影响。假设某一竞拍公司的广告时长为50秒，而世界杯期间广告时段总长为30秒，那么无论它的报价是多少，都不会中标。所以，可假设对任一竞拍者i有$w_i \leqslant W$。

因而，贪婪算法的主要步骤如下。

（1）将竞拍者按照单位（规模的）估值从高到低排列，即

$$\frac{b_1}{w_1} \geqslant \frac{b_2}{w_2} \geqslant \cdots \geqslant \frac{b_n}{w_n}$$

（2）根据单位估值从高到低依次选择竞拍的胜出者，直到背包的剩余容量无法再新增一位胜出者，算法停止。

（3）可能会有"大客户"落败[②]，因此比较（2）与"大客户"的社会福利，择优胜出。要么返回上一步的解，要么直接返回报价最高的"大客户"。

---

① MYERSON R B. Mechanism design by an informed principal [R]. Discussion Papers 481, Northwestern University, Center for Mathematical Studies in Economics and Management Science, 1981.

② 所谓"大客户"，就是指那些报价高、规模大的广告公司，但是可能因为单位估值很小而落败。

　　贪婪算法是背包拍卖问题的一个 1/2 近似算法,也就是说,对于任意一个背包拍卖问题,这个算法返回的解至少是最优解的一半。具体而言,如果竞拍者的竞拍价格都是真实出价,那么使用贪婪算法进行分配所得到的社会福利至少能达到最大社会福利的 50%。这点已为研究者证明,更多内容请读者阅读相关书籍。

习　　题

　　1. 直接机制在拍卖规则设计中有什么意义?

　　2. 根据从各种拍卖博弈模型分析中得到的结论和启发,哪些方法或措施有利于卖方或拍卖组织者提高拍卖的价格和效率?

　　3. 什么是"显示原理"?

──────── 即测即练 ────────

第 8 章

重复博弈*

本章导读

入狱的"兄弟"并不总是陷入"囚徒困境",反而常有拒绝招供的事情发生。假以时日,"兄弟"又将出狱相聚。是囚徒困境的模型不适用,还是对出狱共事的期待改变了均衡? 相信本章的内容将有助于读者理解此类现象。

本章将讨论重复博弈。顾名思义,重复博弈是指同样结构的博弈重复很多次,其中的每次博弈称为"阶段博弈"。通常情况下,重复博弈属于动态博弈的范畴,可分为有限次重复博弈和无限次重复博弈。但它的特殊结构使其具有某些独特性质。在重复博弈中,虽然每次博弈的内容、条件都是相同的,但是长期利益的存在使得参与者要考虑现阶段博弈所带来的后续反应,即当前如何行动才不至于引起对手在后阶段的对抗、报复或恶性竞争(在一次性博弈中,则无须考虑这个问题)。此时,参与者可能会为了长远利益而牺牲眼前利益,从而选择不同的均衡策略。因此,重复博弈的次数将会影响博弈均衡的结果。同时,信息的完备性同样也是影响重复博弈均衡的主要因素。若一方发出一种合作的信号,可能使其他参与者也采取合作,从而实现共同的长期利益。而在现实经济生活和社会活动中,参与者通常会建立某种长期关系。例如市场营销中的回头客、面向同质市场的两家竞争企业等。此时声誉等社会因素将发挥作用,这也正是我们需要讨论重复博弈问题的根本理由。

无论是在职场中还是在生活中,我们处处都在权衡、都在博弈。但有时会选择稳准狠,为一次取胜不择手段;有时却瞻前顾后,给出圆融的解决方案。这样不同的选择,是出于什么原因呢? 我们来看下面的例子。

厂商 2

		高价	降价
厂商 1	高价	200, 200	50, 300
	降价	300, 50	100, 100

图 8-1　寡头垄断竞争市场的降价博弈

在一个由两个厂商寡头垄断竞争市场的降价博弈中,如图 8-1 所示,如果双寡头都采用高价销售的策略,每个厂商都会获得 200 个单位的收益;如果双寡头都采取降价促销的策略,每个厂商的收益将降低 100。但是如果只有一家采取降价促销,而另一家坚持高价销售,那么降价的这个厂商收益将猛增至 300,而高价的厂商收益将下滑到 50。我们很容易得到降价竞争博弈的唯一均衡是(降价,降价)。因此对于一次性的博弈,两个厂商都必将采用降价策略,各自收益为 100,这显然是对两个厂商都不理想的收益。如果两个参与者不打价格战,形成合作共赢的局面,两个厂商的收益都可以达到 200。遗憾的是,(高价,高价)不是博弈的纳什均衡,而降价是博弈唯一的完美纳什均衡。

上述结论看似合理,但与人们的直觉经验有很大的差距,而且与经济学中寡头垄断价格的理论相悖。究其原因,在于上述博弈是静态的,而社会现实却是动态的。事实上,两个厂商在同一个市场中会共同生存相当长一段时间,这个时间有可能是 10 年、20 年,甚至更长。这相当于两个寡头厂商在同一市场中将进行重复博弈 10 次、20 次,甚至无限次。

放到更广泛的框架内考虑,是否静态对博弈结果影响重大。例如,火车站的小摊贩往往选择坑蒙拐骗,质次价高;而社区内成功的连锁店普遍注重产品质量与利润合理性。这是因为,前者所面对的顾客都是一次性的,而后者更看重回头客,亦即自身声誉和经营持久性。虽然车站小摊贩与社区连锁店的选择截然相反,但这些都是可选范围内的最佳方案。不难发现,造成这种结果的关键因素在于:小贩与顾客通常是一次性交易,而连锁店与顾客可能存在多次交易。

具体而言,明确博弈究竟是一次博弈还是多次重复博弈,是很重要的。这是因为,两者的最优策略可能会发生改变:一次性博弈无须考虑行动的后继结果,可以唯利是图;多次重复博弈会建立起一系列的奖惩机制,唯有更遵守所谓的“道德规范”,才能获得更好的收益。

那么与前几类的博弈相比,重复博弈究竟有何不同之处,让我们通过本章一探究竟。

8.1　何谓重复博弈

8.1.1　重复博弈的概念及其特征

当我们用“重复博弈”去观察生活时,会发现人们的很多行为都可以得到解释。在公共汽车或地铁上,两个陌生人为了一个座位而大打出手的现象并不少见。双方都认为这是一次性博弈,输赢只在此念间,争执之后两不相见,更是两不相欠,故互不相让。相反,若是同事或同学之间发生摩擦,即使脾气不好的人也会选择忍让。这是因为大家抬头不见低头见,其间的博弈是长久的“重复”。在小县城、小乡村,犯罪率一般较低,也是因为相互极为熟知,不至于为争一时胜负而忽略了长远影响。而在繁华的都市,人们则相对陌生。如果法制不健全,犯罪率反而会很高。可见,生活中处处存在重复博弈的影子。这里我们给出重复博弈的准确概念。

定义 8.1(**重复博弈和阶段博弈**)　重复博弈是一种特殊的动态博弈,指同样结构的博弈重复多次,其中可重复的最小单元又称为阶段博弈。阶段博弈既有可能是静态的,也有可能是动态的。重复博弈包括无限次重复博弈和有限次重复博弈。

重复博弈具有如下特征。

(1)重复博弈是一种特殊的扩展型博弈和可观察行动的多阶段博弈。重复博弈的每一个阶段都能单独构成一个完整的博弈,博弈的各阶段之间没有利益上的联系,而且前阶段的博弈不改变后阶段的博弈结构。因此,博弈中的参与者不是一次性选择策略,而是分阶段、有次序的动态选择。在扩展型博弈中,参与者的行动选择是面向整个局势的;而在重复博弈中则是基于上一阶段的结果,在每一次原博弈 G 的重复中选择行动。

（2）在重复博弈的每一阶段,各参与者的可能策略、行动规则及收益函数等都相同。在重复博弈 G' 中,每个阶段都是原博弈 G 的一次重复。因而在 G' 的每个阶段中,所有参与者及其策略集是固定不变的,而且参与者行动的先后次序和阶段博弈的收益函数也都是固定不变的,这是重复博弈和一般动态博弈的重要区别。

（3）阶段博弈既可以是策略型,也可以是扩展型,但前者更常见。这是由于相对于整个博弈的延续时期来说,在重复博弈的一个阶段中,各参与者行动时间及先后次序几乎可以忽略不计。

（4）重复博弈中,各参与者都能观察到历史信息——行动轨迹和收益。唯有如此,才能在动态博弈中通过承诺或可置信威胁来强化参与者之间的关系,从而获得合作的可能。通过重复博弈而建立起的约束机制、特定的策略选择也有助于从冲突到合作的转化。

（5）重复博弈达到的均衡仍然存在帕累托改进。虽然在重复博弈中各个阶段的策略空间、行动规则及收益都是一样的,但是由于参与者之间存在长期利益关系,所以各参与者在实施行动时必须考虑后继阶段的对抗、报复与竞争。具体来讲,参与者为了获得长期利益而可能进行某种形式的合作,从而相互妥协。因此,重复博弈相较于一次性博弈可以获得更高效率的均衡。

（6）重复博弈是多阶段的动态博弈,子博弈的概念同样适用。子博弈的完美纳什均衡概念和逆向归纳法等都可以在重复博弈中得到应用。

（7）重复博弈中,各参与者的总收益是各阶段博弈收益的折现之和或加权平均。与第3章的讨价还价博弈类似,由于阶段往往较多,效用的时间价值会影响行动,因此计算总收益时需考虑折现。重复博弈的每一个阶段就是一个完整的博弈 G。在博弈 G 中参与者都会有各自的收益,而重复博弈 G' 的总收益就是阶段博弈 G 按折现因子加权的各阶段收益之和。稍有不同的是,在扩展型博弈的每个阶段,参与者在各个阶段选择自己的行为策略,但只能等到博弈结束才可一次性得到收益。

像前述的两个寡头厂商竞争（图8-1）一样,重复博弈由很多阶段组成,其中每个阶段都是一个结构相同的博弈。但是,其均衡策略却不一定是单次博弈均衡的简单重复。在两阶段重复博弈中,厂商的总收益可视为两个阶段单次博弈收益的简单叠加,这点也可通过逆向归纳法得出。但是对于无限次重复博弈,其总收益就不仅仅是所有阶段收益的简单叠加。在单次博弈中,参与者之间缺乏相互制约的手段,也无法通过制裁和威胁来实现参与者之间行为的相互约束。因此,一次博弈很难形成有效配合和默契,从而导致有些博弈的收益不是帕累托最优,比如"囚徒困境"。在重复博弈中,与单次博弈不同的是参与者不仅要关心自己当前的利益,还要着眼于自己的长远利益。因此,在单次博弈中参与者之间的相互不信任甚至是欺骗,到了重复博弈中可能走向相互配合和协作,以期追求双方的共同利益。于是参与者之间互惠互利、合作共赢的机会要比单次博弈中大得多。"长远利益"使得报复、制裁等威胁成为现实的制约手段,而声誉、公平等信念也成为可信的激励因素。俗话说的"善有善报,恶有恶报"可能成为博弈局势中的参与者所必须面对的现实。

与第3章描述的动态博弈不同,在重复博弈中,各阶段并非紧密衔接、环环相扣,而是相对独立、没有实质性的联系。重复博弈中所有参与者都能够观察到过去的历史,即以往的各阶段中各参与者的行动轨迹。而参与者的收益则是各阶段收益之和。此处的"和"是广义的,指各阶段博弈中参与者收益的折现值之和,或者平均加权值,这一点对于无限次重复博弈尤为重要。

8.1.2　重复博弈的信息结构

在了解了重复博弈的概念和特点之后,也许读者会问,既然重复博弈是动态博弈,前文所讨论的内容就应适用于本章。那么,重复博弈的信息结构会是如何的呢?

在讨论重复博弈的具体形式之前,有必要首先了解多阶段博弈的信息结构。除了前文中信息完全和信息不完全的区别外,在多阶段博弈中一般存在两种基本的信息结构:开环信息结构和闭环信息结构。

开环信息结构是指参与者除了自己的行动和日程之外看不到任何历史,或者在博弈的一开始参与者必须选择的是仅依赖于日程时间的行动日程表。这类博弈的策略特点在于:它们只是日程时间的函数。这类博弈的策略就称为开环策略,以开环策略构成的均衡就称为开环均衡。"石头、剪刀、布"游戏就具有开环策略的特征。在多阶段的"石头、剪刀、布"博弈中,参与者往往可以在事前确定自己的出拳顺序,这就是参与者选择的行动日程表。例如,对于"以牙还牙"类型的参与者,很可能在猜拳前确定自己的策略为"对方上一阶段出什么自己下一阶段就出什么"。

但更为常见的是,参与者在选择自己的行动时需要根据自己所看到的历史,尤其是对手在此前采取的行动而作出决策,这类博弈的信息结构就是闭环信息结构。此类博弈的策略不仅依赖于日程时间,还依赖于其他的变量,称为闭环策略(或称反馈策略),以闭环策略构成的均衡称为闭环均衡。田忌赛马博弈[①]就具有闭环策略的特征。由于田忌的各类等级的马都不如齐威王,因此,田忌要取得胜利就必须有针对性地根据齐威王的出局选择自己的策略,其最佳策略为(上,下)、(中,上)、(下,中)。这样,尽管田忌输了第一局,却赢得了第二、第三局,从而取得总比赛的胜利。在某种意义上,田忌赛马博弈也可以成为团体竞技性比赛的一类博弈总称,该博弈的最终结果往往取决于教练临场的策略选择。为了赢得策略优势,每一个参与者都会对自己的策略保密。

事实上,在绝大多数的博弈中,人们都倾向于使用闭环策略。因此,本章也将重点探讨博弈双方知晓历史的闭环结构重复博弈。

在重复博弈中,有两个主要因素会影响重复博弈的结果:一是博弈的重复次数。这将决定参与者对短期利益与长远利益的权衡。博弈的过程不仅是参与者行动的过程,也是参与者不断修正信念的过程。重复博弈的次数越多,所获得的相关信息就越多,进而原有的先验信息被修正,信息不对称被弱化,有利于形成长远预期。二是重复博弈中信息的完备性。这是重复博弈能够产生约束力的基础所在。一旦信息不完整,参与者的惩罚与奖赏策略将无的放矢,重复博弈的约束机制也将荡然无存。此时何谈互利互惠?在本章接下来的部分,读者将会逐步认识到无限次重复与有限次重复、完全信息与不完全信息之间的重要区别。

---

① 田忌赛马博弈请参见本书第 1 章。

8.2 构建重复博弈

阐明基本概念之后,让我们着手构建重复博弈。

8.2.1 建立阶段博弈

引语故事:中美贸易之争

尽管大多数国家都相信自由贸易应该是公平的,但几乎所有的国家都不同形式、不同程度地实行着贸易保护主义。著名经济学家罗宾逊夫人曾讽刺贸易保护主义说:“不能因为其他国家往它的港口扔石头,我们也要往自己的港口扔石头。”弗里德里希·李斯特(Friedrich List)却坚定地认为,相对弱势的国家要想维护本国的经济发展,就必须实行关税保护的政策。这两种看似矛盾的理论能够同生共存,其实是由于不同的思维前提在起作用。如今,贸易保护主义不仅是一种经济发展措施,而且成了国际外交的一张牌。

自 2008 年金融危机爆发后,美国频频向中国出口商品发起反倾销和反补贴调查;同时运用技术贸易壁垒、劳动贸易壁垒等非关税措施来限制中国商品的流入。针对美国的种种贸易保护行为,中国也采取了相应的措施,其中之一就是对美国商品也采取“双反”调查,直至采取“双反”措施。然而,谁也不想往自己的港口扔石头。所以,在不断的贸易摩擦间隙,各国也进行着有关贸易自由的合作谈判。中美学者谈论最多的是跨太平洋伙伴关系协定(TPP)、跨大西洋贸易与投资伙伴关系协定(TTIP)、双边投资协定(BIT)、国际服务贸易协定(TISA)、信息技术协定(ITA)以及其他新贸易规则。表 8-1 仅列举了一部分中美贸易摩擦与合作谈判。

表 8-1 中美贸易摩擦事件摘录

时 间	产 品	详 情
2008 年 9 月 11 日	轮胎	美国总统奥巴马宣布,对从中国进口的所有小轿车和轻型卡车轮胎实施为期 3 年的惩罚性关税
2009 年 1 月 6 日	钢丝层板	美国商务部 5 日表示,对从中国进口的价值超过 3 亿美元的钢丝层板征收 43%～289% 的反倾销关税。美国 2008 年从中国进口价值约 3.17 亿美元的钢丝层板
2011 年 12 月 14 日	汽车	中国商务部发布公告称,将对原产于美国的排气量在 2.5 升以上的进口小轿车和越野车征收反倾销税和反补贴税,实施期限 2 年
2012 年 10 月 10 日	光伏产品	美国商务部终裁判定,中国向美国出口的晶体硅光伏电池及组件存在倾销和补贴行为
2014 年 7 月 1 日	碳素及合金钢	美国商务部 1 日宣布初裁结果,认定从中国进口的碳素及合金钢盘条存在补贴行为,对中国出口的上述产品征收相应的保证金
2018 年 1 月 22 日	进口太阳能电池板	美国国际贸易委员会作出仲裁,美国将对从中国进口的铝箔产品征收反倾销和反补贴关税

续表

时　　间	产　品	详　　情
2019 年 5 月 15 日	华为技术有限公司	美国商务部宣布将华为技术有限公司列入"实体名单",这实际上是禁止美国公司未经批准向这家中国电信公司出售产品
2019 年 6 月 29 日	休战	中国方面表示美国同意不再对其商品征收任何关税
2020 年 2 月 14 日	汽车	中国对价值 750 亿美元的美国产品减半征收额外关税
2020 年 5 月 14 日	合作	中国允许从美国进一步进口农产品的举动被认为是向履行国家第一阶段贸易协议承诺迈出的一步
2021 年 5 月 27 日	谈判	国务院副总理刘鹤和美国贸易代表凯瑟琳·戴通过电话交谈,北京方面在"坦诚和建设性"的交流后强调了发展双边贸易的重要性

可以看到,双方贸易摩擦不断,但是合作仍然断续存在。那么,当贸易保护主义大行其道时,两国能停止相互筑造贸易壁垒吗?进一步讲,本来各自为营的主权国家,又因何愿意各让一步,主动达成合作协议呢?这种形式的合作是如何达成并得到维系的呢?接下来,我们将根据中美两国所面临的情形创建一种阶段博弈。

就单一阶段而言,自由畅通的国际贸易有利于国内社会整体福利的提高(但可能会影响某些特定主体的利益,如类似产品的国内生产商)。因此,可以假设如果两国均清除各种进口壁垒,实现自由贸易,其各自的所得为 8;如果两国均采取贸易保护,比较优势难以发挥应有作用,资源没有被充分利用,各自的所得为 5;如果一方实施贸易自由策略,对进口商品仅征收较低的关税且不采取任何旨在限制进口的非关税措施,而另一方实行贸易保护主义政策,在正常关税之外,设置种种贸易壁垒限制商品的流入,其结果就是,采取贸易自由策略的一方很大程度上丧失了国外市场,其所得为 4,而采取贸易保护策略的国家则保护了国内市场,同时也可开拓国外市场,其所得增长为 10。

美国

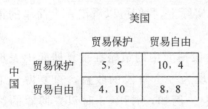

图 8-2　中美贸易关系囚徒困境

两国各自的策略选择与所得可用图 8-2 表示。

根据对囚徒困境模型的均衡分析,中美两国为了实现个体理性,即追求自身利益最大化,不会采取(贸易自由,贸易自由)这一策略组合,因为贸易自由不是占优策略,双方均有动机改变自己的选择,最后必然稳定在(贸易保护,贸易保护)这一结果上,该结果正是此博弈模型的纳什均衡。可见,选择贸易保护是各国追求个体理性的结果,这一结果必然导致两国间的贸易摩擦不断且逐渐升级。

很显然,我们已经无法解释在国际贸易中为何会出现阶段性合作。是哪里弄错了吗?难道是我们错判了政治家的喜好,还是我们对目标的假设不合理?为了寻求突破,可以这样自问:为什么这种合作行为集中出现在国际贸易摩擦中,而非大多数其他贸易纠纷里?国际贸易的一个特点是国家之间的较量经年不休。各国之间的国际贸易活动不是一次性的,而是经年累月地面对相同的情境(利益关系)并作出决定,以使本国在国际贸易中获得更大利益。

　　这种策略性互动的重复是解决为什么会在国力竞争激烈的国际贸易里出现合作行为的关键,也是本章节所要探讨的。在许多策略性场景中,重复境遇能够维持合作,通过合作,每个人获得的收益要高于一次性博弈所获得的收益。在 8.2.2 节,我们会正式创建一个重复博弈。接着,在 8.2.3 节和 8.2.4 节中分析这场国际贸易博弈。当然,在进一步的分析中,我们首先假设世界永远太平,各国的国际贸易能够无限持续下去。

8.2.2　创建一个重复博弈

　　我们已经了解到,重复博弈意指所有参与者周而复始地面对相同的境遇——阶段博弈的一种情形。阶段博弈是构成重复博弈的组件,或者可以构成有几个固定步骤的其他博弈。例如,图 8-2 的博弈就是阶段博弈,它将最终演变成一场拉锯战。从阶段博弈到重复博弈的演变过程中,我们有必要重新定义一下游戏规则和收益机制。因为策略完全是为博弈规则制定的,所以如果一个参与者被期望有多次而不是一次选择,那么这一套行之有效的规则将有不同的表现。至于收益,我们会很自然地认为参与者不单考虑当前处境所产生的收益,也会考虑所有未来可能的情形。

　　假设中美双方预计会按照图 8-3 所示的方式发生 T 次贸易往来。[①] 两国在未来 n 年每月交易一次共持续 T 次。不妨假设,在图 8-3 中每一对有序的行为组合中首次行动都是由中国发起的,但是美国具有不完美信息,因此每个阶段博弈在本质上等同于图 8-2 所表示的同时行动静态博弈。在图 8-3 所示的博弈中,贸易保护(或者贸易自由)是一个策略,但是在重复博弈中这一策略更加复杂,被定义为一种行动。在重复博弈中,策略的概念等同于其他任何形式的博弈。对于一个参与者来说,策略仅适用于根据每个信息所设定的行动。因此,策略取决于他做出行动时所掌握的信息。

　　由于现实中的信息模式多为闭环信息,也就是说参与者在采取下一次行动时,知晓之前其他参与者行为的历史信息。因此,本章将重点探讨一个历史(即参与者过去的行动)是共有知识的案例,正如图 8-3 中的博弈所反映的。实际上,我们可以看出一个简单的策略就可以重新解释关于国际贸易的疑惑。

　　重复博弈的另一个组成要素便是收益。正如阶段博弈中的策略在重复博弈中表现为一种行动,阶段博弈中的收益在重复博弈中仅表现为一个阶段的收益。重复博弈中参与者的收益受到每一个独立阶段所获收益的影响。例如,当 $T=5$ 时双方博弈的策略组合为:{(贸易自由,贸易自由),(贸易保护,贸易自由),(贸易自由,贸易自由),(贸易自由,贸易保护),(贸易保护,贸易保护)}。该组合表示:在第 1 阶段,中美同时采取贸易自由行动,在第 2 阶段,中国采取贸易保护而美国采取贸易自由……在第 5 阶段,中美同时采取贸易保护行动。从图 8-3 可知,中国每一个独立阶段的收益分别为 $(8,10,8,4,5)$。

　　考虑到资本(收益)的时间价值,因此各个阶段并非同等重要。进一步,使用阶段收益

---

　　① 对于一场不确定有多少阶段的博弈($T=$无穷)。由于与此相关的信息模式的数量是不确定的,所以此策略所包含的可能行动的数量也是不确定的。一个策略可能超乎想象的复杂,在此我们暂不做讨论。

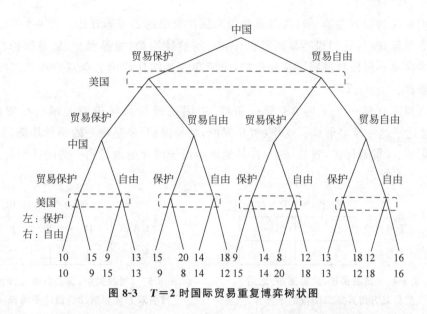

图 8-3 $T=2$ 时国际贸易重复博弈树状图

的简单加总并不能准确衡量多个阶段的收益。换言之,每个人都希望尽早拿到应得的收益,而未来的收益将会有一个折扣。基于这种想法,我们应该考虑另一种带权重的收益之和。阶段越靠后,数据的权重则越小(而不是把多个独立阶段的收益简单加总)。我们用 u_t 表示阶段 t 所得的收益,那么总收益表示为 $w_1 u_1 + w_2 u_2 + \cdots + w_t u_t + \cdots + w_T u_T$,其中,$w_1 > w_2 > \cdots > w_T > 0$。研究者们更喜欢用下列形式表示权重:$w_t = \delta^{t-1}$,其中 $0 \leqslant \delta \leqslant 1$。$\delta$ 的经济意义为折现因子或折现系数,用来衡量未来收益折算到现在价值的要素。简言之,现值是指经折现系数打折后的所有单一阶段收益的和,我们计算收益时采用现值的概念能更为准确地反映多阶段的收益总和。

总之,阶段 t 上的数据权重(折现系数)等同于分数 δ 的"$t-1$"次方。我们都知道一个数字乘以分数就会变小,因此权重一定会减小(除非 δ 为 0 或 1,此时它们分别恒等于 0 或 1)。例如,$\delta=0.6$,那么 $w_1=1$,$w_2=0.6$,$w_3=0.36$,$w_4=0.216$……当权重以这种形式表示时,整个博弈的要素之和被认为是所有阶段博弈收益的现值之和,表示为 $u_1 + \delta u_2 + \cdots + \delta^{t-1} u_t + \cdots + \delta^{T-1} u_T$。

8.2.3 有限次重复博弈

随着重复博弈的建立,我们距离解释中美国际贸易中出现阶段性合作的原因更近了一步。首先假设中国与美国进行了两次交易($T=2$),并且贸易双方都试图使单一阶段的收益之和最大化($\delta=1$)。此时博弈情况正如图 8-3 所示。

这场博弈其实只是前面章节探讨的博弈的扩展型。回顾前面的内容,我们选择的解决方案是一个子博弈完美纳什均衡,而这一均衡可以用逆向归纳法解决。从图 8-3 中,我们可以看到共有 5 个子博弈:这场博弈自身及第二阶段的 4 个子博弈。而逆向归纳法让我们能够解决纳什均衡的 4 个子博弈。

我们从探讨双方在第一阶段都选择贸易保护策略的子博弈开始。图 8-4 给出了这一策略的表现形式,且我们很容易证实它有唯一的纳什均衡(贸易保护,贸易保护)。因此,如果双方在第一阶段都选择了贸易保护,子博弈完美纳什均衡会令双方在第二阶段作出同样的选择。

现在思考这样一个子博弈:第一阶段,中国选择贸易保护而美国选择贸易自由。图 8-5 描述了这一策略形式。这里(贸易保护,贸易保护)还是唯一的纳什均衡,而我们也很容易证实:(贸易保护,贸易保护)在其他两阶段子博弈中也是唯一的纳什均衡。

		美国	
		贸易保护	贸易自由
中国	贸易保护	10, 10	15, 9
	贸易自由	9, 15	13, 13

图 8-4 (贸易保护,贸易保护)之后贸易双方博弈第二阶段的子博弈

		美国	
		贸易保护	贸易自由
中国	贸易保护	15, 9	20, 8
	贸易自由	14, 14	18, 12

图 8-5 (贸易保护,贸易自由)之后贸易双方博弈第二阶段的子博弈

🔍 思考与练习

您能写出任意两阶段子博弈中纳什均衡的求解过程吗?

作为逆向归纳法的一部分,4 个子博弈中的每一个都被相关的纳什均衡的收益所替代。按照这一步骤发展下去会导致图 8-6 所示的结果,它清楚明了地表明所描述的博弈具有唯一的纳什均衡(贸易保护,贸易保护)。但是博弈双方都选择这一贸易保护策略是出人意料的,因为显然双方的选择并没有使自己得到能够得到的最大利益。如果把所有的分析连在一起,我们会发现图 8-3 中第二阶段的贸易博弈有唯一的子博弈完美纳什均衡。而这场博弈的一系列结果会使它们在阶段 1 和阶段 2 都选择贸易保护。

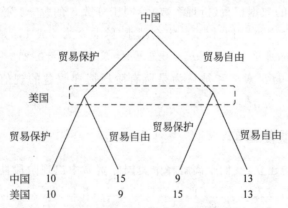

图 8-6 逆向归纳后的两阶段国际贸易的第一阶段

至此,读者也许疑惑——为何没有接近这一目标:将"贸易自由"纳入两国的均衡策略。虽然上文完成了由单阶段推至两阶段的过程,但是在此基础上类推后读者不难发现:更长时期内的贸易往来行为对分析并无帮助。不管历经 10 个阶段还是 100 个、1 000 个

阶段甚至 100 万个阶段,只要它在有限次后终止,都只有唯一的策略均衡:双方都采取贸易保护主义维护本国利益。

假设一场博弈要经历 T 个阶段而此时已是最后阶段,总收益就是所有单一阶段的收益之和。令 C^{T-1} 和 A^{T-1} 分别表示前 $T-1$ 个阶段中国和美国的收益之和。可以看到, T 阶段面对的子博弈如图 8-7 所示。我们所做的仅是用图 8-7 表示这场阶段博弈(第 T 阶段),并且将 C^{T-1} 加到中国的收益上,将 A^{T-1} 加到美国的收益上。当然,如果在一次贸易博弈中,"贸易保护"压倒"贸易自由"占主导地位,那么就算我们给每个收益加上一个常数($T-1$ 阶段的历史收益累积 C^{T-1} 和 A^{T-1}),收益的比较结果还是一样的。在作为最后阶段的第 T 阶段,很显然对双方来说,采取贸易保护是最佳策略,仍不会偏离单次博弈的纳什均衡。

美国

中国		贸易保护	贸易自由
	贸易保护	$C^{T-1}+5,\ A^{T-1}+5$	$C^{T-1}+10,\ A^{T-1}+4$
	贸易自由	$C^{T-1}+4,\ A^{T-1}+10$	$C^{T-1}+8,\ A^{T-1}+8$

图 8-7　T 阶段的子博弈

现在逆推第 $T-1$ 阶段的情形。因为第 $T-2$ 阶段之前的收益之和已经确定,当两国进入第 $T-1$ 阶段博弈时,面对的实质上仍然是图 8-2 中的囚徒困境博弈,必然出于当前利益最大化的考虑,再次选择贸易保护。

这一推论可以说明双方在 $T-2$, $T-3$ 阶段直到倒退至第一阶段都会选择贸易保护作为策略。因为,在双方面临阶段 T 的博弈时,第 $T-1$ 阶段的收益不会再发生改变,也不会受贸易双方 T 阶段的行动影响。因此,最明智的行为意味着选择最大化当前收益的策略。正如图 8-7 所示的博弈,贸易保护显然是最佳策略。到了阶段 $T-1$,之前的总收益也是固定的且不受阶段 $T-1$ 策略的影响,所以阶段 $T-1$ 的情形仍然像一次性博弈: $T-1$ 阶段的行动只会影响 $T-1$ 阶段的收益,且 $T-2$ 阶段的行动只会影响 $T-2$ 阶段的收益。总之,过去的事情是无法改变的,将来要发生什么也不受其他阶段影响。也就是说, $T-2$ 阶段的情形依然像一次性博弈。这种逻辑可以被持续应用到未来任一阶段,因此在任一阶段双方都会选择贸易保护。

这一逻辑不仅可以运用到重复的贸易博弈中,也可以运用到任何有特定阶段的重复博弈中,只要这种博弈的阶段博弈存在纳什均衡。对于阶段博弈来说,纳什均衡的重要性在于它能够确定最后一个阶段博弈双方的选择。因此可以得出一个结论:倒数第二阶段的行为不会影响最后一个阶段的选择。以此类推,每一阶段的博弈都是当前的"最后一次"博弈,其之前的博弈不会影响博弈双方的选择。那么实质上,每一阶段的博弈都依然是一次性的博弈,重复地归纳到任何阶段直到初始阶段,博弈的双方都会作出能达到纳什均衡的策略选择。

结论 1:如果阶段博弈 G 有唯一的纳什均衡,对于任一有限次重复博弈 G' 来说,"始终重复阶段博弈中的纳什均衡"这一策略是唯一的子博弈完美纳什均衡。

该结论意味着,这类博弈的参与者没有可预见的合作,只有始终如一的竞争。

8.2.4　无限次重复博弈

有限次重复的贸易博弈存在一个隐含的重要特征,即贸易双方明确地知道交易何时会走向终止。这一特征是分析的关键,因为我们要讨论何时是一场博弈的最后阶段。如果参与者知道这是最后一次交易,他们就会像前文的分析一样,把自己面对的博弈看成一次性博弈。然而在现实中,尽管贸易双方存在着摩擦和一系列的问题,但是他们心中清楚:只要世界经济可以持续运行,他们之间的贸易往来就不会停止。

如果一场博弈不具备"信息透明"这一特性,则意味着这场博弈所持续的阶段是不明期界的,博弈双方并不能确定哪一阶段是博弈的终止时点,也就是说这场博弈有持续下去的可能,但参与者并不能明确判定。例如,假设每一阶段,中美再次与对方交易的概率为 p,因此当前的交易是它们最后一次交易的概率为 $1-p$。有一点是很重要的,参与国在决定如何做时,它们不确定在未来是否会与对方再次交易(它们的关系有持续下去的可能,但只是可能)。但当 $p=1$ 时,博弈具有无限期界,参与国的交易也肯定会持续下去。

正如现实世界中美不会断交,我们假设这场博弈是无限次的。但是也要记住"参与者从来都不知道当前阶段是他们相互影响的最后阶段",是这一假设成立的决定性条件。值得注意的是,这场博弈所持续的阶段是不确定的($0<p<1$)还是无限次的($p=1$),将分别导致不同的结果,这涉及动态规划的内容,本书不再展开。有兴趣的同学可以自行参阅相关书籍。

无限次重复博弈的策略规定了每个历史时期每个阶段参与者的行为。与有限次重复博弈不同,无限次重复博弈没有逆向归纳法的起点,因此逆向归纳法并不适用于无限次重复博弈。尽管缺少一个快速得出子博弈完美纳什均衡的方法,但是仿照第 4 章,我们依然可以提出一些候选策略,检验是否为纳什均衡。

类似第 3、4 章,有如下重复博弈中的子博弈完美纳什均衡的定义。

子博弈完美纳什均衡:在一个重复博弈中,给定某一参与者的某一策略:

(1) 其他参与者在当前阶段按照各自的策略行事;

(2) 所有参与者(包括替补参与者)在未来阶段按照各自的策略行事。

当且仅当每个历史时期的每一阶段该策略所规定的行为都是该参与者的最佳选择,满足这一条件的策略就是子博弈完美纳什均衡。换言之,假如其他参与者按照他们的策略行事且第一个参与者将来按照他的策略行事,此时那个特定的参与者的策略就能为其指定最佳选择。

为了直截了当地解决问题,我们只需博弈的某一方是忠于自己策略的参与者,在一些背叛行为发生后他依然会遵从自己的策略。我们将以此为基础寻找无限重复博弈中的纳什均衡。

首先,我们来看一个简单的策略:任一阶段,博弈双方都选择贸易保护。尽管过去这一策略并没有令每一个参与者为他所做的选择负责,但是请记住,这仅仅是因为过去对每一个参与者而言,让自己的行为可能发生而非必须做出某种行为是有可行性的。接着让我们证明一下如果中美双方都选择这一策略,那么对无限次重复的贸易博弈而言,它将是一个子博弈完美纳什均衡。

在这个简单的博弈中,不管处于哪一阶段,两个参与者的策略都要求他们做出同样的行为：贸易保护。从而,当前阶段及所假设的每一阶段参与者都希望得到 5 个单位的收益。这一选择使参与者获得的当前收益为

$$5 + \delta 5 + \delta^2 5 + \delta^3 5 + \cdots = \frac{5}{1-\delta} \tag{8-1}$$

其中,δ 是折现因子。

为了对比,若一方在当前阶段选择贸易自由,此后仍然采取贸易保护。此时收益为

$$4 + \delta 5 + \delta^2 5 + \delta^3 5 + \cdots = (5 + \delta 5 + \delta^2 5 + \cdots) - 1 = \frac{4+\delta}{1-\delta} \tag{8-2}$$

根据这一策略,选择贸易自由的一方今天将得到 4 个单位的收益(参与者本身都倾向于贸易保护),而未来得到 5 个单位的收益(据他们的策略,出于保护本国生产企业的目的双方都会选择贸易保护)。很显然,当 $\delta < 1$ 时,$\frac{5}{1-\delta} > \frac{4+\delta}{1-\delta}$ 成立,所以贸易保护产生的收益较高,即该策略是子博弈完美纳什均衡。还有另一点可以解释为什么贸易保护这一策略更受参与者青睐,那就是当前阶段此策略产生较高的收益(5 对 4),且未来所得收益与另一策略产生的收益相同。

至此我们已经证明：只要中美一直保持贸易往来,每一阶段双方都采取贸易保护措施就是一个子博弈完美纳什均衡。但是,这依然与我们要解释中美双方国际贸易发生合作的目标背道而驰。

考虑到之前的策略比较"简单粗暴",没有合作共赢的可能性。现在我们思考下面的这对策略组合。

阶段 1：选择贸易自由。

阶段 $t(t \geqslant 2)$：如果双方过去一直都选择贸易自由,则选择贸易自由;否则,选择贸易保护。

如果双方都采用这一策略,那么他们将选择合作的方式以贸易自由开始这场博弈(事实会证明,善有善报,怀着善意,结果总会好些)。只要双方一直遵守合作原则,没有谁先采取贸易保护,这一规则会永远得以存续。但是只要有人违背游戏规则(一方首先选择贸易保护),那么之后双方都会放弃合作选择贸易保护。这就是我们所说的"触发策略"(trigger strategy)①。任何违背游戏规则的行动都会招致惩罚,那就是双方在未来确定的阶段都会选择贸易保护。

如果双方都采用"触发策略",会导致大家所渴望的国际贸易合作吗？换言之,每个阶段参与者都不会使用贸易保护来打压对方吗？我们所要做的就是证明这个策略是一个均衡,让我们考虑如下两个案例。

首先,设想这样一个阶段,在此阶段,没有人选择贸易保护。这个阶段可以是第一阶

---

① 在 8.4.3 节将会有关于"触发策略"更为详细的介绍。

段,也可以是之后的任何阶段,不过之前双方都选择贸易自由。如果一个国家的策略是选择贸易自由,那么其期望收益为

$$8 + \delta 8 + \delta^2 8 + \delta^3 8 + \cdots = \frac{8}{1-\delta} \tag{8-3}$$

因为选择贸易自由的国家也不希望交易对手采取贸易保护,并且希望未来双方都保持贸易自由。为了证明后一主张的正确性,每个参与者都希望所有的参与者未来按照他们自己的策略行事。如果中美双方当前阶段都选择贸易自由,那么根据两国所采用的触发策略,下一阶段它们也不会用贸易保护打压对方。因为之前的任何阶段没有一方打破合作,采取贸易保护,这个推理也适用于之后的任何阶段。

这一策略产生的收益在当前阶段大于等于其他策略产生的收益时才能达到均衡。为了对比,唯一的选择就是贸易保护,贸易保护所产生的收益为

$$10 + \delta 5 + \delta^2 5 + \cdots = 10 + \delta\left(\frac{5}{1-\delta}\right) \tag{8-4}$$

所以,对方背叛合作而采取贸易保护时能获得较高的当前收益 10。但是这个策略是以得到应有的惩罚为代价的:据双方的策略,它们在确定的阶段通过贸易保护的方式回应那些背叛贸易自由的参与者,这样获得较低的收益 5。

为使贸易自由策略产生的收益在当前阶段大于等于其他策略产生的收益,以满足均衡条件,需要使式(8-3)的值大于等于式(8-4)的值,意即

$$\frac{8}{1-\delta} \geq 10 + \delta\left(\frac{5}{1-\delta}\right) \tag{8-5}$$

一旦满足不等式(8-5),此时每一方参与者都愿意选择"贸易自由"作为自己的策略。这一对策略(或称策略组合)才成为一个子博弈完美纳什均衡。

请注意,一个策略必须为每一阶段的行为提供最准确的指示。我们已经检验了每一阶段这一策略的最优性。但是,这一策略并不是长久的最佳策略,因为当且仅当不等式(8-5)成立时,"触发策略"才是一个子博弈完美纳什均衡。而不等式(8-5)成立的条件是 $\delta \geq \frac{1}{2}$。

从上述式子可以看到,如果 $\delta \geq \frac{1}{2}$,这个"触发策略"就能满足子博弈完美纳什均衡的条件。$\delta \geq \frac{1}{2}$ 意味着双方要有足够的耐心。只要双方对未来有足够的耐心,对未来收益的折现就会足够高。当折现因子大于 1/2 时,触发策略就是一个均衡——请注意,是一个均衡。因为一般来讲可能存在的均衡不止一个。到此为止,中美国际贸易中会出现合作这一问题得到了圆满的解决。

满足条件 $\delta \geq \frac{1}{2}$ 是维持合作关系的一般原则。我们设想双方一直保持一致,采用贸易自由。如前所述,如果一方选择贸易自由,并且希望继续维系合作关系,该国所获得的当前收益及未来收益都为 8。相反,如果有一方选择贸易保护,双方就会卷入残酷的贸易之争,这样它将获得 10 个单位的当前收益,但是未来每个阶段的收益仅为 5。这是中美

双方每个阶段都在面对的一场交易,即是否愿意用当前收益的增加换取未来收益的下降。

为了达到均衡,中美贸易之间的合作一旦发生背叛,所导致的未来损失必须高于当前收益才行。因此,博弈双方对于未来的重视程度就成为均衡是否发生改变的重要考量。易知 δ 的值越大,对未来收益的赋权越大,足够大时才能维持合作均衡。对此,我们的条件非常明确:为了使"触发策略"达到均衡, δ 不能小于 $\frac{1}{2}$ 。

为什么只要调整了双方的基准策略(从选择最简单的策略到"触发策略"),均衡就会有改变的契机?这里隐含着一个重要事实:博弈双方会凭着自己每一个阶段的行动得到奖惩。不同的奖惩方案可能会造就不同的纳什均衡。

因此,在我们的分析中最重要的是奖惩方案。一方面,如果美国保持合作的协定,中国会在未来报答美国的这一行动,未来交易时尽量采用贸易自由;另一方面,如果美国违背了合作协定,那么中国也会作出回应,惩罚这一行动。同样,这一方案也适用于中国。从而,我们得出如下结论:中美双方维持合作不是由于国家之间的友谊,而是出于国家利益的考虑,意即为了减小未来贸易摩擦的概率,双方都在努力维持合作关系;反之,这种合作期待也会使得双方对未来的收益赋予较高的权重(折现因子)。

尽管我们是通过分析一场具体博弈(中美贸易博弈)、一套具体策略(触发策略)而得到上述结论,但是维系合作关系的方案却具有普遍适用性。首先,对于任意一个博弈,阶段博弈的纳什均衡并非都是最佳的(意指不能真正地使双方利益最大化,未达到帕累托最优)。对参与者来说,仍有其他一系列行动作为选择以使所有的参与者保持合作。例如,在中美贸易博弈中,(贸易保护,贸易保护)并非在所有阶段都是最佳的策略,在某些阶段,双方参与者保持休战状态(贸易自由,贸易自由)才是最佳策略。其次,无限次重复博弈及其对应策略所产生的收益让参与者选择了真正意义上的最佳策略。但是请注意,这样的行动并不会形成单一阶段博弈的纳什均衡,因为背叛合作可以获得更多的短期收益。现在,阻止违背协议的行动发生的唯一方法就是用较低的未来收益威胁参与者。而只有在参与者足够重视未来收益时,这种威胁才能生效。换句话说, δ 必须足够大。如果 $\delta = 0$,那么参与者不会关心未来收益,只是专注于当前收益。此时他们确实会违背协议,所以合作关系是不稳定的。这一推测可导出如下的一般结论。

为了使合作关系足够稳定,必须满足一些条件:首先,境遇必须是重复的,并且未来总有经历相同境遇的可能。参与者不单考虑当前处境所产生的收益,也会考虑所有未来可能的情形。其次,参与者如何行动必须具有可知性。假设这场博弈的历史是共同知识,则已经隐含了这个条件。当且仅当违背协议的行为是可以被知晓的,进而是可以被处罚的,此时惩罚机制才能得以运行。最后,参与者必须足够关心未来所发生的事情及其对自己收益的影响。背叛合作所得到的短期收益小于由此损失的长期受益。

结论 2:在不确定重复博弈或者无限次重复博弈中,未来总有交手的可能。如果参与者足够关心他们的未来福利并且未来也有足够大的交手的可能性,那么此时就可能达到合作性均衡。

8.3 信息不对称下的声誉机制*

> 要赢得好的声誉需要二十年,而要毁掉它,五分钟就够了。
>
> ——沃伦·巴菲特(Warren Buffett)

上文所讨论的重复博弈都是信息对称的——即使少数博弈中有参与者不完全了解得益情况或者无法观察其他参与者的某些行为,仍然可以根据一些决策解决问题。因此,可将之视同信息对称的。实际上,人们在现实决策活动中对信息的掌握并不总是那么充分与对称。购买商品时消费者可能缺乏对商品质量的了解;在雇用员工时企业人事经理很难了解应聘者的真实素质;销售人寿保险时保险公司常苦于缺乏投保人健康情况的信息。信息的不充分和不对称通常会影响人们进行判断与决策,也会影响重复博弈中参与者的策略。对信息不对称下重复博弈问题的研究,除了博弈论自身发展的需要,也适应了信息社会发展的需要。

从上述两节的分析中读者不难体会到,在重复博弈中实施奖励和惩罚对参与者的行动或策略具有重要影响,这才使得合作成为可能。文明的出现就是这个赏罚机制的确立,而道德与国家则旨在建立这样的机制。"不道德"行为在一次性博弈中存在尚且情有可原,若在重复博弈中广泛存在则是社会的失范。例如,兵不厌诈与尔虞我诈所带来的社会意义大不相同。尽管都是欺诈,前者是陌生人之间的一次性对弈,而后者多发生在伙伴或熟人之间的多次交往中。正如本书在其他章节中对利他、公平等社会信念的论述一样,这些概念都是支撑社会规范存续的重要因素。作为新时代的大学生,保有积极向上、兼容并包的价值观是实现高远发展与贡献社会的良好基石。

在博弈论研究中,声誉机制被广泛采用以便考察不完全信息下的重复博弈。何以如此?因为在不完全信息博弈中,参与者如何通过信号向他人传递自身的合作取向(类型)非常重要;同时,奖励和惩罚也会累积形成某种信号,用以表征参与者的类型,而这个信号就是声誉。

8.3.1 什么是声誉

在信息完备的情况下,有限次重复博弈会产生连锁店悖论[①],即在完全信息条件下的有限次重复博弈不可能导致参与者的合作行为。在这种情况下,没有声誉机制产生,也不存在对声誉的解释,因为参与者都没有建立良好声誉的积极性。声誉,就是名誉、声望的意思。在经济学中,关于声誉的概念常见于有关"序列均衡"的著作中。

声誉是一种"认知",即在信息不对称的条件下,一方参与者对于另一方参与者的某种类型的认知,且这种认知不断被更新,以包含两者间的重复博弈所传递的信息。

声誉在人类社会的形成过程中逐步产生,参与者在长期的行为互动与信息交流中逐渐了解彼此是何种类型的一种"认知",而这种"认知"恰恰作为一种制度性知识协调

---

① 连锁店悖论是一个典型的重复博弈,由博弈专家泽尔腾于 1978 年提出。

分工,从而促进合作。此外,它直接或间接地激发了参与者之间的信任关系,降低了交易成本。

克雷普斯等的声誉模型通过将不完全信息引入有限次重复博弈,解决了连锁店悖论。他们证明,参与者对其他参与者的不完全信息对均衡结果有重要影响。只要博弈重复的次数足够多,合作行为将会在有限次博弈中出现。不完全信息下的无限次重复博弈也存在合作均衡,这一点也在后来被证实。下面我们来看淘宝网如何通过信号传递机制来显示卖家的声誉,并分析声誉机制在重复博弈中的作用。

案例分析:淘宝网的信用评价机制

淘宝网(www.taobao.com)由阿里巴巴集团于 2003 年 5 月 10 日投资创办,是目前国内较大的电商平台之一。头豹研究院《综合类电商》报告显示:淘宝(天猫)2022 年全球活跃消费者达约 13.1 亿,实现营收 3 150.4 亿元。

淘宝网上的信用评价体系的基本原则是:买家和卖家每成功交易一笔,就可以对交易对象做一次信用评价,评价分为好评、中评、差评三种类型,好评加 1 分,中评不计分,差评扣 1 分。如果买家或卖家(一般是买家)在规定的时间内没有进行评价,系统自动地给予对方好评,如图 8-8 所示。卖家认为买家给予的差评不合理也可提交淘宝网仲裁,避免了买家以威胁给予卖家差评来敲诈卖家。另外,淘宝网也制定一些规则防止卖家用不真实的交易来炒作信用(例如,以淘宝订单创建的时间来计算,在 14 天之内,相同的买家针对同一个商品进行评价,多个好评总共只加 1 分,多个差评总共只扣 1 分)。总的来说,网上交易的信用评价体系目前比较成熟,可以很好地衡量交易者的声誉。

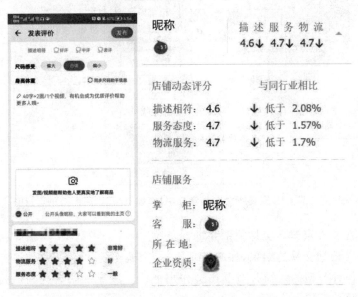

图 8-8　淘宝网某卖家的信用等级和买家的评价界面

资料来源:综合类电商[EB/OL]. (2023-06-29). https://www.leadleo.com/wiki/brief? id=645a86a0677390f622fd97cd.

与"熟人社会"相比,淘宝网是一个"陌生人"社会。陌生的交易双方信息是不对称的。在交易过程中卖家知道商品的质量状况,处于信息优势的地位;而买家只能通过卖家提供的商品图片和文字介绍来了解商品信息,对于商品的质量只有在交易完成后才知道,处于信息劣势的地位。具有信息优势的卖家会有选择欺骗的机会主义倾向。然而,淘宝网并没有因为逆向选择的存在而变成柠檬市场,反而在十余年间成为中国最大的在线交易网站。是什么机制有效地遏制了卖家的机会主义倾向,又是什么机制强化了"陌生人"之间的信任关系而使买卖双方都成为淘宝的长期客户呢? 下面,我们来继续解读这些问题。

8.3.2   C2C 交易中的声誉机制

本小节将介绍 C2C(个人对个人)交易平台中卖家的信用评价机制。C2C 在线交易是一个典型的多人参与的重复博弈。卖家因为掌握着不为人所知的私人信息(如产品质量、忠诚度等)而处于信息优势地位,而买家仅能根据卖家提供的图片、介绍等来了解商品,处于信息劣势地位。信息不对称影响着卖家(知情参与者)的行动以及买家(不知情参与者)的支付。一般来讲,卖家在竞拍结束并收到付款信息后决定是实施欺骗还是诚信发货,买家根据其掌握的信息决定在竞拍时愿意支付的最高价格。在这种松散的网络交易平台上,声誉机制(也即不断完善的信用评价机制,具体体现为动态评分)使得 C2C 交易蓬勃壮大,交易日盛。在图 8-9 这个简单的交易模型中,读者可以看到声誉机制是如何发挥作用的。

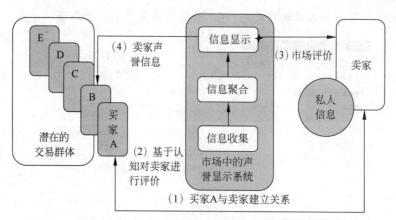

图 8-9   某 C2C 交易平台在线竞标中"声誉机制"作用的简单示意图

(1) 买家 A 与卖家建立交易关系并进行交易。

(2) 买家 A 根据交易的结果,如产品品质、卖家诚实的实施情况以及满意程度等,形成对于卖家是何种类型的认知并对其声誉作出评价。该评价以信息的形式进入 C2C 交易平台的声誉显示系统。

(3) 经过 C2C 交易平台对相关信息的收集、聚合和整理,有关卖家声誉的信息被公布出来,该信息一方面到达卖家,使卖家获悉市场对其声誉的评价;另一方面到达潜在的交易群体,成为公共信息供他们决策之用。

我们假定在 C2C 交易平台上存在一个长期的卖家,有无数的短期买家在关注他的商品。

卖家的类型:卖家可能是有机会主义倾向的策略型,会适时采取欺骗战略来最大化其收益,也可能是诚实守信的诚信型,永远不会欺骗顾客。在交易前买家虽然不清楚卖家的类型,但是他们对于卖家是否诚信有一个初始信念(概率分布),这就是买家对卖家声誉的一种认知。关于信念,请参考本书第 2、4、6 章的相关内容。如果不存在信息反馈机制,即买家过去的交易结果(包括买家的满意程度、卖家的诚信程度等)不被披露,买家无法获知关于卖家类型的信息,那么策略型卖家将总是选择欺骗。这种情形类似于一次性囚徒困境博弈。一旦短期的买家认识到这一点,将永远不会选择购买。这样,C2C 交易平台将很难存活。

买家的评价:为简单起见,假定信用评价机制仅提供正、负两类信息反馈,即只有"好评"和"差评"两种。如若卖家实施欺诈,他总是得到一个负反馈(买家给予卖家一个差评);若其诚信合作,他依然会以概率 π 得到负反馈。这个概率也被称作噪声。一个特例就是 $\pi=0$,表示市场中没有噪声干扰,所有诚信合作的卖家都会得到好评。

买家的信念:基于市场对卖家信息的反馈,买家形成了关于卖家是诚信类型的概率为 h 这样一种认知(这就是卖家的声誉),以及策略型卖家诚信的概率为 $s(h)$ 的认知。$s(h)$ 是关于卖家信誉的一个函数。

至此,我们列举可能涉及的概率。

π:在卖家诚信的条件下获得"差评"的概率,亦即噪声,记作 p(差评$|$诚信型)。

$1-\pi$:在卖家诚信的条件下获得"好评"的概率,记作 p(好评$|$诚信型)。

$(1-\pi)s(h)$:在卖家是策略型的条件下获得"好评"的概率,记作 p(好评$|$策略型),等于策略型卖家选择诚信的概率 $s(h)$ 乘以"假扮"诚信后又获得"好评"的概率 $(1-\pi)$。

$1-(1-\pi)s(h)$:在卖家是策略型的条件下获得"差评"的概率,记作 p(差评$|$策略型),等于 $1-p$(好评$|$策略型)。

买家的策略:根据拍卖理论,买家将以其预期估价来参与竞价。$[h+(1-h)s(h)]W$ 即为买家对物品的预期估价,其中 W 是买家对于物品的价值评估。式中涉及卖家为诚信型时的概率 h、卖家为策略型且选择诚信时的概率 $(1-h)s(h)$。注意,卖家为策略型且欺骗时的估价为 0(意指如果买家认识到这一点,则不参与竞价,视同估价为 0)。那么,买家竞标的价格将不高于 $[h+(1-h)s(h)]W$。

买家信念(或称对卖家声誉)的更新:如果在当前阶段卖家得到一个负(正)的评价,下一个买家(或同一个买家在下一个阶段)就会根据贝叶斯法则向下(向上)更新他对于卖家声誉的认知。更新可向两种相反的方向发生。

(1) 向下修正(获得"差评"),卖家声誉水平下降:

$$h^-(h) = \frac{p(\text{差评}\mid\text{诚信型})p(\text{诚信型})}{p(\text{差评}\mid\text{诚信型})p(\text{诚信型})+p(\text{差评}\mid\text{策略型})p(\text{策略型})}$$

$$= \frac{\pi h}{\pi h + [1-(1-\pi)s(h)](1-h)}$$

（2）向上修正（获得"好评"），卖家声誉水平上升：

$$h^+(h) = \frac{p(\text{好评} \mid \text{诚信型})p(\text{诚信型})}{p(\text{好评} \mid \text{诚信型})p(\text{诚信型}) + p(\text{好评} \mid \text{策略型})p(\text{策略型})}$$

$$= \frac{(1-\pi)h}{(1-\pi)h + (1-\pi)s(h)(1-h)} = \frac{h}{h + s(h)(1-h)}$$

在概率理论中，$h^-(h)$，$h^+(h)$ 分别表示在"差评"条件下卖家诚信的概率和在"好评"条件下卖家诚信的概率。通俗地讲，它们是在既有评价的基础上买家所形成的关于卖家诚信的新信念（卖家的声誉）。

🔍 概念解读：关于信念的更新过程理解

在整个 C2C 市场中，诚信型卖家的占比会正向影响策略型卖家的诚信行为——诚信型卖家越多，策略型卖家选择诚信的比例也将越高。因此，假设买家的信念是策略型卖家选择诚信的概率与 h 成正比关系。

阶段 0：假设在当前的买家信念中卖家声誉为 $h=0.5$，而策略型卖家选择诚信的概率为 $s(h)=0.5h$，无噪声即 $\pi=0$。所以，$p(\text{诚实型})=0.5$，$p(\text{策略型})=0.5=0.5s(h)+0.5[1-s(h)]=0.125+0.375$，则诚信型卖家总是获得"好评"，而策略型卖家有 25% 的可能性通过选择诚信而获得"好评"，剩余 75% 则获得"差评"。此时，在买家给出差评的条件下，卖家为诚信型的概率为 $h^-=0$，意即获得"差评"的卖家总是策略型的。所以，$p(\text{好评} \mid \text{诚实型})=1$，$p(\text{差评} \mid \text{诚实型})=0$，$p(\text{好评} \mid \text{策略型})=0.25$，$p(\text{差评} \mid \text{策略型})=0.75$。在买家给出好评的条件下，卖家为诚信型的概率为

$$h^+ = \frac{p(\text{诚实型})}{p(\text{诚实型}) + p(\text{策略型}) \times s(h)} = \frac{0.5}{0.5 + 0.5 \times 0.5 \times 0.5} = 80\%$$

而为策略型的概率则是 20%。

阶段 1：新卖家将会依据评价更新自己的信念。

（1）当买家遇到被差评的卖家时，则更新自己对卖家的信念 $h:=h^-=0$。同时类似阶段 0，买家给出当前阶段的评价，即新的 $h^-=0$ 和 $h^+=0$。此时买家认为，不仅差评条件下卖家诚信的概率是 0，而且连好评下卖家诚信的概率也变成 0。因此，当买家遇到声誉低的卖家时，将降低自己对卖家诚信的信念，也更易给出差评。

（2）当买家遇到被好评的卖家时，则更新自己对卖家的信念 $h:=h^+=0.8$。同时类似阶段 0，买家给出当前阶段的评价，可得 $h^-=0$ 和

$$h^+ = \frac{p(\text{诚实型})}{p(\text{诚实型}) + p(\text{策略型}) \times s(h)} = \frac{0.5}{0.5 + 0.125 \times 0.5 \times 0.8} \approx 0.909$$

可见，买家给出差评时为诚信型卖家的概率依然是 0，但买家给出好评时诚信型卖家的概率则上升到了 0.909。因此，获得好评的卖家在买家中的声誉会越来越高，这也会提高新买家对自己诚信的信念。

在接下来的阶段中，更新将如此往复。

如果市场中存在噪声，即 $\pi \neq 0$，买家的信念稍显复杂。此时获得"差评"的卖家既有可能被认为是策略型的，又有可能被当作诚信型的——不再像无噪声时那么简单，"差评"

就一定被认为是策略型。当然,获得"好评"的卖家情况不变,仍然是两种类型的混杂。读者可尝试推导。

如此一来,获得"好评"的卖家的声誉就会越来越高,从而聚集越来越多的买家;而欺骗顾客的卖家将获得越来越多的"差评",声誉也越来越低,逐渐退出市场。不过,卖家是不会轻易退出市场的。对于策略型卖家,还有选择可使他存留:转变自己的策略,诚信交易,准确来讲,即减少欺骗的次数,提高诚信交易的频率。即使你对细节尚未知晓,也许仍然能够接受这样的事实:卖家策略是随着买家的信念而进行更新的,即卖家的最优反应依赖于 h。那么,卖家的策略义是什么? 如何史新呢?

卖家的策略:在每次交易结束之后,一旦卖家看到买方的付款信息,他将必须在"欺骗"与"诚信"这两种行动中作出选择。"欺骗"的短期得利等于该商品的价值,但是声誉评级的降低将带来长期的损失,因为买家愿意支付的价格会降低(对于固定价格商品,相当于交易数量将减少)。如前所述,我们关注的是策略型卖家选择诚信的可能性。因此,考虑这样一种策略:策略型卖家以某一概率水平 $s(h)$ 选择诚信。对于某一固定的策略型卖家来讲,可以简单地将该策略理解为多次交易中选择诚信的频率;而从卖家整个群体来讲,则相当于策略型卖家中有多大比例的人表现得诚信而非欺骗。当然,得益函数是卖家所有阶段得益的现值之和。买家知道,在均衡中卖家的策略必定是与卖家的最优反应相一致的。

那么,卖家的目标是实现其预期得益的最大化,即 $V = \sum_{t=0}^{\infty} \delta^t G(h_t)$,其中 h_t 表示第 t 阶段卖家的声誉,$G(h_t) = [h_t + (1-h_t)s(h_t)]$,$W$ 则表示第 t 阶段卖家的期望收入。

在这样一个博弈中,要通俗地展示买卖双方的均衡及其存在条件,需要做很多理论铺垫。考虑到本书的定位,我们不再展开叙述。

至此,总结一下本节的内容。信息不对称是一种普遍的经济状态,声誉机制有效地抑止了信息优势参与者的机会主义倾向,从而成功地引导出较高水平的诚信行为。在噪声环境中,即使声誉发挥作用,也总是存在一定的效率损失。声誉机制作用的前提是利润率足够大。在长期博弈过程中,当长期诚信的损失超过短期机会主义行为的收益时,欺骗就会发生。在有限博弈的最后阶段,声誉机制有可能会失效——参与者可能不惜毁损长期以来建立的声誉。

✍ 扩展阅读:奥曼与重复博弈

2005 年 10 月 11 日,瑞典皇家科学院宣布将本年度的诺贝尔经济学奖授予以色列希伯来大学的奥曼和美国马里兰大学的谢林,以表彰他们通过博弈论分析对理解冲突与合作所作出的贡献。根据瑞典皇家科学院的官方文件,奥曼此次获得诺贝尔经济学奖的主要原因是他对重复博弈的贡献。

奥曼 1930 年出生于法兰克福,具有以色列和美国双重国籍。他 1950 年毕业于纽约大学并获数学学士学位;之后又于 1952 年和 1955 年在麻省理工学院攻读代数拓扑学,先后获得数学硕士和博士学位;1956 年至今受聘于耶路撒冷希伯来大学数学研究院。在麻省理工学院深造期间,奥曼遇到了纳什,并从纳什那里听说了博弈论。从麻省理工学院毕业后,奥曼在普林斯顿大学数学系附属运筹学小组做博士后研究,其研究项目来自贝尔实验室主持的导弹防御研究。当时,运筹学与博弈论已经关系密切,在接触了贝尔实验室的导弹防御研究项目以后,奥曼发现这些问题和纳什所说的博弈论有点相像,并开始从博弈论的角度研究问题,在这个时期对博弈论产生了浓厚的兴趣。

1959 年,奥曼发表了第一篇有关重复博弈的论文。奥曼第一次全面而且正式地分析了无限次重复博弈,并且揭示了在长期关系下最终能得到的结果。奥曼关于重复博弈的贡献可简单归纳如下。

首先,是对完全信息重复博弈研究的推进。完全信息博弈的最早研究成果出现在20 世纪 50 年代,即下文将出现的"民间定理"。该定理认为,重复博弈的策略均衡结局与一次性博弈中的可行个体理性结局恰好一致。这个结局可被视为把多阶段非合作行为与一次性博弈合作行为联系在一起。然而,虽然所有可行的个体理性结局确实代表了有关合作博弈解的观点,但是它相当模糊,并且不提供信息。而奥曼认为,完全信息重复博弈论与人们相互作用基本形式的演化相关。它的目的是解释诸如合作、利他、报复、威胁(自我破坏或其他)等现象。奥曼还考察了许多具体的合作行为,定义了"强均衡"概念,即没有任何局中人团体可以通过单方面改变其决策来获益的情形。为此,奥曼定义和研究了经济理论中极为重要的"一般"合作博弈,即不可转移效用(non-transferable utility)博弈,从而开拓了该领域的研究空间。

其次,是对不完全信息重复博弈研究的推进。从20 世纪60 年代中期开始,奥曼和其他合作者一起发展了不完全信息重复博弈论。1966 年,奥曼和迈克尔·马希勒(Michael Maschler)在给美国武器控制和裁军机构的开创性报告中,建立了不完全信息重复博弈模型。他们指出,信息使用的复杂性问题实际上可以用一种出色明确的方式来解决。例如,在最简单的两人零和重复博弈中,其中一个局中人比另一局中人拥有更多的信息(这就是单边不完全信息)。拥有更多信息的局中人所使用(并披露)的信息量是精确决定的:有时是完全披露或根本没有披露;而有时则是部分披露。这种分析被扩展至更一般的模型,并由此产生许多精深的观点和概念。之后,奥曼在重复博弈方面的研究获得了丰硕的成果。事实上,他的有关不完全信息博弈的许多重要观点已经应用于许多经济领域,诸如寡头垄断、委托-代理关系和保险等。

8.4 重复博弈的进一步讨论

8.4.1 纳什均衡不唯一的重复博弈

1. 如果阶段博弈中有多个纯策略纳什均衡

设某一市场有两个生产同样质量产品的厂商,它们对产品的定价同有高(H)、中(M)、低(L)三种可能。设高价时市场总利润为 10 个单位,中价时市场总利润为 6 个单位,低价时市场总利润为 2 个单位。再假设两厂商同时决定价格,价格不等时低价格者独享利润,价格相等时双方平分利润。这时两厂商对价格的选择就构成了一个静态博弈问题,如图 8-10 所示。我们看一个三价博弈的重复博弈的例子。

显然,这个得益矩阵有两个纯策略纳什均衡 (M,M) 和 (L,L),可以看出,实际上两参与者最大的得益是策略组合 (H,H),但是它并不是纳什均衡。现在考虑重复两次该博弈,我们采用一种触发策略:博弈双方首先试图合作,一旦发觉对方不合作,也用不合作相报复的策略,使得在第一阶段采用 (H,H) 成为子博弈完美纳什均衡,双方的策略如下。

厂商2

	H	M	L
H	5, 5	0, 6	0, 2
M	6, 0	3, 3	0, 2
L	2, 0	2, 0	1, 1

厂商1

图 8-10 三价博弈的重复博弈

(1) 参与者 1:第一次选 H;如果第一次结果为 (H,H),则第二次选 M,如果第一次结果为任何其他策略组合,则第二次选 L。

(2) 参与者 2:同参与者 1。

在上述双方策略组合下,两次重复博弈的路径一定为第一阶段 (H,H),第二阶段 (M,M),这是一个子博弈完美纳什均衡路径。首先,因为第二阶段是一个原博弈的纳什均衡,所以不可能有哪一方愿意单独偏离;其次,第一阶段的 (H,H) 虽然不是原来的博弈纳什均衡,但是如果一方单独偏离,采用 M 能增加 1 单位得益,这样的后果却是第二阶段至少要损失 2 单位的得益,因为双方采用的是触发策略,即有报复机制的策略,所以合理的选择是坚持 H。这就说明了上述策略组合是这个两次重复博弈的子博弈完美纳什均衡。

从上述的例子我们可以看出,有多个纯策略纳什均衡的博弈重复两次的子博弈完美纳什均衡路径是,第一阶段采用 (H,H),第二阶段采用原博弈的纳什均衡 (M,M)。

如果这个重复博弈重复三次,或者更多次,结论也是相似的,仍然用触发策略,它的子博弈完美纳什均衡路径为:除了最后一次以外,每次都采用 (H,H),最后一次采用原博弈的纳什均衡 (M,M)。

结论 3:当阶段博弈 G 有多个纯策略纳什均衡时,有限次重复博弈 G' 有许多效率差异很大的子博弈完美纳什均衡。进而,可以通过设计特定的策略(主要是包含报复机制的触发策略)来实现效率更高的均衡,充分发掘一次性博弈中无法实现的潜在合作利益。但是,在有限次重复博弈中,博弈双方没有永远的合作。

综合 8.2 节的结论 1、2 以及本节的结论 3,可得下述有限次重复博弈民间定理。

定理 8.1(有限次重复博弈民间定理,1971) 假设在有限次重复博弈 G' 中,阶段博弈 G 存在一个均衡得益组合优于最差均衡所对应的得益组合,则对于所有不小于"个体理性得益"(或称"保留得益")的"可实现得益",都至少存在一个子博弈完美纳什均衡来实现它。

概念解读:定理中名词的浅易解释

在某个博弈中,不管其他参与者的行为如何,参与者只要采取某种策略能够最低限度保证获得的得益称为"个体理性得益";而博弈中所有纯策略组合所对应的得益组合的加权平均(权数非负且总和为 1)称为"可实现得益",意即参与者采用任意混合策略所能实现的得益组合。在有限次重复博弈中,针对阶段博弈存在多个纯策略纳什均衡的民间定理,在无限次重复博弈中对阶段博弈存在唯一纳什均衡的情况也是成立的。为什么它会被称为"民间定理"呢?这是因为在有人正式证明并发表之前,它已经在民间流传。

关于定理所声明的结论,让我们举例说明。来看一下《史记·廉颇蔺相如列传》中"将相和"的故事。

战国时,赵国舍人蔺相如奉命出使秦国,不辱使命,完璧归赵,所以被封为上大夫;又陪同赵王赴秦王设下的渑池会,使赵王免受秦王侮辱。赵王为表彰蔺相如的功劳,封蔺相如为上卿。老将廉颇认为自己战无不胜、攻无不克,蔺相如只不过是一介文弱书生,只有口舌之功,却比他官大,对此心中很是不服,所以屡次对人说:"以后让我见了他,必定羞辱他。"蔺相如知道此事后以国家大事为重,请病假不上朝,尽量不与他相见。后来廉颇得知蔺相如此举完全是以国家大事为重,向蔺相如负荆请罪。之后两人和好,开始尽心尽力地辅佐赵王治理国家。

在上述互动中,二者都有两种行动可选择:羞辱对方,宽容忍让。假如二者的静态博弈矩阵用图 8-11 表示。

可见,两个参与者最差的均衡得益都是 1,则可构成得益组合 $w=(1,1)$,而 1 也是两个参与者的"个体理性得益"。如图 8-12 所示,该博弈的可实现得益就是图中四点 $(0,0)$,$(1,4)$,$(4,1)$,$(3,3)$ 所围成的阴影区域 B 中点的坐标。显然,我们可以看到该博弈的一次性博弈中存在均衡得益数组优于 w,满足民间定理的条件。因此,所有不小于个体理性得益的可实现得益[由四点 $(1,1)$,$(1,4)$,$(4,1)$,$(3,3)$ 所围成的阴影区域 A 中点的坐标],都有子博弈完美纳什均衡来实现它。例如,$(4,1)$ 和 $(1,4)$ 可每次采用原博弈同一个纳什均衡的子博弈完美纳什均衡实现;这两点连线上的点用原博弈两个纯策略纳什均衡的某种组合来实现。

蔺相如

		羞辱	宽容
廉颇	羞辱	0, 0	<u>4, 1</u>
	宽容	<u>1, 4</u>	3, 3

图 8-11 廉颇、蔺相如博弈

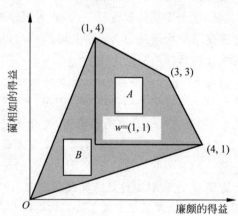

图 8-12 两市场博弈有限次重复的民间定理

事实上,在所有可实现或优于 $w=(1,1)$ 的可实现得益中,只有处于 $(1,4)$ 与 $(3,3)$ 以及 $(3,3)$ 与 $(4,1)$ 这两条连线上的可实现得益具有重要意义,因为它们是帕累托最优的均衡得益。而民间定理的重要意义正在于证明了一定存在子博弈完美纳什均衡可以实现或逼近它们。可见,民间定理为我们设计更有效率的机制提供了参照,也为参与者在博弈过程中的默契和信任提供了理性支撑。

2. 如果阶段博弈是零和博弈

显然,阶段博弈没有纯策略纳什均衡。那么,这类阶段博弈所组成的重复博弈有什么结果呢? 让我们来看经典的猜硬币游戏,如图 2-33 所示。

前面章节已经向大家展示,零和博弈是严格竞争的。即使重复博弈,也不能改变这一点。关键在于,严格对立的利益关系使得双方矛盾不可调和,重复的零和博弈也不会创造新的利益。以零和博弈为原博弈的有限次重复博弈与猜硬币游戏的有限次重复博弈一样,参与者的正确策略是重复一次性博弈中的混合纳什均衡。读者可以按照前面例子中的讲解,使用逆向归纳法来证明。同样地,无限次重复的两人零和博弈的所有阶段都不可能发生合作,参与者会一直重复阶段博弈的混合纳什均衡。这一点与前文无限重复博弈的相关结论不一致。以上结论可以推广到常和博弈,及至有多个参与者的常和博弈。

8.4.2　重复博弈的实验结果

在无限重复博弈中,为了提高博弈效率和博弈潜在的利益,参与者经常会采取合作的方式来获得最大限度的利益。但是在合作过程中,合作的方式和水平总是会由于各种各样的因素发生变化。本小节通过介绍类似囚徒困境的实验来展示合作博弈的过程以及合作均衡的条件。达尔博(Dal Bó)通过实验比较了具有相同期望次数的无限重复和有限重复囚徒困境,发现无限重复囚徒困境中合作水平会更高一些。这点与理论预测一致。同时,实验表明重复博弈的次数对合作的影响是很小的,但是"有限"和"无限"仍有区别。我们将重点介绍无限重复博弈下的实验结果。

Dal Bó 和 Fréchette(2011)在前人研究的基础上,展开了一系列实验研究。首先,在实验中重复博弈是随机停止的。在每一阶段结束后,博弈持续的概率分别为 1/2 和 3/4。同时,图 8-13 中的合作收益 R 分别为 32、40 和 48。将不同的持续概率与不同的合作收益组合,可将博弈实验分为 6 组。随机停止的概率和合作收益大小对有经验的参与者来

	合作	背叛
合作	R, R	12, 50
背叛	50, 12	25, 25

图 8-13　囚徒困境实验的支付矩阵

说非常重要,但对无经验者来说似乎不太明显,这点已为实验所证实。在这 6 组实验中,有 1 组中合作不在均衡路径上,另 5 组都存在多个合作均衡。无论均衡如何,永远背叛总是最有可能被采取的一个策略。共有纽约大学的 266 名研究生志愿者参与了实验。在持续概率与合作收益给定的条件下,志愿者参加阶段数为 23~77 的无限重复博弈。Dal Bó 和 Fréchette 据此研究参与者在获得一次次的经验时是如何达成合作的。有三点发现意义非凡、耐人寻味。

(1) 如果合作根本不是博弈的均衡,合作水平[1]将随着经验的增加而递减并收敛到较低的水平。这点与一次性重复博弈的实验结果类似。这也说明,若想让合作发生并随着经验而递增,首要的条件是它的确是一个均衡。

(2) 在某些组实验中合作的确是均衡,但令人意外的是,合作水平也不一定升高,而

---

[1] 用"合作"行动发生的频率来指示。

依然停留在较低水平——即使参与者已经获得了重要的经验。它表明,参与者可能没有充分利用合作。同时它也表明,"成为均衡"只是合作水平随经验而提升的一个必要条件,而非充分条件。

(3) 如果合作是博弈的均衡且是风险占优的,合作的平均水平会随经验的累积而提升,但并非总是如此。在一次性协调博弈中,参与者常常选择兼具帕累托最优和风险占优的行动。但在无限重复博弈中,这两项对于提升合作水平仍然不够。因此,如果有人说"只要有机会,就应充分利用它来达成合作",请不要过于乐观——因为达成合作是件困难的事情,即便当事人经验丰富。值得注意的是,在无限重复博弈中,既有合作水平较低的情况,也有合作水平非常高的情况。尽管"成为均衡"和"风险占优"都不是经验促成合作的充分条件,但是在条件适合时合作确实能够达到很高的水平。仅从平均意义上讲,若满足"成为均衡"且"风险占优",则合作水平会随参与者经验的增加而提升。

8.4.3 应对背叛的策略

重复博弈之所以有改变原纳什均衡的可能性,在于它使"双边惩罚机制"发挥作用。"双边惩罚机制"是指一旦发现对方背叛,参与者将采用触发策略(trigger strategy)或针锋相对策略(tit for tat strategy),即当背叛的行为发生之时,交易双方将启用这种机制来惩罚背叛者。"双边惩罚机制"是最为基本的信用机制。它是要保证两个个体在互动过程中互不欺骗,从而保证博弈的顺利进行,是建立信用的关键与基础。博弈的可否持续性被认为是双边惩罚机制的主要基础。在一次性博弈中,任何参与者都没有信守承诺的激励。只有当博弈双方的当前博弈是未来互动的一个部分时,双方才有可能采取相互合作的态度。

在动态的博弈中,所有参与者的历史行动都是可观测的。参与者可以通过在下一阶段博弈中的策略选择——触发策略或针锋相对策略,进而通过"双边惩罚机制"来回应其他参与者在本阶段中的行动,依此实现对对手失信的惩罚。我们假定在每一次博弈结束前,双方都预期所有 p 的可能性,从而进行下一次博弈,并且每次博弈的结构相同。下面分两种情况考虑其中一方的博弈策略。

1. 触发策略

触发策略又称冷酷策略,指我首先选择信任你;如果你也守信,我将继续信任你;但一旦你滥用了我对你的信任,我将永远不再信任你。假设 A、B 在博弈。如果参与者 A 在上一轮博弈中因采取"背叛"策略获利 α 个单位,并使参与者 B 受损,那么在本次博弈中参与者 B 将会选择"背叛"的策略来报复 A,且永远采用这种策略。自此以后,A 每期的收入均为 0,所以总期望(折现)收入仍为 α 个单位。如果 A 在上一轮博弈中选择"合作",获利 $\frac{\lambda}{2}$ 个单位,那么 B 也将选择"合作",则 A 随后每一阶段收入都是 $\frac{\lambda}{2}$。重复博弈下的折现收入为

$$\frac{\lambda}{2} + \frac{\lambda}{2}\delta + \frac{\lambda}{2}\delta^2 + \frac{\lambda}{2}\delta^3 + \cdots = \frac{\lambda}{2(1-\delta)}$$

因此,只要 $\frac{\lambda}{2(1-\delta)} \geq \alpha$,即 $\delta \geq 1 - \frac{\lambda}{2\alpha}$,合作互惠就是最优的选择。(合作,合作)便成了每一个阶段的均衡结果。博弈双方为了获得更长期、更稳定的利益,走出了一次性博弈的困

境,理性地克制投机行为,选择诚信与合作,这就是重复博弈所创造的信用机制,其核心在于当事人为了合作的长远利益,牺牲眼前利益。触发策略的结果使任何一方都没有动机偏离合作,博弈得以进行下去。但是,这种策略过于简单,并不是现实策略互动的近似描述。而且如果对方真的选择背叛,这种策略对实施惩罚的一方来说也是代价高昂的,其程度和受罚者一样,即触发策略容易导致两败俱伤的局面。因此,我们重点考虑另一种策略。

2. 针锋相对策略

引语故事:重庆谈判中中国共产党的方针

1945 年抗日战争胜利后,为避免内战、争取和平,中国共产党同国民党政府在重庆进行了为期 43 天的和平谈判,史称"重庆谈判"。

谈判之前,蒋介石就让阎锡山入侵上党地区,以此先发制人,扼守抢夺平津、独占华北的交通要道,保持长江与北方之间的陆上联系。当时国、共之间的军事摩擦已经出现。

8 月 25 日,即毛泽东电复蒋介石将亲自赴重庆谈判的当天,他对即将返回上党前线的刘伯承、邓小平说:"你们回到前方去,放手打就是了。不要担心我在重庆的安全问题,你们打得越好,我越安全,谈得越好。别的办法是没有的。"刘、邓回到上党,在上党战役的动员报告中指出:"我们立足于打,不放弃有利条件的谈判。只有打得好,才能谈得好。"

就这样,国共和谈在边打边谈中进行。

重庆谈判从 8 月 28 日毛泽东赴重庆开始,至 10 月 11 日,前后共 43 天;上党战役从 9 月 1 日攻克襄垣开始,到 10 月 8 日解放长治,12 日全歼逃敌而胜利结束,历时 42 天。重庆谈判桌上与上党战场无论时间、进展情况极其一致、密切相关,绝非偶然。

中国共产党的方针是"以打促谈","打而胜之"是共产党重庆谈判桌上的重要筹码,也是国共和谈取得成功的保障。

中国共产党正是采取了针锋相对策略。首先,人民解放军绝不开第一枪,所以是善意的;其次,一旦国民党军队挑起军事冲突,人民解放军立即予以回击,这表明共产党是"可被激怒的";最后,共产党不会得理不饶人,你停火,我就停火,这表明共产党是"宽容的"。

其结果是,国、共两党达成了和平协议(虽然后来内战还是爆发,但它不属于本文讨论的范围)。除此之外,中国军队在朝鲜战争等战争中,采取的均是"人不犯我,我不犯人;人若犯我,我必犯人"以及"边打边谈"的针锋相对策略。

针锋相对策略又称"以牙还牙"策略,是指采取和上一轮对手相同的策略。在博弈中,首先选择合作。在对方背叛后,选择在未来连续一段时间内惩罚博弈对手。如果犯规者在这期间一直守信,他将得到原谅,诚实交易将继续进行下去。如果在惩罚期间受罚人又选择了违约,那惩罚将重新开始。这种策略融善良性、严厉性和宽容性于一体,既给予对方一定程度的惩罚,但又不致使对方失去合作的信心,合作得以继续进行下去。在阿克塞尔罗德计算机程序模拟比赛的研究中,合作者的胜利不仅证明了信用合作在个体博弈中作为占优均衡出现的可能,而且为这种均衡的演化过程提供了新的研究起点。他在比赛中还发现,凡是具有善良性(即从来不首先背叛)和宽容性(即在对方背叛以后仍具有合作的倾向)的程序都得分较高。

针锋相对策略集中了善良和宽容的特征,而且思路非常清晰:从不首先背叛,然后采取与对方的上一次行为相同的行动。对此,阿克塞尔罗德的解释是,针锋相对的善良性防止参与者陷入非合作的麻烦中,对对方背叛的报复保证了对方背叛行为的谨慎性,宽容性则有助于在对方背叛后重新开始合作,简单、清晰的规则易于被人理解,从而导出长期的合作。

针锋相对策略的优越性向我们充分展示了一个纯粹自利的人何以会选择善,只因为合作是自我利益最大化的一种必要手段。比如在爱情中的重复博弈原则应该包括以下内容。

(1) 善意而不是恶意地对待恋人。

(2) 宽容而不是尖刻地对待恋人。

(3) 强硬而不是软弱地对待恋人。要在我永远爱你的善意的前提下,做到有爱必报,有恨也必报,以其人之道,还治其人之身。例如,对于恋人与其他异性的亲热行为,要有极其强烈的敏感和必要的惩戒。

(4) 简单明了而不是山环水绕地对待恋人。在博弈中过分复杂的策略使得对手难以理解、无所适从,因而难以建立稳定的合作关系。明晰的个性、简练的作风和坦诚的态度是制胜的要诀。

无论是触发策略,还是针锋相对策略,都表明只要交易者重复相遇,双方又有足够的耐心,战略就能够得到合理且有效的执行,那么受骗方终止未来所有与对方的交易机会的威胁将有可能遏制双方的机会主义行为,形成信用合作的共有信念。

扩展阅读:阿克塞尔罗德的竞赛实验

阿克塞尔罗德1943年出生于芝加哥,曾就读于芝加哥大学和耶鲁大学,现在是密歇根大学政治学教授。1980年,为了研究合作问题,他组织了一次关于囚徒困境的不同策略的比赛。

阿克塞尔罗德在开始研究合作之前,设定了两个前提:①每个人都是自私的;②没有任何权威干预每个人的决策。也就是说,个人可以完全按照自己利益最大化的企图进行决策。在此前提下,合作要研究的三个问题是:首先,人为什么要合作;其次,人什么时候是合作的,什么时候又是不合作的;最后,如何使别人与你合作。

在研究的过程中,他组织了一场计算机模拟竞赛,竞赛的思路非常简单:任何想参加这个计算机竞赛的人都扮演"囚徒困境"案例中一个囚犯的角色,他们开始玩"囚徒困境"的游戏,每个人都要在合作与背叛之间作出选择。关键问题在于,他们不只玩一遍这个游戏,而是一遍一遍地玩上200次,这就是"重复的囚徒困境",于是这就更逼真地反映了日常人际关系。首先由14个人参与实验,每两个人为一组,进行重复200次的博弈,博弈计分规则为:如果都合作,每方计2分;如果都对抗,每方计0分;如果一方合作、一方对抗则合作者计-1分而对抗者计4分。然后再重新分组,直到两两都比赛过。

实验的结果使阿克塞尔罗德大为吃惊,因为竞赛的冠军获得者——多伦多大学的数学教授阿纳托·拉帕波特(Anatol Rapoport)所采取的策略不仅不高深,反而非常简单:一报还一报(以牙还牙)。实际上,它也就是我们通常所说的"以其人之道,还治其人之身"。它的特点是:第一次对局采用合作的策略,以后每一步都紧紧跟随对方上一步的策略:你上一次合作,我这一次就合作;你上一次不合作,我这一次就不合作。

为了进一步验证第一轮游戏得出的结论,阿克塞尔罗德邀请了更多的人再做一次游戏。这时游戏进入第二轮。阿克塞尔罗德征集到了62个程序,同样也附加上他自己的随机程序,又进行了一次竞赛。结果,排在第一名的仍是针锋相对策略。

这个如此简单的策略之所以反复赢得竞赛,是因为它奉行了针锋相对的法则,说白了就是一报还一报,但它坚持"有理、有利、有节"的尺度,并且用以下有规律可供遵循的行为将对手引入长期合作的轨道上来。

(1) 善良的,即从不首先背叛。

(2) 可激怒的,对于对方的背叛行为一定要报复,不能总是合作。

(3) 宽容的,不能人家一次背叛,你就没完没了地报复,以后人家只要改为合作,你也要合作。

(4) 易于察觉的,即逻辑清晰,使刈于能够很轻易地发现你采取策略的规律,并且领会你的意图。

而输掉这个竞赛的策略,总是在上述四个方面做得不够好。比如竞赛者过于好脾气,总是"以德报怨",结果就被狡猾之人反复地占便宜;有些竞赛者不够宽容,采取触发策略,别人背叛一次,他就不与对方再次合作,从而使合作关系永久性断绝;还有一些竞赛者太"精于算计",总是试图通过取巧来占别人的便宜,这种人在与"好脾气者"的博弈中虽然大占便宜,但与"不宽容者"的博弈中往往搬起石头砸自己的脚,而从最后的总分来看,他们的"小聪明"往往得不偿失。

重复博弈的故事讲到这里,想必你们已经了解到了重复博弈应用的广泛。下面我们要用博弈论的分析手段解释精致的利己主义者的行为,以此为本章的终结。

习　　题

1. 重复博弈的子博弈是什么?子博弈完美纳什均衡是什么?

2. 图 8-14 的同时行动博弈重复进行两次,第二阶段开始前参与双方可以观测到第一阶段的结果。不考虑贴现因素。在一个纯策略子博弈精炼纳什均衡中,能否在第一阶段达到(4,4)的收益?如果可以,请给出相应的策略;如果不能,说明为什么。

	L	C	R
T	3, 1	0, 0	5, 0
M	2, 1	1, 2	3, 1
B	1, 2	0, 1	4, 4

图 8-14

———————— 即测即练 ————————

第 9 章

演化博弈 *

本章导读

　　为什么长颈鹿的脖子越来越长？为何青蛙长于鸣叫而极乐鸟却善于跳舞？答案显而易见，这是进化的结果。但是进化进程与博弈有什么联系呢？延及人类社会，当遭遇他人挑衅时，你更倾向于"挥拳争高下"，还是"三思而后行"？当热心助人反被一次次诬陷时，你是否仍然坚持自己的善行不动摇？一般而言，随着时间的推移和经验的积累，人们会慢慢地调整自己的行为。尽管有些行为看似偏离了"理性"，但它们是一种演化，是一种"有限理性"。此时，人们往往"回顾身后"，根据历史经验来调整原则，而非"向前展望"。本章所要讨论的，正是这类行为。本章将从演化角度介绍博弈的新思路，从而揭示人群或生物种群的行为是如何演化和相互影响的。

　　在前几章中所讨论的博弈大多都是完全确定的博弈，即参与者的行动和能力、某些自然的机会因素以及他们的实际行动都是确定的，由此能够达到的是一种简单的均衡。但是在实际中，你看到的常常并不是这样一种简单的确定性结果！究其原因，当社会经济环境和决策问题较复杂时，大多数参与者的行动能力并不是完全一样、完全确定的，很多人的决策其实来自他们从过往经历中积累起来的直接经验，而无法按照前几章的思路：向前展望，看到遥远的终点，然后进行逆向推理。由此引出一个问题，人们的行为模式到底是"向前看"还是"向后看"？

　　"向前看"是指无论过去发生了什么，参与者都是向前看的，意即参与者在任何阶段所采取的策略都是从该阶段开始的子博弈的最优反应。"向前看"的思路通常意味着完全理性。而"向后看"则是指参与者在作出决定前都是先回顾过去，根据历史经验推测将来，并在行动上作出调整。"向前看"或"向后看"，其实是决策主体的不同"理性"造成的。

　　第 3 章所介绍的逆向归纳法就是典型的"向前看"的思路。使用该方法进行分析虽然思路清晰、结论明确，但存在一定的局限性。例如，对参与者过高的理性要求：每一个参与者都清楚地知道自己的最优反应和对手的最优反应，并且所有参与者都具有相同的理性，拥有"理性的共同知识"。但是，正如前文所说，当社会经济环境和决策问题比较复杂时，对参与者如此高的理性要求很难满足。实际上，大多数人在大多数时候并不是完全理性的。换言之，理性局限是非常普遍的，理性程度的高低在人群中表现为不同的层次。因此，有必要进一步讨论参与者在不同层次的理性下的策略演变及均衡。接下来将介绍更符合现实情况的有限理性及其相关概念。

9.1　有限理性的提出

第 2 章已经给出了关于理性的定义,即参与者根据各自对其他参与者策略的信念,选择使自己得益最大的策略。尽管博弈理论要求参与者是理性的,但是从更广泛的角度来看,理性有着不同的准则和层次,可将其分为完全理性、有限理性、非理性三个层次。完全理性的参与者总是会以效用最大化的方式行动,总是能够考虑所有的可能方案,并对任意复杂的过程进行推论。有限理性认为参与者所获得的信息和推理能力都是有限的,所能够考虑的方案也是有限的,未必能作出使得效用最大化的决策。而非理性则是完全理性的对立面,参与者的决策毫无一致性可言。

9.1.1　完全理性

"博弈参与者是完全理性的",这是经典博弈论的基本假设,是博弈论发展的理性基础。完全理性这一概念在前几章已经了解过,与新古典经济学中以"个体理性"为基础的"经济人"相比较,完全理性比它所要求的理性程度还要高。根据经典博弈论的基本假设,可对完全理性作出如下定义。

定义 9.1(完全理性)　在博弈论的基本假设中,"完全理性"是指博弈参与方始终以追求自身的利益最大化为目标,能够在确定性环境和非确定性环境中从策略集中选择出能使自己利益最大化的最优策略。

完全理性不仅要求行为主体始终以自身利益最大化为目标,具有在确定性环境和非确定性环境中追求自身利益最大化的判断和决策能力,还要求他们在存在交互作用的博弈环境中也具有完美的判断和预测能力。它不仅要求人们自身是理性的,还要求人们相信对方也是理性的,拥有"理性的共同知识"。其实,前几章的博弈分析都是基于"完全理性"的假设展开的,读者可以回顾 2.1 节的内容,更好地理解完全理性的概念。

尽管完全理性假设具有令人称赞的完美体系和预测能力,但是这种完美只是理想模式和方法下的,不仅在经济学内部有争论,也经不起实践和现实的考验。

(1) 博弈中参与者的行动不仅受到理性因素的驱使,也受到感性因素的影响。最早指出这一点的是凯恩斯,他在《就业、利息和货币通论》中论述了情绪波动(尤其是信心或工商界所谓的"信任状态")、长期预期状态及其对市场投资的影响。凯恩斯还指出,参与者并不具有完全理性所能导致的完全预期,这也因情绪而起。之后,诺贝尔经济学奖得主希尔伯特·西蒙(Herbert Simon)从心理学角度出发,提出参与者的行动是由理性和感性共同作用的;卡尼曼结合行为科学和经济心理学的观点,同样指出行为人的行动受到直觉和推理两个系统的影响。

(2) 博弈的参与者不具备完全的计算和逻辑推理能力。西蒙曾明确指出,参与者只具备受到限制的理性能力,"意欲理性而只能有限为之"。人类计算和逻辑推理能力的有限性,在柯洁与计算机(AlphaGo)的围棋比赛中暴露无遗。在输给计算机之后,柯洁坦言:"人类经历了数千年实战演练进化,计算机却告诉我们人类全都是错的。我觉得,甚至没有一个人沾到围棋真理的边。"

（3）博弈的参与者具有异质性。参与者并非都是同质的，而是具有异质性。这是完全理性假设中最不容易成立的一项内容。由于年龄不同、性别差异、财富多寡、知识结构与阅历悬殊、信息集相异等因素，参与者的风险态度以及偏好效用不同，因此不同决策主体即使面临同样的事件，也会出现不同的决策结果。

（4）不是所有的选择结果都可以量化。比如经济学中的效用或边际效用、成本或边际成本。西蒙曾列举他于1934年在密尔沃基对市教育委员会和市公共设施处两个机构共同负责的公共娱乐设施管理的调研个案。这两个机构在娱乐设施保养和游乐监管两方面的资金分配问题上，总是无法达成一致意见。它们没有遵循等边际原则，让一种活动的边际费用等于另一种活动的边际费用，因为根本没有可以度量的生产函数，能让它们从中得出有关边际生产率的数量推断。

综上对完全理性的批判，可以看到完全理性并不是一个"放之四海而皆准"的假定，不能涵盖所有的博弈问题。一般来讲，决策的准则除了完全理性，还存在非理性和有限理性。有限理性是本章演化博弈的主要准则，因而放在后面详细阐述，首先简单了解非理性的概念。

9.1.2　非理性

丹·艾瑞里（Dan Ariely）在《怪诞行为学》中曾这样说：

我们常常暗下决心节食锻炼，但是只要看到甜点小推车一过来，我们的决心就消失得无影无踪。你知道这是为什么吗？

我们有时候兴致勃勃去购物，买回来一大堆东西，却放在家里用不上。这是为什么呢？

头痛的时候，我们花5美分买的阿司匹林吃了不见效，可是花50美分买的阿司匹林却能立竿见影。这又是为什么？

工作之前让员工背一下《圣经》十诫，大家就能比较诚实，起码在刚刚背完的时候是这样。如果没这样做，不诚实现象就很多。这又是为什么呢？换言之，为什么荣辱规范可以减少工作场所不诚实现象？

在现实生活中，当决策者在遇到决策难题举步不前时，他们大多依照自己的习惯、猜测、偏好等非理性的心理因素，或者盲从他人的意见作出决策。这种依赖逻辑思维之外的其他心理过程和心理特征（包括直觉、情绪、性格、偏好和迷信等）而作出决策的现象，称为"非理性"。那么，究竟什么是非理性？

定义 9.2（非理性）　非理性，一是指"心理结构上的本能意识或无意识"，二是指"非逻辑的认识形式"。前者如想象、情感、意志和信仰等，后者如直觉、灵感和顿悟等。[①]

客观地说，任何决策过程都存在上述这些非理性因素（如想象、情感和直觉等）的影响，而当这些非理性因素在决策过程中占据主导地位时，这个决策就是非理性决策。当决策动机不仅仅是物质得益最大化，还直接依赖于信念（即持有信念的心理状态本身构成最终效用的一部分）时，我们说个体具有信念依赖动机（偏好）。信念依赖动机为人类所普遍

---

① 夏军. 非理性世界［M］. 上海：上海三联书店，1993：225.

持有。信念以目的、动机的形式贯穿于人类活动，并与情感、意志相结合，形成一种稳固地支配人类行动的心理倾向。

在经济决策中就常常存在这样的信念依赖动机。由于个体会从对未来的期望中获得当前效用，"向前看"的决策者会扭曲信念，譬如，个体会选择相信更有利于自己的信念。而期望偏差会导致错误的决策和非理性结果的出现。例如，在投资中决策者可能过高估计投资的回报而作出非理性的决策。无论是在微观层面还是在宏观层面，主观信念对经济决策结果都具有重要影响。

总之，经典的理性博弈要求博弈双方按照效用最大化原则决策，并允分考虑已知的公共信息，从而对未来作出无偏的预测。而与此相对，非理性博弈则是偏离了经济利益最大化目标的一种行为决策方式。

扩展阅读：《怪诞行为学》节选

……就我们对人类理性的信念而言，人人都是经济学家。我不是说我们每个人都能凭直觉创造出复杂的博弈论模型或懂得一般显示性偏好公理（generalized axiom of revealed preference, GARP），而是说我们对人类本性的基本信念与经济学的立论基础是相同的。在本书中所提及的理性经济模型，就是指多数经济学家和我们很多人对人类本性的基本假定——这一既简单又令人信服的理念，即我们能够作出正确的决定。

虽然对人类能力的敬畏之情是合情合理的，但是敬佩之心是一回事，认为我们的推断能力完美无缺是另一回事，二者相去甚远。事实上，本书探讨的就是人类的非理性——我们与完美之间的差距。我相信这样的探讨对于探求真正的自我是非常重要的，并且能使我们在现实中受益。深入了解非理性，对我们日常的行为和决定，对理解我们对环境的设计以及它给我们提供的选择，都很重要。

进一步观察到，我们不单单是非理性的，还是可预测的非理性的——我们的非理性一次又一次，以相同的方式发生。不论我们作为消费者、生意人，还是作为政策制定者，懂得了我们的非理性是可以怎样预测，就为我们改进决策、改善生活方式提供了一个支点。

这就把我们带到了传统经济学与行为经济学之间的真正"摩擦"（莎士比亚可能会这样说）中。传统经济学认为人们都是理性的——这一假定的含义是，我们能对日常生活中面临的所有选择的价值进行计算，择其最优者而行之。一旦我们犯了错误，做了非理性的事情，又会怎样呢？这里，传统经济学也有答案："市场的力量"会向我们迎面扑来，迅速把我们拉回正确理性的道路上去。事实上，就是基于这些假定，自亚当·斯密以来，世代的经济学家推导出了深远的无所不包的种种结论，从税收到保健政策乃至商品、服务的定价。

但是，从本书中可以看到，我们远远不像传统经济学理论所假定的那么理性。不仅如此，这些非理性行为并非无规律、无意识，而是成系统的。既然我们一再重复，它就是可预测的。那么，对传统经济学进行修正，使它脱离天真的心理（它常常经受不住推理、内省，尤其重要的是，经不起实验检验），难道不是顺理成章的吗？这正是新兴的行为经济学领域，也是本书作为这项事业的一小部分，正在试图达到的目标。

资料来源：艾瑞里.怪诞行为学[M].北京：中信出版社，2010.

9.1.3 有限理性

不难理解,并非所有人都是完全理性的,人们在决策过程中往往会有非理性成分的存在。那么,什么样的模型更加符合实际?

有限理性的概念最初是由阿罗提出的,他认为有限理性就是人的行为"既是有意识的理性,但这种理性又是有限的"。为了修正完全理性理论,西蒙将人的行为纳入经济学的研究范畴,通过对认知心理学的研究,提出了"有限理性"的理论。西蒙认为有限理性的理论是"考虑限制决策者信息处理能力的约束的理论"。他认为:"理性的限度是从这样一个事实中看出来的,即人脑不可能考虑一项决策的价值、知识及有关行为的所有方面……人类理性是在心理环境的限度之内起作用的。"据此,可以归纳出有限理性的定义。

定义 9.3(有限理性) "有限理性"是指介于完全理性和非完全理性之间的,决策者的信息处理能力存在一定限制和约束的理性。

对于完全理性的诸多完美性要求,例如,追求自身利益最大化的理性意识、分析判断能力、记忆能力和准确行为能力等,若参与者存在任何一方面不完美,就属于有限理性。

从有限理性出发,西蒙提出了"满意型决策"的概念。他认为,完全理性会导致人们寻求最优型决策,有限理性则导致人们寻求满意型决策。

他指出,首先,尽管最优型决策在理论上和逻辑上是成立的,但在现实中决策者既不可能考虑到所有的决策方案,又很难对每一个备选方案的结果进行完全正确的预测,因此不可避免地作出具有强烈个人色彩的主观判断。其次,对一项决策是否有正确的认知,往往受到决策者本人对决策目标的认识程度、知识广度和深度以及决策资料的了解程度等因素的影响,即决策者的认知偏向也会影响决策过程信息的处理。按照效用函数计算出来的最佳方案,实际上并不一定会被决策者视为其心目中的最佳方案。因此,西蒙提出用满意型决策代替最优型决策。所谓满意,就是指决策只需要满足两个条件即可:一是有相应的最低满意标准;二是策略选择能够超过最低满意标准。

因此,有限理性意味着参与者往往不会一开始就找到最优型决策,而是去寻求一个满意型决策,在博弈过程中通过模仿学习、试错并不断调整来寻找较好的策略。有限理性也意味着至少有部分参与者不是完全理性的,这意味着均衡是经过不断的调整和改进,而不是一次性选择的结果,而且即使达到了均衡也可能再次偏离。接下来,通过一个实验进一步理解有限理性博弈及其分析框架。

游戏与实验: 合作积分

实验说明:10 个人为一组参加游戏,每个人选择"领导"或"追随",分别记作 L 或 F。

(1) 若 10 个人中有 1~5 人选择"追随",其他人选择"领导",则小组得 1 分。

(2) 若仅有 6 人选择"追随",另 4 人选择"领导",则小组得 2 分。

(3) 若仅有 7 人选择"追随",得 3 分。

(4) 若仅有 8 人选择"追随",得 4 分。

(5) 若仅有 9 人选择"追随",得 5 分。

(6) 若 10 人都选择"追随",则小组得 0 分。

连续做 8 轮实验,记录实验结果,并进行比较。

考察上述实验的一组结果。根据上述的实验规则,某小组经过 8 轮实验,记录结果如表 9-1 所示。

表 9-1 合作积分的实验记录

轮次	1 号	2 号	3 号	4 号	5 号	6 号	7 号	8 号	9 号	10 号	得分
1	F	F	L	F	F	L	F	L	L	L	1 分
2	F	L	F	F	F	L	F	L	L	F	2 分
3	F	L	L	F	F	F	F	L	L	F	2 分
4	F	L	L	F	F	F	F	L	F	F	4 分
5	F	L	F	F	F	F	F	L	F	F	4 分
6	F	L	F	F	F	F	F	F	F	F	5 分
7	F	L	F	F	F	F	F	F	F	F	5 分
8	F	L	F	F	F	F	F	F	F	F	5 分

根据规则,如果没人领导,意即 L 没有出现,则记为 0 分。因为每人都无法获知其他人的决策,所以大家无法预测实验的确切结果。只要 L 不为 0,L 的数量越少,对结果越有利,所以,6 号、8 号、9 号和 10 号在从 L 变为 F 之后就再也没有变回来。可见,在游戏开始的时候,所有参与者的理性都是有限度的。同时,你也许已经注意到,2 号和 3 号出现了从 F 变为 L 的行为。在之后的采访过程中,被试者表示担心其他所有人都从 L 变为 F,所以自己作出了 L 的选择。这从本质上讲是因为他们对结果的不确定性难以把控。

从游戏的过程来看,小组的分数在逐渐提高,每位被试者都经历了一个学习的过程。在第 2 轮的时候,3 号和 10 号从 L 变为 F,此时 2 号从 F 变为 L;在第 3 轮的时候,6 号从 L 变为 F,3 号从 F 变为 L;在第 4 轮的时候只有 2 号和 8 号坚持 L。在经过两轮的坚持之后,8 号选择了放弃。在第 6 轮的时候,只有 2 号选择 L,游戏达到了均衡。所有人没有动机再改变,最终以这种方式度过了最后 3 轮。

在这个实验中,所有的参与者都不是完全理性的,即他并不知道其他人的最优决策,甚至不知道自己的决策会带来何种结果。但在游戏的过程中,他们逐渐学习他人的行为,从而决定了自己的最优决策,这是一个有限理性博弈。

可见,一个有限理性博弈的有效分析框架是由有限理性参与者构成的,一定规模的特定群体内成员的某种反复博弈。例如,实验中由缺乏足够预见性的个体组成的小群体,其成员都对当前局面作出反应,或者相互学习、模仿他人的优势策略的情况。也可以是在大量的参与者组成的群体中,成员之间随机配对的反复博弈,相当于现实经济中多个个体之间较长期的经济关系。这些分析框架通常假设参与者有一定的统计分析能力和对不同策略效果的事后判断能力,但没有事先的预见和预测能力。在 9.3 节将会对这两种分析框架做进一步阐述。

事实上,这种以有限理性为基础,考虑变化结构及环境的博弈分析框架,与建立在达尔文自然选择思想上的生物进化理论十分相似。例如,人类在遇到复杂问题时常常由直觉引发行为方式,并模仿成功者的行为,这与其他生物的行为很接近。不仅如此,人类的竞争合作行为与动物世界的竞争合作行为也常常不谋而合。

受此启发,经济学家将生物进化理论中的进化思想引入博弈论。这种起源于生物进化理论的博弈分析方法被称为"演化博弈论"。演化博弈论是有限理性分析的一类重要方法。它不同于完全理性下的分析前提、决策过程以及行为均衡,此时人们通常通过试错的方法达到均衡,与生物演化具有共性。正因为有限理性参与者的学习和策略调整与生物演化博弈所研究的生物特征动态变化很相似,所以我们可以借鉴生物进化博弈的分析方法——演化博弈论,来进一步讨论和研究有限理性博弈。在9.2节,将重点介绍演化博弈及其均衡的概念,而9.3节则介绍两种常见的演化机制。

9.2　演化博弈与演化稳定策略

9.2.1　演化博弈论的形成与发展

达尔文的生物进化论被誉为19世纪自然科学的三大发现之一,其中著名的"自然选择学说"主要内容有四点:过度繁殖,生存竞争,遗传和变异,适者生存。由于地球上的各种生物普遍具有很强的繁殖能力,因此理论上会存在一个过度繁殖的问题。但事实上,几万年来,各种生物的数量在一定时期内都保持相对稳定。这主要是受过度繁殖所引起的生存竞争抑制。生存竞争导致生物大量死亡,只有少量个体生存下来。在生存竞争中,具有有利变异的个体会将这些变异遗传给下一代,进而容易在生存竞争中获胜而生存下去。相反,具有不利变异的个体,则容易在生存竞争中失败而消亡。换言之,凡是生存下来的生物都是适应环境的,而被淘汰的生物都是不适应环境的,这就是适者生存。这种在生存竞争中适者生存、不适者被淘汰的过程称作自然选择。自然选择是一个长期的、缓慢的、连续的演化过程。

同样地,人类文明的产生、消亡以及人类社会的发展前进也是在长期的竞争中逐步形成的,也是一个通过自然选择"进化"的过程,这与生物社会的进化过程很相似。在社会经济系统中,达尔文的进化论给经济学以极大的启示。在西方经济学中,关于市场经济存在一个精妙的隐喻——"看不见的手",它和自然选择可谓异曲同工。自然界中生物存在繁殖过剩与资源和环境有限的矛盾;同样,市场经济条件下个人和企业也存在欲望无限与资源有限的矛盾。自然界中生物为了生存和繁殖倾向于采取自私的行为,但在同种生物间也会有利他行为;同样,个人和企业在市场中实现自身利益最大化的同时,也被看不见的手牵引去实现公共的福利。自然选择中的竞争机制如同一只看不见的手,通过一系列的环境变化调节整个生物圈的发展,市场经济中的竞争机制同样具有强大的协调作用。这些相似之处都使我们可以借鉴生物进化机制的动态,分析人类社会中存在的博弈,于是演化博弈论便逐步产生并发展起来。

总的来说,演化博弈论的形成与发展可大致分为三个阶段:首先,初期形成阶段,博弈论在生物学中得到应用。当博弈论在经济学中广泛运用时,生物学家尝试运用博弈论中的策略互动思想,建构各种生物竞争演化模型,包括动物竞争、性别分配以及植物的成长和发展等。20世纪70年代,梅纳德将进化生物学与博弈论相结合,不仅促进了进化生物学的发展,而且为博弈论找到了最佳的用武之地。其次,正式形成阶段,生物学家根据生物演化的自身规律对传统博弈论进行了拓展。他们将传统博弈论中得益函数转化为生物适应度函数,引入突变机制将传统的纳什均衡精炼为演化稳定均衡,并引入选择机制建构复制者动态模型。最后,蓬勃发展阶段。演化博弈对传统博弈在放松理性假设、精炼纳什均衡以及考察动态调整过程等方面的拓展,给了经济学界以极大的启示,经济学家反过来借鉴生物进化的思想,将演化博弈运用到经济学中,进一步促进了演化博弈论的发展,包括从演化稳定均衡发展到随机稳定均衡、从确定性的复制者动态模型发展为随机的个体学习动态模型等。

实际上,演化博弈的思想还叮以追溯到纳什对均衡概念的阐释。纳什曾指出,均衡概念存在两种解释方式:一种是理性主义的解释,另一种是"大规模行动的解释"。前一种是经典博弈论的解释方式,后一种实际上是演化博弈论的解释方式。纳什认为均衡的实现并不一定要假设参与者对博弈结构拥有全部知识,以及个体拥有复杂的推理能力。只要假设参与者在决策时能够从具有相对优势的各种纯策略中积累相关经验信息(如学习得益高的策略),经过一段时间的策略调整,就能达到均衡状态。因此,演化博弈的思想早就存在于纳什均衡的博弈理论中。

尽管如此,纳什并不是最早提出演化博弈思想的学者。事实上,演化博弈的发展主要是由众多优秀的博弈论学者推动的。现在已很难考证纳什的"大规模行动"是否受到生物学家的影响。但是,我们却可以在许多更早的生态模型和生物群体模型中清晰地发现演化博弈思想。只要建立各种演化策略与适应度和群体增长率的关系,上述这些群体动态模型都可以被转化为演化博弈模型。学者们进一步指出,演化博弈的核心思想早就存在于达尔文的自然选择理论中,可以将其称为达尔文博弈。因此,演化博弈的兴起既受到博弈论的影响,也受到生物演化的影响。它不仅属于博弈论的研究范畴,还属于生物演化理论的研究范畴。

9.2.2 演化博弈及其概念

前文所提,演化博弈对传统博弈在放松理性假设方面进行了拓展。演化博弈论是有限理性分析的一类重要方法。不同于完全理性对于参与者在追求最大利益时的理性意识、分析判断能力、记忆能力和准确行为能力等多方面的完美性要求,有限理性的参与者常通过模仿学习、试错并不断调整自己的策略来逐步达到均衡,这与生物演化具有一定的共性。

演化博弈总是在特定的博弈结构和规则下进行,特定的技术和制度条件决定了特定的博弈结构和规则。在给出演化博弈的正式定义前,先简要解释演化博弈所涉及的一些概念。

(1)有限理性。与传统博弈不同的是,演化博弈论认为参与者并不拥有博弈结构和规则的全部知识,即参与者的知识是有限的,这点已经在 9.1 节阐述过。而且,参与者通常通过某种传递机制而非理性选择获得策略。尽管博弈的次数可能是无穷的,但是在每次博弈中参与者都是从大群体中被随机选取的,彼此缺乏了解,再次参与博弈的概率也较低。因此,参与者不会像在重复博弈中那样尝试通过声誉机制来影响对方未来的行动。

在演化博弈中,参与者对于经济规律或某种成功的行为规则、行为策略的认识是在演化的过程中得到不断的修正和改进的(也可称为"试错"),成功的策略被模仿,进而产生一般的"规则"和"制度"作为行为主体的行动标准。在这些一般规则下,行为主体获得"满意"的收益。

(2)适应度函数。在进化论中,适应度指某一基因型个体与其他基因型个体相比时能够存活并留下后代的能力,通常假定其值为0~1。为简化分析,许多演化博弈模型都直接将个体的博弈得益等同于适应度(值)。

适应度是生物进化论的核心概念,它描述的是基因的繁殖能力。演化博弈必须将经典博弈中的得益函数转化为适应度函数,而适应度函数则可视为策略与适应度的映射关系。在演化博弈模型中,某种策略的适应度可简单理解为采用该策略的人数在每期博弈后的增长率。一般来讲,某种策略的适应度不仅取决于它在博弈中获取的得益,还取决于特定社会文化背景下,人们对该策略的各种主观道德评价,以及个体对该策略的学习能力和个体间的社会互动模式。由于参与者是随机挑选的,某个纯策略的适应度取决于该策略的期望得益,后者又依赖于策略组合的频率分布,因此,适应度函数是策略依赖的。此外,适应度函数有时还依赖于群体规模。

(3)演化过程。演化博弈有别于传统博弈的重要特征之一是,它着重考察群体规模和策略频率的演化过程。演化博弈的演化过程主要包含两个机制:变异机制和选择机制。演化过程也可笼统地称为演化机制。与传统达尔文主义类似,演化博弈也不深入考察遗传机制,通常简单假定遗传是通过无性生殖传递的,后代拥有与祖先相同的策略。由于将适应度视为个体生产后代的数量,复制过程(或遗传过程)实际上与选择过程是同一个过程。这种复制与选择重合的过程也充分体现在9.3.2节的复制者动态模型中。而且,尽管演化博弈也强调变异机制的重要性,但它的变异机制是相当有限的,主要指在既定策略空间中个体策略的随机变动,并不包含新策略。研究普遍认为,在演化博弈中,变异机制主要是为了检验演化均衡的稳定性。因此,演化博弈对演化过程的建模主要依赖于选择机制。复制者动态是一种典型的基于选择机制的确定性和非线性的演化博弈模型。在此模型上加入策略的随机变动,就构成了一个包含选择机制和变异机制的综合演化博弈模型,通常被称为复制者-变异者模型。

值得一提的是,并非所有的概念都可以跨界延伸,演化博弈理论中的一些生物进化的概念,如性别和交配、染色体和代际等,就很难被引入经济学领域。而演化博弈理论在经济学领域的应用主要是考虑微观个体在演化的过程中可以学习和模仿其他个体的行为,即沿用让·巴蒂斯特·拉马克(Jean-Baptiste Lamarck)的遗传基因理论。

下面给出演化博弈的正式定义。

定义 9.4(演化博弈) 将博弈分析方法和动态演化过程分析结合起来,针对某个随着时间变化的有限理性的群体,研究从个体行为到群体行为的形成机制以及其中涉及的各种因素,分析群体演化的动态过程,解释说明群体将达到何种稳定状态(通常是动态的均衡)以及如何达到,我们将这样的问题模型称为演化博弈。

接下来,通过一个鹰鸽博弈的例子来理解演化博弈及其相关概念。

在同一物种的群体之中,不同个体在面对资源时的表现往往是不同的,这种资源可能是食物、住所或者配偶。这些个体大致可以分为两派：强硬派和妥协派。在西方文化中，二者分别对应鹰派与鸽派，因此用鹰鸽博弈来描述。

强硬派：仅当自己受伤或对手撤退时才停止战斗——强势战斗。

妥协派：当对手开始战斗时立刻撤退——妥协求和。

假设同一物种的两个个体相遇，双方既有可能是强硬派，也有可能是妥协派。当然，也可以换种方式来理解同一物种中的这两类行为，意即同一个体可能会采取强硬和妥协两种策略，亦称鹰策略与鸽策略。以赤鹿为例，发情期的赤鹿常常处于争斗之中，大战一触即发。不同的鹿会采取不同的策略：采取鸽策略的鹿将会咆哮，而采取鹰策略的鹿会直接出击。这场争斗将以其中一方受伤并退出而告终，胜利的一方会获得与雌鹿的交配机会。假设效用为 30，那么，鹿群之间的博弈将会出现以下三种情况。

(1) 一只鹿是强硬派，一只鹿是妥协派。强硬派将会获得交配权，得益为 30；妥协派什么也没有，得益为 0。

(2) 两只鹿都是妥协派。先妥协者得益为 0，后妥协者得益为 30，假设每方都有 50% 的概率坚持的时间比对方长，双方的期望得益为 15。

(3) 两只鹿都是强硬派。失败者得益为 −40，胜利者得益为 30。假设每方获胜的概率都是 50%，双方的期望得益为 −5。

鹰鸽博弈的结果如图 9-1 所示。

对于采取不同策略的鹿而言，其获得的数值越高，越容易存活下来。

		赤鹿 2	
		强硬	妥协
赤鹿 1	强硬	−5, −5	30, 0
	妥协	0, 30	15, 15

图 9-1　鹰鸽博弈的结果

假定鹿群足够庞大，也就是它自己在群体中所占的百分比几乎为零，且其中同时存在强硬派和妥协派。首先，如果强硬派和妥协派的比例为 1∶1，则强硬派的鹿的期望得益是

$$-5 \times 0.5 + 30 \times 0.5 = 12.5$$

而此时妥协派的鹿的期望得益是

$$0 \times 0.5 + 15 \times 0.5 = 7.5$$

妥协派的期望得益低于强硬派，此时强硬派在群体中占据优势，规模继续扩大。

那么，在什么情况下强硬派和妥协派将会达到平衡，即期望得益相等呢？

设群体中强硬派的比例为 p，则妥协派的比例为 $1-p$。如果期望得益相等，则有

$$-5p + 30 \times (1-p) = 0 \times p + 15 \times (1-p)$$

可以解得群体达到平衡时的比例为 3∶1，即强硬派占 75%，妥协派占 25%。

假如群体中的雄鹿全部采取同一种策略，即全是强硬派，或者全是妥协派；而这时突然产生了变异，即强硬派群体中产生了妥协派个体，妥协派群体中产生了强硬派个体，那么种群将会如何演变？

(1) 原始群体全是强硬派。此时强硬派的占比为 100%。强硬派的期望得益为 −5，而妥协派的期望得益为 0。此时妥协派期望得益更高，成功完成入侵。

(2) 原始群体全是妥协派。此时妥协派的占比为 100%。强硬派的期望得益为 30，而妥协派的期望得益为 15。此时强硬派的期望得益更高，成功完成入侵。

完成入侵后的个体会不断扩大数量,直到达到平衡比例(强硬派:妥协派=3:1)。

可以看出,采用单一策略的群体并不是稳定的群体。如何才能达到群体的稳定,意即找到一种稳定的策略均衡呢? 这就是演化博弈所要解决的问题,也是下文将要介绍的主要内容。

9.2.3　演化稳定策略

9.1 节完成了对理性的讨论,了解了完全理性难以实现,大多数人都是有限理性的;9.2.2 节给出了演化博弈的概念,通过常见的鹰鸽博弈加以阐述,并由此提出了演化博弈的适应度函数和选择机制。本节将对演化博弈中最重要的概念——演化稳定策略——进行讨论。由 9.1 节可以知道,采用单一策略的群体并不是稳定的群体。要找到一种稳定的策略均衡来达到群体的稳定,则需要进一步讨论更为复杂的混合策略的情况。

演化稳定策略是分析有限理性博弈的有效均衡概念,它的特点是: ①在参与者的动态策略调整中能够达到; ②对少量偏离扰动有稳健性。接下来,本节继续以 9.2.2 节的鹰鸽博弈为例来理解演化稳定策略的概念,并给出更为准确的定义。

假设在一个群体中,存在强硬派和妥协派两个派别,每个个体既有可能成为强硬派,也有可能成为妥协派,各自采取的纯策略包括鹰策略(以 H 表示)以及鸽策略(以 D 表示)。假设赤鹿 1 的混合策略为 $P(p,(1-p))$,即赤鹿 1 有 p 的概率成为强硬派,有 $1-p$ 的概率成为妥协派;赤鹿 2 的混合策略为 $Q(q,(1-q))$,即赤鹿 2 有 q 的概率成为强硬派,有 $1-q$ 的概率成为妥协派。赤鹿博弈如图 9-2 所示。

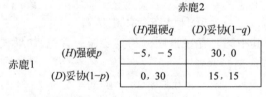

图 9-2　赤鹿博弈

那么鹿群博弈中存在四种情况。

(1) 当赤鹿 1 和赤鹿 2 都是强硬派时,赤鹿 1 的得益为 -5,这种情况发生的概率是 $p\times q$。

(2) 当赤鹿 1 是强硬派,而赤鹿 2 是妥协派时,赤鹿 1 的得益为 30,这种情况发生的概率是 $p\times(1-q)$。

(3) 当赤鹿 1 是妥协派,而赤鹿 2 是强硬派时,赤鹿 1 的得益为 0,这种情况发生的概率是 $(1-p)\times q$。

(4) 当赤鹿 1 和赤鹿 2 都是妥协派时,赤鹿 1 的得益为 15,这种情况发生的概率是 $(1-p)\times(1-q)$。

则赤鹿 1 的期望得益为

$$F(P,Q)=p\times q\times(-5)+p\times(1-q)\times30+$$
$$(1-p)\times q\times0+(1-p)\times(1-q)\times15 \tag{9-1}$$

现在开始,需将上述具体例子推广到一般的符号描述,然后再回到数值例子进行解释。

假设群体中大部分成员都有 p 的概率成为强硬派,$(1-p)$ 的概率成为妥协派,即大部分成员采取的混合策略为 $P(p,(1-p))$;另有一小部分突变体,采取新的混合策略 $Q(q,(1-q))$,即对这小部分突变体来说,它们有 q 的概率成为强硬派,有 $(1-q)$ 的概率成为妥协派。我们用 $F(X,Y)$ 表示采取混合策略 X:$(x,(1-x))$ 的参与者 1 在与采取混合策略 Y:$(y,(1-y))$ 的参与者 2 进行博弈之后的期望得益。[①] 假设突变体的数量在整个群体中的占比为 ε(ε 远小于 1,记作 $\varepsilon\ll1$)。

那么,原始群体赤鹿 1 采取混合策略 P 策略[②]得到的期望适应值[③]为

$$(1-\varepsilon)\times F(P,P)+\varepsilon\times F(P,Q) \tag{9-2}$$

这只鹿遇见同策略个体的概率为 $1-\varepsilon$,遇见采取 Q 策略的突变体的概率为 ε。

突变体采取混合策略 Q 策略得到的适应值为

$$(1-\varepsilon)\times F(Q,P)+\varepsilon\times F(Q,Q) \tag{9-3}$$

如果原始群体能够抵御突变体,就需要满足式(9-2)的适应值大于式(9-3)的适应值,即

$$(1-\varepsilon)\times F(P,P)+\varepsilon\times F(P,Q)>(1-\varepsilon)\times F(Q,P)+\varepsilon\times F(Q,Q) \tag{9-4}$$

当 ε 无限接近于 0 时(即突变体所占的比例非常小),式(9-4)就等同于

$$F(P,P)>F(Q,P) \tag{9-5}$$

也就是说,如果 $F(P,P)>F(Q,P)$,那么在一小部分突变体采取策略 Q 的情况下,采取 P 策略的群体是稳定的,突变个体会被淘汰。相反,如果 $F(P,P)<F(Q,P)$,那么采取 P 策略的群体就很容易被突变体扰乱,突变个体将存活下来。

如果 $F(P,P)=F(Q,P)$,会发生什么情况?

是否存在一个概率值 p 使得混合策略 P 成为一个演化稳定策略呢?为了回答这个问题,我们还需要用到梅纳德(2008)所提到的一个定理,定理如下所述。

定理 9.1　如果 P 是一个混合演化稳定策略(mixed ESS),其对构成它的纯策略 A、B、C……赋予非零的概率值,那么 P 必须满足 $E(A,P)=E(B,P)=E(C,P)=\cdots=E(P,P)$,其中,$E(A,P)$ 表示个体选择 A 策略而对方选择 P 策略时的得益。

直觉上,可以这样去理解上述定理,如果 $E(A,P)>E(B,P)$,那么博弈者为了获得更高的得益必然更多地采取 A 策略而较少地采取 B 策略。这样的话,P 将不会成为演化稳定策略。因此,如果 P 是演化稳定策略,实施那些构成 P 的纯策略所获得的期望得益必然是相等的。

当 $E(H,P)=E(D,P)$,对应的其实就是我们所讨论的这种情况,即 $F(P,P)=F(Q,P)$ 的情况。

---

① 这里强调 $F(X,Y)$ 始终表示前者的期望得益,即采取混合策略 X:$(x,(1-x))$ 成为强硬派的概率为 x 的参与者 1 的得益。

② 为简便起见,我们用 P 策略表示混合策略 $P(p,(1-p))$,即该个体成为强硬派的概率是 p,成为妥协派的概率是 $1-p$。

③ 此处的期望适应值即上文所介绍的博弈双方采取混合策略的期望得益,后文简称为适应值。

当 $F(P,P)=F(Q,P)$ 时,不等式(9-4)可以化简为

$$F(P,Q)>F(Q,Q)$$

上式表示,如果采取 P 策略的原始群体中的成员与另一个原始个体合处的适应值等于突变个体与原始个体混处的适应值,那么要使原始个体对突变个体具有免疫力,就必须要求原始个体与突变个体混处的适应值大于突变个体与突变个体合处的适应值。尽管遇见突变体的概率很小,但不可小觑,它们决定了采取 P 策略或采取 Q 策略的相对优势。

总的来说,如果 P 是一个稳定的策略,它首先需要满足的条件是:在一个种群中,采取 P 策略的原始个体的适应值必将高于或等于任何可能出现的采取 Q 策略的突变个体适应值。如果二者适应值相等,则还需要满足原始个体与突变个体混处的适应值大于突变个体与突变个体合处的适应值这一条件,否则这一突变异种将扰乱并侵害整个种群,也就不可能保持稳定。

综上所述,当群体满足以下两个条件之一时,原始群体可以抵抗突变体的扰乱,即保持群体的稳定性。

(1) $F(P,P)>F(Q,P)$。

(2) $F(P,P)=F(Q,P)$ 但 $F(P,Q)>F(Q,Q)$。

条件(1)和条件(2)其实就是鹰鸽博弈的演化稳定策略。一般来讲,条件(1)更强一些。

针对一般情况,我们给出演化稳定策略的正式定义。

定义 9.5(演化稳定策略) 对于所有的策略 $Q\neq P$,如果 $F(P,P)>F(Q,P)$,那么 P 策略就是强演化稳定策略(强 ESS);如果 $F(P,P)=F(Q,P)$ 且 $F(P,Q)>F(Q,Q)$,那么 P 策略就是弱演化稳定策略(弱 ESS)。

定义 9.5 的含义是,为了使采取 P 策略的个体遇到采取 Q 策略的突变体时保持稳定,需要满足以下两个条件中的一个:①当遇到的参与者采取 P 策略时,采取 P 策略得到的适应值 $F(P,P)$ 需要高于采取 Q 策略得到的适应值 $F(Q,P)$(强 ESS)。②当遇到的参与者采取 P 策略时,采取 P 策略得到的适应值 $F(P,P)$ 等于采取 Q 策略得到的适应值 $F(Q,P)$;与此同时,当遇见的参与者采取 Q 策略时,采取 P 策略得到的适应值 $F(P,Q)$ 需要高于采取 Q 策略得到的适应值 $F(Q,Q)$(弱 ESS)。需提请注意的是,均衡条件必须对所有的策略 Q 都成立,意即无论突变个体采取什么策略都是如此。满足这些条件的策略就被称为演化稳定策略。

接下来,我们继续回到赤鹿之间的博弈,以此为例介绍寻找演化稳定策略的过程和方法。

(1) 寻找强演化稳定策略。任给突变策略 Q,利用强 ESS 的条件来确定是否存在 p 值使得

$$\boldsymbol{F(P,P)>F(Q,P)(p\neq q)}$$

代入表达式(9-1),上式即为

$$p^2\times(-5)+p\times(1-p)\times30+(1-p)\times p\times0+(1-p)^2\times15>$$
$$p\times q\times(-5)+q\times(1-p)\times30+(1-q)\times p\times0+(1-p)\times(1-q)\times15$$
$$(q\neq p) \tag{9-6}$$

化简后可得

$$(p-q) \times [p \times (-5) + (1-p) \times 30 - (1-p) \times 15] > 0$$

亦即

$$(p-q) \times (3-4p) > 0 \tag{9-7}$$

当方括号中的项为正值，即 $0 < p < \dfrac{3}{4}$ 时，需满足 $(p-q) > 0$，条件式(9-7)成立；当方括号中的项为负值，即 $p > \dfrac{3}{4}$ 时，需满足 $(p-q) < 0$，条件式(9-7)成立。

并不存在某个 p 值，使得条件式(9-7)对所有的 $q \neq p$ 都成立。所以，该博弈不存在强演化稳定策略。

（2）考虑弱演化稳定策略的条件。通过分析表达式(9-7)可知，要使 $F(p,p) = F(q,p)$ 对所有的 $q \neq p$ 成立，即表达式(9-7)左边不等于 0，而方括号内的项必须为 0，即

$$p \times (-5) + (1-p) \times 30 - (1-p) \times 15 = 0 \tag{9-8}$$

可以解出 $p = \dfrac{3}{4}$。它满足弱演化稳定策略的第一个条件式，是弱演化稳定策略的备选值。

弱演化稳定策略的第二个条件式是

$$F(p,q) > F(q,q), q \neq p \tag{9-9}$$

代入式(9-1)可知

$$\left(\frac{1}{2}\right) \times \left(\frac{3}{4} - q\right)^2 > 0, \quad q \neq \frac{3}{4} \tag{9-10}$$

条件式(9-10)对所有 $q \neq \dfrac{3}{4}$ 都是成立的。

因此，混合策略 $\left(\dfrac{3}{4}, \dfrac{1}{2}\right)$ 是鹿群博弈的弱演化稳定策略。换言之，当鹿群中的原始群体有 $\dfrac{3}{4}$ 的概率成为强硬派、有 $\dfrac{1}{2}$ 的概率成为妥协派时，鹿群达到一个稳定的均衡，可以抵抗突变体的干扰，持续发展下去。

 进阶阅读：演化稳定策略与纳什均衡、演化均衡的关系

1. 演化稳定策略与纳什均衡

如果某一策略对侵入或突变具备免疫力，那么群体可利用该策略来保持稳定，这一策略即为演化稳定策略。然而，也许有读者会问：图 9-2 所对应的静态博弈本来就存在一个混合策略纳什均衡而且稳定，它与演化稳定策略究竟有何关系呢？

（1）需要明确一点，纳什均衡是一个策略组合，而演化稳定策略是一个策略。因此，在比较纳什均衡与演化稳定策略时，常常假定静态博弈中的纳什均衡是对称的，即所有个体都采用相同的策略。此时将对称纳什均衡策略与演化稳定策略比较才有意义。

（2）这两种均衡策略对应着两种不同的策略选择机制。纳什均衡策略对应向前看的

选择机制,而演化稳定策略则对应演化机制。换言之,前者由理性参与者选择最优策略,从而产生最大的适应值,而后者则通过自然选择机制来获得最高的适应值。通常,在完全理性的假设下,如果纳什均衡存在,那么参与者博弈一次就可直接达到纳什均衡。这个结果不依赖于参与者所处的初始状态,所以不需要任何动态的调整过程。而演化博弈论则认为,纳什均衡应当是在多次博弈后才能达到的,需要有一个动态的调整过程,均衡的达到依赖于初始状态,是路径依赖的。

(3) 这两种策略并非完全一致。本书略去相关推理论证,仅给出一些结论。

结论 1:演化稳定策略是纳什均衡策略,但纳什均衡策略不一定是演化稳定策略。

现就这一结论稍做解释。在有多个纳什均衡的情况下,若某个纳什均衡一定会被采用,必须存在某种导致每个参与者都能预期到的某个均衡出现的机制。然而,博弈论中的纳什均衡概念本身却不具有这种机制。因此,当博弈存在多个纳什均衡时,即使假设参与者都是完全理性的,也无法预测博弈的结果是什么,如果参与者只有有限理性,就更难预测博弈的结果了。而在演化博弈理论中,均衡的精炼通过前向归纳法来实现,即参与者根据博弈的历史来选择其未来的行为策略,这是一个动态的选择及调整过程。因此,尽管参与者都是有限理性的,但动态的选择机制将使得在有多个纳什均衡存在的情形下达到其中某一个纳什均衡,实现纳什均衡的精炼。

总而言之,演化稳定策略是比纳什均衡更精炼的概念。也就是说,一种策略成为演化稳定策略比成为纳什均衡需要满足更多的条件。从某种意义上说,演化稳定策略是纳什均衡附加一个稳定条件,这个条件能保证群体在小的冲击下不被侵入的稳定状态。

那么,在什么情况下纳什均衡策略并非演化稳定策略呢?答案有些复杂!一个相对简单的回答是,当一个对称纳什均衡所对应的策略是弱劣策略时,它一定不是演化稳定策略。

但是,对于一个对称的严格纳什均衡而言,每个参与者所选择的策略都是最优策略,从而使其他参与者获得一个较低的得益。满足强演化稳定策略的条件和(对称)严格纳什均衡的条件是等价的。因此有结论 2。

结论 2:一个严格对称纳什均衡是演化稳定策略。

2. 演化稳定策略与演化均衡

除了纳什均衡,另一个与演化稳定策略相近但不同的概念是演化均衡。荷什勒佛(Hirshleifer)在 1982 年提出了演化均衡的概念。按照荷什勒佛的概念,若从某平衡点[①]的任意小邻域内出发的轨线最终都演化趋向于该点,则称该点是局部渐近稳定的,这样的动态稳定平衡点就是演化均衡。为了更好地理解平衡点和演化均衡的稳定性,请参考图 9-3。

可以形象地将图 9-3 中曲线起伏比作山峰和山谷。例如,x 是山峰,v、z 是山谷。如果一个小球位于 u 点,显然它不可能保持稳定,一定会滚到 v 点(不考虑滑到山谷之后继

---

① 平衡点是指系统随时间变化静止不动的点,也称驻点,在数学意义上亦即所要考察的函数一阶导数等于 0 的点。

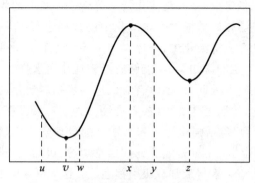

图 9-3　平衡点和演化均衡

续摆动的情况)。同理,如果这个小球在 y 点,则它会滚到 z 点。如果小球恰好位于 v 点、x 点或 z 点,它将不会滚动。这三个点的区别在于:在 v 点(或 z 点)时,如果给小球一个轻微的扰动,小球会回到 v 点(或 z 点);如果小球在 x 点,只要给一个轻微的扰动,它就会滚动到 v 点或 z 点。

因此,图 9-3 中 v 点、x 点和 z 点都是平衡点,但 v 点和 z 点是演化均衡,而 x 点不是。

回到主题上来,演化均衡与演化稳定策略、纳什均衡之间的关系如下。

(1) 每一个纳什均衡都是动态系统的平衡点,但并不是每个平衡点都是演化均衡。

(2) 演化均衡一定是纳什均衡。

(3) 演化稳定策略不一定是演化均衡。例如,复制者动态机制可以保证演化稳定策略为演化均衡,但在一般的演化机制中演化稳定策略既不是演化均衡的充分条件也不是演化均衡的必要条件。

根据米尔顿·弗里德曼(Milton Friedman)的观点,演化博弈论中运用最广泛的均衡概念并不是演化稳定策略,而是演化均衡——因为行为按照某种动态随时间变化的假设是合乎情理的。

9.3　两种常见的演化机制＊

演化博弈分析的关键是确定参与者学习和策略调整的模式,意即演化机制。由于参与者理性层次的多样性,不同参与者的学习速度与策略调整方式差异很大。[①] 要对演化博弈作出有效的分析预测,必须发展适合不同参与者的演化机制,分析各种机制的稳定性。

如前所述,人类的竞争与合作行为实际上跟动物世界很相似,借鉴研究生物行为规律的方法来分析人类的行为是可行的。生物进化中生物性状和行为特征动态变化过程的"复制者动态",正是模拟参与者学习和调整策略过程的重要机制之一,而生物进化论所描

---

① 不仅不同博弈的博弈主体的理性和学习能力有差异,来自同一个博弈的不同博弈主体在理性方面也会有较大差异。

述的稳定均衡——演化稳定策略,恰是演化博弈分析中最核心的均衡概念。

虽然复制者动态能够较好地描述生物演化中的选择过程,但是它却很难直接运用到社会经济演化中。在社会经济演化中,个体学习并不像生物进化那样毫无意识和缺乏能动性。相反,个体具有一定的认知能力,能够有意识地作出选择。个体的策略学习过程是策略演化的重要动力机制。因此,许多学者尝试进一步拓展演化动态模型,将个体学习过程引入演化博弈。由此,按照个体意识(或者理性)的强弱,可以将个体的学习模型归纳为三类:一是无意识的学习,包括强化学习和参数化的自动学习模型;二是模仿学习,主要指从示教者提供的范例中学习;三是强意识的信念学习,包括虚拟行动、随机学习动态、随机信念学习、贝叶斯理性学习和经验加权吸引模型等。这类研究层出不穷,此处不再赘述。

基于参与者理性程度和学习能力的差异,本节将重点介绍两种具有代表性的演化机制:一种是针对理性层次较高、反应速度较快的参与者的最优反应动态(best-response dynamics),另一种是针对理性层次较低、反应速度较慢的参与者的复制者动态。

9.3.1 最优反应动态

最优反应动态是演化博弈理论中典型的动态机制之一,该机制是理性层次较高、学习速度较快、能迅速调整策略的有限理性参与者动态调整策略的一种方式。在此机制下,参与者虽然缺乏在复杂局面下准确判断和全面预见的能力,但却具有较快的学习能力。在一次博弈结束之后,参与者会对本期结果进行分析、总结,对不同策略的结果作出比较正确的事后评估并相应调整策略。经过参与者多次的策略调整,最终由"演化稳定策略"给出博弈的均衡解。但所有的博弈一定有均衡吗?不一定!在这种分析框架下,博弈分析的目的不在于给出参与者的最优策略选择,而在于有限理性参与者组成的群体成员的策略调整过程、趋势和稳定性。接下来,我们给出最优反应动态的定义,并通过一个相邻博弈的例子来更好地理解这一动态调整机制。

定义 9.6(最优反应动态) 最优反应动态是指少数具有快速学习能力的有限理性参与者之间的反复博弈和策略进化。

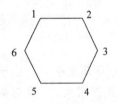

图 9-4 六户村民的位置

下面用一个简单的例子来解释最优反应动态。假设在一个村庄内六户村民围成一圈居住,六边形上的每个位置都是村民,如图 9-4 所示。邻里之间有时互助,有时冷对,村民们都是具有快速学习能力的有限理性参与者,每户村民只与自己的左右邻居反复博弈,如图 9-5 所示。不难看出,该博弈有两个纯策略纳什均衡:(冷对,冷对)和(互助,互助)。在这两个纳什均衡中,(互助,互助)明显帕累托优于(冷对,冷对)。

		参与者2	
		冷对(A)	互助(B)
参与者1	冷对(A)	50, 50	49, 0
	互助(B)	0, 49	60, 60

图 9-5 最优反应动态博弈得益矩阵

在这里,不对初次博弈进行限定,假设每个位置的村民随机采取策略"冷对"或"互助"。因此会出现 64 种情况。我们用 $x_i(t)$ 表示在 t 阶段第 i 名村民左右邻居中采取冷对(A)策略的数量。在图 9-6 所示的情况下,$x_1(t)=2$,$x_2(t)=1$,$x_3(t)=1$,$x_4(t)=0$,$x_5(t)=1$,$x_6(t)=1$。

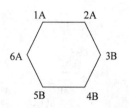

图 9-6 博弈者选择 1 时的状况

综合考虑 t 阶段 $x_i(t)$ 的情况,在每一个时期 $x_i(t)$ 的可能结果有三种,即 0、1、2,分别表示两边没有选择 A 的村民、两边有 1 位选择 A 的村民和两边都是选择 A 的村民。

如果村民 i 选择策略 A,则其期望得益为 $\frac{1}{2} \times \{50x_i(t)+49[2-x_i(t)]\}$;如果村民 i 选择策略 B,则其期望得益为 $\frac{1}{2} \times \{0x_i(t)+60[2-x_i(t)]\}$。

根据最优反应动态机制,村民们会根据对手的情况调整自己的策略。例如,如果一村民试图追求更多得益的策略在上一轮博弈中没有得到其他村民的认同,那么在本轮决策时,该决策者会放弃追求更多得益的策略。上述参与者学习和调整策略的方式,就是"最优反应动态"的学习调整机制,因为参与者的调整都是针对对手的(上一期)策略做最优反应。

如果 $\frac{1}{2} \times \{50x_i(t)+49[2-x_i(t)]\} > \frac{1}{2} \times \{0x_i(t)+60[2-x_i(t)]\}$,即 $x_i(t) > \frac{22}{61}$,村民 i 会在 $t+1$ 时期采取冷对(A),否则采取互助(B)。由于 $x_i(t)$ 的取值范围被限定在 0、1、2 这三个整数值中,因此,在 t 时期村民 i 的两家邻居之中只要有一家以上采取冷对策略,那么他在下一时期的博弈中也会采取冷对策略;只有两家邻居都没有采取冷对策略,村民 i 才会在 $t+1$ 时期采取互助策略。

下面用一个例子来说明最优反应动态的演化过程。假定开始的时候有相邻的两家村民 1 号和 2 号选择冷对策略,其余村民全部选择互助策略,如图 9-7(1)所示,那么:

1 号周围有 1 人选择冷对,1 号在下一轮中依然选择冷对;

2 号周围有 1 人选择冷对,2 号在下一轮中依然选择冷对;

3 号周围有 1 人选择冷对,3 号在下一轮中选择冷对;

4 号周围全部选择互助,4 号在下一轮中选择互助;

5 号周围全部选择互助,5 号在下一轮中选择互助;

6 号周围有 1 人选择冷对,6 号在下一轮中选择冷对。

于是一轮过后将产生如图 9-7(2)所示的结果。以此类推,可以产生图 9-7(3)所示的结果。

达到图 9-7(3)所示的状态后,所有村民都没有选择互助策略的动力,所以全部选择冷对策略是一个演化稳定策略。同理,初次博弈全部为互助策略的情况,也是一个演化稳定策略。

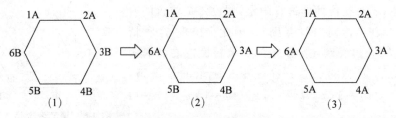

图 9-7 最优反应动态的演化过程(1)

但所有博弈一定都能够达到演化稳定策略吗？如图 9-8 所示，如果初次博弈只有 1 人选择冷对策略。随着演化博弈的进行，六名村民将不断在(3)和(4)之间跳转，这个博弈就不存在演化稳定策略。

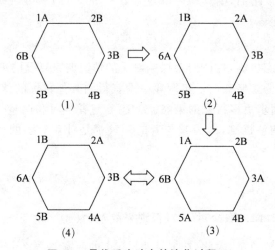

图 9-8 最优反应动态的演化过程(2)

9.3.2 对称的复制者动态

9.3.1 节我们讨论了理性层次较高、学习速度较快的少量有限理性参与者之间的反复博弈和策略演化机制——最优反应动态。本节我们讨论适用于分析理性层次较低、学习速度较慢的大群体有限理性参与者随机配对反复博弈的机制——复制者动态。

请注意，本小节所分析的是一种对称的博弈。该分析框架中的大群体成员进行博弈是随机配对的，这意味着所有参与者都是相似的，且进行的博弈是博弈位置无差异的对称博弈。9.3.3 节将进一步讨论群体成员有差异、进行非对称博弈的情况。

定义 9.7（复制者动态） 复制者动态是指这样一种演化机制：在由有限理性（理性程度可以很低）参与者组成的群体中，结果比平均水平好的策略会逐步被更多参与者采用，从而群体中采用各种策略的参与者的比例会发生变化。

接下来，本节将通过三个博弈案例帮助读者理解复制者动态及其策略稳定性。

1. 鹰鸽博弈

回到鹰鸽博弈模型。为便于描述，将强硬策略表述为鹰策略，妥协策略表述为鸽策略。鹰鸽博弈得益矩阵如图 9-9 所示。

演化博弈理论研究的重点是群体，而非个体，目的是描述稳定群体所采取的混合策略。为了达到这个目的，首要关注的是个体所采取的纯策略（或简称策略）。用来描述稳定群体结构的方法是以自然选择理论为基础的：获得较高适应值的纯策略可以繁殖更多的后代，这就增大了后代群体采取该策略的概率。

参与者2

	鹰	鸽
鹰	−5, −5	30, 0
鸽	0, 30	15, 15

参与者1

图 9-9 鹰鸽博弈得益矩阵（1）

若把这种机制模型化，需要记录采取每种策略可得到的适应值。假定 $F(x,y)$ 表示采取 x 策略的一方在对手策略为 y 时的得益。

概念解读：$F(x,y)$

此处的 x、y 不同于前文中的 p、q，前文中采取的是混合策略，每个个体采取鹰策略的概率为 p、q，即他还有 $1-p$ 或 $1-q$ 的概率采取鸽策略。而此处的 x 和 y 只是鹰策略或鸽策略中的一种，因为每个个体只能采取其中的一种策略。正如我们在讨论天气的时候，我们可以说明天下雨的概率为 40%，而不能说昨天下雨的概率为 40%，因为明天没有到来，其结果未知，可以说下雨的可能性有四成。但昨天已经发生，只存在下雨或者没下雨这两种可能中的一种。

对于那些采取鹰策略的个体，当与采取相同策略的另一个体争斗时，双方均获得 -5 的适应值；当与采取鸽策略的个体争斗时，获得 30 的适应值。所以在这个群体中，采取鹰策略的个体可以得到的期望平均适应值取决于这个群体的混合策略。p_t 表示在 t 代中被赋予鹰策略的个体在群体中的概率，采取鹰策略的个体得到的平均适应值就表示为

$$f_t(鹰) = -5 \times p_t + 30 \times (1-p_t) \tag{9-11}$$

$f_t(鹰)$ 表示采取鹰策略的个体在 t 代的适应值的平均值，它等于它和采取鹰策略的个体争斗所获得的适应值 -5，以及与采取鸽策略的个体获得的适应值 30 的加权平均数，这个权重是鹰策略与鸽策略分别在群体中的比例。

同理，在 t 代中采取鸽策略的个体得到的适应值表示为

$$f_t(鸽) = 0 \times p_t + 15 \times (1-p_t) \tag{9-12}$$

因此，在鹰鸽博弈中，在后代 t 中群体平均适应值表示为

$$\bar{f}_t = p_t \times f_t(鹰) + (1-p_t) \times f_t(鸽)$$

在鹰鸽博弈中复制者动态也可以表示为

$$p_{t+1} = p_t \times \left(\frac{f_t(鹰)}{\bar{f}_t} \right)$$

或等价表示为

$$\frac{p_{t+1} - p_t}{p_t} = \frac{f_t(鹰) - \bar{f}_t}{\bar{f}_t}$$

这个方程式说明了 $t+1$ 代中"鹰策略占比的变化百分比"与"采取鹰策略的适应值的变化百分比"成正比。当 t 代中采取鹰策略的适应值高于群体的适应值时，采取鹰策略的

比例增大；反之,采取鹰策略的比例减小。同时,比例增减的幅度与适应值变化的幅度成
正比。

那么,在什么情况下复制动态能够达到稳定状态,也就是在复制动态的过程中,采用
两种策略的参与者达到比例不变的水平呢?

复制者动态解释了当采取某策略获得的适应值大于群体平均值时,使用该策略的后
代比例就会增大；反之则减小。因此,只有当采取鹰策略的适应值等于采取鸽策略的适
应值时,群体中采取鹰策略的比例和采取鸽策略的比例将不变,即

$$-5 \times p_t + 30 \times (1-p_t) = 0 \times p_t + 15 \times (1-p_t)$$

求解可得 $p_t = 0.75$,即当群体中采取鹰策略的概率为 75% 时,群体达到演化稳定策略。

进阶阅读：复制者动态的一般解

根据前面的定义,复制者动态是描述对优势策略有简单模仿能力的、低理性层次的有
限理性参与者动态策略调整的一种机制。其中,参与者策略类型比例动态变化是有限理
性博弈分析的核心,其关键便是动态变化的速度。以采用鹰策略类型参与者的比例为例,
其动态变化速度可以用下列动态微分方程表示：

$$\frac{dp_t}{dt} = p_t \times (f_t(鹰) - \bar{f}_t)$$

该动态微分方程的意义是,鹰类型参与者比例的变化率 $\dfrac{dp_t}{dt}$ 与该类型参与者的比例
p_t 成正比,与该类型参与者的平均适应值 $f_t(鹰)$ 大于所有参与者平均适应值 $\bar{f}_t$ 的幅度
也成正比。上述动态微分方程与生物进化中描述特定性状个体频数变化自然选择过程的
复制者动态方程是一致的,因此我们也称它为"复制者动态"或"复制者动态方程"。可将
复制者动态方程简记为

$$F(x) = \frac{dx}{dt}$$

那么复制者动态的稳定状态如何求解?

(1) 我们找出复制者动态的稳定状态,也就是在复制动态的过程中,采用两种策略参
与者比例不变。这只需令复制者动态方程为 0,即

$$F(x) = \frac{dx}{dt} = 0$$

根据演化稳定策略的性质可以看出,一个稳定状态必须对微小扰动具有稳健性才能
称为演化稳定策略。也就是说,作为演化稳定策略的 x^*,除了本身必须是均衡状态以
外,还必须具有这样的性质,那就是如果某些参与者出于偶然的错误偏离了它,复制者动
态必然使 x 回复到 x^*。在数学上,这相当于要求当干扰使 x 出现低于 x^* 时,$F'(x)$ 必
须大于 0；当干扰使 x 出现高于 x^* 时,$F'(x)$ 必须小于 0。换句话说,也就是在这些稳定
状态处,$F(x)$ 的导数(也就是切线的斜率)$F'(x^*)$ 必须等于 0。这就是微分方程的稳定
性定理。

(2) 回到经典的鹰鸽博弈的模型。其实，鹰鸽博弈研究的并不仅仅是鹰和鸽两种动物之间的博弈，更多的是同一物种、种群内部竞争和冲突中的策略与均衡问题。基于此，"鹰"和"鸽"可以分别指"强硬派"和"妥协派"的两种策略类型。鹰鸽博弈是研究动物世界和人类社会中普遍存在的竞争与冲突现象的经典博弈。鹰鸽的进化博弈分析则可以揭示人类社会或动物世界发生战争和激烈冲突的可能性及其频率，国际关系中霸道和软弱，侵略和反抗，威胁和妥协等共存的原因等。

鹰鸽博弈以及复制者动态的全部讨论基于图 9-9 所示的得益矩阵，那么其中的数值从何而来？应用于人类社会与国际格局又该如何分析？下面我们将讨论鹰鸽博弈以及复制者动态的一般解。

鹰鸽博弈得益矩阵如图 9-10 所示。

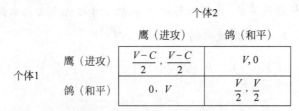

图 9-10　鹰鸽博弈得益矩阵（2）

上述得益矩阵的各个得益含义如下。

(1) V 代表国家间争夺的利益，可以是军事、经济或政治方面的利益，C 是国家发生冲突时为利益争夺而付出的成本。如果通过武力对抗实现对于争议利益的处置，那么双方付出的代价是很大的。例如，两国之间一旦开战或发生局部冲突，那么损失的成本除了各种人员和武器消耗外，还有战争导致的经济衰退和人民生活水平的下降等，一般是远大于通过战争或武力冲突所获得的利益的，因此假设 $V < C$。

(2) 当双方都采用鹰策略即进攻策略，那么双方就会通过武力对抗实现对于争议利益的处置，在双方获胜和失败的概率都是 $1/2$ 的情况下，各自的期望利益都是 $(V-C)/2$。

(3) 当双方都采用鸽策略即和平策略，则双方通过友好协商的方式实现对于争议利益的处理，所花费的成本相对于争议的利益而言是较小的，成本基本上可以忽略不计，那么双方能够分享目标利益，各得 $V/2$ 单位利益。

(4) 当和平策略遇到进攻策略，那么采用进攻策略者获得利益 V，而采用和平策略的一方由于让出了利益，避免了武力冲突的发生，因此没有损失，但是也得不到任何利益。

此时，式(9-11)和式(9-12)将变为以下形式：

$$f_t(鹰) = \frac{V-C}{2} \times p_t + V \times (1 - p_t) \tag{9-13}$$

$$f_t(鸽) = 0 \times p_t + \frac{V}{2} \times (1 - p_t) \tag{9-14}$$

那么，各个国家在进攻策略与和平策略中如何平衡才能达到国际社会中的相对稳定的状态呢？要求解这一稳定状态，可以利用复制者动态方程。

只需要令复制者动态方程为 0，即可解出所有的复制者动态稳定状态。令

$$\frac{\mathrm{d}p_t}{\mathrm{d}t} = p_t \times (f_t(\text{鹰}) - \bar{f}_t) = 0$$

可以解得三种稳定状态分别为：$p_t^* = \dfrac{V}{C}, p_t^* = 0, p_t^* = 1$。

而 $F'(0) > 0, F'(1) > 0, F'\left(\dfrac{V}{C}\right) < 0$。

也就是说，在这三个均衡点当中，只有 $p_t^* = \dfrac{V}{C}$ 是演化稳定策略。这意味着当采取进攻策略的比例等于 $\dfrac{V}{C}$ 时，进攻策略的比例不变。相应地，采取和平策略的比例为 $1 - \dfrac{V}{C}$，此时可以达到一种稳定状态。

为了进一步分析解释清楚，我们还可以从二者比例的动态变化来直观地理解。

当 $f_t(\text{鹰}) > \bar{f}_t$ 时，采取鹰策略的比例增大，即

$$\frac{V-C}{2} \times p_t + V \times (1-p_t) > p_t \times \left[\frac{V-C}{2} \times p_t + V \times (1-p_t)\right] +$$

$$(1-p_t) \times \left[0 \times p_t + \frac{V}{2} \times (1-p_t)\right]$$

可以得到 $p_t < \dfrac{V}{C}$；

当 $f_t(\text{鹰}) < \bar{f}_t$ 时，同理可得 $p_t > \dfrac{V}{C}$；

当 $f_t(\text{鹰}) = \bar{f}_t$ 时，同理可得 $p_t = \dfrac{V}{C}$。

由以上推导可得，当采取鹰策略的得益大于群体的平均得益时，采取鹰策略的比例小于 $\dfrac{V}{C}$，此时鹰策略的比例增大。当采取鹰策略得益小于群体的平均得益时，采取鹰策略的比例大于 $\dfrac{V}{C}$，此时鹰策略的比例减小。当采取鹰策略得益等于群体的平均得益时，采取鹰策略的比例等于 $\dfrac{V}{C}$，此时鹰策略的比例不变，达到演化稳定策略。

上述鹰鸽博弈分析结论的现实意义是，当利益相关方所争夺的利益和严重冲突的后果损失符合上述设定时，在较大规模群体长期的进化中采取进攻型策略的参与者的数量最终会稳定在 $\dfrac{V}{C}$ 左右的水平，大多数人 $\left(1 - \dfrac{V}{C}\right)$ 会采取和平策略（注意，此处 C 相较于 V 而言是较大的，前文已说明）。这意味着发生严重战争的机会虽然存在，但可能性比较小，尤其是在当今武器装备日益先进的情况下，战争所带来的不仅仅是经济的损失，更多的是不可计数的人员伤亡和对经济社会生活的极大破坏，其成本和代价甚至可能无法估计，因此各国和平共处的可能性更大，因为这是更为稳定的状态，也符合当前以和平和发展为主题的时代背景和各国间相互制衡的国际政治经济格局。

这种趋势可以用图 9-11 所示的动态演化表示。

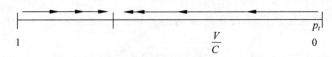

图 9-11　鹰鸽博弈理论中的复制者动态

2. 猎鹿博弈*

许多动物通过彼此之间的合作达到共同目的。狮子(通常是雌性)群体逐猎时比单个行动更有效，土狼在追逐更大的猎物时也会选择围猎。上述情景可以模拟为猎鹿博弈，如图 9-12 所示。猎鹿博弈在第 2 章的静态博弈中也出现过，但在本章将会赋予新的话题。

参与者2

		猎鹿	猎兔
参与者1	猎鹿	4, 4	1, 3
	猎兔	3, 1	3, 3

图 9-12　猎鹿博弈

假设在 t 代中，群体比例为 s^t 的成员采取合作的策略。那么每个成员采取合作策略(即猎鹿)得到的平均适应值为

$$s^t \times 4 + (1-s^t) \times 1 = 1 + 3s^t$$

而如果单兵作战(即猎兔)的话，得到平均适应值为

$$s^t \times 3 + (1-s^t) \times 3 = 3$$

借助复制者动态，当且仅当采取合作策略得到的适应值大于群体的平均适应值时，采取合作策略的成员的比例才会增大，因为只有两种策略，这就是说，采取合作策略得到的适应值大于采取单兵作战策略得到的适应值，即

$$1 + 3s^t > 3$$

因此，当 $s^t > \dfrac{2}{3}$ 时，下一代采取合作策略的成员的比例才会增大。相反，当 $3 > 1 + 3s^t$，即 $s^t < \dfrac{2}{3}$ 时，下一代采取合作策略的成员的比例会减小。

如果一开始就有 $\dfrac{2}{3}$ 的成员采取合作策略，$\dfrac{1}{3}$ 的成员采取单兵作战策略，在这样的群体中，采取合作策略与采取单兵作战策略得到的适应值都为 3。当所有的策略得到的适应值都一样，复制者动态就使群体处于稳定状态。

这个动态过程如图 9-13 所示：当 $s^t < \dfrac{2}{3}$ 时，采取合作策略的成员减少；当 $s^t > \dfrac{2}{3}$ 时，采取合作策略的成员增加。

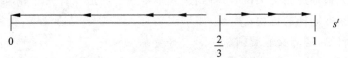

图 9-13　猎鹿博弈中的复制者动态

现在我们对鹰鸽博弈和猎鹿博弈进行对比分析。这两种博弈都存在一个固定的点，在鹰鸽博弈中，这个固定的点即采取鹰策略的概率是 $\frac{3}{4}$ ；在猎鹿博弈中，这个固定的点即群体中采取合作策略的比例是 $\frac{2}{3}$ 。这个固定的点是平衡点，平衡点就是使得复制者动态不受干扰的群体混合策略。一旦群体处于平衡点，复制者动态就使群体一直处于这种状态，一代又一代。

在鹰鸽博弈和猎鹿博弈中，平衡点不止一个。在鹰鸽博弈中，群体中采取鹰策略的比例为 0 和采取鹰策略的比例为 100% 也是平衡点，因为在这两个点没有鹰策略或鸽策略的基因，所以无法遗传。在猎鹿博弈中，初始选择合作比例为 0 或初始选择合作比例为 100% 也是平衡点。

但这些平衡点并不完全相同。在猎鹿博弈中，如果初始合作的参与者的比例 $\frac{2}{3}$，那么群体是稳定的，但只要出现一点偏差，群体的稳定就会失衡。而在鹰鸽博弈中，当采取鹰策略的比例为 $\frac{3}{4}$ 时，即使有些许偏离也会快速回到这个稳定的点。

我们称鹰鸽博弈中的"采取鹰策略的比例为 $\frac{3}{4}$"是演化稳定策略。不论群体结构最初的组成比例是多少，群体中采取鹰策略的成员比例最终都将演化为 $\frac{3}{4}$。在鹰鸽博弈中只有一个演化稳定策略，即采取鹰策略的比例为 $\frac{3}{4}$。只要采取鹰策略的比例的初始值不是 0 或 1，最终都会演化为 $\frac{3}{4}$。但是猎鹿博弈中有两个演化稳定策略，分别是全合作与全不合作。如果初始选择合作的比例小于 $\frac{2}{3}$，则会演化为全体不合作。如果初始合作比例大于 $\frac{2}{3}$，将会演化为全体合作。

3. 从众闯红灯

"中国式过马路"一度在网络上被炒得沸沸扬扬。事实上，行人闯红灯已经成为道路安全的重大隐患。行人的违章行为不仅会扰乱道路交通秩序，更有甚者会为此付出鲜血乃至生命的代价。

在交叉口过街的行人会形成一个临时的群体，群体中的个人行为会受到群体或他人的影响。当行人横穿道路交叉口时，看到别人不走人行横道或者在红灯信号时横穿马路，也会受其影响采取同样的行动；相反，如果现场行人都遵守交通规则，受大家的感染，个别人也会克制自己，遵守交通规则。

对行人来讲，无论是追随他人闯红灯，还是受人影响守规则，都是一种从众心理，这是一种普遍的心理现象。有研究人员通过对行人违法过街的原因进行问卷调查，发现六成的被调查者回答的原因为"从众心理"和"看到道路两边没有机动车通行"，在进一步被问到"假如您看到有许多人闯红灯您也随他们一起过马路的理由"时,58.7％的受访者认为是受他人影响,即从众心理在作祟。此外有研究表明,不同类型的人,从众行为的程度也不一样。一般来说,女性从众多于男性;性格内向、容易自卑的人多于外向、自信的人;文化程度低的人多于文化程度高的人;等等。

闯红灯问题中需要讨论的关系不仅在于行人与交警之间的博弈关系,行人与行人之间的行为互动同样值得重视。行人与交警之间的关系多表现为个体与个体通过不同决策的直接影响来反映,而行人闯红灯的从众现象中,行人与行人之间本身直接的影响不显著,更多的是无数个体在决策对局之中群体行为的逐步演变。这时群体是有限理性的,其决策的转换也是渐变、慢速的,因此应当采用博弈论当中的演化模型来对其进行分析。

前面已指出大多数行人闯红灯受从众心理驱使,因此我们重点考察在从众心理驱使下,个人决策的演化过程。

我们首先从某一时刻的静态博弈开始说明行人闯红灯概率(可视为人群中闯红灯人数的比例)的动态演化过程。图 9-14 是关于行人是否闯红灯的一个静态博弈。在这个博弈中,两参与者都有"闯红灯"(R)和"等待"(W)两种可选策略。

		行人2	
		R	W
行人1	R	1, 1	0.5, 0.5
	W	0.5, 0.5	1.5, 1.5

图 9-14 行人与行人之间的博弈矩阵

(1) 当两参与者都选择闯红灯时,符合从众心理,将二者得益设为 1。

(2) 当有一方选择闯红灯、另一方选择等待时,各参与者承受了对方的选择所带来的行为引导与失范压力。[①] 因此,等灯的人和闯灯的人同样忍受着失范的负向刺激。对闯红灯的行人而言,其获得了时间优势,但是需要承担相应的安全风险;而等红灯的行人虽然具有遵守交规的道德优势,但也须忍受相应的时间消耗。综合考虑,等红灯的效用与闯红灯的效用可视为等同。这里为了方便计算,我们将一闯一等时各自得益均设为 0.5。

(3) 当两参与者都选择等待时,既遵守了交通规则又符合从众心理,将二者得益均设为 1.5。

为了研究博弈中两种类型的行人在整个群体中所占比例的演化,现假设整个群体中闯红灯类型的比例 p_2。显然,等待类型的行人比例为 $1-p_2$。

不难计算出 R 型和 W 型两种类型参与者各自的期望得益 U_R 和 U_W 为

$$U_R = p_2 + \frac{1}{2}(1 - p_2)$$

$$U_W = \frac{1}{2}p_2 + \frac{3}{2}(1 - p_2)$$

因此,群体成员的平均得益为

---

① 演化博弈模型所反映的实际上是无数多个个体的反复决策。考虑到从众心理本身使得行人的判断源于对他人的随从,此时"从众"作为一种范式和"遵守"这种范式并无本质性差异。此时,失范不再单指"闯红灯","拒绝从众"也是一种失范。

$$\overline{U} = p_2 U_R + (1-p_2)U_W = p_2{}^2 + p_2(1-p_2) + \frac{3}{2}(1-p_2)^2$$

考虑到每个行人都是有学习能力的理性个体,这意味着两种类型行人的比例 p_2 和 $(1-p_2)$ 不是固定不变的,而是随时间变化的,可以写成时间的函数 $p_2(t)$ 和 $1-p_2(t)$,为简单起见可仍写成 p_2 和 $1-p_2$。

以 R 型行人的比例为例,其动态变化速度不仅与效用的变化方向和大小有关,也与当前 R 型行人比例有关,可以用下列动态微分方程表示:

$$\frac{\mathrm{d}p_2}{\mathrm{d}t} = p_2(U_R - \overline{U}) = p_2\left[\frac{1}{2}(1-p_2) - \frac{3}{2}(1-p_2)^2\right]$$

通过等式变换易知,新增闯红灯的行人比例 $\dfrac{\mathrm{d}p_2}{\mathrm{d}t} \times \dfrac{1}{p_2}$ 主要受闯红灯获益大小 $U_R - \overline{U}$ 的影响。当 $\dfrac{\mathrm{d}p_2}{\mathrm{d}t} = 0$ 时,行人闯红灯和等待的比例保持不变;$\dfrac{\mathrm{d}p_2}{\mathrm{d}t} > 0$ 时表示行人由等待转为闯红灯的比例增大;反之减小。因此,我们更加关注 $\dfrac{\mathrm{d}p_2}{\mathrm{d}t}$ 的变化方向。

令 $\dfrac{\mathrm{d}p_2}{\mathrm{d}t} = 0$,即动态微分方程等于 0,可解得驻点 $p_2 = \dfrac{0,2}{3,1}$。在区间 $\left(\dfrac{0,2}{3}\right)$ 上,$\dfrac{\mathrm{d}p_2}{\mathrm{d}t} < 0$;在区间 $\left(\dfrac{2}{3},1\right)$ 上,$\dfrac{\mathrm{d}p_2}{\mathrm{d}t} > 0$。其动态演化(相位图)如图 9-15 所示。

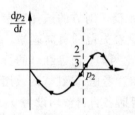

图 9-15　R 型参与者的动态演化

图 9-15 说明,驻点 0 和 1 是稳定平衡点,而 $p_2 = \dfrac{2}{3}$ 是不稳定平衡点。由于博弈矩阵中的数字是根据观察所给定的,因此 $\dfrac{2}{3}$ 只是一个特定的数值,不一定符合实际。但是本书的一个重要结论是不稳定驻点的存在性,即确实存在这样一个临界点 p^*,当闯红灯比例处在 p^* 的不同侧时,系统将向不同的方向演化。当整体中闯红灯人群比例小于 p^* 时,部分行人闯红灯所导致的负向刺激将会战胜闯红灯所带来的便利,此时这些行人常常会倾向于约束自己,遵守交通规则,即部分 R 型人群会转变为 W 型人群;相反,当闯红灯人群的比例大于 p^* 时,行人闯红灯所带来的便利战胜了负疚感。在这种情况下,行人会选择从众心理而闯红灯,即部分 W 型人群会转变为 R 型人群。

事实上,整体人群是由闯红灯可能性不同的个体所组成的。有些人的闯红灯概率非常高,有些人的闯红灯概率非常低。有研究表明[1],在闯红灯人群中有三个群体:第一种为风险追寻者,他们往往在红灯面前 3 秒之内就决定闯红灯;第二种为忍耐力极高的群体,不论红灯时间有多长,他们都会自觉遵守,直到信号灯转绿;第三种为通常群体,他们的忍耐值分布不均,但是极限值是 50 秒,超过 50 秒就不愿意再等候下去。因此 p^* 是一个临界点,在一定时点上闯红灯概率表现为 p^* 的人是摇摆的,既可能更加坚定地闯红

---

① 参见潘汉中等(2010)。

灯，也可能更倾向于等待。宽松一点讲，p^* 左右的人群最易受影响而改变自身类型，我们称之为“摇摆人群”。摇摆人群是闯红灯行人群体中的主体部分，同时该群体对于社会预期得益的变化较为敏感，其行为决策最容易受到环境影响而发生转变。通过调整摇摆人群的行为方式，能够在很大程度上缩小闯红灯群体的规模，这也是我们在管理中应着重关注的人群。

9.3.3 非对称复制者动态*

9.3.2 节所分析的鹰鸽博弈是对称的，两个竞争者地位对等，因为他们的策略集和预期回报均相同。但事实上，两者之间可能存在体量大小和力量强弱之类的差异，且这些差异将影响竞争者采取竞争策略时所得的结果。如果这种非对称性事先就被竞争者察觉，尤其是当非对称性能够改变得益矩阵时，就会影响个体的行为选择。

非对称性其实是联盟建立的核心动力和根本原因之一，联盟成员出于互惠互利，在非对称的基础上建立联盟。当联盟形成之后，由于联盟成员可以共享双方的资源，联盟成员之间的非对称性逐渐得到削弱。但是，随着联盟的发展，它将会遇到新的内外部干扰，比如联盟之间利益分配的冲突、联盟所处外部竞争环境的变化、联盟成员之间对联盟未来发展的不同心理预期、信息不对称导致的机会主义行为等，导致联盟成员在之前弱化的非对称基础上形成新的非对称性，而此时的非对称性将会对联盟稳定性产生新的影响，从而形成一个非对称性的演化过程。

接下来，以双方实力不对称的战略联盟为案例背景，在 9.3.2 节复制者动态的一般解的模型基础上进行变换，进一步对非对称的复制者动态进行讨论。

在非对称情形下，联盟成员的收益显然受双方实力对比的影响，表现为联盟成员的收益和风险取决于联盟成员的谈判力、风险规避能力等。现在假设有这样一种博弈，博弈双方分别为实力雄厚的强势方 A 和实力单薄的弱势方 B，得益矩阵如图 9-16 所示。

		弱势方B	
		竞争 (y)	合作 ($1-y$)
强势方A	竞争 (x)	$\frac{V_1-C}{2}$, $\frac{V_2-C}{2}$	V_1, 0
	合作 ($1-x$)	0, V_2	$\frac{V_1}{2}$, $\frac{V_2}{2}$

图 9-16　非对称博弈得益矩阵

双方各有两种策略——合作和竞争。当联盟成员发生冲突时，实力强的一方受到的伤害往往较小；即使联盟成员处于稳定的合作状态，收益的分配往往也是实力强的一方得到的较多。由于 $V_2<V_1$，很显然这是一个博弈双方利益不对等的非对称的博弈。

如果双方均采取合作的策略，则强势方 A 因谈判能力比较强，会在合作中获得较大利益，得益为 $\frac{V_1}{2}$，而弱势方 B 得益较少，为 $\frac{V_2}{2}$。

如果双方均采取竞争的策略，则均会因冲突而损失，得益为负。但是强势方 A 因为

自身财力雄厚,抗风险能力较强,受到的伤害较小,得益为 $\dfrac{V_1-C}{2}$;而弱势方 B 因为规模

较小、运转能力不强而比较脆弱,一旦竞争对抗会遭遇较大的打击和伤害,得益为 $\dfrac{V_2-C}{2}$。

如果强势方 A 采取竞争策略,但弱势方 B 采取合作策略,则强势方 A 获得利益 V_1,而弱势方 B 因放弃竞争而得益为 0。

如果强势方 A 采取合作策略,但弱势方 B 采取竞争策略,则弱势方 B 获得利益 V_2,而强势方 A 因放弃竞争而得益为 0。

为了使分析更加直观,我们假设 $V_1=10,V_2=6,C=14$,得益情况如图 9-17 所示。

		弱势方B	
		竞争 (y)	合作 ($1-y$)
强势方A	竞争 (x)	(−2, −4)	(10, 0)
	合作 ($1-x$)	(0, 6)	(5, 3)

图 9-17 非对称博弈矩阵数值例子

现在假设强势方 A 采取竞争策略的概率为 x,则采取合作策略的概率为 $1-x$。弱势方 B 采取竞争策略的概率为 y,采取合作策略的概率为 $1-y$。

则强势方 A 采取竞争策略的平均得益为

$$u(竞争,s)=y\times(-2)+(1-y)\times 10$$

强势方 A 采取合作策略的平均得益为

$$u(合作,s)=y\times 0+(1-y)\times 5$$

强势方 A 的平均得益为

$$u(s,s)=x\times[y\times(-2)+(1-y)\times 10]+(1-x)\times[y\times 0+(1-y)\times 5]$$

所以强势方 A 的复制者动态方程为

$$F_1=\frac{\mathrm{d}x_1}{\mathrm{d}t}=[u(竞争,s)-u(s,s)]=x(1-x)(5-7y)$$

同理,可得弱势方 B 的复制者动态方程为

$$F_2=\frac{\mathrm{d}x_2}{\mathrm{d}t}=y(1-y)(3-7x)$$

对于该方程,可以通过雅可比矩阵[①]来求得其均衡点。

对于复制者动态,其雅可比矩阵如下:

$$\boldsymbol{J}=\begin{bmatrix}\dfrac{\partial F_1}{\partial x} & \dfrac{\partial F_1}{\partial y}\\[2mm]\dfrac{\partial F_2}{\partial x} & \dfrac{\partial F_2}{\partial y}\end{bmatrix}=\begin{bmatrix}(5-7y)(1-2x) & -7x(1-x)\\[2mm]-7y(1-y) & (3-7x)(1-2y)\end{bmatrix}$$

---

① 雅可比矩阵是一阶偏导数以一定方式排列成的矩阵,其行列式称为雅可比行列式。雅可比矩阵的重要性在于它体现了一个可微方程与给出点的最优线性逼近。

首先找到其稳定点。令复制者动态方程等于零,即 $F_1=0$,$F_2=0$ 时,该点为稳定点。据此,稳定点共有 5 个:$(1,0)$,$(0,0)$,$(1,1)$,$(0,1)$,$\left(\dfrac{3}{7},\dfrac{5}{7}\right)$。

对于离散系统,当且仅当 $\det(\boldsymbol{J})>0$、$\mathrm{tr}(\boldsymbol{J})<0$[①] 时,该均衡点为演化稳定策略[②]。

1. 对于 $(1,0)$ 点

雅可比矩阵为 $\begin{bmatrix} -5 & 0 \\ 0 & -4 \end{bmatrix}$,其行列式为 20,迹为 -9,符合要求。

2. 对于 $(0,1)$ 点

雅可比矩阵为 $\begin{bmatrix} -2 & 0 \\ 0 & -3 \end{bmatrix}$,其行列式为 6,迹为 -5,符合要求。

3. 对于 $(0,0)$ 点

雅可比矩阵为 $\begin{bmatrix} 5 & 0 \\ 0 & 3 \end{bmatrix}$,其行列式为 15,迹为 8,不符合要求。

4. 对于 $(1,1)$ 点

雅可比矩阵为 $\begin{bmatrix} 2 & 0 \\ 0 & 4 \end{bmatrix}$,其行列式为 8,迹为 6,不符合要求。

5. 对于 $\left(\dfrac{3}{7},\dfrac{5}{7}\right)$ 点

雅可比矩阵为 $\begin{bmatrix} 0 & -\dfrac{12}{7} \\ -\dfrac{10}{7} & 0 \end{bmatrix}$,其行列式为 $-\dfrac{120}{49}$,迹为 0,不符合要求。

所以,该演化博弈的均衡点为 $(1,0)$ 和 $(0,1)$。

通过计算可以看出,只有在强势方 A 采取合作策略的概率为 1 或者弱势方 B 采取合作策略的概率为 1 时,非对称复制者动态的演化博弈才存在均衡点。

习　　题

1. 什么是复制者动态?

2. 进化博弈论与传统的完全理性博弈论有何差异?

---

① 一个 $n \times n$ 矩阵 $\boldsymbol{J}$ 的主对角线(从左上方至右下方的对角线)上各个元素的总和被称为矩阵 $\boldsymbol{J}$ 的迹(或迹数),一般记作 $\mathrm{tr}(\boldsymbol{J})$。

② 依据 Friedman 提出的雅可比矩阵(记为 $\boldsymbol{J}$)的稳定性判定准则,当且仅当同时满足 $\det(\boldsymbol{J})>0$ 和 $\mathrm{tr}(\boldsymbol{J})<0$ 条件,均衡点才是演化稳定策略。

3. 什么是进化稳定策略？

4. 有限理性参与者之间的博弈与完全理性参与者之间的博弈有什么区别？在完全理性假设下分析有限理性参与者之间的博弈可能导致什么问题？

5. 根据最优反应动态和复制者动态进行的进化博弈分析的结论,有什么理论和现实意义？其对预测当前的经济均衡有没有作用？

6. 复制者动态的基本原理是什么？在市场经济中是否有支持这种原理的证据？

7. 最优反应动态和复制者动态的区别是什么？

8. 进化博弈是否必然实现所有可能结果中最理想的结果？这能解释哪些社会经济现象？其对我们有什么启发和作用？

———————————— 即测即练 ————————————

第 10 章

竞争与合作[*]

本章导读

尽管完全利己的"经济人"假设已被广为接受,但是人们仍然不时偏离这种假设下的"非合作均衡",从而表现出合作意愿。合作动机是合作主体进行合作的目的和出发点;企业的合作行为受到合作动机与企业间相互依赖关系的影响。一般而言,合作动机与合作行为是不一致的,而一个良好的机制能够引导更多的合作行为出现,例如契约。那么,这种机制是如何协调成员的动机的?它是如何刻画人们的竞争动机与合作动机的?如果你身处其中,又该如何行动?本章将以"竞争与合作"为主题,通过五个小节逐步深入介绍人们的合作行为及其理性。

在生活中,我们常常看到企业之间时而竞争、时而合作的现象。

可口可乐和百事可乐曾经在一年(52 周)的时间里在美国市场分别发放了 26 周折扣券,其间竟没有出现同时发放的现象。一般来讲,这样的事情很难在现实中发生。毕竟,若双方都是随机发放,全年不"撞车"的概率是非常小的。这样的小概率事件竟然发生了,很难让人排除两家达成默契的可能。同样,麦当劳和肯德基作为中国市场快餐界的两大巨头,在市场上的竞争也非常激烈。但是在折扣券问题上,麦当劳曾于 2010 年 2 月开诚布公地表示:用餐时可以使用肯德基的优惠券。

2019 年 7 月 4 日,宝马和奔驰签订长期研发合作合同,双发将开发用于高速公路上的高度自动化驾驶和自动泊车技术,其自动驾驶级别将达到 L4 级,并计划于 2024 年投放市场。[①] 这并不是奔驰和宝马长达百年竞争中的首次合作,2018 年 3 月 28 日,宝马集团和戴姆勒集团(奔驰母公司)联合宣布了一条消息,双方将合并其汽车移动出行的业务,从而为用户提供一站式可持续智能化出行服务。

苏宁曾经是天猫 3C(计算机、通信、消费)家电品类的重要竞争对手,而在 2015 年 8 月 10 日,阿里巴巴和苏宁云商实现高达 400 多亿元的"世纪联姻"。同月,苏宁易购正式入驻天猫,以 suning.tmall.com 为域名的天猫旗舰店正式亮相。

那么,究竟是什么原因促使竞争激烈的企业转向合作或达成默契呢?

10.1 协调以避免竞争

我们的晚餐并不是来自屠夫、酿酒师或面包师的仁慈之心,而是源于他们对自身利益的考虑……每个人只关心他自己的安全、他自己的利益。他由一只看不见的手引导着,去

---

① 该合作已于 2020 年 6 月 19 日暂停。双方在联合声明中表示,在经过广泛的审查之后,双方达成了友好协议,目前各自专注于现有的发展道路,同时,双方表示未来还有可能恢复合作。

提升他原本没有想过的另一目标。他通过追求自己的利益,结果也提升了社会的利益,这比他一心要提升社会利益还有效。

1776年,斯密在《国富论》中写下了这段话。在漫长的古典市场经济阶段,资本主义国家一直信奉斯密等人的经济思想,实行"自由放任"的经济政策,用价值规律来自发地调节市场经济的运转。

但是,市场经济的主体是分散独立的商品生产者和经营者,是趋利避害的"经济人"。他们为了自身的经济利益而不顾社会整体利益,只做对自己有利的事情,并且对整个社会的商品供求情况缺乏全面了解。若政府不从宏观上加以引导和限制,在某些情况下将会导致社会发展失衡。1929—1933年的资本主义世界经济危机给社会带来了空前的灾难,使人们深刻认识到自由放任的市场经济理论存在的弊端。从此,各国政府开始普遍关注宏观调控与市场经济的联系,实行国家干预,采取不同的反危机措施。1936年,凯恩斯著作《就业、利息和货币通论》的发表,标志着宏观经济学的产生。逐步完善的"凯恩斯主义"成为第一次世界大战后西方资本主义国家制定经济政策、实行国家干预的理论基础,促进了战后资本主义经济的大发展。

宏观经济学的建立说明:理性的"经济人"在市场博弈中并非总能得到好结果。在某些情况下,政府的干预与协调是不可或缺的。推而广之,对诸如"囚徒困境"和"公地悲剧"等博弈问题,采用非合作博弈分析方法所得到的结果令人不甘,那么是否存在协调的方法或途径,能获得令人满意的结果呢?答案是肯定的!本节将先通过案例阐释协调的可能性和必要性,接着用协调成功的案例来证明:通过协调而非直接竞争可以得到一个使所有参与者都更为满意的结果。

案例1:谁能成为股东

顶尖律师事务所通常会从内部资历较深的专业人士当中选择合伙人,使之成为新的股东。参与竞争的落选者则必须离开,面对他们的选择通常是较为普通级别的律师事务所。贾斯廷-凯斯律师事务所对合伙人的选择标准非常挑剔,以至于多年来选不出一个新股东。律师事务所里资历较深的专业人士对职位停滞不前的状况非常不满,于是股东们推出了一个看上去非常民主的新体系来回应。

以下就是既得利益者股东们的新体系:到了一年一度决定股东人选之时,10名资历较深的专业人士的能力会被评分,按水平由低到高评出1~10分。这些竞争者会被私下告知自己的得分,并公开投票决定成为股东的必需得分(换个角度,可以称为最低标准,即要想成为股东需满足的最低分数)。

首先,他们将必需得分定为1分。接着,其中一个得分较高的同事建议将必需得分定为2分。他的理由是,这样可以提高整个股东团体的平均素质。这一建议得到9票赞成。唯一的反对票来自能力最差的同事,而这个人就失去了成为股东的资格。

接下来,有人提议将标准从2分提高到3分。这时还有8人得分高于3分,他们一致赞成这一改善整个股东团体的提议。只得2分者反对,因为这一提议使他失去了成为股东的资格。但是得分最低的同事对提高标准的提议也投了赞成票。无论这一提议能不能通过,他都不能成为股东。不过,若是这一提议通过,他就能和得分为2的同事一起成为落选者。结果,其他律师事务所虽然知道他落选的结果,却无法知道他的评分。他们只会猜测他可能得了 1 分或 2 分,而这一不确定性显然对他本人有利。于是,提高得分标准的提议以 9 票赞成、1 票反对获得通过。

以后每通过一个新的得分标准,都有人建议提高 1 分。所有得分超过这一建议标准的人都会投票支持,希望提高整个股东团体的素质(而又不必牺牲自己的利益),而所有得分低于这一建议标准的人也愿意投赞成票,希望自己的落选原因变得更加扑朔迷离。每一回合都只有一人反对,就是那个刚好处于现有得分标准、一旦建议通过就没有机会入选股东的同事。但他的反对以 1∶9 的悬殊比分败下阵来。

如此下去,直到得分标准一路上涨为满分 10 分。最后,有人建议将必需得分提高至11 分。结果仍然是 9 票赞成、1 票反对。这一系列的投票使每一个人最后都回到起点位置。显然,这个结果比大家都得到提升的结果更糟糕。不过,它却是来自集体的意愿。换言之,这一系列投票的每一次决议都是以 9 票赞成、1 票反对的大比数通过。

思考与练习

在贾斯廷-凯斯律师事务所的股东评选博弈中,谁最有动机提议将选择标准从 2 分提高到 3 分?

假如行动是一步步推进的,那么,随着行动的逐步推进,每一步都有可能在绝大多数决策者眼里显得很有吸引力。但最后结果却使每一个人落得还不如原来的下场,理由在于,投票忽略了偏好的强度。在上述例子里,每一轮投票中所有赞成者只获得些许好处,而唯一的反对者却失去了很多。在 10 次投票过程中,每一个参与竞争的同事都取得了9 次微小的胜利,却在一次重大失败中赔上了这些胜利带来的好处。

如此看来,一系列的小步行动起初可能显得很诱人,但只要出现一个不利的转折,就可能抵消整个过程的得益。单单某一个人认识到这个问题并不意味着就能阻止这个过程。这个团体作为一个整体,必须以一种协调的方式“向前展望、倒后推理”,并确立规则。只有大家同意将改革视为一个统一方案,而不是一系列的小步行动,才能避免走上一条表面有利可图、实则一无所获的道路。

案例 2：政治家的较量

在两党竞选中,两个政党要确定自己究竟处于“自由-保守”意识形态划分表中的哪一个位置,以获得选民支持。首先由在野党提出自己的立场,然后执政党进行回应。

假定选民平均分布在整个划分表的各个区间。为使问题具体化,我们把各个政治立场定为从 0 到 100。0 代表极左派,而 100 代表极右派。假如在野党选择 48,中间偏左,执政党就会在这一点到中点之间作出选择,比如 49。于是喜欢 48 及 48 以下的选民就会投在野党的票,而占据人口 51% 的其他人就会投执政党的票。结果执政党取胜。

假如在野党选择高于 50 的立场,那么执政党就会在这一点和 50 之间站稳脚跟。这么做同样可以为执政党赢得超过 50% 的选票。

基于“向前展望、倒后推理”的原则,在野党可以分析出自己的最佳立场在中点。在这个位置,鼓动向右和鼓动向左的人在数目上势均力敌。而执政党的最佳策略就是模仿在野党。两党选择的立场完全一致,于是,它们将在只有议题关系大局的情况下各得一半选票。这个过程中的失败者是选民,他们得到的只是两党互相附和的回声,却没能作出政治抉择。

在实践中,两党不可能选择完全一致的立场,但大家都在想方设法靠近中点。这一现象最早是由哥伦比亚大学经济学家哈罗德·霍特林(Harold Hotelling)在 1929 年发现的。他指出经济和社会事务存在相似的案例:"我们的城市大得毫无经济效益,其中的商业区也太集中,苹果酒也是一个味道。"

假如出现三个政党,还会不会存在这种过分的相似性?假定它们轮流选择和修改自己的立场,也没有意识形态的包袱约束它们。原来处于中点外侧的政党会向它的邻居靠拢,企图争夺后者的部分支持。这种做法会使位于中点的政党受到很大压力,以至于轮到它选择自己的立场的时候,它会跳到外侧去,确立一个全新的立场,赢得更广泛的选民。这个过程将会继续下去,完全没有均衡可言。(当然,在实践中,政党肩负相当大的意识形态包袱,选民也对政党怀有相当大的忠诚,不会出现此类急剧的转变。)

但在其他场合,立场并非一成不变。考察一段马路上正在等出租车的人们,分布在闹市区和住宅区之间。一般而言,最靠近住宅区的人最先打到开往闹市区方向的出租车,最靠近闹市区的人则最先打到开往住宅区方向的出租车,而站在两区之间的人则少了很多机会。假如站在两区之间的人不想长久等车,他就会逆着目标地向前移动,以便增加打车机会。同时,这也将引发原本站立此处的人们同向移动。如此一来,大家都在尽量往前移。而在出租车到达之前,可能根本没有一个均衡——没有一个人甘心待在两区之间任凭别人排挤出局。

实际上,这是一个各自独立的、非合作的决策过程。我们也能从中看到决策的低效率。在极端条件下,这类决策过程可能得不出一个确定的结果。遇到这种情况,就需要找出一种协调方式,达到一个稳定的结果,否则会对社会秩序和生产生活产生很大影响。

从上述两个案例中可以看到非协调竞争博弈具有均衡不确定性和低效率等弊端。无论是从个人利益还是集体利益角度来看,非协调竞争博弈都无法给出一个令人满意的结果,这恰恰证明了协调的必要性。协调会给博弈结果带来哪些补益呢?我们来看两个通过协调方式达成决策、成功提高绩效的典型案例。

案例 3:令人左右为难的路线

对于在上海市人民广场附近工作的小米来讲,到虹桥机场 T2 航站楼有两条主要路线可以选择:一是自己驾车或搭乘出租车走延安高架路;二是搭乘地铁,即"乘坐地铁 2 号线"。

走延安高架路的距离短、红绿灯少,顺畅时只需 20 分钟即可到达。但很少能遇到这种好运。延安高架路虽是双向 8 车道,但经常"车满为患"。假设(每小时)每额外增加 2 000 辆车,就会耽搁路上每个人 10 分钟的时间。例如,有 2 000 辆车的时候,行程时间就延长至 30 分钟;若有 4 000 辆车,则延长至 40 分钟。

乘坐地铁共有 9 站,而且乘客必须走到车站等车。客观地说,这条路线也要将近

40 分钟。但是地铁准时，极少堵塞或出现事故。若是乘客多了，稍微拥挤也能忍受，通行时间有保障。

那么，小米将会面临一个怎样的局面呢？

假如在运输高峰时间有 1 万人走在从人民广场到虹桥机场的路上，如图 10-1 所示，这些人将会怎样分布在这两条路线上呢？每个人都会考虑自己的利益，选择最能缩短自己通行时间的路线。假如让他们自己决定，则他们会在不停的重复中试探出以下均衡：40％的人自己驾车，60％的人搭乘地铁。此时，两种路线无差异，通行时间都是 40 分钟。

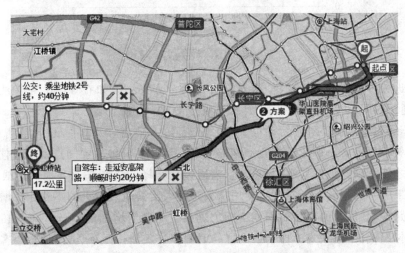

图 10-1　上海市人民广场至虹桥机场 T2 航站楼的两条路线

如果这个比例发生变化，结果会有什么变化？让我们进一步讨论。假定只有 2 000 人愿意开车走高架。由于车辆较少，交通比较顺畅，这条路线的通行时间也会缩短，只需 30 分钟。于是，搭乘地铁 2 号线的 8 000 名乘客中，有一些就会发现，改为开车他们可以节省时间，于是他们就会选择开车。相反，若有 8 000 人选择开车走高架，每个人要花 60 分钟才能到达目的地，于是，当中又有一部分人会改为乘地铁，因为乘地铁花的时间没那么长。但是，当有 4 000 人开车上了高架、6 000 人搭乘地铁时，谁也不会由于改走另一条路线而节省时间——路上出行者达到了一个均衡。

我们可以借助图 10-2 描述这个均衡。图中，我们使总通行人数保持为 1 万人不变。这样，当有 2 000 人开车通过高架路时，表示有 8 000 人正在搭乘地铁。上升的直线表示走延安路高架的通行时间如何随开车人数的增加而延长。水平直线则表示搭乘列车所需的固定不变的 40 分钟时间。两条直线相交于一点，表明当开车走延安高架路的人数为 4 000 人时，两条路线的通行时间相等。

然而这个均衡对出行者来说并非整体最佳。我们很容易就能找到一个更好的模式。假设只有 2 000 人选择走延安高架路。他们每个人可节省 10 分钟。至于另外 2 000 名改乘地铁的人，他们花的时间和原来开车的时候一样，还是 40 分钟。另外 6 000 名已经选择搭乘地铁的人也是如此。这样总的通行时间就节省了 2 万分钟（几乎等于两个星期）。

当这些出行者作为一个整体的时候，怎样的出行模式才是最佳的呢？实际上，刚刚所确定的那个模式，即"2 000 人开车走延安高架路，总共节省 2 万分钟"的模式就是最佳模

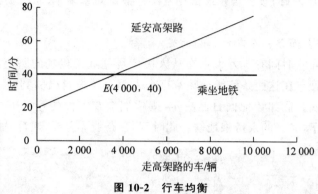

图 10-2　行车均衡

式。为了进一步理解这一点，我们再看看另外两个方案。假如有 3 000 辆车通过延安高架路，则通行时间就是 35 分钟，每个人节省 5 分钟，总共节省 15 000 分钟。假如只有 1 000 辆车通过高架路，则通行时间是 25 分钟，每人节省 15 分钟，总共节省时间还是 15 000 分钟。因此，2 000 人选择走高架路，每人节省 10 分钟的中间点就是最佳模式。

如何才能达到这种效果呢？换言之，需通过什么样的机制来引导他们达成最佳混合路线的结果呢？关键就在于每一个使用高架路的人给其他人带来的不利。每增加一个人选择这条路线，其他人的出行时间就会随之延长。但是新增加的出行者却不必为导致这一损耗而付出代价，他只是考虑自己的通行时间。让我们仿照京、沪两地对小客车牌照的处理方法来讨论：北京的摇号制度和上海的拍卖制度。

(1) 仿照摇号制度，某些计划部门打算发出 2 000 份使用高架路的许可证。但是哪些人将持有许可证呢？持有许可证的人只要 30 分钟就可到达目的地，而没有许可证的另外 8 000 人则要花费 40 分钟。因此，这种做法将导致不公平。实际上，他们可以设计一个抽签轮换系统，保证通行证每个月轮换一次，在这 1 万人之间随机抽取。

(2) 类似拍卖制度，希望通过市场调节的部门则要求人们为自己对别人所造成的不利买单。假设大家认为每小时的时间价值为 12 元，换言之，每个人都愿意为节省 1 刻钟而支付 3 元。于是我们可以向走延安高架路的车辆收取通行费，收费标准比地铁票价高出 2 元。这是因为根据假设条件，人们认为每多花 10 分钟等于损失 2 元。在均衡状态下将有 2 000 辆车走高架路，8 000 人选择搭乘地铁。每一个通行延安路高架的人要花 30 分钟到达目的地，外加多花 2 元的高架通行费；每个搭乘地铁的人则要花 40 分钟。总的实际成本是一样的，没有人想要转换成另一种路线。在这个过程中我们收取了 4 000 元通行费（外加 2 000 张地铁票的收入），这笔钱可以纳入国家预算，造福国民。

(3) 运营企业为高架路使用权定价。如果企业意识到人们愿意花钱换取一条不怎么堵塞的路线以便节约通行时间，它就会为这一特权开出一个价格。如何才能使自己的收入最大化呢？此即如何使节省的时间所对应的价值最大化。当然，这很容易陷入垄断境地。至于如何规避，不在本书讨论范围内。

只有给宝贵的"通行时间"标上价格，才能引导人们选择"价值最大化"的通行模式。一旦高架入口处安装了利润最大化的收费站，时间就真的变成了金钱。搭乘地铁者实际上是在向这些使用高架道路者出售时间。当然,收取通行费的成本有时超出了节约大家出行时间所带来的收益。创造一个市场并非免费的午餐。收费站本身可能就是导致交通堵塞的主要源头。若是这样,"忍受最初不那么有效的路线"的选择可能还好一些。

上述情境只是城市交通管理的一个缩影。读者可以将路线选择与规划问题具体化、网络化。就制度设计而言,无论是刚开始的机会均等方案还是最后的有偿使用方案,在国内城市交通治理中都有所采用,如北京的车牌摇号制度和上海的车牌拍卖制度等。当然,交通管理部门也在尝试其他的制度,如某时段限制某类型的车辆驶入高架路等。

无论是实验统计还是社会观察,都存在诸多行为偏离了非合作均衡的理论预测。当然,这并不能促使我们放弃对非合作博弈的学习,而是在此基础上尝试新的研究。一般来讲,非合作博弈思维将导致激烈的竞争与冲突。然而,合作乃是人类更高层次的智力活动,与此同时,人类的智力发展又将促生新形式的合作。目前,在经济学范畴对合作行为的研究主要采用三种方法或称三个分支:考虑社会偏好(如公平、互惠利他、报复惩罚等)的影响,利用重复或演化的思想,"合作博弈"理论。第一个分支是在非合作博弈的基础上尝试对所观察到的行为多样性建立统一解释。它的前提仍然是建立在效用理论的基础之上,将参与主体的决策偏好体现在效用函数里,而非传统意义上的"唯利是图"。第二个分支是采用重复博弈或进化论的思想,利用生物学、社会学、人类学、心理学和数学等知识描述合作的演化。尽管重复博弈和演化博弈是两个不同的概念,但是在研究合作行为的演化时,二者常常合用,并无明确的界限,所以将二者归入一类。在第 8、9 章,读者已经体验到如何利用重复博弈和演化博弈解释合作行为。第三个分支是非常成熟的理论,即"合作博弈"理论。合作博弈理论几乎与非合作博弈理论同时诞生,而且不受非合作博弈思想的影响,二者相对独立。总体来讲,上述这三个分支各有所长。作为大学通识教育,有必要让读者对每种方法都有所了解。接下来的三节内容将分别介绍公平偏好、合作的演化与合作博弈。

10.2　公平已深入人心

在现实中,人的自私性所带来的行为数不胜数,无须赘述。在西方的传统科学如经济学中也总是假定"人是理性的"。也就是说,人总是而且只为其自身利益考虑。但读者不难发现在社会现实中有大量的"利他"现象存在。例如,阿里巴巴的马云曾说过:先帮助他人赚钱,等他们赚到钱了,再从中分一杯羹;企业在招聘员工时,非常看重的一点即人的合作性。

近年来,现代科学技术的发展已经从生物学角度证明了人的本性中存在利他(或公平)成分。瑞士苏黎世大学经济学实证研究院主任恩斯特·费尔(Ernst Fehr)与美国南佛罗里达医学院的研究人员曾主持了一项实验研究,发现人类大脑额叶前部外侧皮层右侧存在一个"自私开关",能帮助人们在显失公平(一方过于自私)的情况下抑制自私冲动,即便这样会损害他们的既得利益。同时,美国埃默里大学的学者则证实了利他是一个"基因-文化"共同演进的过程,并且逐步内化为社会规范。人人利己时,往往会形成竞争的局势;而出现利他时,更有可能形成合作的局面。在现代社会中,利己与利他共存,竞争与合作共存,相依相生已成为常态。

公平性与利他性,是人们在互动行为中所考虑的最为重要的两个非自私因素。利他和公平的信念都能够导致人类的合作行为——准确地讲,利他和公平都是对人类合作行为的一种尝试性解释,但不是唯一的解释,只是出发点不同而已。因此,本章仅介绍公平部分,利他部分留待有兴趣的读者课外阅读,也可以参考与此有关的新近成果或文献书籍。

现有文献中的互动行为模型大都假设参与者是理性的,即完全追求自身的利益而不关心他人利益。但在此假设下,对某些博弈均衡策略的预测并非全部与事实吻合。这说明自私理性的假设并不适用于所有场合。实际上,人类自古就有"不患寡而患不均"的认识,即反对"不公"。无须赘述,公平是人类社会中一个非常重要的概念,它几乎体现在我们每个人的内心中。费尔和克劳斯·施密特(Klaus Schmidt)曾于 1999 年很好地将公平信念引入博弈论来测度参与者的效用(简称"公平效用"),依此来解释实际行为与均衡预测之间的偏离。

费尔和施密特的模型基于两点假设:第一,参与者除了自身因素之外,还存在着排斥不公平结果的因素。第二,就"所得处于劣势"(比别人的所得低)与"所得处于优势"(比别人的所得高)这两种不公平来讲,参与者更排斥"所得处于劣势"。本书分别称作"劣势不公"和"优势不公"。

他们将上述两点反映在参与者的效用中,重新分析了最后通牒博弈、市场竞争博弈(包括出价者竞争和应价者竞争两种情况)以及合作博弈等,所得结果能够很好地解释看似相互矛盾的一些现象。举例说明如下。

(1) 在最后通牒博弈中,博弈均衡与理性假设下的均衡预测有很大差别。如果不公存在且差别很大的话,某些参与者特别是"劣势不公"占主导的参与者就会偏离所谓的"均衡",采取"破坏性"行动,使双方的收入变得更糟。但是,它却很好地体现了公平动机对参与者行动的影响。

(2) 在出价者竞争的市场博弈中,加入公平效应后,所得结果仍与自私理性假设下的均衡结果相同,并与实验观察也相吻合。究其原因,在于自私理性假设下的结果已经很公平了,即使引入公平信念也不能使均衡有所变化。但在应价者竞争的市场博弈中,在引入公平效用后,其结果会发生些微变化。

(3) 在合作博弈中公平效用将发挥更重要的作用。研究表明,反对不公能够改善自愿合作的愿景。特别是在某些条件下,自私理性假设下的企业会由完全背叛转变为完全合作。而在引入公平效用后,模型描述更接近实际,也可以更好地预测实验结果。

费尔和施密特提出的公平效用,也即简单地反对不公,模型如下。设有一个博弈具有 n 个参与者,分别记作 $1,2,\cdots,n$;令 $x=(x_1,x_2,\cdots,x_n)$ 表示 n 个参与者在博弈中所获得的收入组合。则在考虑公平因素的情况下,第 i 个参与者的效用函数可表示为

$$u_i(x)=x_i-\alpha_i\frac{1}{n-1}\sum_{j\neq i}(x_j-x_i)^+-$$

$$\beta_i\frac{1}{n-1}\sum_{j\neq i}(x_i-x_j)^+,\quad 0\leqslant\beta_i\leqslant\max\{1,\alpha_i\}$$

其中 $x^+=\max\{x,0\}$ 表示 x 的正部。在上式中,第二部分表示由"劣势不公"所引起的效用损失,即所有比 i 收入高的参与者与 i 的收入差距总和对 i 的效用影响;第三部分表示

由"优势不公"所引起的效用损失,即所有比 i 收入低的人与 i 的收入差异总和对 i 的效用的影响。系数 α_i,β_i 表明两类收入不公都会降低参与者 i 的效用。

除了上述假设,另一个合理的假设是 $\alpha_i \geqslant \beta_i \geqslant 0$,因为观察表明"劣势不公"对参与者 i 的效用损失影响比"优势不公"的要大。而 $\beta_i \geqslant 0$ 则完全排除了"完全喜欢自己的收入比别人高的参与者"。$\beta_i < 1$ 是由于下述原因:不妨假设 $\beta_i = 0.5$,表示参与者 i 在保留 1 元钱和将这 1 元钱给比自己收入低的参与者 j 这两个行动之间表现出无差异,即效用函数值相等;若 $\beta_i = 1$,则 i 宁愿将 1 元钱给比自己收入低的 j,以增加效用。$\beta_i \geqslant 1$ 于情理不通,在这里不做研究。α_i 并没有上界的要求,在这里可以理解为:若 α_i 值很大,则参与者 i 特别嫉妒别人收入比自己高,他愿意放弃 1 元钱的收入,以便让比自己收入高的参与者的收入减少 $(1+\alpha_i)/\alpha_i$。例如,当 $\alpha_i = 5$ 时,参与者 j 的收入减少 1.2 元。

读者在接下来的进阶阅读中将看到,若将上述公平效用函数应用于最后通牒博弈和有出价者竞争的市场博弈,则所得结论能够很好地解释一些看似相互矛盾的现象。

10.3　合作的演化[①]

2011 年,日本福岛核电站发生爆炸后,一位 20 多岁的维修工人志愿回到工厂去帮助控制事态。尽管他知道空气有毒,又无任何报酬,而且很可能无法生育,但他仍然选择进入工厂。"只有我们中的一部分人可以完成这个工作",他说,"我单身并且年轻,我觉得解决这个问题是我的责任。"

这只是一个典型的例子,在自然界中无私的例子比比皆是。如图 10-3~图 10-5 所示,工蚁牺牲自己的生殖能力来为蜂王和它们的领地工作;生物体内的细胞相互协调来保证它们的分裂可控,以避免

图 10-3　切叶蚁合作将叶子搬回巢穴

致癌;拥有相同配偶的雌狮会哺育彼此的孩子。人类也在各个方面(从获取食物到寻找配偶再到保卫领土)帮助其他人。

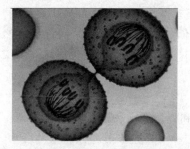

图 10-4　细胞控制自己的分裂以避免致癌

图 10-5　雌狮共同哺育幼狮

[①]　本小节由马丁·诺瓦克(Martin Nowak)的一篇文章《合作的演化》翻译整理而来,主要从演化角度探讨合作的形成。我们只是从总体思路上介绍合作的演化,而不对演化的机制做具体分析。至于具体细节,读者可参考第 7 章的内容。

几十年来,研究人员一直为"合作"烦恼,前赴后继地从进化论主流观点——"血爪腥牙"(red in tooth and claw)来理解。达尔文的自然选择学说,被称为"生命最严酷的斗争",是自然科学的重要部分。在他的理论中,拥有更多理想性状的个体,将对下一代作出更大的贡献。由此至极,一个人永远不可能帮助对手,反之,撒谎和欺骗却能使他领先一步。无论何种手段,成为赢家才是最重要的。那么问题来了,为什么无私的行为如此普遍?这似乎是一个悖论。

诺瓦克花费 20 年时间采用博弈论来研究这个明显的悖论。他的工作表明,从第一个细胞到智人,并不仅仅是对立竞争在发挥作用,而是合作竞争和对立竞争共同塑造了地球上生命的演化,并且合作对进化的影响在人类中表现得最为明显。因此,有人会说,生活不光是生存斗争,也是相互依存。诺瓦克的研究结果正好验证了这一说法,并且强调互相帮助不仅是我们过去成功的关键,它对我们的未来也至关重要。

诺瓦克和他的助手利用计算机来模拟囚徒困境,研究大型社区而不是局限于两名囚犯,借此探讨冲突与合作的关系。通过研究,他们观察到个人的策略在社区里表现为从背叛到合作再到背叛的周期性增长和下降循环。通过模拟,他们确定了一种机制,可以克服自然选择中的自私行为,让潜在的背叛者伸手合作。

开始时,研究人员将背叛者与合作者随机分布。每轮游戏的赢家将产生后代,后代将参加下一轮。这些后代大多遵循父母的策略,同时随机突变将改变他们的策略。随着实验过程的进展,研究人员发现,仅仅在很小一部分的后代中,所有的个体在每一轮游戏中都选择背叛。一段时间之后,一个新的策略突然出现:玩家开始合作,然后模仿他们的对手行动,以牙还牙。这种改变迅速形成了以合作者为主的社区。

(1)这种参与者不断地遇到其他参与者的合作演化机制称为直接互惠。吸血蝙蝠是一个典型的例子。如果一只蝙蝠某一天没有猎取到猎物,它会回到栖息地向其他同伴乞求帮助。幸运的话,会有同伴愿意和它分享食物。吸血蝙蝠生活在稳定的群体中,并且每天捕食之后都会回到巢穴,所以群体内的成员经常遇到其他成员。研究表明,蝙蝠会记住曾经帮助过它们的同伴,当那些曾经帮助过它们的蝙蝠需要食物时,它们也会反过来提供帮助。

进一步,计算机模拟更表明存在不同种类间的直接互惠。在 20 代以内,最初的"以牙还牙"策略将被新策略取代。在新的策略中,即使他们的对手背叛,玩家们可能仍然会合作。从本质上讲,"宽恕"已经出现了,它是允许玩家忽视偶尔错误的一种直接互惠策略。

除了直接互惠,还有另外四种合作演化的机制。不妨将直接互惠称为第一种演化机制。

(2)空间选择机制。这种机制的前提是合作者和背叛者在种群中分布不均匀。邻居或者同一个社交网络中的朋友往往互相帮助,所以在一个存在零散合作者的种群中,这些能提供帮助的个人可以形成集群,并不断扩大,最终在与背叛者的竞争中获胜。空间选择也存在于简单的生物体中。在酵母细胞中,合作者共同生产用来消化糖的酶。背叛的酵母不生产酶,而选择将大家共同生产的酶偷走。麻省理工学院的杰夫·戈尔(Jeff Gore)和哈佛大学的安德鲁·莫里(Andrew Murray)分别发现,在均匀混合的酵母中背叛者获胜;相反地,当酵母中的合作者和背叛者非均匀分布时,合作者获胜。

（3）亲缘选择机制。这种机制涉及有亲缘关系的个体间的合作,应该是最直观的无私合作演化机制。在这种情况下,个体可以为他们的亲人作出牺牲,因为他们有相同的基因。尽管帮助有需要的亲人也许会有损自己的生殖健康,它仍然促进了自己和受助者共用的基因的传播。20世纪的生物学家 J. B. S. 霍尔丹(J. B. S. Haldane)首先提出亲缘选择的概念,他说:"我会跳进河里去救我的两个兄弟或八个堂兄弟。"不过就理论体系而言,人们往往把威廉·汉密尔顿(William Hamilton)在 1964 年所提出的汉密尔顿法则作为亲缘选择理论的确立。

（4）间接互惠机制。这种方式和直接互惠相当不同。在间接互惠中,一个人是否帮助另一个人取决于他的名声。那些乐于助人的人在遇到困难时更容易得到来自陌生人的帮助。这种情况下,合作者所持有的并不是"以牙还牙"的心理,他们可能在想:如果我帮助你,那么也会有人帮助我。例如,排名差的猴子为排名好(有好名声)的猴子装扮(图10-6),会使自己的名声变得更好,然后自己也将得到更多的装扮。

（5）个人可能会为了共同目的而为别人提供帮助,这种合作的基础被称为小组选择。对这一机制的认识可以追溯到达尔文,他在《人类的由来》中提道:一个包含很多人的部落,如果部落中的成员总是准备为其他人提供帮助,以及为部落共同的利益牺牲自己的利益,那么这个部落将战胜其他大多数部落,这就是自然选择。自达尔文之后,生物学家便为"自然选择将推动合作来提高部落的生殖潜力"这一观点争论不休。研究表明选择可以在多个层次上发挥作用,从个体基因到种群再到整个物种。因此,同一家公司的员工会相互竞争以谋求晋

图 10-6　日本猕猴互相装扮以提升自己在群落中的声誉

升,但同时他们也会合作来确保自己所在的公司在与其他公司的竞争中取得胜利。

上述五种合作机制适用于所有生物,从变形虫到斑马,甚至在某些情况下,适用于基因和其他细胞成分。这种普遍性表明,合作一开始就是地球上生物进化的推动力量。而且,合作对人类的影响特别深刻。数百万年的进化使行走缓慢、手无寸铁的猿进化为地球上最有影响力的物种:一个创造令人难以置信的阵列技术,使人们能够探测海洋的深度、探索外太空、一瞬间将我们的成就广播到全世界的物种。事实上,只要我们愿意,人类便是世界上最擅于合作的物种。

合作的五种机制在整个自然界中广泛存在,然而又是什么使得人类成为最乐于助人的物种呢?这是因为人类在间接互惠和声誉的基础上能比其他任何一种生物提供更多的帮助。

为什么呢?因为只有人类有成熟的语言,并且每个人都有名字。这使我们能够了解任何人的信息,无论他是我们的直系亲属还是地球另一面的陌生人。我们常被诸如"一个人对另一个人做了什么以及为什么这么做"此类问题所困扰,因为我们必须在社交网络中找好自己的位置。研究表明,人们所决定的每一件事——从选择资助慈善团体到选择赞助公司——都在一定程度上取决于声誉高低。丰田在 20 世纪 80 年代拥有超越其他汽车

制造商的竞争优势,一部分原因就在于它公平地对待供应商的良好声誉。

语言和间接互惠的相互作用导致文化快速发展,这对于人类的适应能力而言相当重要。随着人类人口的增加和气候的变化,我们需要利用这种适应性,并想办法联合起来拯救地球和它的居民。恰好,博弈理论为我们提供了启示。也许你还记得,涉及多个玩家的某些合作困境被称为公共物品博弈。在这类博弈中,团体中的每个人都受益于"我"的合作,但相对地,"我"通过选择背叛来增加"我"的收益。因此,虽然"我"希望别人合作,但是"我"聪明的选择却是背叛。问题是小组中的每一个成员都这么想。所以,尽管以合作开始,但是以背叛结束。

公地悲剧是一个经典的公共物品分配案例(参阅第 2 章)。对于现实世界所关心的自然资源,从石油到纯净水,显而易见可以类推。当遇到公共资产管理时,如果合作者倾向于背叛,我们怎么能为子孙后代保护地球生态资本?

还好,并非所有希望都消失了。实验发现了存在促使参与者成为公共物品好管家的可能。研究人员给每一个课题小组 40 欧元,让他们玩一个电脑游戏——用钱来维持对地球气候的控制。参与者被告知每轮游戏都必须向一个类似环保基金的共享池提供捐赠,多少不限。如果在 10 轮之后共享池中的钱币不少于 120 欧元,那么气候就是安全的,所有的玩家将获得剩余的钱;相反,如果池中的钱币少于 120 欧元,那么气候就会垮掉,所有人不名一文。

尽管玩家们常常因为差一些欧元而没能拯救气候[1],但研究人员在参与者的行为中发现了能够激发合作的迹象。研究人员发现,当玩家们得到有关气候研究的权威信息时,他们表现得更加无私。这表明人们确信一点:个人要为更大的集体利益作出牺牲。当面临需要公开自己的贡献而不是匿名时,他们则表现得更为慷慨,因为这关系到各自的声誉。

演化模拟表明,合作本质上是不稳定的。合作繁荣期过后,必然过渡到背叛。然而利他精神似乎总是重建,我们的道德罗盘不断重新调整。在人类历史的跌宕起伏中、在政治和金融系统的震荡中,都能看到合作与背叛的循环。

10.4   合作博弈理论

10.1 节通过几个经典案例说明:博弈游戏中参与者除了直接竞争外还有其他选择,有时只有通过协调合作才能获得最大利益;10.2 节尝试利用效用函数对博弈行为建立统一解释;10.3 节从社会学、生物学和人类学等角度阐释了合作的演化,讨论了促成合作的几种方式,并说明了合作在自然界中是非常普遍的现象。本节将简要介绍合作博弈理论,包括其由来、特征、表示方法和相关概念。

10.4.1   为何引入合作博弈

个体理性并不是也不应该是人类经济行为背后的唯一逻辑,由 10.2 节和 10.3 节的

---

[1]   这一点并不难理解。第 6 章曾说过,即便在两个人的囚徒困境重复博弈中,合作的出现也没有我们想象的那么乐观。

分析可知,现实中体现集体理性的决策行为相当普遍。

非合作博弈理论本身的缺陷也促进了合作博弈理论的发展。非合作博弈分析经常遇到无帕累托优劣关系的多重纳什均衡问题。例如,两人分 100 元现金问题。如果两人要求的金额之和不超过 100 元,则每人都能获得相应的现金,否则两人什么都得不到。将其作为非合作博弈研究,两个参与者的策略是各自要求的金额 $0 \leqslant x_i \leqslant 100$,当双方策略组合 (x_1, x_2) 满足 $x_1 + x_2 \leqslant 100$ 时,他们的得益与策略出价相等,否则得益为 0。这个博弈有多重纳什均衡,即只要 (x_1, x_2) 满足 $0 \leqslant x_i \leqslant 100$,且 $x_1 + x_2 = 100$,该策略组合就是一个纳什均衡。即使允许参与者事先协商或改变策略,也只能避免出现 $x_1 + x_2 < 100$ 的非均衡结果,但是并不能确定哪个均衡会出现。强调一次性同时选择,且双方策略之和 $x_1 + x_2 > 100$ 时得益都为 0,聚点均衡可能指示的结果为 $(50, 50)$。但如果不强调一次性同时选择,聚点均衡的作用也不强。因此除非增加设定,对讨价还价过程进行建模,否则非合作博弈理论无法给出这个问题的最终答案。

非合作博弈理论之所以无法解决上述问题,就是因为忽视了参与者之间可能的合作。如果考虑参与者可能采用的合作,就能通过参与者之间的协调行为来解决这个多重纳什均衡选择问题。类似地,还有很多博弈问题无法用非合作博弈理论完美地解释。随着非合作博弈理论暴露越来越大的局限性,合作博弈近年来越来越受到人们的重视,相关理论也迅速发展起来。

10.4.2　合作博弈的特征和结构

非合作博弈与合作博弈的根本区别是,前者不允许存在有约束力的协议,而后者则允许存在。之所以采用"是否允许存在有约束力的协议"做区分,是因为如果不允许存在这种协议,那么除非合作行为(指参与者采用的策略)本身是参与者的最优选择,即参与者没有动机偏离合作,否则就无法保证参与者选择合作。囚徒困境就是典型的例子,即使合作最终也有利于参与者自身,但是在个体理性条件下,合作并不是最优选择。而当允许使用有约束力的协议时,尽管存在偏离合作的动机,参与者仍有可能通过协调、协商等方式达成合作协议,实现合作。

存在有约束力的协议,说明博弈问题的参与者之间存在共同利益,但利益又不完全一致。如果参与者之间的利益完全对立或完全一致,就没有协调的余地或完全不需要协调,进而可以利用个体理性决策解决问题。换句话说,这种情况下参与者之间不需要达成协议。存在共同利益而利益不完全一致时,为了进一步决定利益分配问题,需要进行讨价还价,这就是合作博弈的共同特征。事实上,合作博弈协议的内容除了约定行为以外就是利益分配,达成协议的前提是通过讨价还价就利益分配达成一致意见。不管合作博弈问题来源于经济交易还是政治谈判,也不管博弈参与者数量多少,本质上都是关于利益分配的讨价还价。

例如,对于两人分 100 元现金的问题,可以考虑参与者利用协议协调双方行为的可能性。但签订协议的前提是双方就分配方案达成共识,并且这种共识需要通过讨价还价达成。因此,两人分 100 元现金的合作博弈是关于利益分配的讨价还价问题。同样,市场交易也是关于利益分配的讨价还价问题。假设两人就某个物品进行交易,如果卖方的主观估价为 50 元,买方的估价为 70 元。两人交易能够实现总共 70－50＝20 元的交易利益。双方对交易价格的讨价还价实际上就是对 20 元交易利益分配的讨价还价。需要强调的是,即使参与者的数量增加,也不会改变合作博弈的本质特征。例如三人分 300 元现金问题[①],或者多边贸易问题等,本质上也都是关于利益分配的讨价还价。

但是,参与者的数量对合作博弈确实有很大影响。当合作博弈的参与者只有两个时,博弈是一种纯粹的讨价还价。这种情况下,参与者的选择只有合作或不合作,以这个方案合作或以另一个方案合作。而当参与者多于两人时,情况就可能非常复杂——此时可能出现部分参与者联盟,这对博弈的结果有很大影响。例如,三人分 300 元,分配方案(即约束协议)按照"少数服从多数"的原则,如果达不成协议则所有人都得 0 元。这个问题与两人分 100 元问题只差一个参与者,但是这个三人博弈给头脑灵活的参与者提供了得到更多利益的机会。这三个参与者不可能始终停留在全体成员的讨价还价上。例如参与者 1 和参与者 2 可以结成联盟,强行通过剥夺参与者 3 的利益且对他们有利的方案(即让参与者 3 得到非常小的数,例如 0)。参与者 3 也可以通过分化瓦解参与者 1 和参与者 2 的联盟,并与其中一方形成新的联盟加以对抗等。这种联盟行为将对博弈结果产生很大影响,使得三人及三人以上合作博弈的核心问题从讨价还价转变为联盟问题。因此,多人合作博弈分析必须包含对联盟的分析。

多人合作博弈也称"联盟博弈"(coalitional game),而纯粹讨价还价的两人合作博弈则称"两人讨价还价博弈"。两人讨价还价博弈和多人联盟博弈构成合作博弈理论的两大研究对象。下文将分而述之。

10.4.3　两人讨价还价

两人讨价还价问题是合作博弈理论所讨论的基本问题,也是博弈论最早研究的问题之一。两人讨价还价涉及的范围很广,包括交易双方的价格谈判、合作者的利润奖金分配、成本分摊以及资源权益分割等。它们的实质都是两个参与者对特定利益的分配。如第 3 章所示,两人讨价还价问题也可以用非合作博弈理论进行分析。但非合作博弈分析方法与合作博弈分析方法是不同的,它是在对讨价还价过程建模基础上的个体理性决策分析。除非特别说明,下文对两人讨价还价问题的讨论都是基于合作博弈方法的。

两人讨价还价博弈有两个参与者,用参与者 1 和参与者 2 表示。

两人讨价还价问题与非合作博弈的第一个明显差异是参与者的选择内容。非合作博弈中参与者选择的是自身策略,而相互作用且决定博弈结果的也是彼此的策略。但在两人讨价还价中,由于允许甚至强调通过协议协调行为,个人策略并不能直接决定结果,因此重要的并非各个参与者的个人策略,而是作为协议对象的同时包含双方利益的分配方案(简称"分配")[②]。以两人分 100 元为例,单个参与者 1 和参与者 2 想得到多少元,如

---

① 三人分 300 元问题与三人分 100 元问题在本质上没有差别。但是前者的数据在计算与讨论上相对简单,后面我们讨论时都将以三人分 300 元问题为例。

② 注意分配本身意味着合作博弈中的利益必须容易分割转让,如现金和许多容易分割的实物等。当利益是很难分割的项目、选举输赢等问题时,分配会遇到一定的困难,必须借助某种旁支付的补偿机制等。当然我们所分析的大多数合作博弈的利益都是容易分割转让的。

50 元、60 元还是 90 元是无意义的,有意义的是分配(40,60)、(50,50)等。

分配受两个基本条件的约束:其一是受条件的约束。例如,在两人分 100 元问题中,分配必须满足双方利益之和不超过 100 元。其二是受基本理性要求的约束。例如,在两人分 100 元问题中,双方利益必须都在 0～100,否则对双方不利或至少一方不能接受。同时满足上述两个要求的分配称为博弈的“可行分配”(feasible allocation)。

两人讨价还价博弈的分配一般用 $x=(x_1,x_2)$ 表示,其中 x_1 和 x_2 分别表示两个参与者的利益。两人讨价还价的可行分配可用集合 $F=\{(x_1,x_2)\,|\,0\leqslant x_i\leqslant m,x_1+x_2\leqslant m\}$ 表示,其中 $i=1,2,m$ 是最大可分配利益。集合 F 也称“可行分配集”(feasible allocation set)。由于分配 $x=(x_1,x_2)$ 既是讨价还价双方的选择内容也是双方的得益,因此分配和可行分配集在两人讨价还价问题分析中具有核心地位。

但仅有分配概念是不够的。在博弈过程中,各个参与者的利益尚未实现,仅仅是期望利益,因此需要考虑参与者的风险态度。而且讨价还价的对象常常不是现金利益,而是物品、资源或项目等,因此还需要考虑参与者的主观效用评价问题。例如,如果讨价还价的对象是一堆钢材,而讨价还价的双方一个是建筑师,另一个是废品收购者,那么同样的分配对双方的效用显然是不同的。一个果农和一个粮农分一片土地,如果种粮食和水果的利润分别是每亩 500 元和 800 元,同样,分配对双方的价值也不一样。

因为参与者的风险态度和对分配的主观效用评价有可能会影响双方讨价还价的态度和结果(特别是当双方态度和评价存在差异时),所以两人讨价还价问题不仅需要考虑分配,也需要考虑效用配置。效用配置常用 $u=(u_1,u_2)$ 表示,其中 u_i 是参与者的期望效用,是分配集 S 到实数集的实值函数。一般情况下,期望效用就是参与者自身利益的函数,即 $u_i=u_i(x)=u_i(x_i)$。所有可能的效用配置构成“效用配置集”。

两人讨价还价合作博弈分析的特点,决定了分配和效用配置两个概念都非常重要。效用代表了参与者的偏好和内在要求,效用配置会从主观态度方面对两人讨价还价博弈的过程和结果产生影响。讨价还价合作博弈分析寻找的合理解首先要符合公平性,而公平性只能体现在客观的分配而不是主观的效用上,因此分配在讨价还价中也非常重要。在某些情况下,分配与效用配置是一致的。当讨价还价的对象是现金且参与者风险中性时,期望效用就等于利益,即 $u_i=u_i(x)=u_i(x_i)=x_i$。在对称讨价还价问题[①]中,根据分配和效用配置进行分析的结果是一样的。

两人讨价还价问题的另一个要素是谈判破裂点(break point of negotiations)。任何谈判都有破裂的可能。在某些情况下,即使谈判破裂,参与者也有可能得到利益。例如,甲和乙两人进行一个项目的合作谈判。假设该项目的预期利润是 10 000 元,但甲即使不做这个项目也还有另一个能获利 3 000 元的项目,而乙则没有其他获利机会。那么如果甲、乙间的谈判破裂,甲可获得 3 000 元,而乙的收益为 0。这种谈判破裂时双方的利益称为“谈判破裂点”,简称“破裂点”。

谈判破裂点通常用 $d=(d_1,d_2)$ 表示,其中 d_i 是参与者 i 在谈判破裂时可以得到的

---

① 对称讨价还价问题即指双方在立场地位、效用函数、谈判破裂点等方面都没有差异;用效用配置集表示即为:若 $(u_1,u_2)\in U$,则 $(u_2,u_1)\in U$。

利益。若谈判破裂时两参与者都无利益,则谈判破裂点为$(0,0)$。谈判破裂点也应该包含在可行方案集合中。换句话说,"谈判破裂达不成协议"(agree to disagree)也是讨价还价双方的可行选择之一。

谈判破裂点对讨价还价双方的态度和结果也会产生影响,因为理性的参与者不可能接受低于谈判破裂点利益的分配。具体来讲,效用一般是利益的增函数,因此也意味着参与者不可能接受低于谈判破裂点效用的分配。更进一步,一个讨价还价博弈要有意义,需要至少存在一个分配,能给两个参与者都带来大于谈判破裂点的效用。否则就不可能存在同时引起讨价还价双方兴趣的分配,因而无法实现比个体理性博弈更好的结果,合作博弈也就无法实现。

可行分配集、效用函数以及谈判破裂点是两人讨价还价问题的基本要素,是抽象两人讨价还价问题必须设定的基本方面。当然,并非所有问题都千篇一律。具体的讨价还价问题可能还有一些条件和特征需要详细讨论。

 进阶阅读:纳什讨价还价解

在分析两人讨价还价问题时,我们关注的是:什么样的分配和效用配置是最有可能被双方接受和采用的。纳什提出并证明了,两人讨价还价问题存在同时满足个体理性、帕累托效率、对称性、线性变换不变性和独立于无关选择五个公理的唯一解,即纳什讨价还价解。方便起见,用$B(F, d; u_1, u_2)$表示一个两人讨价还价问题,其中F是可行分配集,d为谈判破裂点,u_1和u_2则是两个参与者各自的效用函数。

(1) 个体理性公理:设$B(F, d; u_1, u_2)$是一个讨价还价问题,如果分配(x_1^*, x_2^*)是该讨价还价问题的解,那么该分配一定满足$u_1(x_1^*) \geqslant u_1(d_1)$,$u_2(x_2^*) \geqslant u_2(d_2)$。

(2) 帕累托效率公理:如果(x_1, x_2)和(x_1', x_2')都是某个讨价还价问题的可行分配集合中的点,且$u_1(x_1) > u_1(x_1')$,$u_2(x_2) > u_2(x_2')$,那么(x_1', x_2')肯定不会是该讨价还价博弈的解。

(3) 对称性公理:如果$B(F, d; u_1, u_2)$是一个对称的讨价还价问题,则作为博弈的解,(x_1^*, x_2^*)必须满足$x_1^* = x_2^*$。

(4) 线性变换不变性公理:如果(x_1^*, x_2^*)是一个两人讨价还价问题的解,那么当讨价还价问题中的效用变换为$u_i' = a_i + b_i u_i$时,(x_1^*, x_2^*)仍然是讨价还价问题的解。

(5) 独立于无关选择公理:如果$B(F, d; u_1, u_2)$和$B(F', d'; u_1, u_2)$是两个讨价还价问题,且满足$F \supset F'$,$d = d'$,那么如果$B(F, d; u_1, u_2)$的合作博弈解(x_1^*, x_2^*)[对应(u_1^*, u_2^*)]落在F'中,则(x_1^*, x_2^*)一定也是$B(F', d'; u_1, u_2)$的解。

定理 10.1(纳什讨价还价解) 对于两人讨价还价问题,存在满足上述五个公理的唯一讨价还价解,它是使纳什积$(u_1(x_1) - u_1(d_1))(u_2(x_2) - u_2(d_2))$达到最大的$(x_1, x_2)$。或者说,纳什讨价还价解是如下问题的解:

$$\max_{x_1, x_2} ((u_1(x_1) - u_1(d_1))(u_2(x_2) - u_2(d_2)))$$

$$(x_1, x_2) \in F \quad (x_1, x_2) \geqslant (d_1, d_2)$$

下面以两人分 100 元现金问题说明纳什解的应用。

假设参与者 1 是风险中性的,即 $u_1 = u_1(x_1) = x_1$;而参与者 2 是风险规避的,即 $u_2 = u_2(x_2) = x_2^b$,其中 $b < 1$。同时,假设这个讨价还价问题的谈判破裂点为 $(0,0)$。

根据问题假设,这个讨价还价问题的分配必须满足约束条件:$x_1 + x_2 \leqslant 100$。将 $x_1 = u_1$ 和 $x_2 = u_2^{1/b}$ 代入,则效用配置必须满足 $u_1 + u_2^{1/b} \leqslant 100$。

用纳什解法分析这个问题,就是求解下列纳什积的约束优化问题:

$$\max_{u_1, u_2} u_1 u_2$$

$$u_1 + u_2^{1/b} \leqslant 100$$

根据约束条件可得 $u_2 = (100 - u_1)^b$,代入纳什积转化为单变量最优化问题:

$$\max_{u_1} u_1 (100 - u_1)^b$$

一阶条件为

$$(100 - u_1^*)^b + u_1^* b (100 - u_1^*)^{b-1}(-1) = 0$$

两边乘 $(100 - u_1^*)^{1-b}$ 得

$$100 - u_1^* - u_1^* b = 0$$

可解得 $u_1^* = s_1^* = \dfrac{100}{1+b}$。进一步可得 $s_2^* = \dfrac{100b}{1+b}, u_2^* = \left(\dfrac{100b}{1+b}\right)^b$。

从这个结果可以看出,讨价还价双方风险偏好的差异对讨价还价的结果有明显影响。双方所得分配的差异取决于反映风险偏好的系数 b。b 越小,风险规避程度越高,所得的分配就越少,所得效用更少。这也是经济活动中"性格决定命运"的理论演绎,是一个很有启示作用的结论。

10.4.4 联盟博弈

联盟博弈就是三个或三个以上参与者的多人合作博弈问题。前面已经对三人分 300 元问题进行过简要介绍。如前所述,多人合作博弈中存在参与者之间联盟的可能性,因此多人合作博弈与两人讨价还价明显不同。多人合作博弈分析必须包含对联盟的分析,因此多人合作博弈也称"联盟博弈"或"联盟型博弈"。

设联盟博弈有 n 个参与者,可以直接用数字 $1, 2, \cdots, n$ 表示,它们构成集合 $N = \{1, 2, \cdots, n\}$。讨论合作博弈,总是假设 n 个参与者之间存在合作的可能性(也就是说,通过合作可以得到更多的利益)。博弈中的联盟就是 N 的子集,记作 $S \subset N$。N 的所有子集构成的集合记为 $P(N)$。因为 N 有 n 个元素,所以 N 共有 2^n 个子集。其中,N 表示所有参与者联合组成联盟,形成的联盟称为大联盟;单元素子集 $\{i\}$ 表示参与者 i 不与任何人联盟,一个人"单干",形成了规模最小的联盟;空集 $\varnothing$ 指联盟不包含任意一个参与者,本身不具有实际意义。在所有子集中,非空子集有 $2^n - 1$ 个,能构成有意义联盟且至少包含两个元素的子集有 $2^n - n - 1$ 个。很显然,联盟博弈的参与者越多,可能的联盟就越多,博弈也就越复杂。

联盟博弈的分配概念与两人讨价还价博弈是相似的。一般用向量 $\boldsymbol{x} =$

$(x_1,\cdots,x_n)\in R^n$ 表示联盟博弈的分配,其中 x_i 为参与者 i 的期望效用。联盟博弈的分配必须符合博弈问题的基本假设(即参与者是理性的),以及参与者的风险和效用偏好。此外,联盟博弈的分配必须满足每个参与者的得益都不少于其不参加任何联盟的得益,否则相关参与者就不会参与联盟博弈。满足这些要求的分配全体构成联盟博弈的"可行分配集"。

10.4.2 节曾经提到部分参与者之间的联盟与分化瓦解增加了对联盟问题的分析难度,因而讨论联盟博弈问题首先需要对不同联盟进行比较。那么怎样才能使得不同联盟之间具有可比性呢?

为解决这个问题,我们需要建立一种方便比较的参照系。换句话说,需要将所有可能的联盟经过变换(或计算)对应到有序的实数集中。要求这个实数是唯一的,并且不能与成员的集体理性冲突。所谓不能与集体理性冲突,是指联盟被视为整体时所采取的行动应该是最优反应。那么,这个实数应该是什么呢?基于博弈问题的基本假设,我们知道参与者直接关心的只有效用,因此可以选择联盟内所有成员的效用总和作为比较依据。假设联盟为 S。显然,联盟的效用总和是唯一的,进而效用总和须满足集体理性。也就是说,这个效用总和不能是随便一组联盟内成员和非联盟成员的行动所构成的策略组合的期望效用的计算结果,而是联盟 S 的内部成员效用总和的最优值。进一步思考,当所有非 S 成员联合起来对抗 S 时,会尽可能使 S 的效用总和"最低"。而联盟 S 内的成员会如何行动呢?当然是在所有内部成员联合的情况下选择策略,寻找所有"最低"中的"最高"。换言之,S 每采取一个行动,非 S 成员都能作出行动使得 S 的效用总和"最低";而 S 则在所有可能行动中寻求使自己状况最好的行动。回到最初的问题,我们找到了一种对应关系(函数):对于任何一个联盟 S,都有一个值与之对应,这个值就是联盟内成员效用总和的"最差中的最好"。此处的"最差"对应于非联盟成员的策略选择,而"最好"则对应于自己的策略选择。这种对应关系,我们称为特征函数(characteristic function);而满足"最差中的最好"的值称为联盟的保证水平,记为 $\upsilon(S)$。

以三人分 300 元为例:显然 $\upsilon(\varnothing)=0$;由 10.4.2 节的讨论可知,如果参与者 1 选择不与任何人联盟,那么参与者 2 和参与者 3 就能强行通过剥夺参与者 1 的利益的分配方案,即 $\upsilon(\{1\})=0$,同理可知 $\upsilon(\{2\})=0$,$\upsilon(\{3\})=0$;如果参与者 1 和参与者 2 联盟,无论参与者 3 提出怎样的分配方案,他们都能强行通过剥夺参与者 3 的利益的分配方案,即 $\upsilon(\{1,2\})=300$,同理 $\upsilon(\{2,3\})=300$,$\upsilon(\{1,3\})=300$;如果三个人形成大联盟,显然效用总和为 300 元,即 $\upsilon(\{1,2,3\})=300$。

再看一个简单的例子:手套游戏。

人群 $N=\{1,2,\cdots,n\}$ 划分为两个不相交的子集 L 和 R。L 中的成员每人拥有一只完全相同的左手套,R 中的成员每人拥有一只可与 L 的左手套匹配的右手套。作为商品,单只手套一文不值,而左右两只手套匹配后得到的一副手套值 100 元。

我们可以很容易将其视为合作博弈进行分析。对于每一个联盟 $S\in 2^N$,S 中可能同时包含 L 中的成员和 R 中的成员。能够匹配成对的手套数只能取 $|S\bigcap L|$(S 中持有左手套的人数)和 $|S\bigcap R|$(S 中持有右手套的人数)中的最小值。因此,联盟 S 的特征函数可以定义为

$$v(S) = 100 \times \min\{|S \cap L|, |S \cap R|\}, \forall S \in 2^N$$

特征函数是衡量联盟价值的重要基础,对形成何种联盟和博弈结果有决定作用,在联盟博弈中占有重要地位。联盟博弈有时也称"特征函数型博弈"。联盟博弈也表示为 $B(N, v)$,其中 v 就是其特征函数。

利用特征函数还可以对联盟博弈进行分类。满足 $v(N) > \sum\limits_{i \in N} v(\{i\})$ 的联盟博弈称为"本质博弈",而满足 $v(N) = \sum\limits_{i \in N} v(\{i\})$ 的联盟博弈称为"非本质博弈"(non-essential game)。若一个联盟博弈的 $v(S)$ 只能取 0 和 1,且单人联盟的特征函数值为 0,而大联盟特征函数值为 1,则称为"简单博弈"。在简单博弈中,特征函数值为 1 的联盟称为"胜利联盟",特征函数值为 0 的联盟称为"失败联盟"。

🎓 进阶阅读:特征函数与特征函数值

定义 10.1(**特征函数**)　对于 n 人联盟博弈中的联盟 $S \in P(N)$,不管联盟外成员如何行动,联盟成员通过协调行为可保证实现的最大联盟总得益,称为联盟的"保证水平",记为 $v(S)$。一个联盟博弈所有可能联盟的保证水平,构成 $P(N) \to R$ 的一个实值函数,该函数称为这个联盟的"特征函数"。

根据特征函数的定义,一般联盟博弈特征函数值的计算公式为

$$v(S) = \max_{x \in x_S} \min_{y \in x_{N/S}} \sum_{i \in S} u_i(x, y)$$

其中,x_S 表示 S 中成员全部联合时混合策略的全体;$x_{N/S}$ 表示 N/S① 中成员全部联合时混合策略的全体;$u_i(x, y)$ 表示参与者 i 对应策略组合 (x, y) 的期望得益。现实中常常通过对博弈的直接分析得到特征函数值。

给定一个博弈模型,可以对结果进行怎样的期望与规定?博弈论中的大部分内容总是以某种方式引向这个问题。在合作博弈中,"解"就是关于利益的稳定分配。合作博弈解概念有很多,可以将其归为两大类:占优方法和估值方法。

1. 占优方法

第一种方法以"占优"为主要准则,体现了"联盟"和"稳定"两点信息。在非合作博弈中我们曾经利用占优分析讨论参与者的策略选择问题。由于联盟博弈最终还是参与者的策略选择问题,因此可以模仿非合作博弈的占优分析。例如,在三人分 300 元现金问题中,如果参与者 1 和参与者 2 形成联盟,那么分配(150, 150, 0)显然优于分配(100, 100, 100)。相对地,如果参与者 2 和参与者 3 形成联盟,那么分配(0, 170, 130)显然优于分配(150, 150, 0)。这种分配之间的"占优"关系在联盟博弈中非常普遍,而且它直接影响联盟的稳定或瓦解。在合作博弈中,我们将这种分配之间的"优劣"关系定义为"优超"。下面我们给出它的定义。

定义 10.2(**x 关于 S 优超 y**)　对于联盟博弈 $B(N, v)$ 的分配 x、y,以及联盟 $S \subset N$,

---

① N/S 表示除了联盟 S 中的成员,剩下的所有参与者。

如果 $x_i > y_i$ 对 $\forall i \in S$ 都成立,且 $\sum\limits_{i \in S} x_i \leqslant v(S)$,则称"$x$ 关于 S 优超 y",记为 $x \underset{S}{\succ} y$。

定义 10.3(x 优超 y) 对于联盟博弈 $B(N,v)$ 的分配 x、y,如果 $\exists S \subset N$,使得 $x \underset{S}{\succ} y$,则称"x 优超 y",记为 $x \succ y$。

当 x 关于 S 优超 y 时,可以看到 S 中的成员能够通过自己的努力改善他们的支付,即 S 可以在 x 的基础上得到"改进"。有时,将 S 称为"阻塞联盟",也就是说,S 可以"阻止"或"反对"分配 x。

利用优超来分析联盟博弈,我们很容易联想到:不会被任何分配优超的分配具有稳定性,是否可以将其作为联盟博弈的"解"呢?答案是肯定的。

我们来看一个简单的例子:同样是三人分 300 元问题,但是将规则改为必须全部同意。此时联盟博弈的任意一个满足"$0 \leqslant x_i \leqslant 300$, $x_1 + x_2 + x_3 = 300$"的分配 (x_1,x_2,x_3) 都具有稳定性。由于任何非三人联盟特征函数 $v(S) = 0$,根据优超的定义,不存在任何能够优超 (x_1,x_2,x_3) 的分配;而对于三人联盟 $\{1,2,3\}$,由于 $x_1 + x_2 + x_3 = 300$,所以不可能存在同时满足 $y_1 > x_1$,$y_2 > x_2$,$y_3 > x_3$ 和 $y_1 + y_2 + y_3 \leqslant 300$ 的分配 (y_1,y_2,y_3),因此也不存在任何能够优超 (x_1,x_2,x_3) 的分配。因此,上述集合中的分配都具有稳定性,任意一个都可以作为该联盟博弈的"解"。

在联盟博弈中,我们将上述不能被优超的分配组成的集合称为"核"。利用优超的概念,可以得到核的定义。

定义 10.4(核) 对于 n 人联盟博弈 $B(N,v)$,分配集中不被任何分配优超的分配的全体,称为该博弈的"核",记为 $C(N,v)$。

把核作为联盟博弈的解概念,最直观,也最容易理解。但它同时也存在问题。因为联盟博弈的核常常是空集,即使核非空,其中包含的解分配也不一定唯一。当解分配不唯一时,就无法准确预测联盟博弈的最终结果,解概念的作用就会受到很大限制。上述改变规则后的三人分 300 元问题恰恰反映了这个问题。而且更多情况下,联盟博弈的核是空集,无法对博弈结果的预测提供任何帮助。

以三人分 300 元现金为例(规则仍为"少数服从多数"),该博弈的可行分配集为

$$F = \{(x_1,x_2,x_3) \mid x_1 + x_2 + x_3 = 300, \quad x_1 \geqslant 0, x_2 \geqslant 0, x_3 \geqslant 0\}$$

图 10-7 给出了一般情况下三人联盟的核,它是三维中的一个平面刨去不合理区域所剩的阴影部分。

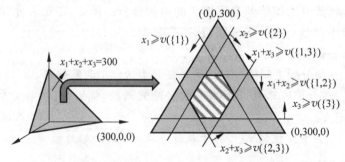

图 10-7 三人联盟的核的示意图(阴影部分)

当然,它也可能为空集。来看一个特殊情况,若 $v(\{1\})=0, v(\{2\})=0, v(\{3\})=0$, $v(\{1,2\})=300, v(\{2,3\})=300, v(\{1,3\})=300, v(\{1,2,3\})=300$,我们将指出,任何满足"$x_1>0, x_2>0, x_3>0$"的分配 (x_1, x_2, x_3) 都不在核内。因为在这种情况下,任何两个参与者的总收入都将少于 300 元,如 $x_1+x_2<300$。这时参与者 1 和参与者 2 可以形成联盟从而取得支配权,使得在他们之间完全地分配 300 元。同时,恰好有两个人得 0 的分配也不在核内,因为这两个人可以形成联盟从而共享 300 元。现在我们讨论恰好只有一个人得 0 的分配,不妨设 $x_1=0$,分配方案为 $(x_1, x_2, x_3)=(0, s, 300-s)$,其中 $s>0$。为了改善自己的处境,参与者 1 可以提出一个新方案 $(300-s-t, s+t, 0)$,其中,$t>0$ 且 $s+t<300$。这个新方案可以使参与者 2 脱离与参与者 3 的联盟,而与参与者 1 形成新联盟。因此该博弈的核内不可能存在恰好有一个人得 0 的分配。显然,所有人都得 0 的分配也不可能在核中。综上所述,该博弈的核为空集。

进阶阅读:核与瓦解

联盟博弈的"核"也可以定义在"瓦解"概念的基础上。先介绍瓦解的定义。

定义 10.5(瓦解) 设 $x=(x_1, \cdots, x_n)$ 是联盟博弈 $B(N, v)$ 的一个可行分配。如果联盟 S 使得 $v(S)>\sum\limits_{i \in S} x_i=x(S)$,也就是说联盟的特征函数值(保证水平)高于上述分配带给联盟成员得益的总和,就说"联盟 S 瓦解分配 x"。

定义 10.6(核) 设 $B(N, v)$ 是一个联盟博弈,在 $B(N, v)$ 的可行分配集中,所有不会被任何联盟所瓦解的分配的集合,称为这个联盟博弈的"核"。

不难看出,定义在瓦解概念上的核与定义在优超概念上的核实际上是相同的。事实上,优超和瓦解之间存在对应关系。例如,根据瓦解的定义不难判断,三人分 300 元博弈中两个优超关系中的联盟 $\{1,2\}$ 和 $\{2,3\}$,就是分别瓦解分配 $(100,100,100)$ 和 $(150,150,0)$ 的联盟。

当经济问题表示为 n 人合作博弈形式时,它们常常有非空的核,并且核一般也是令人满意的解概念。然而,有许多博弈的核是空集。这一困难不但出现在对政治与选举进行模型化的过程中,也出现在产业组织模型中。在这些情况下,"稳定集"(stable set)概念在分析联盟的形成、竞争与权力的分配时常常优于其他解概念。

稳定集是冯·诺依曼和摩根斯坦首先提出的。这一概念也是基于优超的占优分析,与核概念有着密切的联系。从定义上看,核就是不可被占优的分配集,即核中的分配既不会被核内的其他分配占优,也不会被核外的分配占优。假设 ω 是联盟博弈的一个分配集,如果 ω 中的任何一个分配都不会被 ω 中的其他分配优超(即内部稳定性),并且每个 ω 之外的分配都被 ω 中的某个分配优超(即外部稳定性),那么 ω 就是"稳定集"。

以三人分 300 元现金为例(规则为"所有人都必须同意"),此博弈的稳定集为 $\omega=\{(x_1, x_2, x_3) \mid 0 \leqslant x_i \leqslant 300, x_1+x_2+x_3=300\}$。先讨论内部稳定性。设 (x_1, x_2, x_3) 和 (y_1, y_2, y_3) 是 ω 中的两个分配,即 $0 \leqslant x_i, y_i \leqslant 300, x_1+x_2+x_3=300, y_1+y_2+y_3=300$。假设 (y_1, y_2, y_3) 优超 (x_1, x_2, x_3),即 $y_1>x_1, y_2>x_2, y_3>x_3$,则 $y_1+y_2+y_3>x_1+x_2+x_3=300$,与 $y_1+y_2+y_3=300$ 矛盾。所以假设不成立,即 ω 满足内部稳定性。

再讨论外部稳定性。假设 (z_1,z_2,z_3) $(0 \leqslant z_i \leqslant 300, z_1+z_2+z_3<300)$ 是 ω 外的任一分配。令 $300-z_1+z_2+z_3=t$ $(t>0)$，显然，ω 中的分配 $(z_1+t/3, z_2+t/3, z_3+t/3)$ 优超 (z_1,z_2,z_3)，即 ω 满足外部稳定性。综上所述，分配集 ω 是该博弈的稳定集。

定义 10.7（稳定集） 对于 n 人联盟博弈 $B(N,\upsilon)$，若分配集 ω 满足：

(1) 内部稳定性，即不存在 $x,y \in \omega$，使得 $x \succ y$；

(2) 外部稳定性，即 $\forall x \notin \omega, \exists y \in \omega$，使得 $y \succ x$，则分配集 ω 称为这个联盟博弈的一个"稳定集"。

一般来说，稳定集是包含核的。稳定集也是联盟博弈重要的解概念之一。但稳定集作为联盟博弈的解概念同样有问题，因为稳定集常常是空集，而非空时又常常不唯一。

上述我们介绍的核和稳定集都属于"占优"方法，可以相对直观地比较分配之间的优劣关系。但是，它们存在"致命缺陷"——有时不存在，有时存在但不唯一。当核或稳定集不存在时，自然无法将其作为合作博弈的解；当核或稳定集中包含多个解，甚至是无限个解时，又无法决定选择哪一个，因为每个解都有它的合理之处。

是否存在一个解概念，既合理又无争议呢？接下来我们将介绍第二种方法，即估值方法中具有重要意义的"夏普利值"。

2. 估值方法

引语故事：8个金币的故事

约克和汤姆结对出游。当他们准备吃午餐时，恰好有一个饥饿的路人经过，约克和汤姆便邀请他一起吃午餐。约克带了 3 块饼，汤姆带了 5 块饼。他们将 8 块饼均分为 3 份，每人一份。吃完饭后，路人赠给了他们 8 个金币以表示感谢。之后，路人继续赶路。

约克和汤姆为这 8 个金币的分配产生了争执。汤姆说："我带了 5 块饼，理应我得 5 个金币，你得 3 个金币。"约克不同意："既然我们在一起吃这 8 块饼，理应平分这 8 个金币。"约克坚持认为每人各得 4 个金币。为此，约克找到公正的夏普利进行裁决。

夏普利对约克说："孩子，汤姆给你 3 个金币，因为你们是朋友，你应该接受它；如果你要公正的话，那么我告诉你，公正的分法是，你应当得到 1 个金币，而你的朋友汤姆应当得到 7 个金币。"约克很不理解。

夏普利说："是这样的，孩子。你们 3 人吃了 8 块饼，其中，你带了 3 块饼，汤姆带了 5 块，一共是 8 块饼。你吃了其中的 1/3，即 8/3 块，路人吃了你带的饼中的 $3-8/3=1/3$ 块；你的朋友汤姆也吃了 8/3 块，路人吃了他带的饼中的 $5-8/3=7/3$ 块。这样，路人所吃的 8/3 块饼中，有你的 1/3，汤姆的 7/3。因此路人所吃的饼中，属于汤姆的是属于你的 7 倍。所以，对于这 8 个金币，公平的分法是：你得 1 个金币，汤姆得 7 个金币。你看有没有道理？"

约克听了夏普利的分析认为有道理，愉快地接受了 1 个金币，而让汤姆得到 7 个金币。

在这个故事中，夏普利所提出的"公平"分法，遵循了一个原则：每个人的所得与他所作出的贡献相等。这就是夏普利值的"核心内涵"。

夏普利值的计算依据是：每个参与者对联盟的贡献。夏普利值赋予每个联盟博弈一个独一无二的"合理产出"，用以考虑并加以妥协所有相互冲突的主张。夏普利值回答了这样一个问题：参与者怎样才能"合理地"分享联盟博弈中的剩余？在联盟博弈中，每个参与者以一定概率选择"单干"或者与其他参与者联盟。当参与者 i 加入某一个联盟时，会对原联盟的特征函数值（保证水平）产生影响，使原联盟的特征函数值由 v_1 变为 v_2，而 v_2-v_1 就是参与者 i 对原联盟的贡献。将参与者 i 对该联盟的贡献与他加入该联盟的概率相乘，就得到了参与者 i 参加该联盟的期望效用。再将参与者 i 所有可能参加的联盟的期望效用累加，就得到了参与者 i 参加联盟博弈的期望效用。这个期望效用就称为参与者 i 的夏普利值。

与市场经济中按边际生产力分配的原则一样，在联盟博弈中按照各个参与者的贡献进行分配，也比较公平和容易被接受。夏普利值反映的正是各个参与者在联盟博弈中的贡献和价值，因此夏普利值是联盟博弈中进行公平分配的有效方法。

夏普利值是联盟博弈的最重要的解概念之一，在资源管理、税务分担、公用事业定价以及政治生活等方面有重要作用。例如，约翰·班扎夫（John Banzhaf）所提出的政治选举中的"班扎夫权力指数"，就是利用夏普利值的思想构造的。

进阶阅读：作为夏普利值基础的三个公理

（1）对称性公理：每个参与者获得的分配与他在集合 $N=\{1,2,\cdots,n\}$ 中的排列位置无关。

（2）有效性公理：①若参与者 i 对他所参加的任一合作都无贡献，则给他的分配应为 0；②全体参与者的夏普利值之和分割完相应联盟的价值，也即特征函数值。

（3）加法公理：两个独立的博弈合并时，合并博弈的夏普利值是两个独立博弈的夏普利值之和。

夏普利证明了同时符合上述三个公理，描述联盟博弈 $B(N,v)$ 各个参与者价值的唯一指标是向量 $(\varphi_1,\cdots,\varphi_n)$，其中 $\varphi_i=\sum_{S\in N}\dfrac{(n-k)!(k-1)!}{n!}[v(S)-v(S\,|\,\{i\})]$，$\varphi_i$ 公式中 n 是联盟博弈的总人数，$k=|S|$ 为联盟 S 的规模，即 S 中包含的参与者数量。向量 $(\varphi_1,\cdots,\varphi_n)$ 称为联盟博弈 $B(N,v)$ 的"夏普利值"，φ_i 是参与者 i 的夏普利值。

从概率的角度来理解夏普利值的思想：假设参与者按照随机顺序形成联盟，每种顺序发生的概率都相等，均为 $1/n!$。参与者 i 与其前面的（$|S|-1$）人形成联盟 S，参与者 i 对该联盟的边际贡献为 $v(S)-v(S\,|\,\{i\})$。由于 $S\,|\,\{i\}$ 与 $N\,|\,S$ 的参与者排序共有 $(k-1)!$ $(n-k)!$ 种，因此，每种排序出现的概率就是 $\dfrac{(n-k)!(k-1)!}{n!}$。可见，参与者 i 在所有联盟 S 中边际贡献的期望得益之和恰好就是夏普利值。

扩展阅读：罗伊德·夏普利

夏普利出生于 1923 年 6 月 2 日，是美国著名数学家和经济学家，在美国加利福尼亚大学洛杉矶分校数学和经济系担任教授。在 20 世纪 40 年代的冯·诺依曼和摩根斯坦之后，夏普利被认为是博弈论领域最出色的学者。他在数理经济学和博弈论领域有卓越贡献,代表理论有随机对策理论、Bondareva-Shapley 规则、Shapley-Shubik 权力指数、Gale-Shapley 运算法则、潜在博弈论概念、Aumann-Shapley 定价理论、Harsanyi-Shapley 解决理论、Shapley-Folkman 定理等。2012 年,夏普利和罗斯因对稳定配置理论和市场设计实践的卓越贡献而荣膺诺贝尔经济学奖。

谈起夏普利,许多中国学者会对他有一种天然的亲切感,因为他曾经在中国的土地上与中国军民并肩抗击日本侵略者。1943 年,作为哈佛大学数学系的一名本科生,他应征入伍成为一名空军中士,并很快奔赴中国成都战区。当时,夏普利展现出了卓越的数学才能,并因破解气象密码获得铜星奖章。战争结束后,夏普利回到哈佛大学继续念书。他在1948 年取得数学学士学位,随后进入普林斯顿大学数学系,一路念到博士毕业(他的博士导师也是纳什的导师)。此后,他长期在美国著名的"战略思想库"兰德公司工作,1981 年后,则一直担任美国加利福尼亚大学洛杉矶分校数学和经济系教授。

2002 年 8 月,夏普利因为参加青岛大学承办的"2002 年国际数学家大会'对策论及其应用'卫星会议"再次来到中国。青岛之行期间,当再次讲述起他与中国相隔近 60 年的那段渊源时,老先生依然非常激动!

10.5　合作博弈应用举例[*]

10.4 节介绍了合作博弈的由来和特征,将合作博弈分为两大类——两人讨价还价问题和联盟博弈,并分别介绍了两类博弈的表示方法和相关概念,相信大家对合作博弈已经有了初步印象。本节将以排列博弈(permutation game)和匹配博弈(match game)为例进行讲解。这些例子真实有趣又具有代表性,可以让我们了解合作博弈的应用之广泛,同时为我们今后处理类似的问题提供了思路和借鉴。

10.5.1　排列博弈

排列博弈最早是由蒂斯(Tijs)等人作为一种成本博弈提出的。首先考虑下面这样一个机器排列问题:

(1) 一共有 n 个参与者,每个参与者 i 拥有一台机器 M_i,且有一个任务 J_i 待完成;

(2) 任何一个参与者的机器都可以完成所有参与者的任务,但是每台机器至多只能完成一个任务;

(3) 允许形成联盟,且效用可在参与者之间交换转移;

(4) 如果参与者之间不进行合作,则每个参与者的任务在自己的机器上完成;

(5) 在机器 M_j 上完成任务 J_i 所需要付出的成本是 k_{ij},$1 \leqslant i,j \leqslant n$。

此联盟博弈待求解的问题是:如何给每台机器安排任务,才能使完成所有任务的总成本最低? 如何分摊成本?

考虑一个三人排列问题。设在每台机器上完成各项任务的成本依次为 $k_{11}=2,k_{21}=1,k_{31}=7,k_{12}=4,k_{22}=6,k_{32}=8,k_{13}=3,k_{23}=10,k_{33}=9$。

显然,$c(\varnothing)=0$。如果三人不形成联盟(即三人不合作),则每人所需成本依次为:$c(\{1\})=2,c(\{2\})=6,c(\{3\})=9$。如果参与者 1 和参与者 2 形成联盟,则所需的最低成本为：$c(\{1,2\})=\min\{2+6,1+4\}=5$；同理，参与者 1 和参与者 3 形成联盟与参与者 2 和参与者 3 形成联盟所需的最低成本分别为：$c(\{1,3\})=10,c(\{2,3\})=15$。如果参与者 1、参与者 2 和参与者 3 形成联盟，则所需的最低成本为：$c\{(1,2,3)\}=\min\{2+6+9,2+8+10,1+4+9,1+8+3,7+4+10,7+6+3\}=12$。

如果三个参与者都愿意合作的话，那么成本最低的结果是：任务 1 在机器 3 上完成、任务 2 在机器 1 上完成、任务 3 在机器 2 上完成，总成本为 12。利用夏普利值公式计算每个人应该分摊的成本，可得

$$c(1)=-1/3,c(2)=25/6,c(3)=49/6$$

即该排列博弈的总最低成本为 12。其中，参与者 2 应支付 25/6，参与者 3 应支付 49/6，剩余的 1/3 应该归参与者 1 所有。

进阶阅读：博弈的数学表示

为了更普遍地理解排列问题的本质，来看排列博弈的数学表示。对于博弈 v，设参与者集合 $N=\{1,2,\cdots,n\}$。每个参与者 $i\in N$ 认为某个排列 π 的价值是 $k_{i\pi(i)}$。任意联盟 $S\subset N$ 都可以变更排列 π 以使只有本联盟的成员被排列，即 $\pi(i)=i\,(\forall i\in N\backslash S)$。联盟 S 的价值 $v(S)$ 定义为联盟 S 所有成员的价值之和在所有可行的排列上的最大值。正式地说，设 Π_S 表示满足 $\pi(i)=i\,(\forall i\in N\backslash S)$ 的所有排列 π 的集合，则

$$v(S)=\max_{\pi\in\Pi_S}\sum_{i\in S}k_{i\pi(i)}$$

这就是排列博弈。

10.5.2　匹配博弈

匹配博弈是一类研究和应用都非常广泛的博弈，最早开始于大卫·盖尔（David Gale）和夏普利 1962 年简短而有重要启发意义的一篇论文，研究大学招生和婚姻匹配问题。

匹配问题起源于婚姻问题，但是相关的经济应用也有很多。例如，经理寻找雇员、教授寻找研究助理、机长寻找副手等，都是类似的问题。他们的共同点是一方发出匹配邀约，另一方决定是否接受。

但是，在一对一匹配问题中，最典型的仍然是婚姻匹配问题。因此，我们将以婚姻匹配问题为例，寻找博弈中的稳定匹配。

假设存在一个婚姻介绍所，很多未婚男女把自己的信息和偏好提供给婚姻介绍所，然后由婚姻介绍所根据参与者偏好来进行匹配。我们以两个有限集合 $M=\{m_1,m_2,\cdots,m_n\}$ 和 $W=\{w_1,w_2,\cdots,w_n\}$ 分别表示所有的未婚男士和女士的集合。每个男士（女士）都对其潜在的可能配偶拥有严格的偏好，即他（她）在不同选择之间总是可以作出比较和判断，或者认为女士（男士）A 优于 B，或者认为 B 优于 A，并且偏好是可传递的，即如果他（她）认为 A 优于 B，而 B 优于 C，那么 A 也优于 C。

假设 $P(m)$ 表示某男士在集合 $W\cup\{m\}$ 上的偏好。比如

$$P(m) = w_1, w_2, w_4, w_3$$

这表明他最希望与 w_1 匹配,其次是 w_2,再次是 w_4,最后是 w_3。女士的偏好也可以类似地给出。在匹配博弈中,我们假设参与者对于不同匹配的偏好仅仅取决于自己的偏好,而不考虑其他参与者的偏好,也就是说假设参与者是自利的。

一个"匹配"是指:给出每位男士和每位女士的一男一女的"一对一"组合。在这里有一个非常关键的假定:婚姻匹配是自愿的。也就是说,婚姻介绍所给出了一个匹配列表,如果某个参与者不同意列表中的结果,可以自行与另一个集合中的参与者沟通并配对。这个假设直接决定了婚姻匹配问题中的核心问题:匹配的稳定性问题。当一个特定的匹配被提出,如果某一个"一对一"组合中的男士(女士)与另一对组合中的女士(男士)更愿意结合,那么该匹配就不稳定。如果在一个匹配中没有出现任何一位男士和一位女士产生类似于上述反对的情形,则称这个匹配是稳定的。将要讨论的核心问题是:是否存在一个稳定的匹配,以及如何达到稳定的匹配?

显然,最好的配对方案是:每个人的另一半正好都是自己的"第一选择"。然而这种完美的方案在绝大多数情况下不可能实现。例如,m_1 最喜欢的是 w_1,而 w_1 的最爱不是 m_1,这两个人的最佳选择就不可能同时被满足。如果几位男士同时最喜欢同一女士,这几位男士的首选也不会同时得到满足。当这种最为理想的配对方案无法实现时,怎样的配对方案才能令人满意呢?

先看一种较为简单的情况。假设只有 2 男 2 女。图 10-8 所示的就是 2 男 2 女的一种情形,每个男士都更喜欢 w_1,但 w_1 更喜欢 m_2,w_2 更喜欢 m_1。若按 (m_1, w_1),(m_2, w_2) 进行搭配,则 m_2 和 w_1 都更喜欢对方一些,这样的婚姻搭配就是不稳定的。但若换一种搭配方案(图 10-9),这样的搭配就是稳定的了。

| 图 10-8　一个不稳定的婚姻搭配 | 图 10-9　一个稳定的婚姻搭配 |

很多人可能会立即想到一种寻找稳定婚姻搭配的策略:不断修补当前搭配方案。如果两个人互相都觉得对方比自己当前的伴侣更好,就让这两个人成为一对,剩下被甩的那两个人组成一对。如果还有想要"私奔"的男女,就继续按照他们的愿望对换情侣,直到最终消除所有的不稳定组合。

不难看出,应用这种"修补策略"所得到的最终结果一定满足稳定性,但这种策略的问题在于,它不一定存在"最终结果"。事实上,按照上述方法反复调整搭配方案,最终可能会陷入死循环。

假如有 4 男 4 女,相互的偏好如图 10-10 所示。

遗憾的是,利用之前的分析方法,我们会得到下面的死循环,如图 10-11 所示。

可见,应用"修补策略"寻找稳定匹配方案不仅过程十分烦琐,甚至难以回答"稳定匹配是否存在"这一基本问题。因此,我们需要寻找一种新的方法,既能回答是否存在稳定匹配,又能准确地达成匹配。这就是我们接下来要介绍的"Gale-Shapley 算法"。

$$m_1(w_3,w_4,w_2,w_1) \quad w_1(m_1,m_4,m_3,m_2)$$

$$m_2(w_3,w_2,w_4,w_1) \quad w_2(m_1,m_2,m_3,m_4)$$

$$m_3(w_1,w_3,w_4,w_2) \quad w_3(m_1,m_3,m_4,m_2)$$

$$m_4(w_2,w_4,w_3,w_1) \quad w_4(m_2,m_1,m_4,m_3)$$

图 10-10　4 男 4 女相互偏好

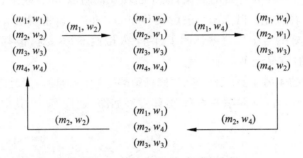

图 10-11　"修补策略"导致的死循环

1962 年,美国数学家盖尔和夏普利发明了一种寻找稳定婚姻的策略。无论男女各有多少人,也不管他们的偏好如何,应用这种策略总能得到一个稳定的搭配。换言之,他们证明了稳定的婚姻匹配总是存在的。

在这种策略中,男士将一轮一轮地去追求他中意的女士,女士可以选择接受或者拒绝他的追求者,此即 Gale-Shapley 算法,过程如下。

初始状态:有对等数量的男士和女士相互匹配。每个男士心目中都有一个排序,是关于对所有女士的喜欢程度;女士心目中也有一个排序,是关于对所有男士的接受程度。

第一轮:每个男士都选择自己心目中排在首位的女士,并向她表白。此时,一个女士可能面对的情况有三种:没有人向她表白,只有一个人向她表白,不止一人向她表白。在第一种情况下,这个女士什么都不用做,只需继续等待;在第二种情况下,不拒绝,暂时先谈着;在第三种情况下,从所有追求者中选择自己最中意的那一位,先谈着,并拒绝其他追求者。

第二轮:第一轮结束后,有些男士已经有女朋友了,有些男士仍然是单身。在第二轮追求行动中,每个单身男士都从所有还没拒绝过他的女士中选出自己最中意的那一个,并向她表白,不管她现在是否单身。和第一轮一样,女士们需要从表白者中选择最中意的一位,拒绝其他追求者。注意,如果某个女士已经有男朋友了,当她遇到了更好的追求者时,她必须拒绝现任,投向新的追求者的怀抱。这样,一些单身男士将会得到女友,也有一些将成为前任。

……在以后的每一轮中,被拒绝的单身男士继续追求心目中的下一个女士,女士则进行比较并决定是否拒绝。

结束:这样一轮一轮地进行下去,直到某个时候所有人都不再单身,下一轮将不会有任何新的表白发生,整个过程自动结束。

这个策略为什么一定可以得到一个稳定的匹配方案呢? 下面将给予证明。

(1)随着轮数的增加,总有一个时候所有人都能配对。由于在每一轮中,至少会有一个男士向某个女士告白,因此,总的告白次数将随着轮数的增加而增加。倘若整个流程一直没有因所有人都配上对而结束,最终必然出现某个男士追遍所有女士的情况。而一个女士只要被人追过一次,以后就不可能再单身了。既然所有女士都被这个男士追过,就说明所有女士现在都不是单身,也就是说此时所有人都已配对。

(2) 随着轮数的增加,男士追求的对象越来越糟,而女士的男友则可能变得越来越好。假设 m_1 和 w_1 各自有各自的对象,但比起现在的对象,m_1 更喜欢 w_1。那么,m_1 之前肯定已经向 w_1 表白过。既然 w_1 最后没有和 m_1 在一起,说明 w_1 拒绝了 m_1,也就是说她有了比 m_1 更好的男士。这就证明了,两个人虽然不是一对,但都觉得对方比自己现在的伴侣好,这样的情况绝不可能发生。

再次讨论前述的 4 男 4 女问题,虽然"修补策略"是行不通的,但是应用 Gale-Shapley 算法则可以快速地得到该匹配问题的均衡,具体过程如图 10-12 所示,其中"×"表示被拒绝:

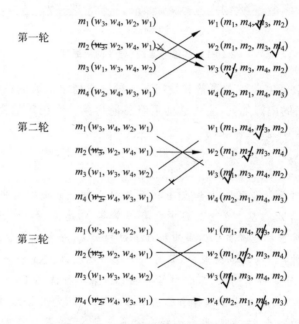

图 10-12　稳定婚姻匹配的得出过程

我们把用来解决某种问题的一个策略,或者一个方案,或者一系列操作规则,称为"算法"。上述用来寻找稳定婚姻的策略就叫作"Gale-Shapley 算法",或称为"延迟接受算法"。

定理 10.2　假设 μ 是一个婚姻匹配问题的任一分配,则存在有限个匹配组成的序列 $\mu_1, \mu_2, \cdots, \mu_k$ 使得 μ_k 是稳定匹配,对于 $i = 1, 2, \cdots, (k-1)$,都存在 (m_i, w_i) 来阻止 μ_i,而且 μ_{i+1} 是在 μ_i 的基础上满足了 (m_i, w_i) 的要求所得到的。

上述定理说明:对任意一个婚姻匹配问题,从任一匹配出发,通过参与者的独立决策,最终总是可以收敛到稳定匹配。

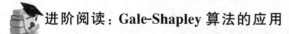

进阶阅读:Gale-Shapley 算法的应用

自从盖尔和夏普利提出稳定匹配理论后,该理论被广泛且富有成效地应用于双边的环境中。例如,大学的录取、课程分配、住房分配、婚姻匹配、住院医生就职及肾脏交换等,尤其在最新的、大型的、具有重要社会性的资源分配问题中得到日益广泛的应用。

以美国的"全国住院医师配对项目"为例,该项目采取的配对基本流程是:各医院从尚未拒绝这一职位的医学院学生中选出最佳人选并发送聘用通知,当学生收到来自各医院的聘用通知后,系统会根据他所填写的意愿表自动将其分配到意愿最高的职位,并拒绝其他职位。如此反复,直到每个学生都分配到了工作。实际上,在 Gale-Shapley 算法提出之前,美国就已经开始用这种办法给医学院的学生安排工作了,只是当时人们并不知道这样的流程可以保证工作分配的稳定性,单纯地凭直觉认为这是很合理的。直到 10 年之后,盖尔和夏普利才系统地研究了这个流程,提出了稳定婚姻问题,并证明了这个算法的正确性。

但这个算法还有一些局限。例如,它无法处理 $2n$ 个人(不分男女)的稳定搭配问题。一个简单的应用场景便是宿舍分配问题:假设每个宿舍住两个人,已知 $2n$ 个学生中每一个学生对其余 $2n-1$ 个学生的偏好评价,如何寻找一个稳定的宿舍分配? 此时,Gale-Shapley 算法就不再有用武之地了。事实上,宿舍分配问题中可能根本就不存在稳定匹配。

为了简化问题,考虑四个参与者 a、b、c、d,其偏好为
$$P(a)=b,c,d$$
$$P(b)=c,a,d$$
$$P(c)=a,b,d$$
显然,d 和任意一人成为室友都可以。

由偏好可见,大家都不愿意和 d 一起住,而且其他三个人中的每个人都有另外某个人最喜欢和他一起住。显然,这个宿舍分配问题不可能存在稳定的匹配。因为任何一个匹配都必须有人与 d 做伴,那么一定会有人来阻止这样的匹配。

盖尔和夏普利在稳定匹配问题上的卓越工作激发了人们对于该问题的各种变体的广泛调查和研究,包括在实践中不断出现的各种困难和细节,其中两个最重要的变体是:非严偏好的多对一匹配和非严偏好的多对多匹配。有兴趣的读者可参阅更多的资料。

盖尔和夏普利的研究成果还可广泛用于解决现实社会中存在的问题。例如,经济发展中的地区差别、城乡差别、工农差别、行业差别等,每个问题都与资源配置、市场设计密切相关。运用盖尔和夏普利的成果可以设计合理的市场机制来分配资源,达到最优的分配,从而减少差异和矛盾,促进社会发展。

习　题

1. 合作博弈的本质特征及与非合作博弈的根本区别是什么?
2. 为什么用是否允许有约束力的协议作为界定博弈合作与非合作的根据?
3. 为什么说参与者的数量对合作博弈有很大的影响?
4. 合作博弈理论的特征和结构分别是什么?

5. 帕累托效率公理和对称性公理的定义分别是什么？

6. 合作博弈解的含义与非合作博弈解的含义有什么区别？

7. 核与稳定集之间的关系是什么？

8. 在折扣券策略上，为什么美国市场上的可口可乐和百事可乐采取合作的方式，而麦当劳却采用不同的折扣券市场竞争策略呢？

9. 在用 Gale-Shapley 算法解决婚姻匹配问题时，我们假设"男追女，女拒男"，这种假设对男性更有利还是对女性更有利？请阐述你的观点。

———— **即测即练** ————

参 考 文 献

[1] ACKERLOFF G. The market for lemons: quality uncertainty and the market mechanism[J]. Quarterly journal of economics,1970,84(3): 488-500.

[2] AXELROD R. The emergence of cooperation among egoists[J]. American political science review, 1981,75(2): 306-318.

[3] AXELROD R. The evolution of cooperation[M]. New York: Basic Books,1984.

[4] AXELROD R,HAMILTON W D. The evolution of cooperation[J]. Science,1981,211: 1390-1396.

[5] BANKS J S,WEINTRAUB E R. Toward a history of game theory[J]. Journal of interdisciplinary history,1992,25(4): 647.

[6] BARNARD G A. The foundations of statistics [M]. New York: Wiley,1954.

[7] BÓ P D, FRÉCHETTE G R. The evolution of cooperation in infinitely repeated games: experimental evidence[J]. American economic review,2011,101(1): 411-429.

[8] BOYD R,RICHERSON P J. Culture and the evolution of human cooperation[J]. Philosophical transactions of the Royal Society B: biological sciences,2009,364(1533): 3281-3288.

[9] CLARKE E H. Multipart pricing of public goods[J]. Public choice,1971(11): 17-33.

[10] FEHR E, SCHMIDT K M. A theory of fairness, competition, and cooperation[J]. Quarterly journal of economics,1999,114(3): 817-868.

[11] FRIEDMAN A. Computation of saddle points for differential games of pursuit and evasion[J]. Archive for rational mechanics & analysis,1971,40(2): 79-119.

[12] FRIEDMAN J W. A noncooperative view of oligopoly[J]. International economic review,1971,12 (1): 106-122.

[13] FUDENBERG D,TIROLE J. Perfect Bayesian equilibrium and sequential equilibrium[J]. Journal of economic theory,1991,53(53): 236-260.

[14] GE Z, HU Q, XIA Y. Firms' R&D cooperation behavior in a supply chain[J]. Production & operations management,2014,23(4): 599-609.

[15] GE Z, HU Q. Collaboration in R&D activities: firm-specific decisions[J]. European journal of operational research,2008,185(2): 864-883.

[16] GE Z,ZHANG Z K,LÜ L,et al. How altruism works: an evolutionary model of supply networks [J]. Physica A,2012,391(3): 647-655.

[17] GIBBONS R. An introduction to applicable game theory[J]. Journal of economic perspectives, 1997,11(1): 127-149.

[18] GROVES T. Incentives in teams[J]. Econometrica: journal of the Econometric Society, 1973, 41(4): 617-631.

[19] HENRICH J,MCELREATH R,BARR A,et al. Costly punishment across human societies[J]. Science,2006,312(5781): 1767-1770.

[20] KELLY A. Decision making using game theory: an introduction for managers[M]. Cambridge: Cambridge University Press,2003.

[21] KLEMKE E D,HOLLINGER R,KLINE A D. Introductory readings in the philosophy of science [M]. New York: Prometheus Books,1980.

[22] KORTE B,VYGEN J. 组合最优化：理论与算法[M]. 越民义,林诒勋,姚恩瑜,等译. 北京：科学出版社,2014.

[23] KREPS D M, WILSON R. Reputation and imperfect information[J]. Levines working paper archive,1999,27(2)：253-279.

[24] KÜBLER D, MÜLLER W, NORMANN H T. Job-market signaling and screening：an experimental comparison[J]. Games & economic behavior,2008,64(1)：219-236.

[25] LEWIS D K. Convention：a philosophic study[J]. Philosophical books,1969,11(2)：14-15.

[26] LUCE R D,RAIFFA H. Games and decisions：introduction and critical survey[M]. New York：Wiley,1957.

[27] MYERSON R B. Mechanism design by an informed principal[R]. Discussion Papers 481, Northwestern University, Center for Mathematical Studies in Economics and Management Science,1981.

[28] NASH J F. Equilibrium points in n-person games[J]. Proceedings of the National Academy of Sciences,1950,36(1)：48-49.

[29] NASH J F. Non cooperative games[J],Annals of mathematics,1951,54：289-295.

[30] NIOU E,ORDESHOOK P C. Strategy and politics：an introduction to game theory [M]. New York：Routledge,2015.

[31] ORDESHOOK P C,PALFREY T R. Agendas,strategic voting,and signaling with incomplete information[J]. American journal of political science,1988,32(2)：441-466.

[32] PAIK A,WOODLEY V. Symbols and investments as signals：courtship behaviors in adolescent sexual relationships[J]. Rationality & society,2012,24(1)：3-36.

[33] POWELL R. Nuclear brinkmanship, limited war, and military power [J]. International organization,2015,69(3)：589-626.

[34] POTTERS J,WINDEN F V. Modelling political pressure as transmission of information[J]. European journal of political economy,1990,6(1)：61-88.

[35] RAMSEY F P. Truth and probability[J]. History of economic thought chapters,1926,57(3)：211-238.

[36] SCHELLING T C. The strategy of conflict [M]. Cambridge, MA：Harvard University Press,1960.

[37] THIELSCHER M. A general game description language for incomplete information games[C]// Twenty-Fourth AAAI Conference on Artificial Intelligence. AAAI Press,2010：994-999.

[38] VAN DEN ASSEM M J,VAN DOLDER D,THALER R H. Split or steal? Cooperative behavior when the stakes are large[J]. Management science,2012,58(1)：2-20.

[39] VICKREY W. Counterspeculation,auctions,and competitive sealed tenders[J]. The journal of finance,1961,16(1)：8-37.

[40] VON NEUMANN J,MORGENSTERN O. Theory of games and economic behavior [M]. Princeton,New Jersey：Princeton University Press,1944.

[41] WANG Z,XU B,ZHOU H J. Social cycling and conditional responses in the Rock-Paper-Scissors game[J]. Scientific reports,2014,4(1)：5830.

[42] 迪克西特,奈尔伯夫. 策略思维：商界、政界及日常生活中的策略竞争[M]. 王尔山,译. 北京：中国人民大学出版社,2013.

[43] 迪克西特,奈尔伯夫. 妙趣横生博弈论[M]. 董志强,王尔山,李文霞,译. 北京：机械工业出版

社,2015.

[44]　迪克西特.经济理论中的最优化方法[M].冯曲,吴桂英,译.2版.上海:格致出版社,2013.

[45]　米格罗姆.拍卖理论与实务[M].杜黎,胡奇英,等译.北京:清华大学出版社,2006.

[46]　常青.应该读点经济学[M].北京:中信出版社,2009.

[47]　陈敏.不存在纯策略纳什均衡的重复博弈[J].湖北科技学院学报,2005,25(6):15-17.

[48]　艾瑞里.怪诞行为学[M].赵德亮,夏蓓洁,译.北京:中信出版社,2010.

[49]　邓力平,安然.纳税人遵从的演化博弈分析[J].国际税收,2006,215(5):12-15.

[50]　董保民,王运通,郭桂霞.合作博弈论[M].北京:中国市场出版社,2008.

[51]　董志强.无知的博弈:有限信息下的生存智慧[M].北京:机械工业出版社,2009.

[52]　拉夫加登.斯坦福算法博弈论二十讲[M].郝东,李斌,刘凡,译.北京:机械工业出版社,2023.

[53]　冯梦龙,蔡元放.东周列国志[M].上海:上海古籍出版社,2012.

[54]　葛泽慧,孟志青,胡奇英.竞争与合作:数学模型及供应链管理[M].北京:科学出版社,2011.

[55]　葛泽慧,胡奇英.上下游企业间的研发协作与产销竞争共存研究[J].管理科学学报,2010,13(4):12-22.

[56]　郭其友,李宝良.冲突与合作:博弈理论的扩展与应用——2005年度诺贝尔经济学奖获得者奥曼和谢林的经济理论贡献述评[J].外国经济与管理,2005,27(11):1-11.

[57]　兰德雷斯,柯南德尔.经济思想史[M].周文,译.4版.北京:人民邮电出版社,2014.

[58]　莫林.合作的微观经济学[M].童乙伦,梁碧,译.上海:格致出版社,2011.

[59]　何植民,王珂.国内学界关于非理性研究综述[J].前沿,2009(12):20-25.

[60]　黄凯南.演化博弈与演化经济学[J].经济研究,2009(2):154-158.

[61]　黄凯南,程臻宇.认知理性与个体主义方法论的发展[J].经济研究,2008(7):142-155.

[62]　季显武.互联网广告拍卖机制的发展及应用[EB/OL].(2022-06-14).https://mp.weixin.qq.com/s/dVGge-mQBdxLKM4mrP3KhQ.

[63]　姜黎皓.论市场经济与宏观调控[J].创造,1998(10):29-30.

[64]　姜树广,韦倩.信念与心理博弈:理论、实证与应用[J].经济研究,2013(6):141-154.

[65]　蒋国云,蒋毅一.理性、有限理性和非理性[J].世界经济情况,2005(14):28-31.

[66]　蒋正峰,贺寿南.博弈论中的理性问题分析[J].华南师范大学学报(社会科学版),2009(1):49-52.

[67]　焦宝聪,陈兰平,方海光.博弈论:思想方法及应用[M].北京:中国人民大学出版社,2013.

[68]　金雪军,余津津.信息不对称、声誉效应与合作均衡——以eBay在线竞标多人重复博弈为例[J].社会科学战线,2004(1):70-75.

[69]　蒙特,塞拉.博弈论与经济学[M].张琦,译.北京:经济管理出版社,2011.

[70]　李军林,郭亚玲.理性、均衡与演进博弈论——一个关于博弈理论发展的评述[J].南开经济研究,2000(4):48-52.

[71]　李维安,吴德胜,徐皓.网上交易中的声誉机制——来自淘宝网的证据[J].中国工商管理研究前沿,2008,10(3):36-46.

[72]　吉本斯.博弈论基础[M].北京:中国社会科学出版社,2011.

[73]　罗贯中.三国演义[M].北京:人民文学出版社,2005.

[74]　麦凯恩.博弈论:战略分析入门[M].原毅军,陈艳莹,张国峰,译.北京:机械工业出版社,2006.

[75]　迈尔森.博弈论:矛盾冲突分析[M].北京:中国人民大学出版社,2015.

[76]　骆晓,张炎,张洪顺.英国4G频谱拍卖带来的思考[J].中国无线电,2013(3):6-7.

[77]　马毅华.频谱拍卖二十年:制度化已形成[J].通信世界,2010(42):17.

[78] 南旭光. 博弈与决策[M]. 北京：外语教学与研究出版社，2012.

[79] 潘汉中，陈鹏，马静洁. 信号交叉口行人违章过街从众心理研究[J]. 交通标准化，2010(23)：150-156.

[80] 潘天群. 博弈生存：社会现象的博弈论解读[M]. 南京：凤凰出版社，2010.

[81] 彭聃龄. 普通心理学[M]. 北京：北京师范大学出版社，2019.

[82] 平新乔. 微观经济学十八讲[M]. 北京：北京大学出版社，2001.

[83] 沃森. 策略：博弈论导论[M]. 费方域，赖丹馨，译. 上海：格致出版社，2010.

[84] 圣铎. 每天读点博弈论：日常生活中的博弈策略[M]. 北京：中国华侨出版社，2013.

[85] 施锡铨. 合作博弈引论[M]. 北京：北京大学出版社，2012.

[86] 苏治. 理性与非理性的博弈：现代投资决策理论的演进[J]. 求是学刊，2011，38(4)：70-76.

[87] 田国强. 高级微观经济学[M]. 北京：中国人民大学出版社，2016.

[88] 王春永. 博弈论的诡计全集[M]. 北京：中国发展出版社，2011.

[89] 王国成. 从一般均衡到对策均衡：经济学的世纪抉择[J]. 天津社会科学，2000(1)：55-59.

[90] 王丽颖. 重复博弈：信用合作的逻辑路径选择[D]. 长春：吉林大学，2005.

[91] 王先甲，刘伟兵. 有限理性下的进化博弈与合作机制[J]. 上海理工大学学报，2011，33(6)：679-686.

[92] 王先甲，全吉，刘伟兵. 有限理性下的演化博弈与合作机制研究[J]. 系统工程理论与实践，2011(s1)：82-93.

[93] 王鑫，李研. 区域电力市场中发电商竞价策略的最优反应动态模型[J]. 华北电力大学学报（自然科学版），2006，33(6)：51-54.

[94] 王亚楠. 竞争与协同的博弈策略[J]. 中外企业家，2013(13)：73-74.

[95] 王则柯，葛菲. 纳什均衡：动态博弈的初步讨论[M]. 上海：上海科学技术出版社，2009.

[96] 王泽榔. 生物进化论的发展及其哲学思考[J]. 大众科技，2008(3)：171-172.

[97] 吴莉婧. 中美贸易摩擦的博弈分析[J]. 人民论坛，2012(8)：164-165.

[98] 娜萨. 美丽心灵：纳什传[M]. 王尔山，译. 上海：上海科技教育出版社，2014.

[99] 肖条军. 博弈论及其应用[M]. 上海：上海三联书店，2004.

[100] 哈林顿. 哈林顿博弈论[M]. 北京：中国人民大学出版社，2012.

[101] 谢识予. 有限理性条件下的进化博弈理论[J]. 上海财经大学学报，2001，3(5)：3-9.

[102] 谢识予. 经济博弈论[M]. 3版. 上海：复旦大学出版社，2007.

[103] 徐心和，王艳，刘纪红，等. 博弈论的里程碑成果与局限性分析[C]//中国控制与决策会议，2008：1214-1219.

[104] 许毅，隆武华. 西方经济学中始终存在着"自由放任"与"国家宏观调控"两种学说[J]. 财政研究，1994(10)：55-60.

[105] 姚国庆. 博弈论[M]. 北京：高等教育出版社，2007.

[106] 杨懋，祁守成. 囚徒困境 从单次博弈到重复博弈[J]. 商业时代，2009(2)：14-15.

[107] 史密斯. 演化与博弈论[M]. 潘香阳，译. 上海：复旦大学出版社，2008.

[108] 内拉哈里. 博弈论与机制设计[M]. 北京：中国人民大学出版社，2017.

[109] 章平. 信念调整、学习行为和均衡收敛的博弈模型研究进展[J]. 南京社会科学，2009(1)：37-43.

[110] 赵东生. 博弈论入门[M]. 郑州：河南科学技术出版社，2014.

[111] 米勒. 活学活用博弈论[M]. 北京：机械工业出版社，2011.

[112] 张维迎. 博弈论与信息经济学[M]. 上海：格致出版社，2012.

[113] 张维迎. 博弈与社会[M]. 北京：北京大学出版社，2013.

[114] 张小娴.谢谢你离开我[M].长沙：湖南文艺出版社,2013.

[115] 郑也夫.新古典经济学"理性"概念之批判[J].社会学研究,2000(4)：7-15.

[116] 中国科学技术协会.运筹学学科发展报告：2012-2013[M].北京：中国科学技术出版社,2014.

[117] 中国拍卖行业协会.拍卖经济学教程[M].北京：中国财政经济出版社,2012.

[118] 钟永光.系统动力学[M].北京：科学出版社,2013.

[119] 弗登博格,梯若尔.博弈论[M].北京：中国人民大学出版社,2015.

附　录

致　谢

感谢广东财经大学袁继红教授,西南财经大学周克清教授,中央财经大学高伟教授,北京科技大学范小华、范玉妹、冯梅、管志安、何维达、胡华清、贾琳、马建峰、王海凤(按姓氏拼音排序)等老师和选修"经济博弈论与应用""博弈论入门"等课程的同学们,他们为本教材的编写提出了非常宝贵的建议! 感谢家人们的支持!

教师服务

感谢您选用清华大学出版社的教材！为了更好地服务教学，我们为授课教师提供本书的教学辅助资源，以及本学科重点教材信息。请您扫码获取。

≫ 教辅获取

本书教辅资源，授课教师扫码获取

≫ 样书赠送

经济学类重点教材，教师扫码获取样书

 清华大学出版社

E-mail: tupfuwu@163.com

电话：010-83470332 / 83470142

地址：北京市海淀区双清路学研大厦 B 座 509

网址：https://www.tup.com.cn/

传真：8610-83470107

邮编：100084